先进储能科学技术与工业应用丛书

Advanced Energy Storage Science Technology
and Industrial Applications Series

超级电容器储能
材料、器件与应用

张海涛　杨维清　何正友　编著

化学工业出版社

·北京·

内容简介

《超级电容器储能材料、器件与应用》一书从“理论—材料—器件—应用”链条出发，系统地介绍了超级电容器的理论基础、性能特点及评价方法，概括了超级电容器电极材料、电解液、隔膜的研究现状和产业化发展态势，阐述了超级电容器单体和模组的器件制造工艺技术，总结了超级电容器在工业电子、电网、交通、军用装备、智能传感等领域中的应用。本书还对新型超级电容器如柔性超级电容器、固态超级电容器和微型超级电容器的原理、发展和应用进行了论述。

本书可用作高等院校材料、化学和能源类专业的教学用书及相关技术人员、科研人员的参考用书。

图书在版编目（CIP）数据

超级电容器储能材料、器件与应用/张海涛，杨维清，何正友编著．—北京：化学工业出版社，2024.5
（先进储能科学技术与工业应用丛书）
ISBN 978-7-122-45533-8

Ⅰ.①超… Ⅱ.①张… ②杨… ③何… Ⅲ.①储能电容器 Ⅳ.①TM531

中国国家版本馆CIP数据核字（2024）第085376号

责任编辑：卢萌萌　　装帧设计：史利平
责任校对：李露洁

出版发行：化学工业出版社
（北京市东城区青年湖南街13号　邮政编码100011）
印　　装：北京缤索印刷有限公司
787mm×1092mm　1/16　印张17¾　字数407千字
2024年9月北京第1版第1次印刷

购书咨询：010-64518888　　售后服务：010-64518899
网　　址：http://www.cip.com.cn
凡购买本书，如有缺损质量问题，本社销售中心负责调换。

定　　价：148.00元

《先进储能科学技术与工业应用丛书》

丛书主编：李　泓

《超级电容器储能材料、器件与应用》

编 著 人 员

张海涛　杨维清　何正友

序言

随着全球能源格局正在发生由依赖传统化石能源向追求可再生能源的深刻转变，我国能源结构也正经历前所未有的深刻调整，能源安全和环境保护已经成为全球关注的焦点。全球能源需求呈现不断增长的态势。清洁能源的发展更是势头迅猛，已成为我国加快能源供给侧结构性改革的重要力量。

在能源领域，发展可再生能源、配套规模储能、发展电动汽车、发展智能电网是优化我国能源结构，保障能源安全，实现能源清洁、低碳、安全和高效发展的国家战略，是目前确定的发展以新能源为主体的新型电力系统的核心战略，也是实现 2030 年前碳达峰、2060 年前碳中和目标的主要技术路径。在这种情况下，先进储能技术的应用显得尤为重要。

储能技术对于电力和能源系统的发输配用各环节具有重要的支撑作用，有助于实现可再生能源发电的大规模接入，改善能源结构，是实现能源革命的支撑技术，对提高我国能源安全具有十分重要的意义。储能技术可提高可再生能源和清洁能源的发电比例，有效改善生态和人居环境，推动环境治理和生态文明的建设。另外，储能技术也是具有发展潜力的战略性新兴产业，可带动上下游产业，开拓电力系统发展的新增长点，对电力行业发展和经济社会发展的全局具有深远的影响。储能产业和储能技术作为新能源发展的核心支撑，覆盖电源侧、电网侧、用户侧、居民侧以及社会化功能性储能设施等多方面需求。储能技术可以帮助我们更有效地利用可再生能源，也可以在能源网络中平衡负载，提高能源利用效率，降低对传统能源的依赖，并减少对环境的负面影响。除了大规模储能，户用储能、户外移动储能、通信基站、数据中心、工商业储能、工业节能、绿色建筑、备用电源等中小规模的储能装备也发展迅速。此外，储能技术也在推动着交通电动化的发展，能源清洁化与交通电动化通过储能技术，在不断地深化融合协同发展。

当前，世界主要发达国家纷纷加快发展储能产业，大力规划建设储能项目，储能技术的创新突破将成为带动全球能源格局革命性、颠覆性调整的重要引领技术。储能技术作为重要的战略性新兴领域，需要增强基础性研究，增强成果转化和创新，破解共性和瓶颈技术，以推动我国储能产业向高质量方向发展。

2020年2月，教育部、国家发展改革委、国家能源局联合发布《储能技术专业学科发展行动计划（2020—2024年）》，以增强储能产业关键核心技术攻关能力和自主创新能力，以产教融合推动储能产业高质量发展。近几年，多所高等学校也都纷纷开设“储能科学与工程”专业。这些都说明了加强加大储能技术的知识普及、宣传传播力度的重要性和必要性。为了更好地推广储能技术的应用，我们需要深入了解储能科学技术与工业应用领域的最新技术进展和发展趋势。为了促进储能产业的发展和交流，培养储能专业人才，特组织策划了“先进储能科学技术与工业应用丛书”。

本丛书系统介绍储能领域的新技术、新理论和新方法，重点分享储能领域的技术难点和关注要点，涉及电化学储能、储能系统集成、储能电站、退役动力电池回收利用、储能产业政策、储能安全、电池先进测试表征与失效分析技术等多个方面，涵盖多种储能技术的工作原理、优缺点、应用范围和未来发展趋势等内容，还介绍了一些实际应用案例，以便读者更好地理解储能技术的实际应用和市场前景。丛书的编写坚持科学性、实用性、系统性、先进性和前瞻性的原则，力求做到全面、准确、专业。本丛书立足于服务国家重大能源战略，加强储能技术的传播和储能行业的交流。本丛书的出版，将为广大的科研工作者、工程师和企业家提供最新的技术资料和实用经验，为高等学校储能科学与工程、新能源等新兴专业提供实用性和指导性兼具的教学参考用书。我们殷切期望其能为推动储能技术的发展奠定坚实的基础，对储能科学技术的发展和应用起到积极的推动作用。同时，本丛书的出版还将促进储能科学技术与其他领域的交叉融合，为人类社会的可持续发展做出更大的贡献。

最后，感谢所有参与本丛书编写的专家学者和出版社的支持。希望本丛书的出版能够得到广大读者的关注和支持，也希望储能科学与技术能够在未来取得更加辉煌的成就！

李泓

中国科学院物理研究所

前言

超级电容器具有容量大、功率性能高、使用温度范围宽和安全性好等优势，在储能技术中具有不可替代的地位。作为一种大功率储能元件，超级电容器在工业电子、交通、国防军工等领域具有广泛的应用前景，是新能源领域的研究热点和发展重点。我国积极支持超级电容器技术的研究与应用，将其视为新能源领域的重点发展方向。随着中国提出“双碳”目标，一些推进超级电容器发展的政策也相继出台：工业和信息化部印发《基础电子元器件产业发展行动计划（2021—2023年）》，提及重点推动车规级超级电容器的应用；科学技术部发布“储能与智能电网技术”重点专项2021年度项目申报指南，其中包括主要研究低成本混合型超级电容器关键技术；国家能源局、科学技术部印发《“十四五”能源领域科技创新规划》，旨在推动10MW级超级电容器等储能设备的设计与示范应用；2023年国家标准化管理委员会、国家能源局发布《新型储能标准体系建设指南》，文件提出到2025年，在超级电容器储能及其他储能领域形成较为完善的系列标准。这些政策涉及财政支持、研发资金投入、技术标准制定等方面，对推动超级电容器的发展提供极大的支持。当前，我国超级电容器产业发展迅速，在储能式有轨电车、超级电容客车、超级电容路灯等领域都形成了国际首创应用，在轨道交通、风力发电、智能三表、电动船舶、ETC等领域的应用规模都达到了世界领先水平。经过多年的自主创新，我国超级电容器研发和生产能力已经上了一个新台阶，无论从产品技术水平还是从产能规模上都达到了国际先进水平。

本书结合作者在超级电容器方面长期的研究和积累的丰富经验，在全面系统介绍超级电容器材料和器件的基础上，深入分析其电化学原理，并采用实例展示法，分析超级电容器在工业电子、电网、交通、航空航天、军用装备、智能传感等领域的应用。本书注重图文并茂，并总结近年来超级电容器领域新的研究突破，同时分析核心材料的产业化现状，一方面让读者更容易地理解超级电容器知识，另一方面有助于读者全面系统地熟悉超级电容器行业现状。

与国内同类参考书相比，本书具有三个方面的特色。

1. 教研相长、全面系统

结合编著者15年来在超级电容器领域的教学、科学研究和产业化工作，采取“理论—

材料—器件—应用”的思路编写，本书重点介绍和分析了不同种类超级电容器的基本原理和理论基础，在阐述电极材料、电解液、隔膜、性能、器件的基础上，关注超级电容器储能产业化现状和发展态势，结合实际工程案例并注重图文并茂，有助于读者全面系统地了解超级电容器储能技术。

2．精选内容、填补空白

本书详细地论述了超级电容器储能碳电极材料、电解液的产业化发展现状；全面系统地总结了隔膜材料的制备工艺和性质特点；较为全面地阐述了超级电容器器件工艺。这些内容在其他同类图书中都是极为缺乏的，本书填补了同类图书在这些领域的空白。

3．注重新意、与时俱进

编著者重点论述了自放电行为的新原理和抑制策略、微型超级电容器在智能传感领域的应用，这是其他同类书籍中所缺乏的，但是对于超级电容器的发展又是至关重要的，因此本书在部分重点内容中具有独特性。

本书由西南交通大学的张海涛、杨维清、何正友编著。在编著本书的过程中，谢岩廷、黄浚峰、蒋兴琳博士研究生和何涵宇、贾艾黎、彭鸿志、屈远箫、唐海龙、牟达丽、唐靓、王宜平、刘申奥、吕强硕士研究生为本书的内容选取搜集了大量资料，参与本书部分章节的编著工作，并对本书内容的组织提出了许多宝贵意见，在此表示感谢。

限于编著者水平，书中难免存在疏漏和不妥之处，希望得到广大读者的批评指正。

编著者

目录

第1章 绪论

第2章 17

超级电容器的储能原理

第3章 41

超级电容器储能电极材料

第4章 81

超级电容器储能电解液

第5章 132

超级电容器储能隔膜材料

第6章 162

超级电容器储能的器件工艺

第7章 200

超级电容器的性能与分析

第8章 230

超级电容器的应用

第1章 绪论

本章简要介绍了新能源发电的能量转换（energy conversion）、能量存储（energy storage）与能量利用（energy utilization），分析储能技术在新能源科学与工程中的重要性。重点介绍了铅酸电池（lead-acid battery）、锂离子电池（lithium-ion battery）、液流电池（flow battery）、钠硫电池（Na-S battery）、镍镉电池（Ni-Cd battery）、超级电容器（supercapacitor）等各种电化学储能技术（electrochemical energy storage technique）的性能、主要特点和研究应用现状，尤其重点介绍了超级电容器的组成和发展。最后，分析了超级电容器的优缺点。

1.1 能量转换、存储与利用

自18世纪英国工业革命以来，稳定、可靠、经济、持续的能源供应是世界经济持续稳定增长的重要保障。进入21世纪后，人类对能源可持续利用的重视程度又提高到一个新的高度。然而，未来的能源供应将面临双重挑战：一方面，全球人口数量的上升和经济增长将产生巨大的能源需求；另一方面，在能源供给压力陡增的同时，继续大量使用煤、石油等化石燃料，势必会增加温室气体的排放量，对环境造成巨大压力。目前，这些化石燃料大量使用而引起的酸雨、温室效应以及臭氧层破坏等环境问题已经引起人们的高度重视，将成为制约全球经济发展的重要因素。

现代世界化石燃料日益枯竭以及全球气候逐渐变暖等问题直接导致了能源与环境危机。为了能够有效地缓解目前面对的能源危机，需要当今社会有计划且高效地利用化石燃料并且逐渐将其淘汰，尽量减少温室气体排放。为了从根源上解决环境污染和能源短缺问题，需要加快开发绿色能源的速度，如最大限度地利用太阳能、风能和潮汐能这些可再生绿色能源，以便减少使用化石燃料。

随着人们环保意识的日益增强以及“碳达峰、碳中和”目标的提出，使用清洁能源，大力发展集能量转换、存储与利用的储能装置会变成社会发展的必然趋势。能量转换、存储与利用是能源系统中的重要环节，它们相互关联，共同构成了能源的完整生命周期。

能量转换是将一种形式的能量转化为另一种形式的能量的过程。常见的能量转换包括热能转换为机械能，如蒸汽发电厂中的汽轮机；化学能转换为电能，如燃料电池（fuel cell）；太阳能转换为电能，如太阳能电池（solar cell），太阳能电池板如图 1-1 所示。能量转换的目的是将能源从一种形式转化为我们需要的另一种形式，以便进行存储和利用。

图 1-1　太阳能电池板

能量存储是将能量暂时储存起来，以备后续使用。能量存储可以解决能源供需不平衡的问题，平衡能源生产和消费的差异。常见的能量存储技术包括电池、超级电容器、氢能储存、压缩空气储能和抽水蓄能等。

能量利用指的是将储存的能量转化为有用的形式，并用于满足社会、工业和个人需求的过程。能量利用形式多种多样，包括驱动机械装置、发电、供暖、照明、交通运输等。能量利用需要根据不同的需求和应用场景而设计相应的能源转换设备和系统。

能量转换、存储与利用是构建可持续能源系统的关键环节。图 1-2 给出了以智能电网为

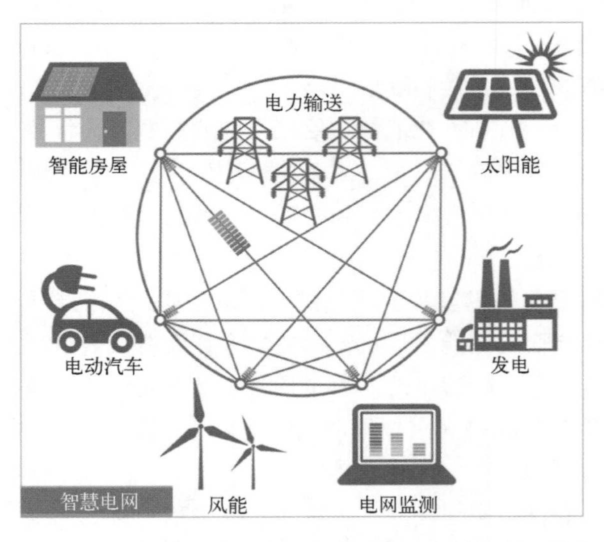

图 1-2　以智能电网为代表的能量转换、存储与利用系统

代表的能量转换、存储与利用系统。通过合理的能量转换技术、高效的能量存储系统和有效的能量利用方式，可以最大限度地提高能源利用效率、降低能源消耗和环境影响，并推动能源的可持续发展。

1.2 电化学储能技术

由于化石燃料燃烧会产生一系列严重的环境问题，迫使人们急需开发和利用清洁、可再生的新能源。目前应用比较广泛的清洁、可再生的新能源主要有太阳能、水能、风能、地热能和潮汐能。但是这一类能源都面临一些问题，例如间歇性、不稳定性以及地域性，这些问题很大程度上决定了其实际应用的局限性。这种情况下，如何匹配一种高效率、低污染的储能技术来实现对这些绿色能源的储存和转换，已成为现在关注和发展的重点。其中电化学储能装置得到了高度认可。与热储能、氢储能技术相比，电化学储能技术更为成熟，能量转化效率更高。

电化学储能技术指的是利用电化学反应将能量转化为可储存的化学能，并在需要时再将化学能转化为电能的技术。常见的电化学储能技术包括电池和超级电容器，大部分电化学储能装置的工作原理是通过将其他类型的能源转换成电能储存起来。电化学储能技术从伏打电池（伏打电堆）发展到现在，历经200余年的发展，极大地促进了人类社会的进步，各类便携式电子产品在电池发展的基础上也得到了长足的发展，如便携式电脑、手机、无线设备等更新换代，层出不穷。

电池是一种重要的储能装置，它将化学能有效地转化为电能。电池通常由一个或多个电化学电池单元组成，每个单元包含正极、负极和电解质。目前主要的电池有铅酸电池、钠硫电池、液流电池等。电池具有较高的能量密度、简单的结构以及相对低廉的成本，目前被广泛应用于发电系统中。随着材料技术的发展以及制造工艺的不断提高，电池的能量密度、功率密度以及循环寿命等性能也得到了进一步提高。

1.2.1 铅酸电池

铅酸电池迄今已有160余年历史，是目前市场上最重要的二次电池之一。铅酸蓄电池主要由正极板组（positive plate）、负极板组（negative plate）、隔板（separator）、容器（container）和电解液（electrolyte）等构成，如图1-3所示。铅酸电池内的阳极（PbO_2）、阴极（Pb）浸到电解液（稀硫酸）中，两极间会产生2V的化学电势。电池放电时，阳极由二氧化铅（PbO_2）转变为硫酸铅（$PbSO_4$），阴极由海绵状铅（Pb）变为硫酸铅，正、负极板上的硫酸铅越来越多，电池电压逐渐下降，硫酸浓度不断降低。电池充电时，阳极由$PbSO_4$转化成棕色PbO_2，阴极则由$PbSO_4$转化为灰色的Pb。充电过程中电池电压逐渐上升，硫酸浓度不断增高。

铅酸电池在这100多年时间里不断发展完善，取得了商业上的巨大成功，被广泛应用于众多领域。我国是铅酸电池的生产大国、出口大国，同时也是消费大国，铅酸电池作为我国国民经济的基础产品，在通信、能源、国防、交通、应急装备等领域都有大量应用。铅酸电池技术成熟度高，能量密度适中，价格便宜，可靠性好。随着新材料、新工艺、新技术的应用，铅酸电池技术向着高比能量、高性价比、宽温度适应性、长使用寿命方向发展，铅酸电池产业不断地升级与进步。铅炭电池又称先进铅酸电池，是铅酸电池的升级产品。铅炭电池在负极中加入了碳材料及相关添加剂，采用独特的结构设计和优异的合金、铅膏配方，从而提升了电池的倍率性能、寿命、高低温特性和安全特性。胶体电池属于铅酸电池中的一种，可分为平板式和管式。区别于普通铅酸电池，胶体电池是在稀硫酸电解液中添加气相二氧化硅及相关添加剂，使电解液变为凝胶态。其具有较高的放电平台，能量和功率要比常规铅酸电池高出 20% 以上，寿命比常规铅酸电池长 1 倍左右，高低温性能更好。平板式胶体电池和普通铅酸电池结构相同，区别在于电解液采用胶体，其中，管式胶体电池的极板采用管式浇铸，内部填充添加剂，与平板式胶体电池不同，可以获得更好的电池性能。

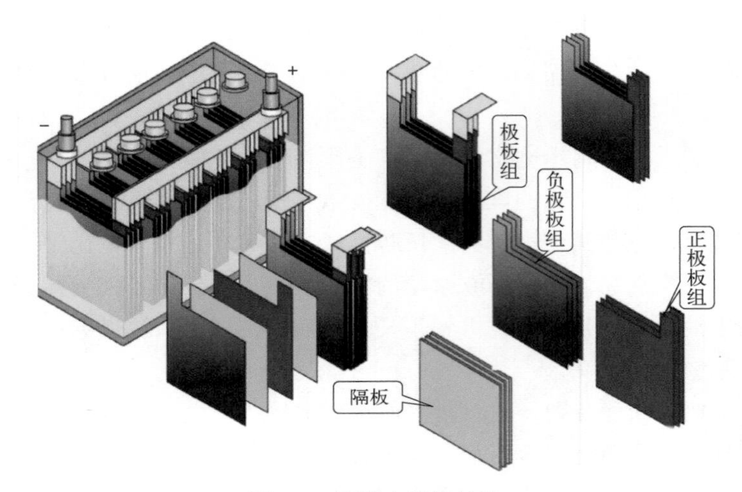

图 1-3 铅酸电池的结构

1.2.2 锂离子电池

锂离子电池（简称锂电池）分为液态锂离子电池和聚合物锂离子电池两大类。液态锂离子电池是指以锂离子嵌入化合物为正负极材料、电解质为液体的电池的总称。非水有机系锂离子电池在充放电过程中的电化学反应包括电荷转移、相变与新相产生以及各种带电粒子（包括电子、锂离子、其他阳离子、阴离子等）在正极和负极之间的输运。

充电过程：锂离子从正极材料脱出，进入电解液，电解液中的锂离子穿过隔膜、固态电解质界面（solid-electrolyte interface，SEI）膜，进而嵌入负极材料中；与此同时，电子在外电场的驱动下从正极脱出，通过外电路进入负极，最终在负极形成电中和。

放电过程：锂离子从负极材料脱出，进入电解液，电解液中的锂离子穿过隔膜、固态电解质膜，进而嵌入正极材料中；与此同时，电子通过外电路进入正极，最终在正极回流的锂离子与电子对实现电中和，恢复正极材料的完整结构。

对于理想的锂离子电池，充电饱和时，正极材料中 100% 的锂离子脱出进入负极材料；完全放电后嵌入负极材料中的锂离子 100% 脱出并嵌入正极材料。然而事实上，锂离子电池的理想充放电是很难实现的。

锂离子电池正极材料主要包含三元系 Li-(Mn，Co，Ni)-O、$LiFePO_4$、$LiMnPO_4$ 等。负极材料主要包含碳负极材料，如人工石墨（artificial graphite）、天然石墨（natural graphite）、中间相炭微球（mesocarbon microbead，MCMB）、石油焦（petroleum coke）、碳纤维（carbon fiber）、热解树脂炭（pyrolytic resin carbon）等；金属氧化物（metal oxides）负极材料，如氧化钛、钛酸锂、锡的氧化物和锡基复合氧化物；含锂过渡金属氮化物负极材料；合金类负极材料，如锡基合金、硅基合金、锗基合金、铝基合金、锑基合金、镁基合金和其他合金；纳米材料，如碳纳米管、纳米合金材料、纳米氧化物材料等。当前诸多公司已经开始将纳米氧化硅（SiO_2）添加于传统的碳材料中，极大地提高了锂离子电池的充放电容量。电解质盐常采用锂盐，如高氯酸锂（$LiClO_4$）、六氟磷酸锂（$LiPF_6$）、四氟硼酸锂（$LiBF_4$）等。对于溶剂的选择，由于电池的工作电压远高于水的分解电压，因此锂离子电池常采用有机溶剂，如乙醚、碳酸乙烯酯、碳酸丙烯酯、碳酸二乙酯等。

如图 1-4 所示，锂离子电池由于具有能量密度高、输出电压高、循环寿命长、环境污染小等优点，被广泛应用于水力、火力、风力和太阳能电站等储能电源系统，以及电动工具、手机、微型电脑、移动电源、军事装备、航空航天等诸多领域。目前锂电池已逐步向电动自行车、电动汽车等领域拓展。从目前的技术现状来看，钴酸锂和三元材料大量应用在小型电池领域，而在动力、储能电池领域，日本、韩国的企业基本以三元、锰酸锂或者其混合材料作为锂电池首选正极材料，而中国企业大规模地采用磷酸铁锂。从技术主流趋势看，新的电池材料体系如以镍锰酸锂为代表的高电压正极材料、以富锂锰基材料为代表的高容量正极材料将成为未来锂电池研究的主流方向。

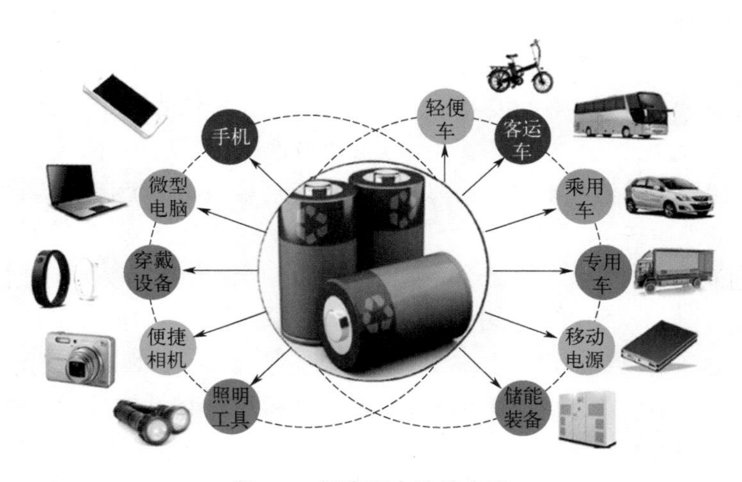

图 1-4　锂离子电池的应用

1.2.3　液流电池

液流电池的概念在 20 世纪 70 年代由美国国家航空航天局（National Aeronautics and Space Administration，NASA）提出，随后许多国家都对液流电池进行了广泛深入的研究。

液流电池一般称为氧化还原液流电池，即一种化学元素的离子在溶液中呈现不同的化合价态，充放电过程离子发生化学反应，其电池结构如图 1-5 所示。

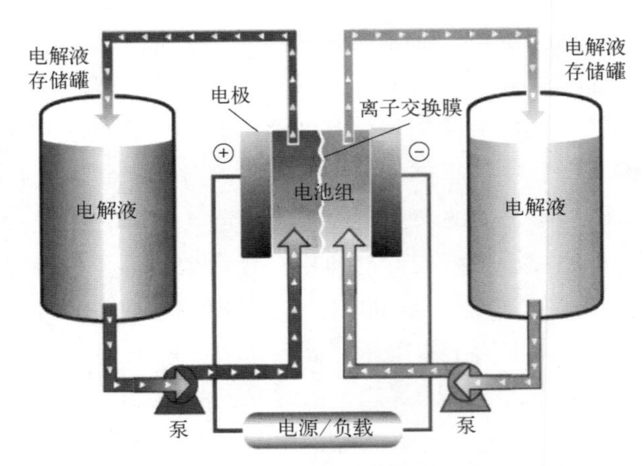

图 1-5　液流电池的结构组成

液流电池中的电极由两种不同的电解质溶液组成，通常分别是阳极和阴极溶液。这些溶液之间通过特定的离子交换膜或盐桥分隔开来，以防止直接混合。当液流电池处于充电状态时，电源会向液体中注入电荷。在阳极溶液中，氧化还原反应导致正离子生成，并释放出电子。同时，在阴极溶液中，另一个氧化还原反应会吸收电子并生成负离子。在液流电池工作期间，阳极和阴极溶液以恒定的速度从外部储液器流经电池，并通过离子交换膜或盐桥进行反应。这个过程中，电荷通过外部电路流动，从而实现能量的储存和释放。

液流电池是一种新型的大型电化学储能装置。液流电池的结构与其他化学电池明显不同，其电解液需要循环泵进行体外循环，正是这种特殊结构决定了液流电池的容量主要受电解液循环系统容积大小控制，输出功率主要受电池中正负极的表面积控制。液流电池可以分为液相型（全钒液流电池）、半沉积型（锌溴液流电池）和沉积型（铅酸液流电池、锌镍液流电池）三种。目前全钒液流电池和锌溴液流电池发展较快，已经初步实现商业化，沉积型液流电池仍处在研发阶段。

全钒液流电池于 20 世纪 70 年代由 NASA 最初开展研发，由澳大利亚的新南威尔士大学最先研制成功。我国从 20 世纪 80 年代末开始液流储能系统的研究工作。2008 年，中国科学院大连化学物理研究所采用自主研发的技术制备了除离子交换膜之外的全钒液流电池的关键材料和部件，在国内首先成功研制出 10kW 电池模块和 100kW 级的全钒液流电池系统。

全钒液流电池的电解液是钒和硫酸的混合，酸度约与铅酸蓄电池相当。电解液储存在电池外部的电解液存储罐中，电池工作时电解液由泵送至电池本体。从结构来看，全钒液流电池被质子交换膜（proton exchange membrane，PEM）分隔成两半，形成阳极和阴极电解液，质子交换膜允许质子或 H^+ 穿过从而形成电子回路，额定电压约为 1.2V。

1.2.4　钠硫电池

钠硫电池是一种以金属钠为负极、硫为正极、陶瓷管为电解质隔膜的二次电池。在一定的工作温度下，钠离子透过电解质隔膜与硫发生可逆反应，形成能量的释放和储存，其工作原理如图 1-6 所示。钠硫电池的工作原理基于钠和硫的电化学反应。在放电过程中，电子通过外电路由阳极（负极）到阴极（正极），而 Na^+ 则通过固体电解质 β-Al_2O_3 与 S^{2-} 相结合形成多硫化钠产物；在充电过程中，电极反应与放电相反。目前应用受限于成本较高，而且电池需要在高温状态下工作，存在运维成本较高和过充的安全隐患以及钠硫泄漏隐患。

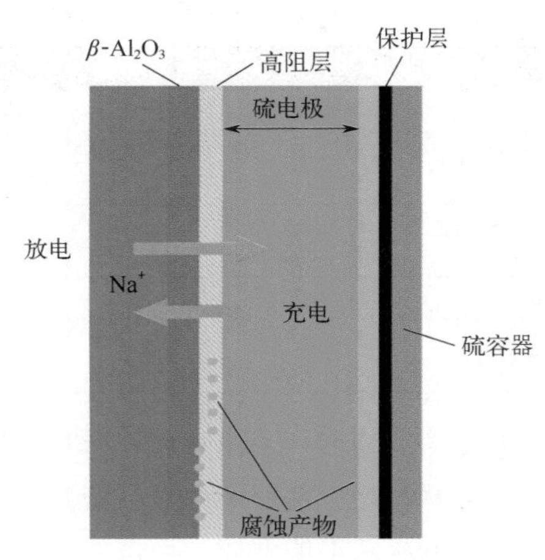

图 1-6　钠硫电池的工作原理

1.2.5　镍镉电池

镍镉电池的正极材料为羟基氧化镍和石墨粉的混合物，负极材料为海绵状镉粉和氧化镉粉，电解液通常为氢氧化钠或氢氧化钾溶液。电池放电时，负极上的镉被氧化，形成氢氧化镉；正极上的羟基氧化镍接受负极由外电路流过来的电子，被还原成氢氧化镍。

镍镉电池可重复 500 次以上的充放电，内阻小，放电时电压变化小，可实现快速充电，是一种比较理想的直流供电电池。镍镉电池的致命缺点是，在充放电过程中如果使用不当，会出现严重的“记忆效应”，使得电池寿命大为缩短。另外，镉是有毒的重金属，废弃的镍镉电池会对环境造成污染。

1.2.6　电化学储能电池技术的性能比较

提到电化学储能技术或器件，最杰出的代表是锂离子电池。自 20 世纪 90 年代 Sony 公司商业化锂离子电池以来，其已渗透到人类生活的方方面面，并在某种程度上改变了人类的生活方式。锂离子电池通过电极材料的体相嵌入脱出反应进行储能，因而拥有高的能量密度。但也正因为如此，其功率密度较低，倍率性能以及循环稳定性较差。锂离子电池使用有机电解液导致制造成本高并伴有安全隐患。另外，钴基等电极原材料有限且分布不均匀、废旧电池还会造成不可逆的环境污染等都限制了其进一步发展，特别是用于大规模储能。

如表 1-1 所示，在所有电化学储能器件中，铅酸电池具有技术成熟、价格低的优点，但其工作寿命短，适用于通信系统、电动车、微电网等领域。锂离子电池具有较高的能量密度和功率密度，同时也具有较高的能量转换效率，但其造价较高，需要定时维护，因此被广泛应用于电力系统储能站、航空航天、电动车等领域。钠硫电池与锂离子电池优势相同，但其技术不成熟，需要特殊防护，主要应用于国外的电力系统储能站。相较于其他储能器件，液流电池的循环性能与能量转换效率表现优异，但由于其体积较大、能量密度较低，适合与分布式电源配合，为偏远地区供电。镍镉电池具有内阻小的独特优势，可快速充放电，但相对地，其寿命也较短，污染性较强，主要应用在铁路机车、矿山、飞机发动机等启动或应急电源。

表1-1 电化学储能电池的性能比较

分类	优势	劣势	应用领域
铅酸电池	技术成熟、价格低	寿命短	通信系统、电动车、微电网
锂离子电池	高的能量密度和功率密度、能量转换效率高	造价高、大量使用需要安全维护	电力系统储能站、航空航天、军用、电动车、电子设备、微电网
钠硫电池	高的能量和功率密度、能量转换效率高	价格高、技术不成熟、需特殊防护	电力系统储能站（国外）
液流电池	循环次数多、能量转换效率高	能量密度低、体积较大	与分布式电源配合、为偏远地区供电
镍镉电池	内阻小，可实现快速充放电	严重的“记忆效应”导致寿命缩短，环境污染	铁路机车、矿山、装甲车辆、飞机发动机等启动或应急电源

除了电池，另一类重要的电化学储能器件是电化学电容器也称为超级电容器。图 1-7 所示的罗根图被广泛用于提供设备功率与能量密度的信息，并为各种技术提供基准。图中的深色区域对应于使用相同充电和放电电流获得的性能，而虚线包围的区域仅指放电性能（低速率充电）。图 1-7 还展示了迄今为止可用的几种储能系统的功率与能量性能的关系。电池位于高能量和低功率区域，它们可以长时间提供低功率放电，运行时间可以持续数小时。超级电容器可以提供比电池更高的功率，但能量密度更低，运行时间为几十秒到几分钟。因此超级电容器因功率密度高、循环寿命长、倍率性能好、安全环保和低成本（水系电解质）等特点而备受人们关注。其因拥有比传统电容器高的能量密度以及比电池高的功率密度而奠定自

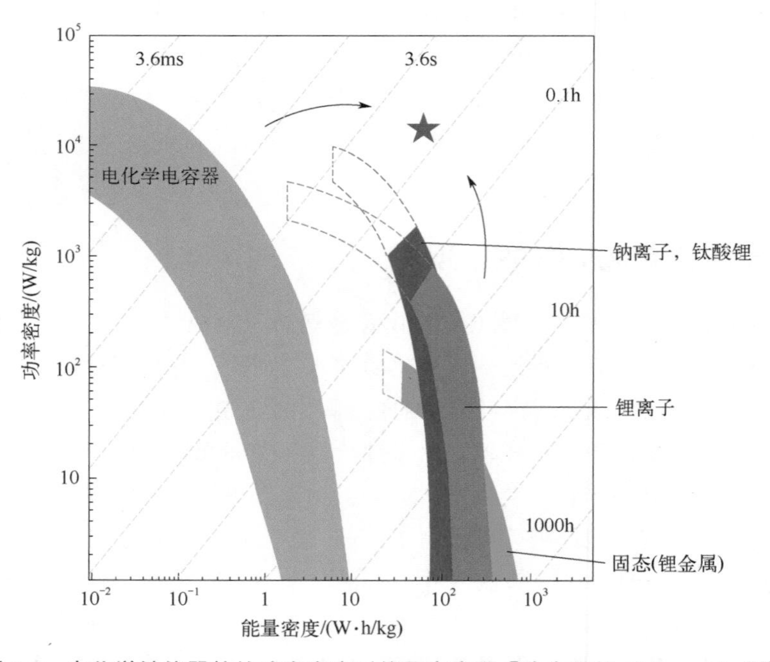

图 1-7 电化学储能器件的功率密度对能量密度图［称为罗根（Ragone）图］

身的价值。因此，超级电容器可以弥补电池的缺点，满足在不同场景下的应用，共同促进了电化学储能技术的发展。

早期，超级电容器作为对电池或燃料电池性能的重要补充而出现，特别是其在短时间（十几秒到几分钟）内的能量输出和存储的能力，例如在新能源汽车领域，超级电容器可与动力电池配合使用，在汽车点火、加速时提供大功率电力输出，在制动、减速时快速回收和存储能量。发展至今，超级电容器已独立地在消费电子、交通运输（例如地铁的制动与启动）、军事及航空航天（例如飞机舱门开启）、不间断电源等方面都有重要应用，而在大规模储能方面，超级电容器可用以提高电能质量、削峰填谷调节电力负荷、调制频率等。无疑，在“碳达峰、碳中和”的大背景下，超级电容器因其自身特有的储能特性将迎来大发展。

如图1-7中星号所标出，应在保持现有优势的基础上进一步提升超级电容器的能量密度。特别是随着赝（准）电容材料（pseudocapacitive materials）的发展，超级电容器有望同时实现高功率密度、高能量密度和长循环寿命。

总之，储能技术是极具潜力的新兴技术，世界各国纷纷将其上升到国家战略地位，投入了大量人力和物力进行储能技术研究和开发应用。电化学储能技术在可再生能源存储、便携式设备、电动交通和智能电网等领域有广泛应用。随着技术的不断进步，电化学储能技术正朝着高能量密度、长循环寿命、快速充放电和低成本的方向不断发展，以满足日益增长的能源需求和减少对化石燃料的依赖。

1.3 超级电容器储能技术

随着科技进步发展，市场对储能器件的需求量越来越多，对其品质要求也不断提升，同时必须考虑产品体积缩小、绿色制造技术、减少环境污染程度、产品使用安全性及资源回收等问题。因而，必须依据产品特性需求而选择适当的储能器件。除了能源环境危机之外，没有便携式电子产品也无法实现现代文明的发展，此类产品由电化学储能系统（高能量密度电池）供电。目前在生产生活中比较常见的新型储能器件主要包括二次电池和超级电容器。由于它们工作原理的不同，因此在能源应用中发挥了各自的作用。与传统的化学电池不同，超级电容器是基于电荷的物理吸附和解吸过程来实现储存电能的。

超级电容器，也称为超级电容或电化学电容器（electrochemical capacitor），是一种能够储存和释放大量电能的电化学装置。它结合了传统电解电容器和化学电池的特点，具有高功率密度、高能量效率和长循环寿命等特点。与普通电容器相比，超级电容器具有更高的电容量和更高的能量存储密度。它的能量存储机制主要由电化学双层（简称双电层，electric double layer，EDL）效应和纳米孔道等微观结构共同完成。电化学双层效应是指在电解液中的两个电极之间形成的电荷层，通过吸附和解吸离子来存储和释放能量。超级电容器可应用于许多领域，包括储能系统、电动汽车、电子设备、医疗器械和可再生能源系统等。在电动汽车中，超级电容器可以在短时间内释放大量能量，提供快速加速和回收制动能量的功能。在储能系统中，超级电容器可以平衡电网负荷，稳定供电，并可作为短期备用电源。

超级电容器具有良好的低温性能和相当优异的循环寿命，商业化超级电容器可以做到数十万次循环后比容量基本无变化，这是其他种类电池都无法企及的优异循环寿命。将超级电容器装置应用于电动汽车或者混合动力汽车上，在提高启动速度、延长发动机寿命、增加电池使用年限、降低维护成本等方面均具优势。

超级电容器储能技术主要依赖于电化学双层效应和赝电容效应，使其能够储存和释放大量电荷。以下列举了几种常见的提升超级电容器储能能力的方法。

1.3.1 纳米孔隙电极

超级电容器是利用电极表面与电解液界面形成的双电层（electric double layer，EDL）结构，或是由电极表面的氧化还原反应来储存电荷。所以电极材料的选取至关重要，直接影响电容器的储能方式和性能。所选择的电极材料必须具有良好的化学稳定性和力学稳定性，在电极与电解液界面上易于形成高的双电层电容（electric double layer capacitance，EDLC）或法拉第赝电容（Faradaic pseudocapacitance）、良好的电子和离子导电性。目前，根据电极材料的不同，超级电容器电极主要分为三类，碳基电极、金属氧化物电极和导电聚合物电极。碳基电极材料具有以下优点：成本低，绿色环保，循环寿命长，良好的导电性和导热性，很高的比表面积。同时碳基电极材料由于比电容（又称比容量）不大，使其组装的超级电容器能量密度偏低，碳基材料的电阻较大，造成组装的超级电容器等效串联内阻较大，放电时存在较大的能量损耗。目前主要的碳基材料有活性炭（activated carbon）、碳纳米管（carbon nanotube，CNT）、碳气凝胶（carbon aerogel）、纳米碳纤维（carbon nanofiber）等。金属氧化物作为电极材料在电解质与电解液界面发生法拉第反应产生的准电容要远远大于碳基电极双层电容。目前主要的金属氧化物电极材料主要为二氧化钌（RuO_2）、二氧化铱（IrO_2），RuO_2 的比容量高，充放电性能良好，循环充放电寿命长，但 RuO_2 的价格十分昂贵，科学家们希望寻找更为廉价的电极活性材料代替 RuO_2，并取得一定进展，主要有 MnO_2、V_2O_5、CoO_x、NiO_x、$Ni_xCo_{3-x}S_4$ 等金属氧化物电极材料。

1.3.2 电解液

电解液在超级电容器中起到至关重要的作用，决定了电容器的工作温度区间和最高工作电压，电解液的物理性质、化学性质、热稳定性与电化学稳定性直接影响超级电容器的电化学性能与循环充放电寿命。在超级电容器中，电解液具有高效地形成双层电荷结构、加速离子传导、补充离子数目等作用。超级电容器电解液主要分为两种：有机系电解液和水系电解液。有机系电解液组装的超级电容器具有更高的能量密度，这是由于有机系电解液分解电压大。另外，有机系电解液超级电容器工作温度区间比较宽，不会腐蚀外部材料，具有很高的稳定性。目前，如何合成工作电压高和导电性良好的电解液成为电容器研究的热点，近些年来，有机系电解液取得了突破性进展。目前，应用最广的有机系溶剂为碳酸丙烯酯（propylene carbonate，PC），常用的电解液为浓度 1mol/L 的四乙基四氟硼酸铵（tetraethylammonium tetrafluoroborate，$TEABF_4$）的碳酸丙烯酯溶液，近年来一种非质子极性溶剂乙腈（acetonitrile，AN）在超级电容器电解液中得到了广泛的应用，具有电化学性质稳定、黏度极低等优点。在实际应用过程中，有机系电解液性能明显优于水系电解液，这是由于有机系电解液分解电压高，从而有了更高的工作电压。研究表明：很多有机系电解液分解电压可达到 5V 以上，但工作电压只有 2 ～ 3V。所以优化电解液系统，提高有机系电解液的分解电压将是有机系电解液的主要研究方向之一。

相比较，水系电解液具有非常高的电导率，比有机系电解液高两个数量级，对制作环境要求较低，操作简单。另外，由于水系电解液离子很小，容易穿过隔膜进入电极微孔，因而具有更大的比电容、更高的功率密度。目前共有三种水系电解液，分别为强酸电解液、强碱电解液以及中性电解液，其中前两种电解液为比较常见的水系电解液。水系电解液最明显的缺点是分解电压过低，进而影响了超级电容器的电量存储。在热力学中，我们可知水的分解电压为 1.23V，但通常情况下，电解液中水的分解电压在 1V 左右。一旦电压超过 1V，电极将产生气体，超级电容器受损，因此由于工作电压较低，限制了器件的电化学性能。

1.3.3 隔膜

隔膜是超级电容器的重要组成部分，直接影响超级电容器的性能，主要作用是使正负电极分离，防止两极的活性物质因接触而造成内部短路。放电过程中，保有一定的电解液，为离子迁移提供通道。所以作为超级电容器隔膜应该具有如下特点：①电阻尽量小，电子的绝缘体，离子的优良导体；②机械强度较高，不易形变，隔离性能良好；③化学性能稳定，不易发生化学反应；④有较高的吸液率和保液率；⑤柔韧性良好，组织成分均匀，无其他杂质，平整而薄厚均匀。目前常用的超级电容器隔膜主要有隔膜纸、聚丙烯隔膜、无纺布隔膜、生物隔膜、高离子半透膜等。

1.3.4 超级电容器单体与模组

由于超级电容器单体工作电压不高，一般只有 1 ～ 2.85V，其中常用的单体超级电容器电压规格一般是 2.7V，而在实际应用中常需要 16V、48V、54V、75V、125V 甚至更高的电压才能满足应用需求。为满足风力发电、混合动力汽车（HEV）、军用启动电源及微电网等领域的要求，超级电容器模组就应运而生了。超级电容器模组就是将多个超级电容器单体串联，配合电压均衡和放电稳压系统，用铝合金外壳组合而成的一个新型能量系统。

1.3.5 混合储能器件

研究人员尝试将超级电容器与其他储能技术（如锂离子电池或燃料电池）相结合。这种混合储能器件可以充分利用两种技术的优势，实现更高的能量密度和更长的使用时间。

1.4 超级电容器的发展历程

超级电容器是为了推动清洁能源发展而发展起来的一种电化学能源设备，超级电容器有几个显著的特点，例如安全性高、对环境污染小、充电速度快、功率密度高、循环寿命长和制作简单。

图 1-8 总结了超级电容器的发展历程。电容器的发现最早可以追溯到 18 世纪中叶，荷兰的 Pieter van Musschenbroek 在为电学实验寻找供电来源时发明了莱顿瓶，被后世公认为电容器的原型。这是最早的电容器，它的出现使得人们对于电容器的电荷存储机制有了初步的了解。莱顿瓶是由一个玻璃容器跟一组金属箔两个部件组成的装置。两块金属箔由被称为电介质的玻璃容器隔开，在充电时将内部金属电极接上静电产生器或者起电盘等可以提供静电的装置，将外部金属箔接触大地，内部的金属箔与外部的金属箔就会携带等量但电性相反的电荷，当用金属棒将这两个金属箔短接，就会发生放电过程。这一过程就属于一个完整的充放电过程，这意味着人类成功产生、存储和释放了电能，是人类利用电能进程中的一个里程碑事件。

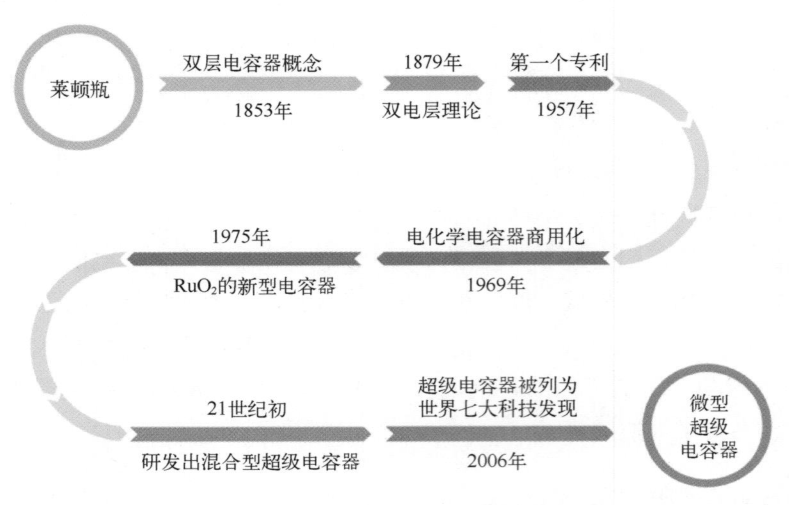

图 1-8　超级电容器的发展历程

1853 年，Helmholtz 首次提出了双电层电容器的概念，认为在对电解液中的两金属电极施加一定电压之后，在金属 - 电解液界面偏向溶液一侧将排列一层与金属电极剩余电荷相反的电解液离子。到了 1879 年，德国物理学家 Helmholtz 发现了电化学界面的双电层电容性质，首次建立了双电层理论，并搭建出世界上第一个双电层电容器模型。双电层电容器具有以下几个特点：

① 功率密度高。

双电层电容器的功率密度可以达到 10kW/kg，远远高于蓄电池的功率密度。

② 安全性高。

双电层电容器使用无腐蚀性的电解质和基本无毒的材料，安全隐患小。

③ 稳定性好。

几十万次、上百万次的超高速充放电过程对于双电层电容器性能的影响微乎其微，可以做到比电容基本无变化，这是电池装置无法达到的成就。

④ 工作温度范围大。

双电层电容器正常工作的温度范围比较大，低温对于双电层电容器中离子的吸附和脱附影响不大，因此双电层电容器的性能基本不受正常温度变化的影响，极端天气环境下依然可以正常工作。

1957 年，Howard Becker 申请了第一个电化学电容器方面的专利，他提出可以将小型的电化学电容器用作储能器件。1957 年，通用汽车公司发表了第一个关于活性炭基双电层电容器的专利，标志着双电层电容器的概念成为现实。1962 年，美国的标准石油公司（Standard Oil Company）生产了一种以活性炭为电极、以硫酸水溶液为电解质的超级电容器，并于 1969 年率先实现了碳材料电化学电容器的商业化。1979 年，日本 NEC 公司在美国的研究基础上生产超级电容器，开始了电化学电容器的大规模产业化应用。主要用于车载电子系统、辅助电源和备用电源等领域。研究者开始探索新的电极材料，如金属氧化物和导电聚合物。

值得注意的是，B. E. Conway 等科研人员对 RuO_2 作为超级电容器的电极材料进行了探索，在 1971 年发明了一种基于 RuO_2 的新型电化学电容器，奠定了法拉第赝电容器的发展基础，由此引发了赝电容器的研究热潮。这种电容器的工作原理跟双电层电容器的工作原理有很大差异，新电容器利用电极材料与电解质之间发生的氧化还原反应产生法拉第电荷从而达到储存电量的效果。新式电容器中发生的氧化还原反应属于变电位反应，且不存在电压平台，又具有电容特征。

随着材料与工艺的不断创新与突破，到了 20 世纪 90 年代末大容量 / 高功率型的超级电容器逐步进入全面工业化发展新阶段。直到 21 世纪初，混合型超级电容器被研发出来。混合型超级电容器也被称为非对称超级电容器，工作原理是利用法拉第电容器跟双电层电容器两种电容器装置共同作用来储存能量。因为非对称超级电容器是由两种电容器组装成的，所以它同时具有电容器电极的高比电容、电池型电极的稳定性与高功率密度等优点，这种特殊的组成意味着不对称超级电容器具有良好的科研价值和商业化应用前景。

现如今，超级电容器的开发与应用已成为社会焦点，被全球学者广泛研究。目前，俄罗斯、美国、日本等国家在实现超级电容器的工业化方面处于全球领先地位。与发达国家相比，我国对于超级电容器的研发起步较晚，正式开始于 20 世纪 90 年代。目前，国内生产出来的超级电容器主要作为民用，如各种交通工具的启动电源、安全警报系统、电梯、起重机等需要高功率的用电场合。

在过去几年中，超级电容器的研究主要关注于提高能量密度和延长循环寿命，以及降低成本。新的电极材料、离子液体电解液和纳米结构设计等技术被广泛研究。未来，超级电容器的发展趋势可能包括更高的能量密度、更快的充放电速度、更长的循环寿命和更低的成本。这将进一步推动超级电容器在电子设备、交通运输和能源存储等领域的应用。

1.5 超级电容器储能的优缺点分析

作为一种新型储能装置，超级电容器与化学电池等传统储能装置相比，具有显著的特点和优势，发展前景广阔。超级电容器的能量密度虽不如化学电池，但它有着化学电池不可比拟的优点：

① 化学电池充放电次数有限，而超级电容器几乎可以无限次充放电，可长期使用，维护成本低。

② 化学电池的充放电时间很长，因为化学电池的充放电涉及化学反应，而超级电容器

充放电过程均不涉及化学反应，可以实现快速充放电。

③ 超级电容器的使用温度范围更宽。

④ 超级电容器具有更大的电流和更高的功率密度，抗过载的冲击能力强。

表 1-2 给出了典型超级电容器和典型化学电池的比较。

表1-2 典型超级电容器与典型化学电池的比较

性能	超级电容器	化学电池
放电时间	1～30s	0.5～3h
充电时间	1～30s	1.5～5h
循环寿命	＞500000h	＜10000h
效率	90%～95%	70%～90%
功率密度	3～10kW/kg	0.3～1kW/kg
能量密度	5～10W·h/kg	＞150W·h/kg
运行温度	-40～70℃	-20～60℃

1.5.1 超级电容器优点

总的来说，超级电容器性能介于普通电容器和化学电池之间，主要优点如下。

（1）容量大

相同体积下超级电容的容量比普通电容器高出 3 ～ 6 个数量级。

（2）功率密度高

超级电容器的功率密度可达 10kW/kg，远高于二次电池，可以用于高功率输出设备。超级电容器储能过程实质上是导电离子在电极上的转移过程，不发生氧化还原反应，属于物理储能，能够提供较大的脉冲电流，实现高功率输出，适合大功率场合和需要瞬时功率支持的场合应用，如电动车加速和制动过程。例如，国内某厂家生产的 UCPY3000F 型超级电容器，额定容量为 3000F，秒（1s）冲电流高达 2060A。在需要提供瞬时大功率支持、负荷频繁波动等领域配置一定容量的超级电容器，可以大幅提高系统的可控性和经济性。

（3）快速充电

超级电容器具有较低的内阻和快速充放电速度，能够适应大充电电流充电，可以在短时间内完成充电过程，满足快速充电需求。超级电容器可实现快速充电，一般耗时在几十秒到数分钟，而传统化学电池往往需要数小时才能完成充电，所耗时间为超级电容器充电时间的几十倍。

（4）受环境温度影响小

超级电容器在不同的温度下仍能保持较好的性能，具有较强的温度适应能力。无论是在低温或是高温环境下，超级电容器始终性能优良，这是因为温度对于超级电容器中离子的可逆吸附 / 脱附速率影响并不大，超级电容器的工作温度范围可以宽至 -40 ～ 70℃。与传统化学电池相比，超级电容器在低温以及恶劣工作环境中依然能够保持良好的性能。正因为如此，超级电容器被广泛应用于军事、航天航空等领域。此外，超级电容器结构没有旋转部件，几乎无需维护，可靠性高。

（5）循环寿命长

相比于传统的化学电池，超级电容器具有更长的循环寿命，可进行大量的充放电循环，不易损坏。超级电容器的可以充放电次数大于 50 万次，而可充放电化学电池的循环寿命一般只有 500 到几千次。

（6）环保性

不同于传统化学电池采用金属或者金属氧化物作为电极，超级电容器一般采用活性炭作为电极材料。活性炭电极在生产和使用过程中不会对生产者或者使用者造成危害，也有利于环境保护。此外，超级电容器装置被丢弃后也不会像化学电池那样会对土壤和水源造成污染。超级电容器在生产过程中大多使用的是环境友好型材料，且在使用过程中也不会产生有毒有害的化学污染物质，安全可靠，对环境十分友好。

超级电容器在能量转换和回收方面表现出极大的优越性。超级电容器储能系统具有高功率密度、循环寿命长的优点以及快速充放电能力和大电流充放电能力，特别适用于电动汽车和混合动力汽车的启动和加速、大功率负载（如电梯、电动机等）的供电，能够显著提高现有电动汽车和混合动力汽车充电系统效率。此外，由于超级电容器储能技术具有功率大、循环寿命长、充电速度快等特点，可以将其与大功率电力电子器件结合应用于各种电动汽车和混合动力汽车等各种大电流负载供电以及各种不适合电池供电的场合。

1.5.2 超级电容器缺点

虽然超级电容器有着上述诸多优点，但是也存在着一些不足。

（1）能量密度低

相比于传统的化学电池，超级电容器的能量密度较低，无法在同等体积下储存更多的能量，因此在长时间稳定供电方面具有局限性。超级电容器的能量密度大约为铅蓄电池的 20%。在相同的能量需求条件下，超级电容器储能系统占地多、重量大、成本也高。

（2）端电压波动范围大

超级电容器的端电压由其储存能量状态决定，当充放电的时候，其端电压波动较大。如超级电容器放出 3/4 的能量时，其端电压只有满能量时的 1/2。

（3）电压均衡问题

由于超级电容器的工作电压通常较低，通常只有 1 ～ 2.85V，其存储的能量十分有限，往往需要进行串并联组合才能达到实际应用场合的电压以及容量要求，这限制了其在某些高电压场景中的应用。超级电容器单体之间参数的不一致，可能导致超级电容器的工作电压失衡，严重影响整个超级电容器系统的使用寿命和可靠性。

（4）自放电

超级电容器存在自放电现象，即在不使用的情况下，电容器也会逐渐失去储存的电荷，需要定期补充能量以维持性能。

（5）成本高

与化学电池相比，超级电容器的制造成本较高，主要是因为需要采用高性能的电极材料和特殊的电解液。

此外，目前超级电容器的价格较昂贵，大规模电力储能尚存在经济性问题，但随着超级电容器产业化程度的不断提高以及材料工艺水平的不断进步，可以预见，在不久的将来，随着超级电容器应用领域的不断拓展和产业化进程的加快，其制造成本将大幅下降，是一种非常具有潜力的储能装置。

综上所述，超级电容器具有高功率密度、长寿命和快速充电等优点，但存在能量密度低、成本高和电压限制等缺点。在实际应用中，应根据具体需求，权衡超级电容器的优缺点来选择合适的储能方案。

参考文献

[1] Yang Z，Zhang J，Kintner-Meyer M C W，et al. Electrochemical energy storage for green grid [J]. Chemical Reviews，2011，111（5）：3577-3613.

[2] Patrice S，Gogotsi Y. Perspectives for electrochemical capacitors and related devices [J]. Nature Materials，2020，19：1151-1163.

[3] 夏熙，刘玲. 纳米电极材料制备及其电化学性能研究 [J]. 电池，1998，28（4）：147-151.

[4] Zhang H，Wang K，Zhang X，et al. Self-generating graphene and porous nanocarbon composites for capacitive energy storage [J]. Journal of Materials Chemistry A，2015，3：11277.

[5] Zhang H，Zhang X，Zhang D，et al. One-step electrophoretic deposition of reduced graphene oxide and $Ni(OH)_2$ composite films for controlled syntheses supercapacitor electrodes [J]. Journal of Physical Chemistry B，2013，117：1616-1627.

[6] Zhang X，Yu P，Zhang H，et al. Rapid hydrothermal synthesis of hierarchical nanostructures assembled from ultrathin birnessite-type MnO_2 nanosheets for supercapacitor applications [J]. Electrochimica Acta，2013，89：523-529.

[7] Duan Y，Zhao Z，Lu J，et al. When conductive MOFs meet MnO_2：high electrochemical energy storage performance in an aqueous asymmetric supercapacitor [J]. ACS Applied Materials & Interfaces，2021，13（28）：33083-33090.

[8] Zhang L，Zhang H，Chu X，et al. Synthesis of size-controllable $NiCo_2S_4$ hollow nanospheres toward enhanced electrochemical performance [J]. Energy & Environmental Materials，2020，32：421-428.

[9] 马仁志，魏秉庆，徐才录，等. 基于碳纳米管的超级电容器 [J]. 中国科学：E辑，2000，30（2）：5.

[10] 黄博，孙现众，张熊，等. 活性炭基软包装超级电容器用有机电解液 [J]. 物理化学学报，2013，29（9）：1998-2004.

[11] 孙现众，张熊，张大成，等. 活性炭基Li_2SO_4水系电解液超级电容器 [J]. 物理化学学报，2012，28（2）：367-372.

[12] 林涛，鲁璐璐，蔺家成，等. 超级电容器隔膜及其研究进展 [J]. 化工新型材料，2023，51（8）：29-34.

第2章 超级电容器的储能原理

由于不断增长的能源消费需求和不可再生的化石燃料的持续消耗，过去几十年里，人类一直在找寻使用可持续能源替代化石燃料的可能性，而鉴于风能、太阳能、潮汐能等可持续能源的不稳定性，势必需要使用储能设备将这些能量进行存储。超级电容器作为一种新兴的储能器件，可以实现较高的功率密度以及中等的能量密度，并且具备极为出色的循环稳定性能，在储能领域已经获得了相当程度的关注。本章在超级电容器分类的基础上，重点介绍不同类型超级电容器的储能原理，并关注新型超级电容器如柔性超级电容器、固态超级电容器和微型超级电容器的储能原理和关键技术。

2.1 超级电容器的概念与分类

2.1.1 超级电容器的概念

超级电容器又名电化学电容器，是指介于传统电容器和化学电池之间的一种新型储能装置，图 2-1 展示了一种典型的超级电容器，其主要由正负电极、隔膜、电解质和封装层组成。其中，正负极电极材料相同的称为对称型超级电容器（symmetric supercapacitor），否则称为非对称型超级电容器（asymmetric supercapacitor）。为了防止正负极直接连接造成短路出现危险，一般在两电极之间用高分子隔膜隔开。隔膜层一方面能够使离子通过，另一方面在充放电过程中保持器件的结构稳定性。超级电容器的电解质可分为水系电解液、有机电解液以及离子液体（ionic liquid）电解质，其作用是为电荷存储提供所需离子。超级电容器既能够像传统电容器一样快速充放电，同时又能够像化学电池一样储存能量，因此其作为一种新型储能装置，既能满足动力系统高的启动功率和启动转矩的要求，又能满足启动尖峰功率对储能系统的要求，填补了传统电容器（高功率密度、低能量密度）和化学电池（高能量密度、低功率密度）之间的空白，在新能源汽车、现代储能系统、可再生能源、航空航天、国防事业等重要的战略领域具有极为重要的应用价值，得到了诸多国家的重视。

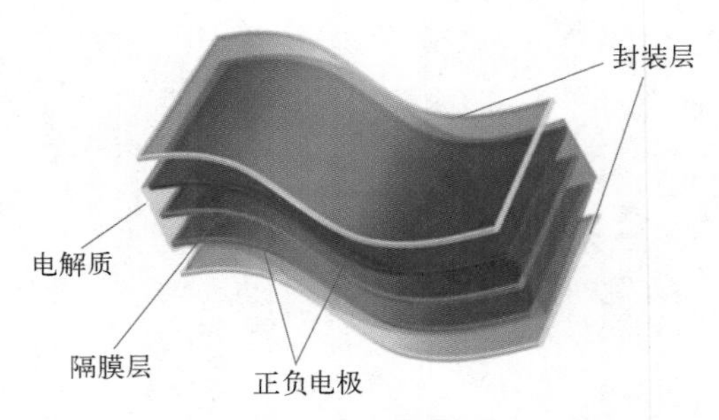

图 2-1　超级电容器的结构示意图

自超级电容器的概念诞生以来，经过多年的发展，超级电容器的性能已有大幅度提升，但仍存在着一些不足之处亟须改进：①材料利用率的问题，主要包括电极材料的利用率以及电解液在电极材料上的利用率；②电解液自身离子导电性问题；③隔膜孔隙大小的控制以及与电解液、电极材料的匹配性问题；④器件工作中导致的电极材料损耗问题。超级电容器目前最大的挑战是能量密度较低，很大程度上限制了其应用。可以预见的是，为超级电容器寻找性能优异的新型电极材料、开发离子导电率高的电解液、开展隔膜材料的相关研究仍是今后很长一段时间里主要的研究方向。随着现代社会的快速发展，电子技术和设备都得到了蓬勃发展以及广泛的应用，比如智能手机、人工智能（AI）芯片、新能源汽车等。相比较而言，储能设备尤其是超级电容器的发展速度并不太可观。因此，为满足社会需求，储能技术的发展刻不容缓，通过科研人员的不懈努力，超级电容器在经济生活中必将为人们带来更多的便利。

2.1.2　超级电容器的分类

超级电容器按照不同的分类方法，可以分成不同种类。图 2-2 列举了超级电容器常见的分类方法和对应的器件名称。

（1）根据不同的电荷储存原理分类

根据不同的电荷储存原理，可将超级电容器分为三类：a．利用双电层通过静电作用来存储电荷的双电层超级电容器；b．通过电极与电解液界面发生氧化还原反应来实现电荷存储的法拉第准电容器，又称为赝电容超级电容器（pseudocapacitive supercapacitor，PSC）；c．混合型超级电容器（hybrid supercapacitor，HSC），顾名思义，同时具有上述两种电荷储存机制。图 2-3 展示了三类超级电容器内部结构的典型示意图。

① 双电层超级电容器。

双电层超级电容器的电荷储存是单纯地通过静电作用在电极和电解质的界面进行物理吸附，而没有电荷转移，又被称为亥姆霍兹（Helmholtz）双电层。双电层超级电容器的储能机制类似于传统的并联电容器，并且可以在电极上存储比传统电容器相对更多的能量。由于

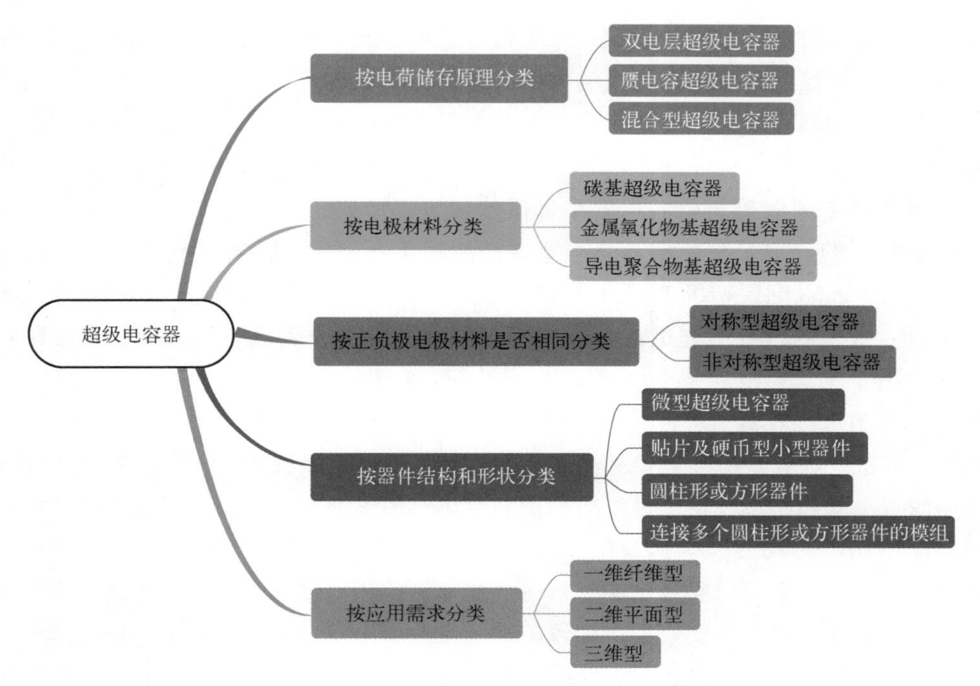

图 2-2　超级电容器常见的分类方法和对应的器件名称

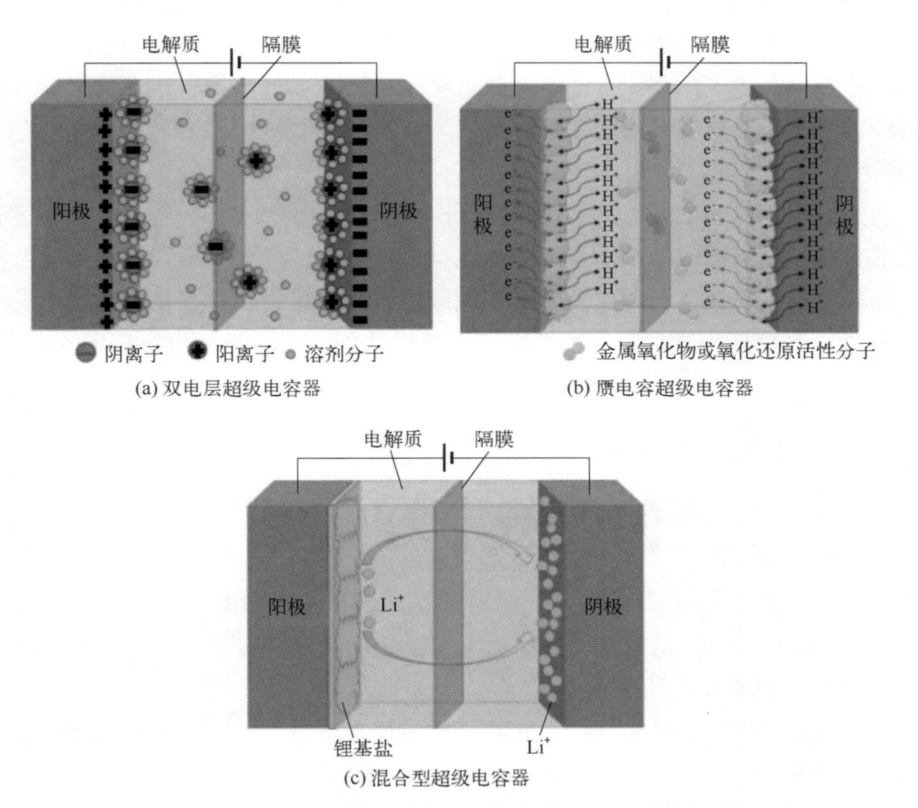

图 2-3　三类超级电容器内部结构的典型示意图

双电层超级电容器在储能过程中仅仅依靠物理静电吸附过程，因此在极短时间内（约 10^{-8}s）能够形成双电层，这使得双电层超级电容器的稳定性和充放电效率都十分可观，且电流与电位的响应不会出现滞后现象。具体来说，当在电极上施加电压时电荷聚集在电极表面，相反的电荷会由于电位差被吸引，导致电解质中的离子扩散移动到带电电极的孔隙中。因此，在双电层超级电容器储能机制中，带相反电荷的电极上形成了一个稳定的双电层，而没有电解质和电极之间的界面电荷转移，具有双电层超级电容器性质的电极材料，其电压与电流响应为线性关系。双电层超级电容器的比电容主要取决于电极材料的表面特征、比表面积、孔径分布等。常用的双电层超级电容器电极材料有活性炭、碳纳米管、碳气凝胶和石墨烯（graphene）等。

② 赝电容超级电容器。

在赝电容超级电容器中，电极材料通过活性材料表面或界面的快速可逆氧化还原反应实现电荷存储，电荷转移会涉及电极材料的价态变化。由于涉及反应，所以赝电容超级电容器的响应时间（10^{-4} ～ 10^{-2}s）明显长于单纯物理静电吸附的双电层电容器，但同时具有比双电层电容器更大的比电容和能量密度。当在法拉第氧化还原过程中施加电压时，电极发生快速的氧化还原反应，电荷穿过双层，导致超级电容器中出现法拉第赝电流，赝电容超级电容器的储能机制伴随着电极、电解质界面的可逆电荷转移过程，并在循环伏安曲线中产生明显的氧化还原峰，因此不再呈现矩形形状。由于氧化还原反应相比电化学双电层参与的电子数目增加 6 ～ 10 倍，因此赝电容超级电容器的能量密度大致为双电层电容器的 2 倍。但同时，赝电容超级电容器的功率密度相对双电层电容器较低，循环稳定性也相对较差。过渡金属氧化物（RuO_2、MnO_2、Fe_2O_3 等）、过渡金属氢氧化物和导电聚合物（聚吡咯、聚苯胺、聚噻吩）等是赝电容超级电容器常用的电极材料。

③ 混合型超级电容器。

在不同类型的超级电容器中，双电层超级电容器提供了良好的循环稳定性和高功率密度，而赝电容超级电容器能够提供更大的比电容以及更高的能量密度，因此，混合型超级电容器能够整合双电层超级电容器以及赝电容超级电容器的优点，在提供更大的电压窗口和功率密度的同时具有较高的能量密度，在数值上可以达到双电层超级电容器的 6 ～ 10 倍和赝电容超级电容器的 3 ～ 5 倍。

（2）根据不同类型的电极材料分类

根据不同类型的电极材料，又可将超级电容器分为三类。

① 碳基超级电容器。

碳材料由于自身良好的导电性、化学稳定性以及高比表面积常被用作超级电容器负极，是典型的双电层电极材料，目前常用的碳材料电极包括活性炭、碳纳米管、石墨烯等。

② 金属氧化物基超级电容器。

代表性的金属化合物电极材料有 MnO_2、FeOOH 等，是典型的赝电容电极材料，但大部分金属化合物的导电性较差，导致这类超级电容器功率密度较低。

③ 导电聚合物基超级电容器。

此类电极材料通过 p 型或 n 型掺杂实现电荷的存储，常用的导电高分子电极材料有聚苯胺、聚吡咯等。

（3）根据器件正负极电极材料是否相同分类

根据器件正负极电极材料是否相同，可将超级电容器分为对称型超级电容器和非对称型超级电容器。对称型超级电容器的电极材料相同，而非对称型超级电容器的电极材料不同。非对称型超级电容器将不同的储能机制结合，有助于扩大电压窗口并提高器件的性能。

（4）根据器件不同的结构和形状分类

根据器件不同的结构和形状，超级电容器又可分为微型超级电容器（micro-supercapacitor）、贴片及硬币型小型器件、圆柱形或方形器件、连接多个圆柱形或方形器件的模组，其中贴片型、硬币型、袋压型、层压型等小型器件容量小，常用于小型电子设备如钟表、内存的供能；多个圆柱、方形集成的器件模块可实现大容量，可用于工业设备的应急电源。

（5）根据不同的应用需求分类

根据不同的应用需求，又可将超级电容器制备成一维纤维型、二维平面型以及三维型结构。其中，一维纤维型经过设计可编制为可穿戴器件，二维平面型超级电容器易于进行微型化设计，而三维型超级电容器则可以负载高活性材料提高器件性能。

2.2 双电层超级电容器的储能原理

双电层超级电容器是一种利用静电吸附和脱附作用进行电荷存储的超级电容器，其电荷存储机制取决于电解质离子在电极 / 电解质界面上的物理吸附和解吸。充电时，电解液中的离子在电场的作用下迅速向电极移动，在电极材料表面的电荷通过静电作用吸附电解液中的反电荷离子，从而在正负电极的电极 / 电解液界面形成紧密的、符号相反的电荷层，即双电层。在撤去外加电场后，由于电极上的电荷与其在电解液中吸附离子的电荷相反并相互吸引，因此双电层可以稳定存在并保持稳定电压。放电时，电子从负极回到正极从而在外电路中形成电流，而在电极 / 电解液界面吸附的电解液离子重新回到电解液中，从而实现电能的释放。

双电层超级电容器与基于电极极化的平行板电容器的工作原理类似，均为双电层电荷模型，图 2-4 给出了典型的三种双电层模型。

在 19 世纪，Helmholtz 首先提出了一种双电层电容器模型，即 Helmholtz 模型，它指出在特定电压下，电极 / 电解质界面上通过静电吸附形成两层相互距离为一个原子的相反电荷层［图 2-4（a）］。从带电表面到被吸附的电解质离子中心的距离 d 被称为 Helmholtz 距离。Helmholtz 将此结构假设为一个平行板电容器，其电容（C_d）的计算公式为：

$$C_{\mathrm{d}}=\frac{\varepsilon_{\mathrm{r}}\varepsilon_{0}}{d}A \tag{2-1}$$

式中 ε_r——电解质的相对介电常数；

ε_0——真空介电常数，F/m；

d——Helmholtz 距离，m；

A——有效电极面积，m^2。

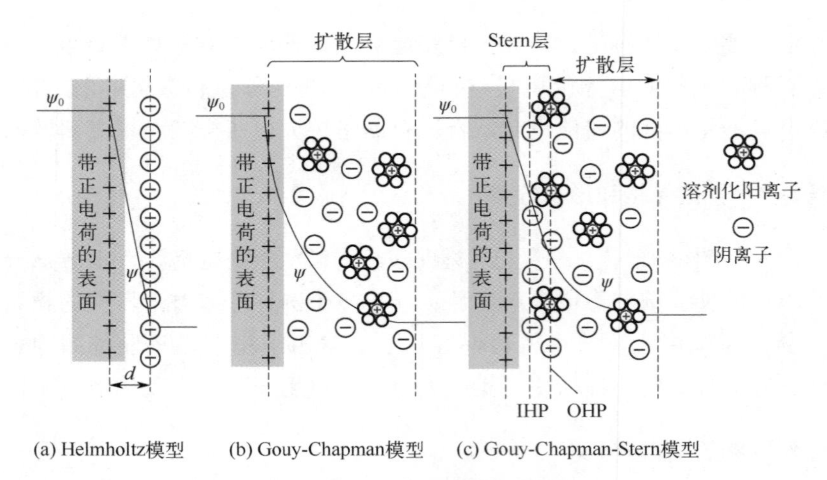

图 2-4　典型的三种双电层模型

其内部储存的电荷密度与电压的关系为:

$$\sigma = \frac{\varepsilon_r \varepsilon_0}{d} V \tag{2-2}$$

式中　σ——电荷密度，C/m^2；

V——电压，V。

微分电容满足:

$$\frac{\partial \sigma}{\partial V} = C_d = \frac{\varepsilon_r \varepsilon_0}{d} \tag{2-3}$$

因此，该模型预测的微分电容与电荷密度无关，为一常数，其大小只取决于电解质溶液的介电常数以及双电层距离。

当电解液浓度低（如$<$ 0.1mol/L）时，电极表面的电荷不能完全被反离子层抵消，微分电容并非一个常数。1910 年，Gouy 和 Chapman 提出了扩散层（diffusion layer）模型，即 Gouy-Chapman 模型。该模型提出：在热波动的驱动下，离子的电荷分布与到电极表面的距离具有函数关系，溶剂分子的偶极运动和离子扩散导致离子电荷密度逐渐降低，并且电势呈指数下降直至与本体溶液电势相等，从而形成一个扩散层［图 2-4（b）］。而且，当电极电荷增多，扩散层更紧密，双电层电容更大。

然而，当点电荷非常接近电极表面时，会出现极高的双电层电容（C_{dl}），导致电容被过高估计。为了解决这个问题，Stern 把 Helmholtz 模型和 Gouy-Chapman 模型结合起来，将电极 / 电解质界面的离子分为 Stern 层和扩散层［图 2-4（c）］，称为 Gouy-Chapman-Stern（GCS）模型。在 Stern 层，离子被电极表面强烈吸附，它由多层结构组成，包括内亥姆霍兹层（inner Helmholtz plane，IHP）和外亥姆霍兹层（outer Helmholtz plane，OHP）。在包括 IHP 和 OHP 的 Stern 层中，反离子由于与离子、电极表面和孔隙的强烈相互作用而未被溶剂化或部分溶剂化，而离子在扩散层的电解液中呈现连续分布。

因此，GCS 模型提出了双电层结构实际上是“Stern 层 + 扩散层”，其中 Stern 层包括 IHP 层和 OHP 层。

① IHP：离界面最近的层，由特异性吸附的离子和分子构成，被吸附的物质不仅受到静电相互作用影响，还受到化学相互作用影响。

② OHP：处于被溶剂化的离子所构成的电中心平面，这些离子往往是非特异性吸附，溶剂化离子与电极表面仅涉及长程静电相互作用。

③ 扩散层：从 OHP 到溶液本体的部分，物质受到热运动和静电力作用。

值得一提的是，电势从表面线性衰减到 IHP 和 OHP 层，但具有不同的梯度或斜率。接近扩散层时，电势的变化偏离线性并达到平稳状态，并且在整个电解质溶液中几乎保持恒定。因此，双电层电容与 Stern 层电容和扩散层电容有关，表示为：

$$\frac{1}{C_{\mathrm{dl}}}=\frac{1}{C_{\mathrm{H}}}+\frac{1}{C_{\mathrm{diff}}} \tag{2-4}$$

式中 C_{dl}——双电层电容，F；

C_{H}——Stern 层电容，F；

C_{diff}——扩散层电容，F。

根据 GCS 模型，双电层电容器的电容与电极材料的比表面积成正比，这在电极材料如活性炭比表面积不太高时（约 $1200\mathrm{m}^2/\mathrm{g}$）是成立的。而一些研究发现：当比表面积增大到一定程度时，比电容的增长变缓，偏离线性关系。起初研究人员认为 Brunauer-Emmertt-Teller（BET）模型过高地估计了电极材料的比表面积。但是采用密度泛函理论（density functional theory，DFT）模型对比表面积进行修正后，该现象依旧存在。Barbieri 等认为随着比表面积增大，孔壁变薄，孔壁内的电荷对电解液离子起到静电屏蔽作用，造成单位面积比电容的降低，直观表现为比电容 - 比表面积曲线出现平台。而另外一些研究人员则认为是孔隙结构对比电容造成了一定的影响：当碳材料的孔径过小时，电解液离子无法进入孔隙内形成双电层结构，这一部分的比表面积对电容没有实质性贡献。

随着研究的深入，Gogotsi 等发现在平均孔径小于 1nm 的碳化钛衍生碳（TiC-CDC）材料中，材料的面积比电容随孔径减小而异常升高，并且当电解液离子尺寸和碳材料的孔尺寸相一致时，材料的比电容最大，结果如图 2-5 所示。随后的理论研究表明，电解液离子在进入微孔时会发生去溶剂化效应，即溶剂化离子的壳层变薄，在静电作用下吸附到材料表面形成双电层时，双电层半径减小，比电容提升。Chmiola 等在三电极体系中，以 1.5mol/L 溶解于乙腈的四乙基铵四氟硼酸盐（$\mathrm{TEABF_4}$）作为电解液，研究了平均孔径小于溶剂化离子直径的 TiC-CDC 的电化学性能，发现当孔径与去溶剂化 $\mathrm{TEA^+}$ 的直径（0.68nm）相当时，体系的比电容最大，验证了离子去溶剂化效应对比电容的增强机制。

经典的双电层模型作为一种平面电容器模型，忽略了孔径尺寸和结构对比电容的影响，而实际上当多孔碳材料含有各种形状（比如狭缝、圆柱形、球形、蠕虫状等）的孔洞，当孔径过小时，孔内空间并不足以形成紧密层和扩散层，该理论模型并不能很好地解释多孔碳材料的双电层结构。Huang 等在双电层理论模型上，考虑了孔洞曲率对碳基超级电容器电容量的影响。对于圆柱形介孔和微孔，分别提出了电双层圆柱体电容器（electric double-cylinder capacitors，EDCC）和电双层线筒式电容器（electric wire-in-cylinder capacitors，EWCC）

两个模型，如图 2-6（b）、（c）所示。在介孔（2 ~ 50nm）内，溶剂化反离子进入介孔并沿内壁排列形成 EDCC，其电容量（C）可根据式（2-5）进行计算。

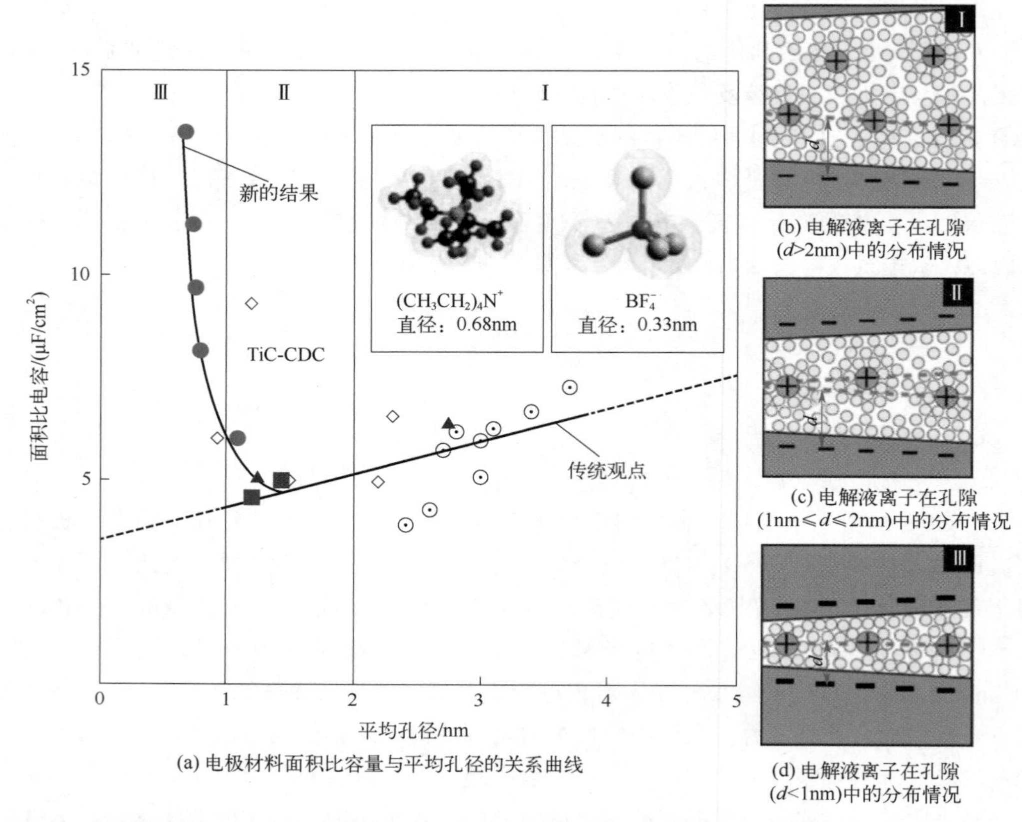

(a) 电极材料面积比容量与平均孔径的关系曲线

(b) 电解液离子在孔隙(d>2nm)中的分布情况

(c) 电解液离子在孔隙(1nm≤d≤2nm)中的分布情况

(d) 电解液离子在孔隙(d<1nm)中的分布情况

图 2-5　超级电容器电极材料面积比电容与平均孔径的关系曲线及电解液离子在孔隙中的分布情况

$$C=\frac{\varepsilon_r\varepsilon_0}{b\ln\left[b/\left(b-d\right)\right]}A \tag{2-5}$$

式中　b——孔半径，nm；

d——电荷中心到电极表面的距离，nm。

而在微孔（< 1nm）内，如图 2-5（c）所示，溶剂化与去溶剂化的离子沿着圆孔的中轴线排列形成 EWCC，其电容量可根据式（2-6）进行计算。

$$C=\frac{\varepsilon_r\varepsilon_0}{b\ln\left[b/a_0\right]}A \tag{2-6}$$

式中　a_0——离子的有效尺寸，nm。

对于大孔，由于其曲率很小［图 2-6（a）］，可以用 GCS 模型描述其电荷分布，其电容量计算与平面电容器相似，由式（2-1）即可计算电容。

Huang 等应用式（2-6）对 Chmiola 的研究数据进行拟合，发现介电常数 ε_r 接近真空介电常数 ε_0，证明电解液离子在进入微孔时发生了去溶剂化作用。

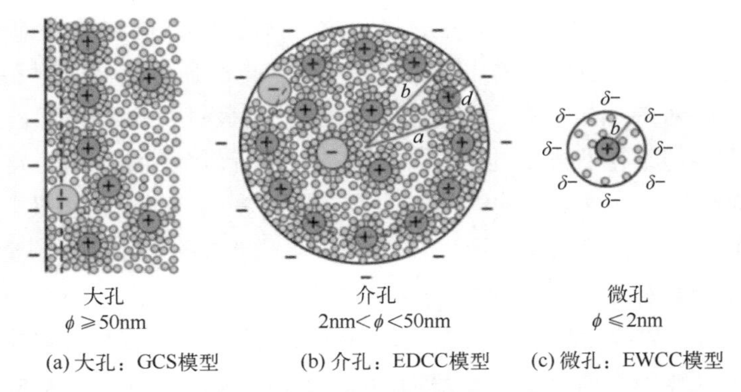

图 2-6　不同孔隙内的离子吸附模型

Kondrat 和 Kornyshev 等的研究发现在未施加电压之前，碳材料孔隙内只可能存在两种状态，即充满了电解液离子或者是完全不含有任何离子。随后的分子动力学模拟和原位核磁共振谱证实在外界电压为 0V 的情况下，碳孔内充满了电解液离子，这意味着在施加电压的情况下，微孔内存在多种可能的离子作用过程，而不是像传统观点认为的——仅仅是电极表面电荷吸附带异性电荷的离子。如图 2-7 所示，Forse 提出了三种离子作用过程——反离子吸附、离子交换、与表面电荷符号相同的带电离子的解吸（共离子解吸），多个离子作用过程可同时存在于充电过程。原位核磁共振、原位红外、电化学石英晶体微天平等表征手段显示在电荷存储过程中，离子具体的作用机理与电极极化情况、电解液离子种类和电极材料有关，而电解液的浓度对作用机理的影响较小。也就是说，随孔径逐渐减小至接近去溶剂化离子尺寸时，比电容的异常升高主要依靠离子限域效应、碳材料表面对离子的筛选作用以及微孔限制了离子之间的屏蔽效应，而不仅仅是简单的离子去溶剂化。

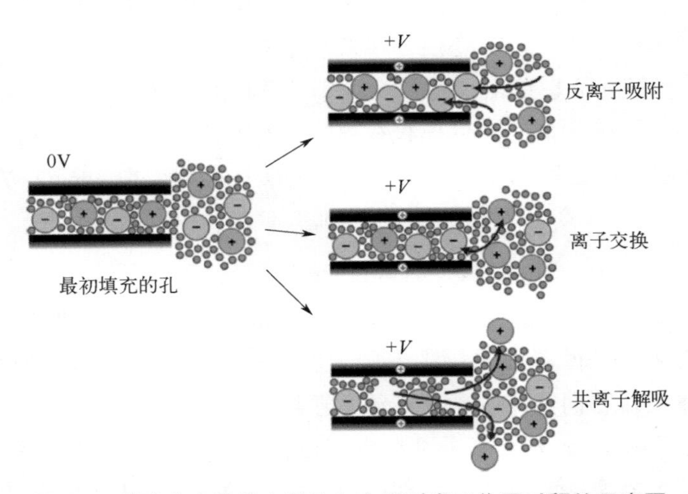

图 2-7　微孔内离子状态及外加电场时离子作用过程的示意图

双电层超级电容器是最简单且商业化最成功的超级电容器，其中电荷通过静电电荷吸附而物理存储在电极和电解质之间的界面上。通常，双电层超级电容器具有出色的功率性能和循环寿命，并且具有近乎矩形的循环伏安曲线和近乎三角形的恒电流充放电（galvanostatic charge and discharge，GCD）曲线。双电层超级电容器的矩形循环伏安曲线源自双层电荷存储机制的基本特性，在电极和电解质的界面之间不发生电荷转移，即不发生法拉第过程。在没有扩散限制的双电层电容器中，离子在电极 - 电解质界面的吸附和解吸几乎是瞬时的。双电层超级电容器的比电容在很大程度上取决于电极材料的离子可进入表面积和表面性质。因此，双电层超级电容器高电容的关键在于使用高比表面积和优异导电性的电极材料，具有高比表面积和良好导电性的纳米结构碳基材料是用于双电层超级电容器的主要电极材料。碳基材料主要包括石墨烯及其衍生物、活性炭、碳纳米管、碳纳米笼、碳气凝胶、碳纤维、碳布、碳化物衍生碳、多孔碳等。双电层的有效厚度在 5 ～ 10Å（$1Å=10^{-10}m$）范围内，取决于电解质离子的浓度和溶剂化壳的大小。根据电解质的相对介电常数，在有效的碳基系统中，双电层电容器面积比电容一般为 10 ～ $21\mu F/cm^2$。因此，碳基材料的高比表面积（1000 ～ $3000m^2/g$）原则上可以实现 300 ～ 550F/g 的双层电容。然而，从实验上看，由于电导率有限，不是所有的表面位置都可用，所以实际上纯碳基双电层超级电容器的比电容通常被限制在 100 ～ 250F/g。因此，基于双电层超级电容器电极材料的商用超级电容器能量密度通常在 5 ～ 10W · h/kg。

2.3 赝电容超级电容器的储能原理

尽管碳基材料的性能有了显著改善，但其有限的能量通常将双电层超级电容器限制在一次仅需几秒钟功率输送的应用中。因此，许多研究工作集中在设计其他电极活性材料上，以克服超级电容器低能量密度的挑战。通过使用赝电容材料实现具有更高能量密度的赝电容超级电容器（通常简称为赝电容器）。与双电层电容器不同的是，赝电容器通过法拉第过程在电极材料中储存电荷，该过程涉及表面或近表面快速可逆的氧化还原反应。施加电压时，电极上分别发生氧化和还原反应。随后，在双层上产生一个法拉第电流通道，该机理与电子转移导致的电极材料的价态变化有关。以在军事领域实现应用的二氧化钌（RuO_2）为例，RuO_2 是一种典型的具有赝电容行为的电极材料，具有宽的电化学窗口（1.2 ～ 1.4V）、高的质子传导率、良好的热稳定性和金属型电导率，在酸性电解质中，RuO_2 的高度可逆氧化还原反应如下：

$$RuO_2 + \delta H^+ + \delta e^- \longrightarrow RuO_{2-\delta}(OH)_\delta \tag{2-7}$$

Ru 的氧化态可以从 +2 价变化到 +6 价。即使 RuO_2 薄膜电极上电荷转移反应的电荷存储是一种法拉第反应，但循环伏安曲线仍显示近矩形形状，呈现典型的电容特征。然而，Ru 基材料的高成本使得它们仅应用于少数高价值电子设备。

除了 RuO_2 以外，研究者开发了多种赝电容电极材料，包括：各种金属氧化物如 MnO_2 等、金属氮化物如 VN 等、金属磷化物如 Ni_2P 等、金属硫化物如 $NiCo_2S_4$ 等；以聚苯胺、聚吡咯为代表的导电聚合物；金属有机骨架（metal-organic framework，MOF）；层状双金属氢氧化物（layered double hydroxide，LDH）；新型二维碳化物、氮化物和硫化物如麦克烯（MXene）等。这些赝电容电极材料相比碳材料，导电性和循环性能较差。为增强赝电容材料性能，通常将赝电容材料与碳基材料通过共价键、氢键或 π-π 堆积等相互作用形成复合材料，在提升能量密度的同时保证了其高的功率特性。

根据 Conway 理论，赝电容器涉及两种不同的电荷储存机制，包括欠电位沉积赝电容和表面氧化还原赝电容。如图 2-8（a）所示，欠电位沉积过程是指金属离子被吸附在不同类型的金属（Ru、Pt、Au 和 Rh 等）表面，形成高于其氧化还原电位的吸附单层。氧化还原赝电容发生在材料的表面或近表面［如图 2-8（b）所示］，由于电荷和电解液之间的电荷交换过程而发生的离子吸附，是最常见的一种机制。通常，大部分的金属氧化物和导电聚合物通过氧化还原赝电容机制来储存电荷。第三种机制——插层赝电容是近年来被研究人员提出的。在这种电荷储存机制中，离子插入氧化还原活性电极材料的层中，它与法拉第电荷转移过程有关，但是该过程不受阳离子在电极活性材料的晶格内扩散的限制。因此，插层赝电容机制与电池型氧化还原过程存在显著的区别，即电极材料不涉及晶相的转变［如图 2-8（c）所示］。插层赝电容电荷储存机制结合了电池的优点，能够将电荷储存在大部分活性材料中，从而实现更高的电容和能量密度。麦克烯、金属硫化物和缺陷态 Nb_2O_5 等材料中存在插层赝电容机制，但是，通常表现出插层赝电容与氧化还原赝电容共存的混合电荷储存机制。

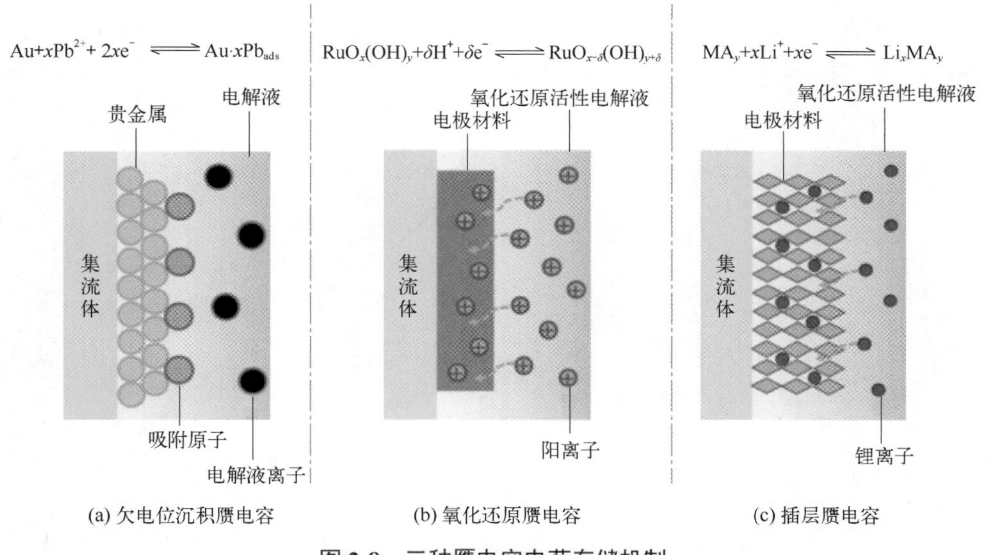

(a) 欠电位沉积赝电容　(b) 氧化还原赝电容　(c) 插层赝电容

图 2-8　三种赝电容电荷存储机制

尽管三种赝电容具体的物理化学过程存在差异，但是发生法拉第反应时的反应电位与转移的电荷量却遵循统一公式：

$$E \approx E_0 - \frac{RT}{nF}\ln\left(\frac{X}{1-X}\right) \tag{2-8}$$

式中　E——电极电位，V；

E_0——平衡电极电位，V；

R——摩尔气体常数，8.314J/(mol · K)；

T——温度，K；

n——转移电子数；

F——法拉第常数，96485.3C/mol；

X——与电极材料有关的比例常数，代表材料内部孔洞结构的比例。

由此可推导出电容的计算公式：

$$C=\frac{nF}{m}\times\frac{X}{E} \tag{2-9}$$

式中　m——电极材料的摩尔质量，g/mol。

需要指出的是，不是所有电容器的电极电位 E 和 X 都满足线性关系。在不符合这种情况的特例中，电极材料贡献的容量就被定义为赝电容。从式（2-9）可以看出，赝电容器中 X 与 E 并不是线性关系，电容并不是一个常数，这与平行板电容器的电容不同。实际上，赝电容反应的发生与电极电位有密切的关系，电极材料在特定电位下才会贡献法拉第赝电容。因此，赝电容材料的比电容在整个充放电电压区间内是不断变化的，并非是一个恒定的值。目前大多数研究工作中报道的赝电容值，都是在有效电压区间内的平均值。赝电容由热力学原因引起，它与获得的电荷（Δq）和电位的变化（ΔE）有关，可由式（2-10）计算。

$$C=\frac{\mathrm{d}(\Delta q)}{\mathrm{d}(\Delta E)} \tag{2-10}$$

式中　C——电容，F；

Δq——获得的电荷，C；

ΔE——电位的变化，V。

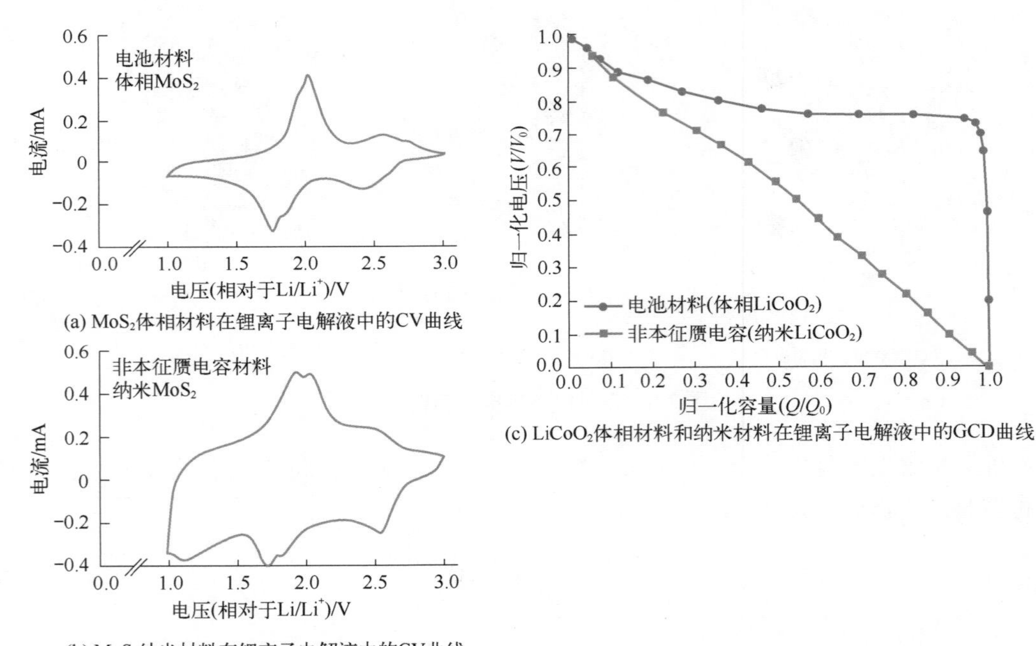

(a) MoS_2体相材料在锂离子电解液中的CV曲线

(b) MoS_2纳米材料在锂离子电解液中的CV曲线

(c) $LiCoO_2$体相材料和纳米材料在锂离子电解液中的GCD曲线

图 2-9　非本征赝电容的电化学特征

近年来，随着纳米材料和纳米技术的发展，纳米电池材料带来的非本征赝电容（extrinsic pseudocapacitance，EPC）储能机制引起了广泛关注（图 2-9）。一般而言，二次电池主要通过电解液中的离子在电极材料中可逆地嵌入 / 脱出实现电能储存，这一过程通常伴随着电极材料相结构的转变。相变反应对应于循环伏安（CV）曲线上成对的氧化还原峰［图 2-9（a）］

和恒流放电曲线上明显的平台区［图 2-9（c）］。由于上述相变反应属于扩散控制的动力学过程，因此，尽管电池材料展现出较高的能量密度，但其功率密度有限，充放电时间较长。当电池型材料的颗粒尺寸减小至纳米级别，如 20nm 大小的磷酸亚铁锂（$LiFePO_4$，LFP），材料的比表面积大大增加，电子和离子的传输路径急剧缩短，在这种情况下，由扩散控制的电池型储能行为就会向非扩散控制的电容型储能行为转变。这种转变在循环伏安曲线上表现为氧化还原峰的峰形变宽，背景电流变大，且氧化还原峰之间的电位差减小［图 2-9（b）］；表现在恒流放电曲线上，就是放电平台区消失，放电电位和放电时间呈现出近线性关系［图 2-9（c）］。纳米电池材料的类电容储能行为，是材料尺寸减小这一外因诱导下产生的赝电容，并非材料的本征属性，因此被称作非本征赝电容。基于这一现象，纳米电池材料亦可被应用于超级电容器，以提高其能量密度。随着电池材料尺寸的改变，电池行为可以逐步向电容行为过渡，这意味着电池和超级电容器之间的界限变得愈加模糊。目前很多研究工作将电池型材料应用于超级电容器，并宣称获得了极高的质量比电容（单位：F/g）。但由于材料纳米化程度不高，这些极高的比容量中往往包含着电池行为贡献的容量。因此，在不研究动力学过程、不区分容量贡献的情况下，就宣称电池型材料或含有电池型材料的复合物具有超高的质量比电容，这种做法不严谨且具有一定的误导性。

电荷在赝电容材料中的存储涉及氧化还原反应，因此本质上是法拉第式的，行为上是电容性的。然而，并不是所有的法拉第过程都有助于赝电容电荷存储。虽然电池型和赝电容型电极都涉及法拉第式氧化还原反应，但这两种过程的动力学和电化学性质是完全不同的。电容特征（例如，电荷存储对电势窗口的线性依赖关系）是区分赝电容型电荷存储过程与电池型行为的重要动力学特征。为了区分赝电容的电荷存储机制与电池材料的电荷存储机制，利用低扫描速率循环伏安法，测量与分析电流响应对扫描速率的依赖关系，根据式（2-11）可以区分电荷存储机制。

$$i = av^b \tag{2-11}$$

式中　i——特定扫描速率下的电流，A；

v——循环伏安扫描速率，mV/s；

a，b——可调参数。

在赝电容电极中，电流随扫描速率线性变化（即 $b = 1$）。在电池电极中，可逆氧化还原过程的峰值电流与扫描速率的平方根成正比（即 $b = 0.5$）。对于某些电极材料，仅一部分容量来自插层赝电容，但是插层赝电容占总容量的大部分，即 $0.5 < b < 1$。换句话说，这些材料表现出混合电荷存储机制，它们在固定电势 V 下的电流响应 i 可以描述为两种独立机制的组合，即电容效应（k_1v）和扩散控制的电池效应（$k_2v^{1/2}$），具体如式（2-12）所示。

$$i(V) = k_1v + k_2v^{1/2} \tag{2-12}$$

式中　k_1，k_2——与电容储能机理相关的常数。

2.4 混合型超级电容器的储能原理

顾名思义，混合型超级电容器是将不同的电极材料结合在一起形成的一种新型储能装置，这种电容器的一极常采用碳材料形成双电层电容，另一极形成赝电容，这样的组合能够在保留两种电容器各自优点的基础上增大电容器的电位窗口，同时还能提高电容器的能量密度，是目前的研究热点。相应地，混合型超级电容器的存储机制是双电层电容器和赝电容器相结合的机制，双电层电容器没有发生化学反应使得混合型超级电容器具有极高的充放电效率和高瞬间输出功率，赝电容器由于在充放电中电极材料和电解液有氧化还原反应，因此赋予混合型超级电容器极高的电容量和能量密度，这样的组合会掩盖单电极的限制，通常具有比单个电极更好的电化学行为，同时循环稳定性也更优异。目前被广泛使用的非对称混合型超级电容器负极是活性炭，正极使用 MnO_2 与 $Ni(OH)_2$ 等材料。双电层电容器不仅可以和赝电容电极形成混合型超级电容器组件，其与电池型电极相结合也是可以实现的。需要注意的是，在混合型超级电容器中，电解质与电极材料可能发生的相互作用与匹配性必须更好地考虑。对于混合型超级电容器（$w = 1/2CV^2$），由于能量密度（w）与电池电压（V）的平方成正比，因此提高电压窗口比增加电极电容能更有效地提高器件的能量密度。为了实现更高的电位窗口，主要的方式之一是开发具有宽电位窗口的新型电解质 / 溶液，一般而言，水系混合型超级电容器的工作电位窗口可以提升至 1.8 ～ 2.2V，而使用有机和离子液体电解质的混合型超级电容器可以达到约 3.4V 和约 4.0V 的电位窗口，因此有机和离子液体电解质获得的关注度正逐渐升高。

图 2-10 为混合型超级电容器与水系电解液配合的工作原理，负极采用活性炭，正极采用氢氧化镍，电解液为氢氧化钾溶液。从图中可以看到，两电极采用不同的工作原理进行电荷的存储与释放，充电时，负极活性炭材料采用双电层的方式存储电荷而不发生氧化还原反应，正负电荷分别集中在电极材料和电解液的界面两侧，而对于正极氢氧化镍材料，发生如式（2-13）所示的氧化还原反应。

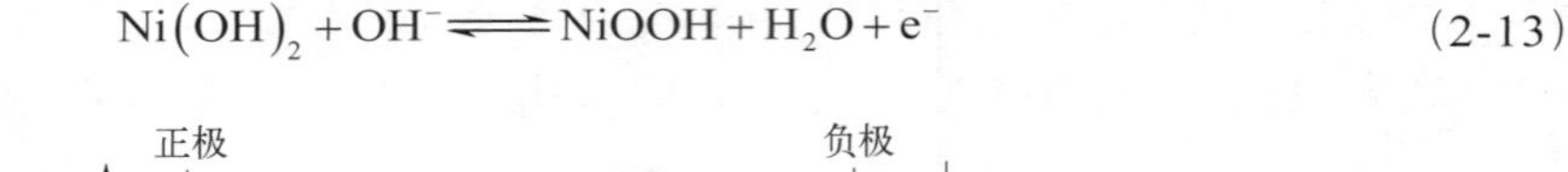

$$Ni(OH)_2 + OH^- \rightleftharpoons NiOOH + H_2O + e^- \tag{2-13}$$

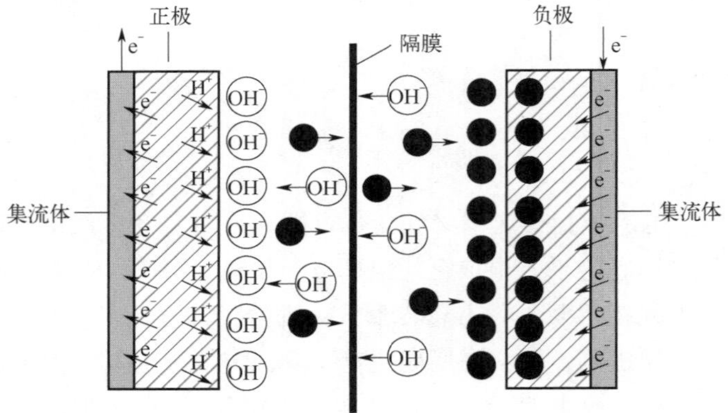

图 2-10　混合型超级电容器与水系电解液配合的工作原理

2.5　新型超级电容器的储能原理

2.5.1　柔性超级电容器

随着智能穿戴设备的柔性化发展，可应用于设备供能的柔性超级电容器（flexible

supercapacitor）是储能领域极具发展前景的一个研究方向。同时，具备可拉伸、自修复功能的柔性超级电容器已经得到了各个领域研究者们的青睐。与传统超级电容器相比，柔性超级电容器最大的特点便是具有优异的弯曲性与延展性，可以与可穿戴设备相互匹配并通过适当形变与人体贴合，可以同时实现为柔性可穿戴设备供能并保证用户穿戴舒适度。此外，柔性超级电容器充放电循环稳定性更可观，使得安全性和可靠性大大提高，其精简的组装过程也使得制造成本降低，对环境的影响更小。

一般说来，柔性超级电容器主要由柔性电极和凝胶电解质组成，其中凝胶电解质同时充当了隔膜和电化学反应中离子供给者的角色，常见的柔性超级电容器结构如图 2-11 所示，分别为叠层结构、平面叉指结构以及线型结构。其中，叠层结构作为一种传统的超级电容器结构，又被称为三明治结构，具有诸多优点，如电极材料与电解质充分接触、利于集流体与活性材料间的电荷传输、活性物质负载量大、功率密度以及能量密度大等。叠层结构的柔性超级电容器可以保留隔膜层，使得柔性器件在弯曲、折叠、扭转等机械变形的过程中，不易出现短路的情况。相比之下，平面叉指结构的柔性超级电容器活性物质负载量较少，导致能量密度以及容量都较小，但其具有尺寸小且易于集成的优势。线型结构的柔性超级电容器主要有平行式结构、缠绕式结构和同轴式结构三种类型。平行式结构的线型柔性超级电容器是将两段纤维电极平行放置，中间用隔膜或者固态凝胶电解质间隔，然后封装而成；缠绕式结构的线型柔性超级电容器是将表面带有凝胶电解质或者阻隔膜的两电极缠绕，然后封装进柔性塑胶管内；同轴式结构的线型柔性超级电容器是通过在单根电极的表面制备环状结构的另一根电极，中间用固态凝胶电解质隔开，最后封装进柔性塑胶管内。线型结构的柔性超级电容器灵活性好，由于独特的一维结构在某些情况下可以通过纺织技术与织物集成，但一维结构由于横向尺寸很小，同样导致这种构型的柔性器件活性物质负载量很小，容量偏低。因此，不同构型的柔性超级电容器各有优势，需要根据不同的应用场景加以选择。

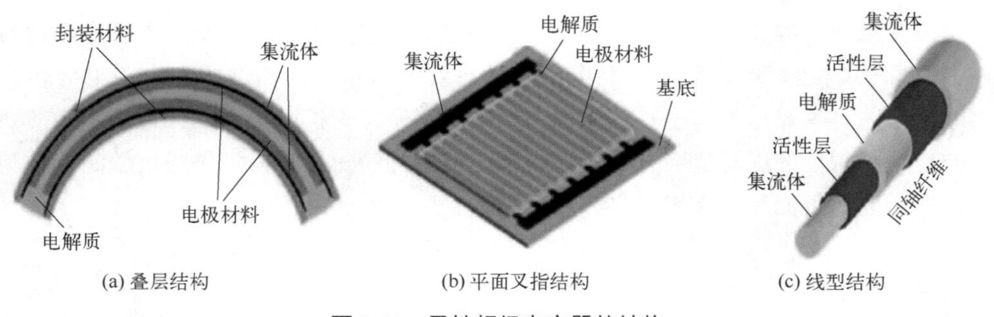

图 2-11　柔性超级电容器的结构

柔性超级电容器的储能机理与液态超级电容器类似，也包括双电层、赝电容和混合式储能机理。对于关键的性能指标如柔软性的评价，目前尚无统一的指标参数，一般研究器件在多次弯折后电化学性能的保持情况。通常，在不同应变状态和力学荷载下，柔性器件的容量、循环稳定性等性能指标保持得越好，则反应器件的柔软性越好。在柔性超级电容器中，柔性电极作为最重要的组成部分，在实现器件高功率密度、高能量密度以及柔性等方面起着至关重要的作用，这也意味着其需要具备高比表面积、高比电容、高电导率以及特殊的力学性能。经过多年的发展，研究者已经开发出了多种柔性超级电容器电极材料，如碳材料、过渡金属氧化物材料、导电聚合物材料以及以麦克烯为代表的二维材料，根据不同的应用需求可以选择合适的电极材料。

为了实现超级电容器的柔性，研究者们已经开发出了柔性金属基底、纸基底等柔性衬底，一般根据应用场景对功能器件能量和柔性的需求选择不同的衬底，为了将电极材料与柔性基底相结合，目前主要有以下三种方法：

① 使用柔性衬底作为封装外壳，通过蒸镀、沉积、溅射等手段形成柔性集流体然后负载活性物质形成电极，这种方法常见于柔性绝缘衬底。

② 将柔性衬底同时作为集流体和基底，通过原位生长或沉积技术在其表面负载活性材料形成电极，由于直接将活性材料负载在集流体上实现了二者的紧密接触，器件的电化学性能得到了提高。如将管状纳米碳、超结构碳原位生长于不锈钢网，促进碳材料与钢网良导体间的电接触，显著提升了碳基柔性超级电容器的能量密度和功率密度。

③ 选择石墨烯、麦克烯等导电性好的电极材料，通过真空抽滤的方式直接制备成自支撑柔性薄膜电极，由于这种薄膜电极依靠的是材料自身的结合力，因此具备良好的柔韧性和机械强度。

2.5.2 固态超级电容器

虽然超级电容器在柔性可穿戴设备领域大有可为，但使用液态电解质的超级电容器存在易漏液、电极易腐蚀以及柔性化设计困难等诸多问题，研究人员从电极材料、电解质和器件结构等方面进行探索以期提升超级电容器的安全性能，其中采用固态电解质（solid-state electrolyte）代替液态电解质是发展固态超级电容器（solid-state supercapacitor）的重点研究方向之一。

如图 2-12 所示，固态超级电容器主要有三种构型，分别为三明治构型、指状交叉（叉指）构型以及轴向纤维状构型。其中，三明治构型最为常见，但其电解质以及电极材料厚度会影响其离子传输速率以及等效串联电阻，相比之下指状交叉构型则不会因电极厚度影响等效串联电阻，且其较短的离子扩散路径还可实现离子快速扩散提升器件性能。与前两者相比，轴向纤维状构型的固态超级电容器独特的一维结构特点使得其能够通过编制技术制成可穿戴的织物，因此可能是未来的研究热点。

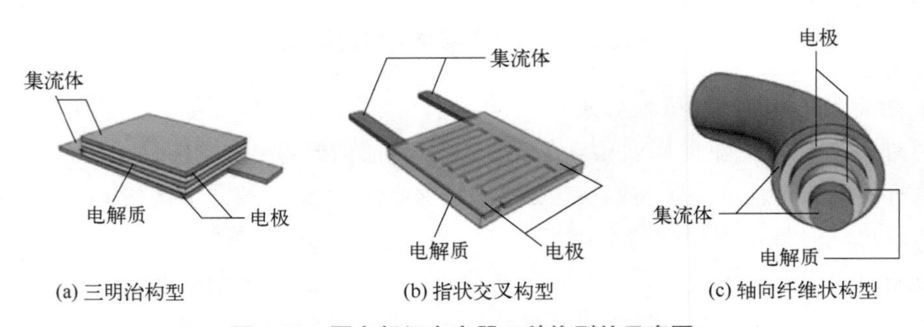

图 2-12　固态超级电容器三种构型的示意图

与传统超级电容器不同的是，固态超级电容器一般采用不含液态溶剂的固态电解质作为电子传输层，固态电解质实际上是在聚合物中添加无溶剂的盐溶液，盐在整个聚合物分子链中形成离子，但由于聚合物链段运动能力差，固态电解质的电导率（10^{-8} ～ 10^{-7}S/cm）要比液体电解质（10^{-3} ～ 10^{-2}S/cm）小得多。为了解决该问题，通常对聚合物分子改性或者加入无机纳米填料来提高基体的导电能力。此外，还出现了新的解决方法：用凝胶聚合物固态电解质来替代传统的固态电解质。凝胶聚合物电解质将固体和液体集合为一体，既有较高的离子电导率，也有较好的液相界面性能和固相的化学稳定性。因此，固态 / 准固态电解质可分为无机固态电解质、凝胶聚合物电解质以及固态聚合物电解质，其中，凝胶聚合物电解质又可分为均相凝胶聚合物电解质和非均相凝胶聚合物电解质，非均相凝胶聚合物电解质因其多功能性、高离子电导率以及优异的力学性能受到格外的关注。与传统液态电解质相比，固态电解质挥发性低，不漏液且器件的封装成型简单，而且不会存在因内部气体释放导致电解质泄漏的情况，安全性得到大幅提升，这使得采用固态电解质的超级电容器在便携式可穿戴设备领域极具应用潜力。

超级电容器的电化学性能严重依赖电子和离子在界面处的有效传输，想要获得更好的电化学性能就必须要重视电解质与电极的界面相容性。如图 2-13 所示，如果电极材料具有良好的润湿性，则可以很大程度上促进界面处离子的吸附和解吸从而提升电荷存储能力，因此增强电解质对电极材料的浸润性是提高器件电化学性能的关键。对于固态超级电容器更是如此，由于凝胶固态电解质体系黏度较大，限制了对电极材料如碳材料高比表面积、多孔结构的充分利用，因此需要对电极材料表面进行改性增强其与凝胶固态电解质的浸润性，使离子更轻松地于二者间穿梭，以提升固态超级电容器的电化学性能。

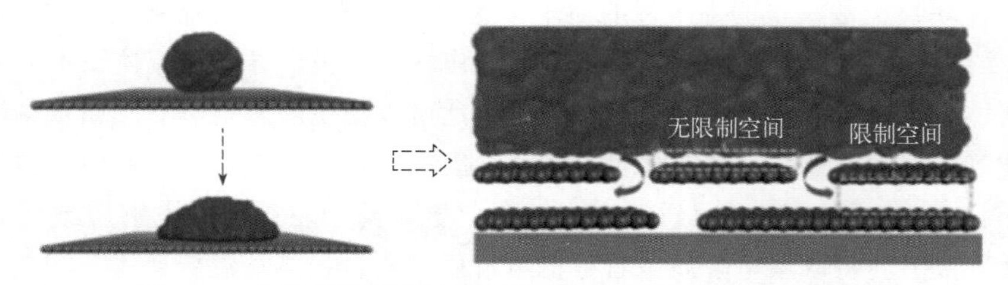

图 2-13　电极表面润湿性及其影响电解质离子吸附的示意图

2.5.3　微型超级电容器

随着小型化、智能化电子设备的快速发展，对储能器件也提出了小型化、柔性化、可集成的要求。通过对微型超级电容器结构的设计以及设法提高活性物质的负载量，器件的面能量密度甚至能够达到与微型电池相同的量级，从而极大地拓宽了微型超级电容器的使用范围。目前，超级电容器微型化需要解决的关键问题在于如何在保证功率密度的前提下提升器件的能量密度，以及提升微型器件的可集成性和一致性。

如图 2-14 所示，微型超级电容器的结构主要分为两种，第一种为传统的三明治结构，第二种为平面叉指结构。

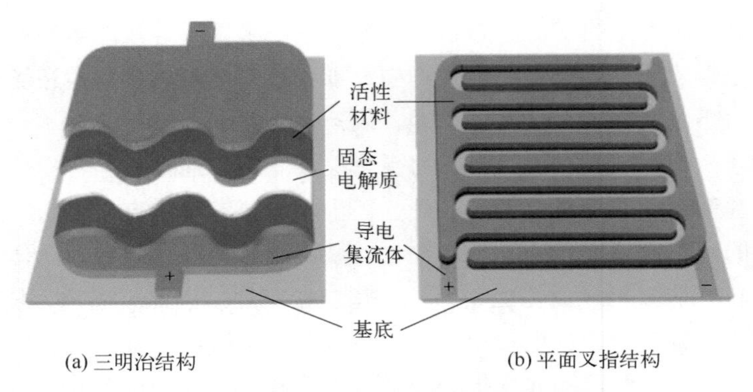

(a) 三明治结构　　(b) 平面叉指结构

图 2-14　微型超级电容器的两种结构

三明治结构的微型超级电容器是受到薄膜微电池的启发而设计的。2001 年 Lim 等以 RuO_2 薄膜作为正负极活性材料，两极间以锂磷氮氧化物（LiPON）固态电解质隔开，构建了首款微型超级电容器器件。三明治结构的微型超级电容器与大型超级电容器结构类似，从上到下分别为导电集流体、正极材料、电解质、负极材料、导电集流体和基底，电解质可以采用水系电解质也可以采用固态凝胶电解质。三明治结构的微型超级电容器存在较为明显的一些缺陷。

① 电极 - 电解质 - 电极的堆叠结构在微尺寸内存在较大的短路风险。

② 三明治的三层物质之间容易发生位置错位导致两极间有效接触面积变小，进而降低器件的能量密度。

③ 正负极被固态电解质隔离，而固态电解质的离子电导率远不及水系或凝胶型电解质，还会导致器件的离子传输距离较大，进而限制了微型超级电容器的功率密度。

④ 固态电解质无法满足器件柔性的需求，这极大地限制了微型储能器件的应用范围。

第二种结构为平面叉指结构，它是由叉指结构的正负极、导电集流体和不导电的基底组成，由于这种结构中正负极已经是分离开的，因此可以使用液态电解质，如水系电解质、有机电解质或离子液体电解质，同时也可以覆盖上固态电解质以应对不同的使用需求。如今许多实际应用产品不允许出现电解质的泄漏，因此更倾向于使用固态电解质或者凝胶态电解质，大多数情况下会将水系电解质或者有机电解质与聚合物溶液混合使用。如图 2-15 所示，在三明治结构的微型器件中，电解质离子只能在垂直于极板的方向进行传输，而平面叉指结构的微型器件电解质离子则可以同时在垂直和水平方向进行传输，因此在同样的输入电势下，叉指结构的器件电化学性能更为优异，储能效率也更高。

并且，平面叉指结构非常容易与其他电子元件集成并满足柔性需求。基于以上原因，平面叉指微型超级电容器可作为微型电池的强有力补充，不仅能够弥补微型电池功率密度低、循环稳定性差的缺点，还能够避免储能器件微型化之后带来的诸如电解质泄漏等安全隐患。同时，平面叉指的结构设计能够有效地缩短电极之间的距离，提高离子的传输效率进而实现离子快速扩散，不需要隔膜，降低了成本，摆脱了传统三明治结构超级电容器尺寸的限制，可以实现局域空间内的任意集成化组装，允许在同一平面上与其他电子元件协同工作，满足微型电子器件对电压、电流和能量输出的要求。平面叉指微型超级电容器的两极是相互隔开的，中间存在狭窄的缝隙，这种物理间隔不会因电极材料或电解液性质而发生改变，所以可以有效避免短路现象，器件具有更加稳定的性质。

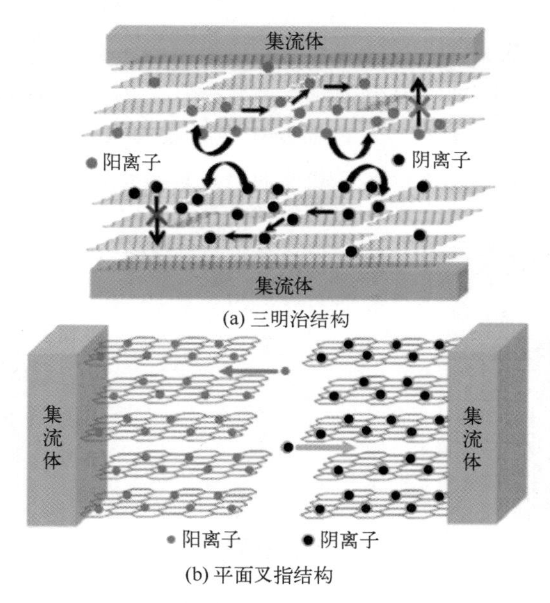

图 2-15 不同构型微型器件的离子扩散路径示意图

与液态超级电容器工作机制不同的是，微型超级电容器中凝胶电解质或固态电解质直接充当了隔膜层和电解液，无隔膜这一性质意味着可以实现更高的离子扩散效率，这有利于微型器件功率密度的提升。此外，平面叉指结构可以通过调控叉指电极或者电极间缝隙的宽度和长度，控制或改善电极与电解液离子的传输效率。本书作者讨论了不同指宽和指间距的影响，叉指电极的指宽固定为 2mm、指长度固定为 10mm 时，指间距从 200μm 变化到 700μm，发现：200μm 的指宽所对应的微型超级电容器具有更低的内阻和更高的面积比电容。Hu 等采用飞秒激光加工技术，加工出了指间距分别为 5μm、20μm、40μm 的叉指器件，并采用荧光示踪的方法追踪了离子在 2V/s 的扫速下于指间沟道内的运动，最终发现随着指间距的减小，离子的迁移变得更快速、更广泛，可以到达更远的地方，使叉指器件获得了更大的电容。通常来讲，指间距越小，越有助于器件功率密度的提升。如前所述，因为叉指结构是平面结构，电极与电解液之间的离子传输主要为横向传输，这意味着在满足微器件尺寸的条件下，可以通过增加电极的活性物质厚度，来提升器件的比容量和能量密度。这不仅打破了微型器件必须是薄膜或者类薄膜结构的限制，还可以在有限的面积内构建合理的 3D 结构，从而大幅提升器件的能量密度。

对于普通的超级电容器，评价其性能的传统标准多是根据器件的质量计算与表征其比电容（F/g）、能量密度（W · h/kg）及功率密度（kW/kg）。然而，因为微型超级电容器是微小尺度的能量存储设备，如何在非常有限的尺寸范围内获得更大的能量特性是极其重要的。尤其是一些很小的微型器件，其厚度非常低、质量非常小，这时质量比容量就很难真实反映器件实际的储能性质。所以，对于微型超级电容器的能量特性，更多是关注其在单位面积内的储能情况，如面积比电容（表示为 C_S，mF/cm^2）、面积能量密度（表示为 w_S，$mW \cdot h/cm^2$）以及面积功率密度（表示为 P_S，mW/cm^2）。在一些情况下，微型器件的体积能量性能也会被提及，比如体积比电容（表示为 C_V，F/cm^3）、体积能量密度（表示为 w_V，$mW \cdot h/cm^3$）以及体积功率密度（表示为 P_V，mW/cm^3）。但是，因为有一部分微型超级电容器为薄膜结构，或者是其他电极层极薄（微米或纳米尺度）的器件，或者是器件的整体厚度不均匀，此时根据体积特性去评价微型器件的性能就有可能具有误导性。因此，微型超级电容器的性能评价指标最常用的就是通过面积性能来表征。面积比电容成为微型超级电容器最直观、最客观、最重要的性质参数，对于平面叉指型微型器件而言，如何提高其在单位面积内的性能指标是至关重要的。

基于上述原理，微型超级电容器的电极结构设计就变得尤为重要。经过多年的发展，微型超级电容器的设计与构建方式变得多种多样，以麦克烯基微型超级电容器为例（如图 2-16 所示），常见的几种微加工方法主要有喷墨打印、光刻、丝网印刷、电泳沉积、激光直写等。

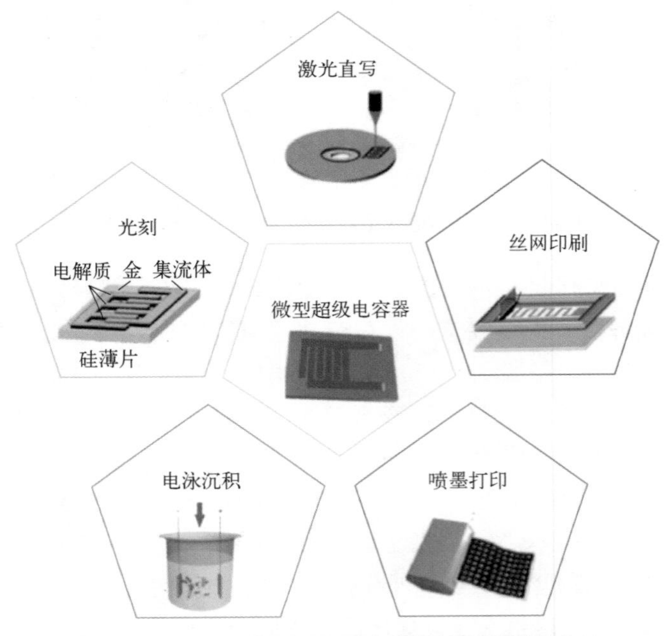

图 2-16　麦克烯基微型超级电容器的不同制造方法

喷墨打印是在基材上利用麦克烯直接打印出微电极，此方法因可实现逐层印制因此可以控制电极厚度，使用喷墨打印技术制备叉指电极时，先将活性物质分散到悬浮液或是活性浆料中，再通过打印和沉积的方法在基底表面获得叉指状的电极图案。尽管喷墨打印分辨率较低，但仍是制作微型超级电容器的一种常用方法。光刻法通过光掩模曝光光敏光刻胶从而设计形状，可以按需构建不同的电极，同时也是一种可以制定高分辨率图案的微纳加工方法，该策略是在光刻胶图案上分别沉积一层活性材料和集流体，去除光刻胶后便得到具有特定形状结构的电极阵列，可以使用相应的掩模版制备复杂平面图案。丝网印刷是一种可以大规模生产电极的方式，橡胶刮刀迫使油墨通过丝网，形成设计的电极图案，是一种工艺简单经济、速度快的微型器件构建策略，并可以在不同的基底上制备微型超级电容器。电泳沉积在制备石墨烯基以及碳纳米管基微型超级电容器中应用广泛，可通过选择性沉积构建复合电极。激光直写技术利用激光束的能量，一方面对材料进行雕刻或烧蚀得到设计的结构，另一方面通过激光刻蚀得到所需的电极间隙。该方法简单高效且具有极高的加工精度，一步即可成型，无须后续再加工，近年来已经成为一种极具吸引力的微型器件构建方法，可以快速简便且规模化地制备微型器件。

参考文献

[1] 任珊. 基于MXene材料的柔性透明超级电容器研究［D］. 苏州：苏州大学，2022.

[2] 邵光伟. 基于纺织结构的柔性超级电容器研究［D］. 上海：东华大学，2021.

[3] 贺晓杰. 基于碳纳米纤维的超级电容器研究［D］. 杭州：杭州电子科技大学，2022.

[4] 范壮军. 超级电容器概述［J］. 物理化学学报，2020，36（2）：97-9.

[5] 肖谧，宿玉鹏，杜伯学. 超级电容器研究进展［J］. 电子元件与材料，2019，38（9）：1-12.

[6] Chen X，Paul R，Dai L. Carbon-based supercapacitors for efficient energy storage［J］. National Science Review，2017，4（3）：453-489.

[7] Boruah B D. Recent advances in off-grid electrochemical capacitors［J］. Energy Storage Materials，2021，34：53-75.

[8] Winter M，Brodd R J. What are batteries，fuel cells，and supercapacitors? ［J］. Chemical Reviews，2004，104（10）：4245-4269.

[9] Oh S M，Hwang S J. Recent advances in two-dimensional inorganic nanosheet-based supercapacitor electrodes［J］. Journal of the Korean Ceramic Society，2020，57（2）：119-134.

[10] Iro Z S，Subramani C，Dash S S. A brief reviewon electrode materials for supercapacitor［J］. International Journal of Electrochemical Science，2016，11（12）：10628-10643.

[11] Yu C Y，An J N，Chen Q，et al. Recent advances in design of flexible electrodes for miniaturized supercapacitors［J］. Small Methods，2020，4（6）：1900824.

[12] Barbieri O，Hahn M，Herzog A，et al. Capacitance limits of high surface area activated carbons for double layer capacitors［J］. Carbon，2005，43（6）：1303-1310.

[13] Chmiola J，Yushin G，Dash R，et al. Effect of pore size and surface area of carbide derived carbons on specific capacitance［J］. Journal of Power Sources，2006，158（1）：765-772.

[14] Chmiola J，Yushin G，Gogotsi Y，et al. Anomalous increase in carbon capacitance at pore sizes less than 1 nanometer［J］. Science，2006，313（5794）：1760-1763.

[15] Chmiola J，Largeot C，Taberna P L，et al. Desolvation of ions in subnanometer pores and its effect on capacitance and double-layer theory［J］. Angewandte Chemie—International Edtion，2008，47（18）：3392-3395.

[16] Huang J S，Sumpter B G，Meunier V. Theoretical model for nanoporous carbon supercapacitors［J］. Angewandte Chemie-International Edtion，2008，47（3）：520-524.

[17] Huang J S，Sumpter B G，Meunier V. A universal model for nanoporous carbon supercapacitors applicable to diverse pore regimes，carbon materials，and electrolytes［J］. Chemistry—A European Journal，2008，14（22）：6614-6626.

[18] Kondrat S，Kornyshev A. Charging dynamics and optimization of nanoporous supercapacitors［J］. Journal of Physical Chemistry C，2013，117（24）：12399-12406.

[19] Palmer J C，Llobet A，Yeon S H，et al. Modeling the structural evolution of carbide-derived carbons using quenched molecular dynamics［J］. Carbon，2010，48（4）：1116-11623.

[20] Merlet C，Rotenberg B，Madden P A，et al. On the molecular origin of supercapacitance in nanoporous carbon

electrodes [J]. Nature Materials, 2012, 11 (4): 306-310.

[21] Griffin J M, Forse A C, Wang H, et al. Ion counting in supercapacitor electrodes using NMR spectroscopy [J]. Faraday Discussions, 2014, 176: 49-68.

[22] Forse A C, Merlet C, Griffin J M, et al. New perspectives on the charging mechanisms of supercapacitors [J]. Journal of the American Chemical Society, 2016, 138 (18): 5731-5744.

[23] Xia J L, Chen F, Li J H, et al. Measurement of the quantum capacitance of graphene [J]. Nature Nanotechnology, 2009, 4 (8): 505-509.

[24] El-Kady M F, Strong V, Dubin S, et al. Laser scribing of high-performance and flexible graphene-based electrochemical capacitors [J]. Science, 2012, 335 (6074): 1326-1330.

[25] Zhang L L, Zhao X S. Carbon-based materials as supercapacitor electrodes [J]. Chemical Society Reviews, 2009, 38 (9): 2520-2531.

[26] Wang Z X, Su H, Liu F Y, et al. Establishing highly-efficient surface faradaic reaction in flower-like $NiCo_2O_4$ nano-/micro-structures for next-generation supercapacitors [J]. Electrochimica Acta, 2019, 307: 302-309.

[27] Augustyn V, Come J, Lowe M A, et al. High-rate electrochemical energy storage through Li^+ intercalation pseudocapacitance [J]. Nature Materials, 2013, 12 (6): 518-522.

[28] Augustyn V, Simon P, Dunn B. Pseudocapacitive oxide materials for high-rate electrochemical energy storage [J]. Energy & Environmental Science, 2014, 7 (5): 1597-1614.

[29] Choi C, Ashby D S, Butts D M, et al. Achieving high energy density and high power density with pseudocapacitive materials [J]. Nature Reviews Materials, 2020, 5 (1): 5-19.

[30] Brezesinski T, Wang J, Tolbert S H, et al. Ordered mesoporous α-MoO_3 with iso-oriented nanocrystalline walls for thin-film pseudocapacitors [J]. Nature Materials, 2010, 9 (2): 146-151.

[31] 史可欣. 混合型超级电容器的制备及其电化学性能研究 [D]. 哈尔滨: 哈尔滨理工大学, 2016.

[32] Brisse A L, Stevens P, Toussaint G, et al. $Ni(OH)_2$ and NiO based composites: Battery type electrode materials for hybrid supercapacitor devices [J]. Materials, 2018, 11 (7): 1178.

[33] 姜俊杰, 陈昕彤, 张熊, 等. 锂离子电容器的建模及参数辨识方法 [J]. 电工电能新技术, 2019, 38 (10): 67-73.

[34] 孟津. 乙炔黑电极材料及其双电层电容器制备与性能研究 [D]. 杭州: 浙江大学, 2004.

[35] 李喆, 杨少华, 赵平. 氢氧化镍超级电容器的性能研究 [J]. 沈阳理工大学学报, 2019, 38 (4): 70-74.

[36] Ma X, Cheng J, Dong L, et al. Multivalent ion storage towards high-performance aqueous zinc-ion hybrid supercapacitors [J]. Energy Storage Materials, 2019, 20: 335-342.

[37] 张之逸. 离子液体在铝离子非对称超级电容器中的应用 [D]. 武汉: 武汉理工大学, 2017.

[38] Su L, Zhang Q, Wang Y, et al. Achieving a 2.7V aqueous hybrid supercapacitor by the pH-regulation of electrolyte [J]. Journal of Materials Chemistry A, 2020, 8 (17): 8648-8660.

[39] 赵洋, 张逸成, 孙家南, 等. 混合型水系超级电容器建模及其参数辨识 [J]. 电工技术学报, 2012, 27 (5): 186-191.

[40] 柯建成. 基于二氧化锰的混合型超级电容器的关键技术研究 [D]. 成都: 电子科技大学, 2020.

[41] 万涛. 聚吡咯基柔性超级电容器的制备及其电化学性能研究 [D]. 广州: 广东工业大学, 2022.

[42] 刘起鹏. 柔性超级电容器的设计与性能研究 [D]. 重庆: 重庆大学, 2021.

[43] 冯宇. 基于$NiMoO_4$复合材料的印刷柔性超级电容器的制备及性能研究 [D]. 武汉: 武汉大学, 2020.

[44] Zhang H T, Su H, Zhang L, et al. Flexible supercapacitors with high areal capacitance based on hierarchical carbon tubular nanostructures [J]. Journal of Power Sources, 2016, 331: 332-339.

[45] Hunag H C, Su H, Zhang H T, et al. Extraordinary areal and volumetric performance of flexible solid-state micro-supercapacitors based on highly conductive freestanding $Ti_3C_2Ti_x$ films [J]. Advanced Electronic Materials, 2018, 4 (8): 1800179.

[46] Ishikawa M, Morita M, Ihara M, et al. Electric double-layer capacitor composed of activated carbon fiber cloth electrodes and solid polymer electrolytes containing alkylammonium salts [J]. Journal of the Electrochemical Society, 1994, 141 (7): 1730-1734.

[47] 陈斌，吕彦伯，谌可炜，等．固态超级电容器电解质的分类与研究进展 [J]．高电压技术，2019，45 (3): 929-939.

[48] Gao H, Lian K. Proton-conducting polymer electrolytes and their applications in solid supercapacitors: A review [J]. RSC Advances, 2014, 4 (62): 33091-33113.

[49] Huang H C, Chu X, Su H, et al. Massively manufactured paper-based all-solid-state flexible micro-supercapacitors with sprayable MXene conductive inks [J]. Journal of Power Sources, 2019, 415: 1-7.

[50] 胡泊．基于MoS_2/rGO电极的柔性全固态超级电容器研究 [D]．武汉：湖北大学，2019.

[51] 黄美玲．柔性石墨烯/聚苯胺复合膜固态超级电容器的制备与研究 [D]．北京：北京化工大学，2018.

[52] 蒋桢．木质素基超级电容器的制备 [D]．杭州：浙江工业大学，2022.

[53] 屈晨滢，侯朝霞，王晓慧，等．凝胶聚合物电解质在固态超级电容器中的研究进展 [J]．储能科学与技术，2020，9 (3): 776-783.

[54] 夏恒恒，孙超，赵重任，等．固态超级电容器的研究进展 [J]．电子元件与材料，2022，41 (12): 1272-1285.

[55] 李景哲．凝胶电解质全固态超级电容器电极材料的界面改性 [D]．南昌：南昌大学，2022.

[56] Zhang F, Wei M, Viswanathan V V, et al. 3D printing technologies for electrochemical energy storage [J]. Nano Energy, 2017, 40: 418-431.

[57] Zhang J, Zhang G, Zhou T, et al. Recent developments of planar micro-supercapacitors: fabrication, properties, and applications [J]. Advanced Functional Materials, 2020, 30 (19): 1910000.

[58] Kyeremateng N, Brousse T, Pech D. Microsupercapacitors as miniaturized energy-storage components for on-chip electronics [J]. Nature Nanotechnol, 2017, 12 (1): 7-15.

[59] Brandt A, Pohlmann S, Varzi A, et al. Ionic liquids in supercapacitors [J]. MRS Bulletin, 2013, 38 (7): 554-559.

[60] Velasco A, Ryu Y K, BoscáA, et al. Recent trends in graphene supercapacitors: from large area to microsupercapacitors [J]. Sustainable Energy & Fuels, 2021, 5 (5): 1235-1254.

[61] 吕学良．FeOOH电极材料的镁离子电化学储能机制及其微型超级电容器应用研究 [D]．兰州：兰州大学，2022.

[62] Pech D, Brunet M, Durou H, et al. Ultrahigh-power micrometre-sized supercapacitors based on onion-like carbon [J]. Nature Nanotechnology, 2010, 5 (9): 651-654.

[63] Shen C, Xu S, Xie Y, et al. A Review of on-chip micro supercapacitors for integrated self-powering systems [J]. Journal of Microelectromechanical Systems, 2017, 26 (5): 949-965.

[64] 任彩云．激光直写技术辅助构建碳基微型超级电容器的研究及应用 [D]．青岛：青岛科技大学，2022.

[65] Hu Y J, Wu M M, Chi F Y, et al. Ultralow-resistance electrochemical capacitor for integrable line filtering [J]. Nature, 2023, DOI: https: //doi.org/10.1038/s41586-023-06712-2.

[66] 赵一蓉. 碳基柔性微型超级电容器电极的调控及储能机理研究［D］. 兰州：兰州大学，2023.

[67] Jiang Q，Lei Y，Liang H，et al. Review of MXene electrochemical microsupercapacitors［J］. Energy Storage Materials，2020，27：78-95.

[68] Diba M，Fam D W H，Boccaccini A R，et al. Electrophoretic deposition of graphene-related materials：a review of the fundamentals［J］. Progress in Materials Science，2016，82：83-117.

[69] Wang N，Liu J，Zhao Y，et al. Laser-cutting fabrication of MXene-based flexible micro-supercapacitors with high areal capacitance［J］. ChemNanoMat，2019，5（5）：658-665.

第3章

超级电容器储能电极材料

3.1 超级电容器储能电极材料的分类

超级电容器作为一种重要的储能器件，具有体积小、质量轻、功率密度高、循环寿命长等特点，受到广泛关注。对超级电容器来说，其电极材料应具有良好的导电性、热稳定性、化学稳定性以及高比表面积和适当的表面润湿性等物理和化学性质。同时，它们还需具备低成本、天然丰度高和对环境友好的特点。目前，超级电容器的电极材料主要分为以下几大类：碳材料、金属化合物材料、导电聚合物材料和复合材料。如图 3-1 所示，每一类材料都具有独特的性质和适用性，具体的选择取决于特定应用需求和性能要求。这些材料的不断研究和创新将进一步推动超级电容器技术的发展和应用。

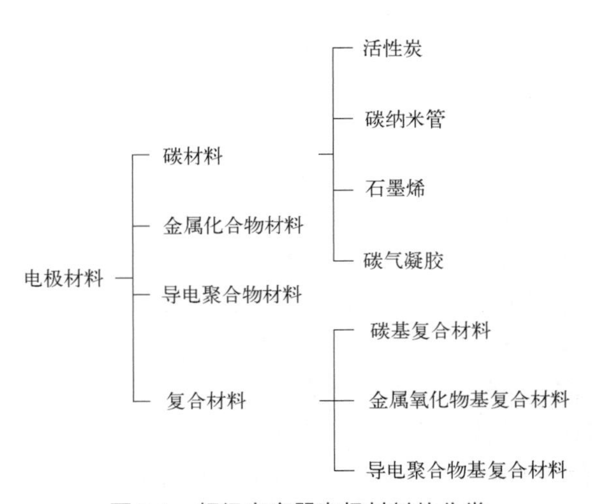

图 3-1 超级电容器电极材料的分类

这些电极材料都各有优缺点：碳材料的循环稳定性好、制备工艺简单、成本低，但比容量低；金属化合物（金属氧化物及氢氧化物）材料的比容量大大高于碳材料，但其成本较高、寿命短且有一定毒性；导电聚合物材料具有良好的电子导电性、低内阻及高比容量，但在循环过程中容易发生体积膨胀和收缩，循环稳定性差；复合材料具有高比电容、柔韧性、高导电性、优异的电化学性能，同时具有高的能量密度和功率密度。

3.1.1 双电层电极材料

双电层电容器在电荷储存过程中，其电极材料和电解液中离子不进行化学反应，仅通过正负电荷的静电作用在电极表面进行异性电荷的吸附与解吸，根据这一原理，要求双电层电极材料具备优异的电子传导率、较高的材料比表面积和化学稳定性、材料结构可控和稳定、较宽的工作温度范围、较低的原料成本、环境无毒性和使用安全性等性能。

碳材料是最常见的双电层电极材料，它可提供高的功率密度和极好的循环稳定性。美国Becker于1957年发明的电化学电容器就是以活性炭作为电极材料的。美国标准石油公司于1960年提出可将高比表面积的碳材料用于电化学电容器的能量储存。经过多年的发展，碳电极材料的制备工艺愈加成熟。

碳材料作为超级电容器理想的电极材料一般应具有以下几个特点：

① 合理的孔结构及孔径分布，较大的比表面积。

② 具有化学惰性，不发生电极反应，易于形成稳定的双电层。

③ 纯度高，导电性好。

④ 合适的表面性质，良好的电解液浸润性。

⑤ 原料储量丰富，成本低廉。

碳材料制备技术和工艺的发展使研究者们对碳材料材质、结构和形貌等可更加游刃有余地进行调控，制备出多种不同结构的碳材料。图3-2给出了一些代表性的不同结构的碳材料。总体来讲，碳电极材料的比电容与比表面积密切相关，比表面积越大，在电极和电解液界面所富集的电荷就越多，获得的电容量就越高。因此，可通过多种活化手段和模板法来进行碳材料的修饰和可控制备，以获得高比表面积、孔径分布和孔尺寸均一且孔结构可调的活性多孔碳材料。目前，应用于双电层电容器的碳材料主要有活性炭、碳纳米管、石墨烯和碳气凝胶等。

3.1.1.1 活性炭

活性炭（activated carbon）是一种具有丰富孔隙结构和较高比表面积的多孔碳材料，具有吸附能力强、化学稳定性好等优点，广泛应用于工业、能源、农业、医疗卫生和环境保护等领域。它通常由有机原料如木材或废物转化而来，并通过高温热解过程制备而成。活性炭具有极高的比表面积、丰富的孔隙结构以及良好的化学稳定性，这些特性赋予了活性炭出色的电容性能，使其成为超级电容器电极材料的理想选择。近年来，活性炭应用于超级电容器电极材料方面也备受关注。活性炭电极具有以下优点：

① 比表面积大，孔隙结构发达，能够吸附大量的电解液。

② 在各种溶液中化学稳定性好。

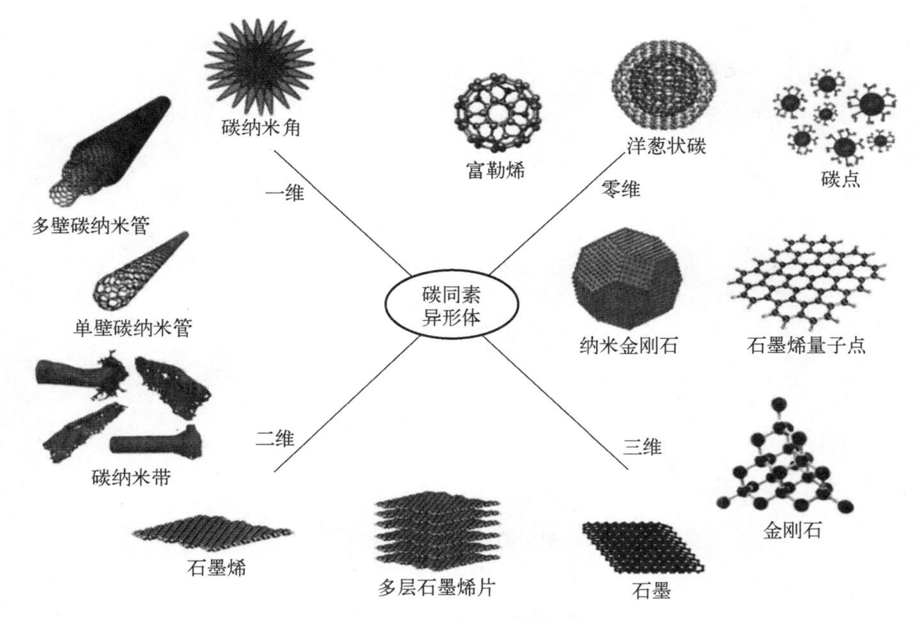

图 3-2　不同结构的碳材料

③ 可在较宽的温度范围内保持稳定的电化学性能。

④ 来源丰富，成本低廉，易加工。

⑤ 对环境无污染。

活性炭一般是在惰性气体下对含碳前驱体进行热处理（碳化），然后再通过物理或化学活化来增大其比表面积。前驱体一般可以从自然界中的果壳（如椰壳、木材等）、沥青、焦炭以及特定的合成聚合物获得。

物理活化是使用二氧化碳（CO_2）或水蒸气对碳前驱体进行可控的气化过程，如式（3-1）和式（3-2）所示：

$$C+CO_2 \longrightarrow 2CO \tag{3-1}$$

$$C+H_2O \longrightarrow CO+H_2 \tag{3-2}$$

所制备的多孔碳材料可通过活化在其结构中引入微孔（孔径＜ 2nm）结构，进一步提高材料的比表面积。相比于初始多孔碳电极材料，活化后的碳材料因具有较大的电荷富集表面积，表现出较高的比容量和较佳的倍率性能。化学活化是在 400 ～ 700℃（低温）下使用活化剂，如氢氧化钾、氧化钠、磷酸、氯化锌等进行活化。

采用 KOH 直接活化氧化石墨烯（GO）和聚四氟乙烯（PTFE），简单地制备出具有分级多孔结构和高比表面积的片状纳米碳（HPSNC），其制备过程如图 3-3（a）所示。他们通过改变氧化石墨烯与聚四氟乙烯的质量比，获得比表面积为 880 ～ 1992m^2/g、孔体积为 0.74 ～ 1.90cm^3/g 的片状纳米碳。图 3-3（b）～（d）是片状纳米碳超级电容器的 Ragone 图、双电层模型以及电解液离子的传输示意图。由图可知，具有分层孔隙率的片状纳米碳在 [Emim][BF_4] 电解质中表现出 51.7W · h/kg 的高能量密度和 35kW/kg 的高功率密度，具有优异的电化学性能。

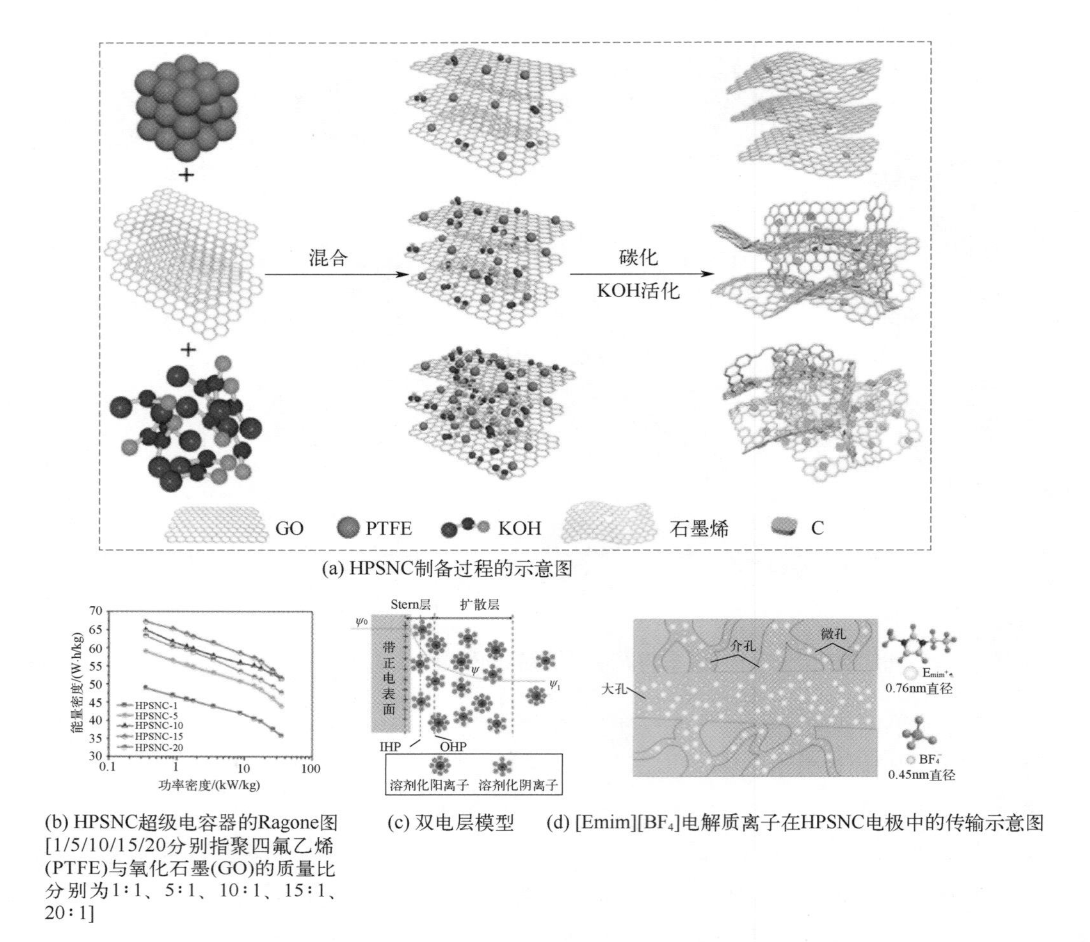

(a) HPSNC制备过程的示意图

(b) HPSNC超级电容器的Ragone图 [1/5/10/15/20分别指聚四氟乙烯(PTFE)与氧化石墨(GO)的质量比分别为1∶1、5∶1、10∶1、15∶1、20∶1]

(c) 双电层模型

(d) [Emim][BF_4]电解质离子在HPSNC电极中的传输示意图

图 3-3　片状纳米碳的制备过程及电化学性能

Mohammed 等以猴面包树果壳（BFS）为前驱体，使用两种不同的活化剂制备了猴面包树果壳衍生碳（BFSC），BFSC 中含有 O、N、P 或 S 等杂原子，可以提升电化学性能。使用 KOH 活化的生物质衍生活性炭记为 BFSC1，使用 H_3PO_4 活化的记为 BFSC2。由于 H_3PO_4 活化比 KOH 活化的离子转移电阻更小，所以 BFSC2 具有更好的电化学性能。在电流密度为 1A/g 时分别获得 233.5F/g 和 355.8F/g 的比电容。此外，基于 BFSC 电极组装的柔性全固态超级电容器器件在 1A/g 的电流密度下具有 58.7F/g 的比电容、20.86W · h/kg 的能量密度和 400W/kg 的功率密度。并且在 1000 次循环后器件的循环稳定性几乎不变。因此，碳基超级电容器电极材料可以提供高比电容和长循环稳定性。

3.1.1.2　碳纳米管

相比于传统多孔碳材料，碳纳米管（carbon nanotube，CNT）具有更为规则的外部阵列和内部孔道结构，被认为是较为理想的超级电容器电极材料。1991 年日本科学家 Sumio Iijima 通过高分辨率透射电子显微镜（HRTEM）观察电弧法制备的富勒烯时发现了碳纳米管材料。碳纳米管是一种纳米尺度具有完整分子结构的一维量子材料，可以看成是由碳原子形成的石墨烯卷成的无缝、中空管体。其管径一般为几纳米到几十纳米，长度为微米级，具有较大的长径比。按照组成碳纳米管的碳原子层数的不同，可将其分为由单层碳卷曲而成的单壁碳纳米管（single-wall carbon nanotube，SWCNT）和由多层碳卷曲叠加而成的多壁碳纳米管（multi-wall carbon nanotube，MWCNT）（图 3-4）。SWCNT 和 MWCNT 都具有良好的导电性，但由于比表面积的限制，MWCNT 在超级电容器中的应用比 SWCNT 少。SWCNT 的线型结构使其表面易于接近电解质，而且其互连性结构和更高的导电性也更有利于电解液离子和电子的快速传输。针对碳纳米管较低的比表面积，研究人员也通过 KOH 溶液化学活化的方法来增大其比表面积，从而提高比电容和能量密度。

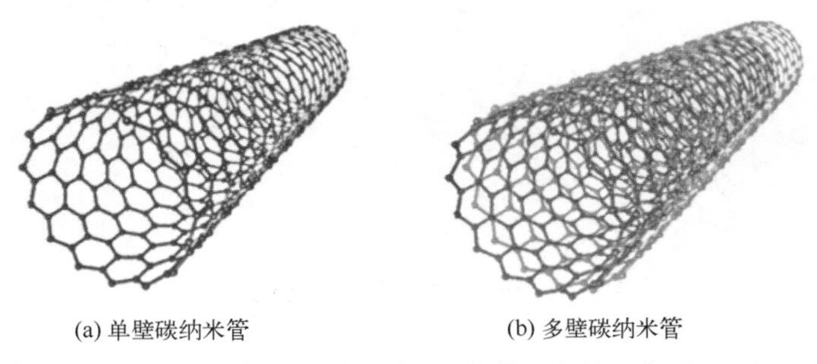

(a) 单壁碳纳米管　　(b) 多壁碳纳米管

图 3-4　单壁碳纳米管和多壁碳纳米管示意图

碳纳米管在大多数电解质中还具有耐腐蚀性和良好的化学稳定性，并且具有快速的离子转移机制，可以在界面处进行充分的电化学反应。此外，它们的介孔特性使电解质更容易扩散，有助于降低等效串联电阻，从而提高输出功率。相关研究探索了碳纳米管的制备工艺、正规化和阵列，以获得具有优异电化学性能的碳纳米管电极材料。

Chen 等以阳极氧化铝（anodic aluminums oxide，AAO）为模板，用化学气相沉积法由乙炔（C_2H_2）制备有序碳纳米管阵列，在末端喷金（作为集流体）后，用硫酸洗去 AAO 模板和催化剂。取直径 8mm 的圆片作为工作电极，铂电极和饱和甘汞电极分别作辅助电极和参比电极，以 1mol/L 的 H_2SO_4 溶液为电解液，组成三电极体系。电化学性能测试发现：其循环伏安曲线有明显的氧化还原峰，这说明其表面含有丰富的氧官能团。在 210mA/g 的电流密度下进行恒流充放电测试，其比电容高达 365F/g；电流密度增大到 1.05A/g，其比电容仍高达 306F/g，仅下降 16%。表明该电极具有好的功率特性。另外，有序碳纳米管阵列电极还具有低的等效串联内阻和良好的循环稳定性。

3.1.1.3　石墨烯

石墨烯是一种由碳原子单层组成的二维晶体结构，具有出色的导电性、高比表面积和电化学稳定性。这些特性使石墨烯成为研究人员探索超级电容器电极材料的理想选择。在过去的几年中，关于石墨烯电极材料的研究取得了显著进展，但仍存在许多未解决的问题和挑战。石墨烯是由碳原子以蜂窝状排列而成的二维晶体结构（图 3-5），也是碳纳米材料家族的重要成员。其出色的导电性源于碳原子之间的紧密结合和 π-π 共轭键。石墨烯是目前厚度最薄、强度最高、导电导热性能最强的一种新型纳米碳材料。此外，石墨烯的高比表面积使其能够容纳大量的电荷，并且具有出色的电化学活性。

单层二维石墨烯的理论比表面积高达 $2630m^2/g$，按石墨材料 $21\mu F/cm^2$ 的面积比容量计算，单层石墨烯作为双电层超级电容器电极材料的理论比容量约为 550F/g，远远高于其他类型的多孔碳材料。但是，由于范德华力及石墨烯片层间 π-π 键的作用，石墨烯片层间随机聚集和重新填充导致表面积减小和低密度的松散结构，这使得石墨烯材料的高比表面积很难被完全利用。已有文献报道石墨烯基超级电容器电极材料的比容量通常在 100 ～ 300F/g。因此，合理设计石墨烯组件的层状堆叠结构可以有效防止石墨烯片层间的再堆叠，构建高效的离子传输通道，提高空间利用率，用于开发先进电极材料，具有重要的研究价值。

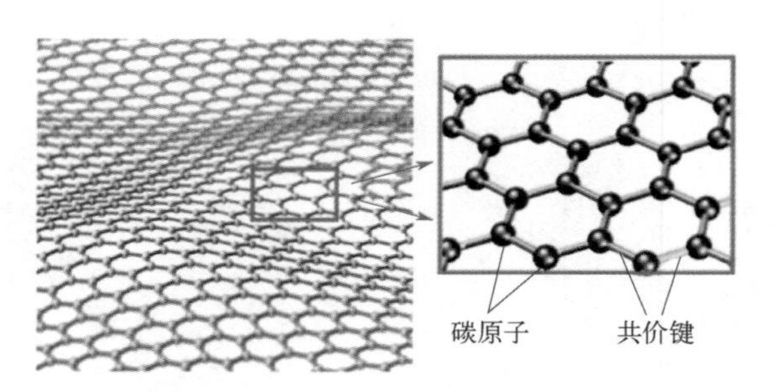

图 3-5　石墨烯的六边形网状结构示意图

石墨烯的制备方法包括化学气相沉积（chemical vapor deposition，CVD）、机械剥离（mechanical exfoliation）、化学氧化还原（chemical redox）等多种技术。每种方法都具有其独特的优点和局限性，因此石墨烯制备方法的选择对于超级电容器的性能至关重要。

（1）化学气相沉积法

CVD 是一种通过将气态前驱体分子沉积到基板表面来制备石墨烯的方法（图 3-6）。通常，碳源（例如甲烷或乙烯）在高温下可通过化学反应分解并在基板表面形成石墨烯层。

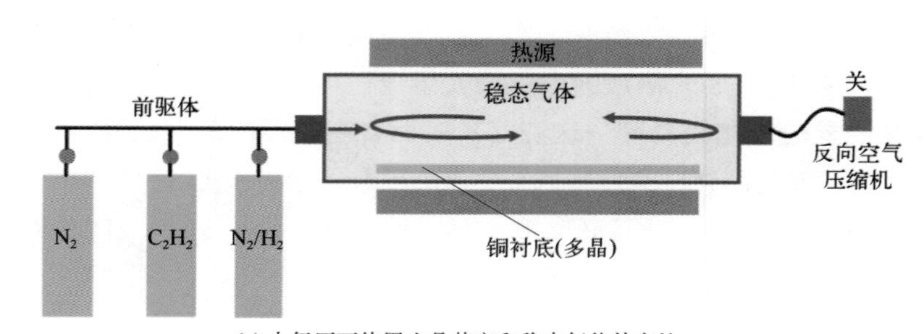

(a) 大气压下使用多晶基底和稳态气体的方法

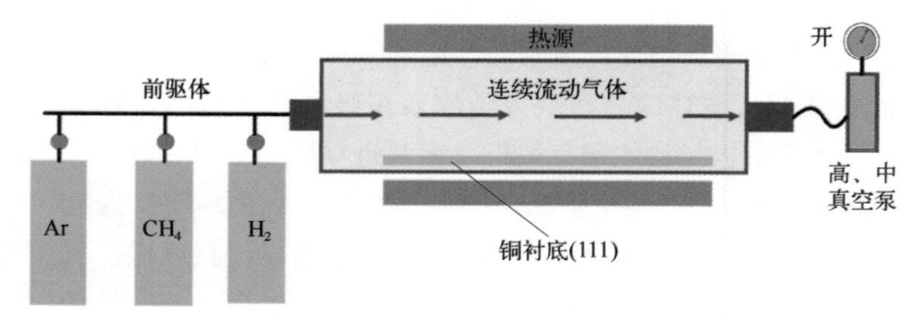

(b) 高真空下使用单晶基底和连续流动气体的传统工艺

图 3-6　化学气相沉积制备石墨烯的示意图

典型的 CVD 制备过程包括以下步骤：

① 基板的清洗和预处理，以确保表面干净。

② 在反应室中放置清洁的基板。

③ 加热反应室到高温，通入碳源气体。

④ 气体分解并在基板上沉积石墨烯层。

⑤ 冷却基板并取出制备好的石墨烯。

CVD 可以生产大面积、高质量的石墨烯，并且可以控制石墨烯的层数和结构。然而，该方法需要高温环境和复杂的设备，成本较高。

（2）机械剥离法

机械剥离法是通过机械剥离（通常使用胶带）将石墨烯从石墨块中剥离得到的。这是石墨烯最早被制备的方法之一，也被称为“气体扩散剥离法”。

机械剥离的步骤非常简单，主要包括以下内容：

① 使用胶带将石墨块的表面轻轻粘起，将一层石墨烯剥离。

② 将剥离得到的石墨烯片段转移到目标基板上。

机械剥离制备的石墨烯是单层的，质量高，具有优异的电子性能。然而这种方法产量较低，不适用于大规模制备。此外，它不适用于多层石墨烯的制备。

（3）化学氧化还原法

化学氧化还原法是通过将天然石墨或其他碳材料氧化，然后还原制备石墨烯的方法（图 3-7）。其中，最著名的方法是 Hummers 方法和 Brodie 方法。

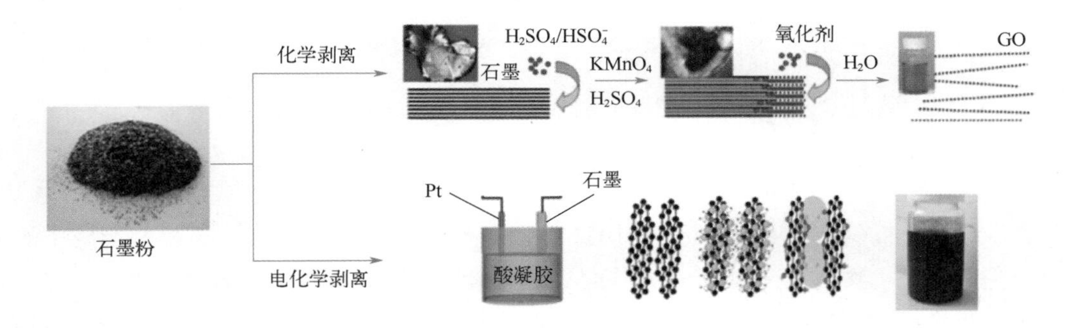

图 3-7 化学氧化还原法制备氧化石墨烯的示意图

典型的化学氧化还原法制备石墨烯的步骤包括：

① 将石墨粉末与氧化剂（如硫酸和硝酸）反应，形成氧化石墨（氧化石墨烯前驱体）；

② 经过还原处理，通常使用还原剂（如氢气或还原糖），将氧化石墨还原为石墨烯。

化学氧化还原法是一种相对简单且可控的方法，适用于低成本规模化制备。但是，这种方法通常会引入缺陷和杂质，因此石墨烯的质量较差。

3.1.1.4 碳气凝胶

碳气凝胶（carbon aerogel）是由球状纳米粒子相互连接而成的一种新型多孔纳米材料，其网络胶体颗粒直径为 3 ～ 20nm，具有很高的比表面积（600 ～ 1100m²/g），密度变化范围广，孔隙结构可调（孔隙率高达 80% ～ 90%）且在一个很宽的温度范围内具有很高且稳定的电导率，这些特点使其在双电层电容器方面有着广泛的应用前景。碳气凝胶一般采用间苯二酚和甲醛为原料在碳酸钠为催化剂作用下发生缩聚反应，形成间苯二酚 - 甲醛凝胶，再通过超临界干燥和碳化得到具有网络结构的碳泡沫材料。20 世纪 80 年代末，美国劳伦斯 · 利弗莫尔（Lawrence Livermore）国家实验室首次以间苯二酚（R）和甲醛（F）为原料，制备出 RF 气凝胶，并碳化得到碳气凝胶（CRF）。碳化前 RF 气凝胶的孔洞比较大，网络也比较粗，碳化后其孔洞变小，网络变细，这是碳化过程中失去 RF 气凝胶网络上的氢和氧所导致的。但经高温碳化后，其网络并没有塌陷，CRF 气凝胶完全保留了原 RF 气凝胶的网络结构和孔洞的连通性，其扫描电子显微镜（scanning electron microscopy，SEM）图像如图 3-8 所示。

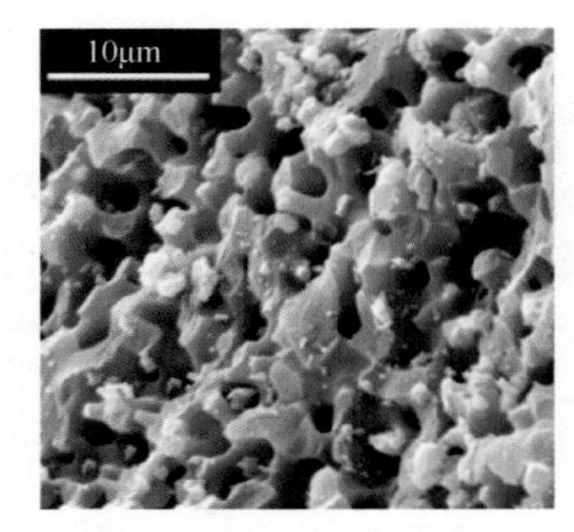

(a) 使用的摩尔比为R/F=1/2和R/W=0.13合成的水凝胶(1-A)

(b) 使用摩尔比为R/F=1/2、R/W=0.07和R/C=300合成的水凝胶(2-A)

图 3-8　CRF 气凝胶的 SEM 图像

用超临界二氧化碳干燥所获得水凝胶的不同馏分

R—间苯二酚；F—甲醛；W—水；C—碳

碳气凝胶大致可分为无机碳气凝胶、有机碳气凝胶和生物质基碳气凝胶等。

（1）无机碳气凝胶

最传统的无机气凝胶是 Kistler 于 1931 年制备得到的 SiO_2 气凝胶。无机气凝胶中的固体组分主要由无机物构成，例如 SiO_2 等含有硅元素的气凝胶以及以碳为主的凝胶（包括石墨烯气凝胶等）。根据其表面性质，无机气凝胶又可分为亲水性和疏水性的气凝胶。值得注意的是：亲水性的气凝胶可与水蒸气通过毛细作用产生的表面张力发生可逆反应，实现在气凝胶、水凝胶之间的相互转化；但当与液相水相接触，由于氢键相互作用，发生三维结构的坍塌，从而导致内部结构被破坏。其导电机理是电子在材料原子之间构成的大键上进行转移，例如石墨烯、碳纳米管等形成的气凝胶体系。

（2）有机碳气凝胶

间苯二酚和甲醛是最传统的制备碳气凝胶的原材料，其大体上可分为 3 个制备步骤（溶胶 - 凝胶、干燥以及碳化）。碳气凝胶致密的三维网络结构的构建是一个复杂的过程，间苯二酚和甲醛会先形成单 / 多元羟甲基间苯二酚，接下来，苯环和羟甲基上未被取代的位置之间和两个羟甲基之间会发生反应形成以亚甲基键（$—CH_2—$）与亚甲基醚键（$—CH_2OCH_2—$）为主的基元胶体颗粒，最后，这些基元胶体颗粒不断以团簇的方式进行生长并缩聚，结果形成相互交联的网络结构聚合物，称为RF有机凝胶。紧接着，对制得的RF有机凝胶进行适当的干燥、碳化处理，制得轻质多孔的RF碳气凝胶。除了以间苯二酚-甲醛为原料以外，有机高分子碳气凝胶还可通过苯酚-甲醛制得。但是，由于苯酚的结构与间苯二酚相比少了一个可与甲醛反应的酚羟基，所以用苯酚-甲醛来制备碳气凝胶往往形成溶胶-凝胶的时间更长。基于这个规律，使用间苯三酚和甲醛为前驱体来制备间苯三酚-甲醛碳气凝胶比苯酚或间苯二酚的时间肯定要短得多。此外，间苯二酚-糠醛、三聚氰胺-甲醛、混甲酚-甲醛等都可制备碳气凝胶。

（3）生物质基碳气凝胶

生物质材料具有成本低、绿色无污染、可再生等优点，而且大多生物质原料都具有天然的相互缠绕的三维网络结构和丰富的纤维素含量，如各种木材（纤维素含量约45%）、纤维素纳米纤维（CNF）、竹子（纤维素含量大于40%）等，这就为一些碳气凝胶的制备提供了充足的便利条件。这些物质制备碳气凝胶可采用生物质直接碳化法和凝胶碳化法。富含纤维素的生物质原料作为天然的生物质原纤维气凝胶经直接水热碳化或高温碳化处理，即可制备生物质基碳气凝胶，这种方法称为生物质直接碳化法。该方法制得的碳气凝胶具有优异的疏水性、力学性能，并且制备简单、成本低、制备过程无添加。但该方法制备的碳气凝胶交联的网络结构与孔隙大小很难实现可调可控。制备生物质基碳气凝胶的另一种方法就是凝胶碳化法。使用生物质纤维素或生物质液化物为原料，经过分散或液化（溶解于溶剂体系中，破坏纤维素分子链的非晶区结构，改变其晶型）、溶胶-凝胶、干燥得到气凝胶，然后进行碳化制得生物质基碳气凝胶。与纤维素基气凝胶和其他气凝胶类似，以上方法制得的生物质基碳气凝胶材料也具备密度低、弹性高、孔隙率高、比表面积大等优点。而且，生物质基碳气凝胶还具有稳定性、疏水性、导电性等独特性质，可实现在生物医药、环境保护甚至电化学等高价值领域的应用。

Pekala等将碳气凝胶作为超级电容器电极材料，分别在5mol/L KOH溶液和有机电解液中测得其比电容为45F/g和10F/g，并将掺钌的碳气凝胶和未掺杂的碳气凝胶以1mol/L H_2SO_4为电解液，测得其比容量分别为206F/g和95F/g。Hwang等探讨了用间苯二酚-甲醛有机气凝胶热分解制备碳气凝胶，并用丙酮交换/控制蒸发来代替传统的超临界干燥过程，制得的碳气凝胶在6mol/L H_2SO_4的电解液中比电容达220.4F/g。

3.1.2 赝电容电极材料

与双电层电容相反，赝电容主要的电化学特征是其电极材料在充放电过程中具有法拉第过程，即氧化还原反应。由于具有快速、可逆的氧化还原反应，金属氧化物和导电聚合物通常被用作赝电容的电极材料。

3.1.2.1 金属化合物

金属化合物可以通过快速可逆的氧化还原反应来存储电荷，其能量密度高于碳基材料，稳定性高于聚合物基材料。它是通过与溶液中离子发生电化学反应，在氧化还原过程中其价态变化来存储和释放电荷，从而提供赝电容。由于氧化还原反应的转移电子数更多，因此金属化合物可以提供比碳材料更高的比电容。用于超级电容器的金属化合物主要有金属氧化物、金属氢氧化物、金属硫化物等。

（1）金属氧化物

由于具有氧化还原特性，金属氧化物作为超级电容器电极材料，可以提供高的能量密度和优异的电化学稳定性。金属氧化物具有多种氧化态，可以实现快速的法拉第反应。这一特性使它们能够在充电和放电过程中在不同的氧化态之间穿梭，同时还能使电解质离子快速进出氧化层。最早被用作超级电容器电极材料的金属氧化物是RuO_2。RuO_2具有极高的比电容、良好的导电性和出色的循环稳定性。然而，RuO_2具有毒性和成本高的劣势。目前常用的金属氧化物电极有MnO_2、NiO、Co_3O_4、V_2O_5、TiO_2、Nb_2O_5等。从理论上来说，金属氧化物具有较高的能量密度和较高的比电容。但是，金属氧化物比表面积普遍较低，晶体结构不稳定，形成的孔结构致密性较差，在充放电过程中，结构容易坍塌破坏，会造成电容稳定性变差，因此其实际比电容值远达不到理论值。

通过简便的水热法结合后退火处理，成功制备出了花状镍钴氧化物微/纳米结构（见图 3-9）。花状镍钴氧化物电极展现出 350C/g 的高容量和优异的循环稳定性（5000 次循环后容量保持率为 94%）。

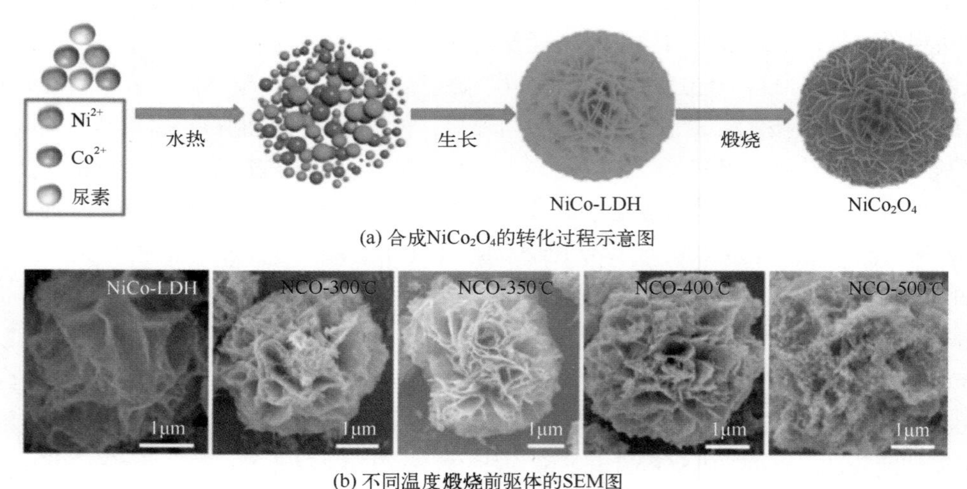

(a) 合成$NiCo_2O_4$的转化过程示意图

(b) 不同温度煅烧前驱体的SEM图

图 3-9　水热合成流程示意图及 SEM 图

LDH—层状双氢氧化物

Kang 等同样使用水热加退火法制备了 NiO 材料，并在水热过程中适量添加磷酸二氢钠，成功制备出 P-NiO 电极材料。对 P-NiO 电极进行电化学测试，在 1A/g 电流密度下的比容量高达 631.8F/g，且在 4000 次循环后具有 95.2% 的电容保持率。非对称型超级电容器（负极为活性炭材料）具有 1.6V 的工作电压，在 800W/kg 的功率密度下能量密度为 53.4W · h/kg。

除了单金属氧化物，一些研究者还发现添加适量其他金属元素来制备多元金属氧化物，一方面可以提高电极材料的导电性，另一方面可以带来更加丰富的氧化还原反应，提供更高的理论容量。

（2）金属硫化物

因为硫元素的电负性小于氧元素，所以过渡金属硫化物通常相比于过渡金属氧化物显示出较高的导电性，而且其理论比容量、电化学活性也较高。由于其独特的结构和反应动力学，它们可以提供比其他竞争对手更高的能量密度。此外，金属硫化物可以提供更多的氧化还原反应位点，从而改善电化学导电性和增加电荷存储容量。和双金属过渡金属氧化物/氢氧化物相似，三元过渡金属硫化物电极材料因为拥有更多的氧化还原活性位点和相对于相应单组分电极材料更高的电导率，在储能电极材料方面受到越来越多的关注。其中具有多种氧化态的镍钴硫化物，因较高的理论比容量和良好的倍率性能，得到了研究人员的广泛研究。

采用简单的两步水热法制备了一系列不同镍（Ni）、钴（Co）含量的硫代钴酸镍，如图 3-10 所示。对这些具有核壳结构的双金属镍钴硫化物进行电化学测试，结果表明，$NiCo_2S_4$ 在 1A/g 时具有 155mA·h/g 的优越比容量，但 $Ni_{1.5}Co_{1.5}S_4$ 表现出更出色的倍率性能（1～20A/g 的容量保持率为 80%）和长循环稳定性（2000 次循环后的容量保持率为 74%）。

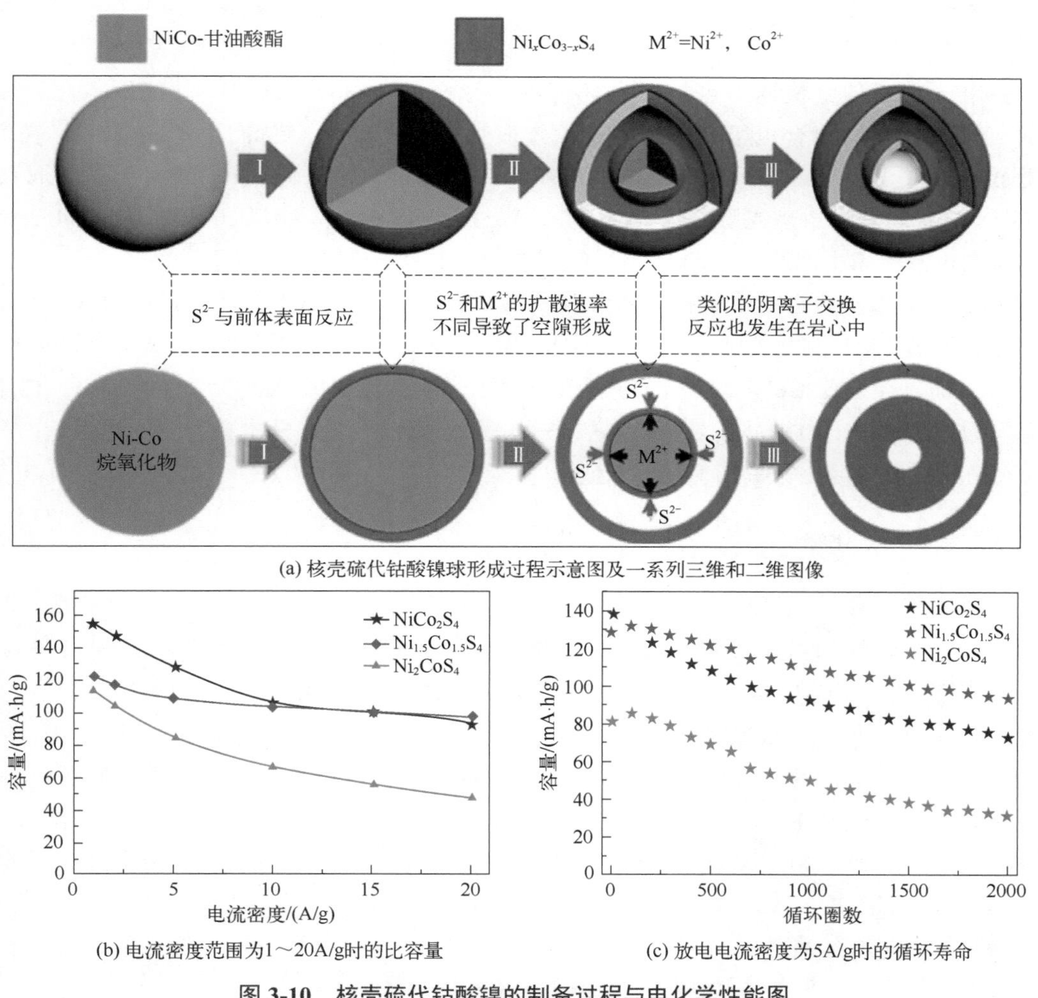

(a) 核壳硫代钴酸镍球形成过程示意图及一系列三维和二维图像

(b) 电流密度范围为1～20A/g时的比容量

(c) 放电电流密度为5A/g时的循环寿命

图 3-10　核壳硫代钴酸镍的制备过程与电化学性能图

Li 等通过酸浸将蛋壳膜（ESM）与蛋壳分离，把蛋壳浸入 1mol/L 的 HCl 中 6h，用去离子水彻底洗涤后收集在烧杯中，制得 ESM。深蓝色溶液（20mL）是 0.1mol/L $CoCl_2$•$6H_2O$ 溶液，灰色溶液（40mL）由 0.1mol/L Na_2S 和 5mL PEG-400 组成。通过 ESM 分离两种溶液。随着反应时间的增加，灰色溶液中渐渐生成黑色沉积物（CoS）。从溶液中分离出深色絮状沉淀物，用去离子水洗涤数次，并在 60℃真空干燥器中干燥。使用 6mol/L KOH 溶液作为电解液，在 1A/g 的电流密度下，测得 CoS 电极的比电容为 365F/g。经过 1500 次循环后，电容保持率为 95%。

（3）金属氢氧化物

相比于过渡金属氧化物，过渡金属氢氧化物以其更高的理论比容量、电化学活性而得到进一步研究，例如氢氧化钴［$Co(OH)_2$］、氢氧化镍［$Ni(OH)_2$］和层状双氢氧化物（LDH）等。其中，LDH 凭借具有多种可变价态的过渡金属离子以及良好层间离子交换能力的独特二维层状结构而颇受关注。然而，LDH 的导电性、结构和电化学稳定性不理想，降低了其实际应用价值。目前，许多工作集中在可控制备 LDH，使其具有高比表面积和有利于快速电子 / 离子转移的纳米结构上，从而确保尽可能多的活性物质参与到储能过程中。

使用一种简便、快速、可扩展且环保的电泳沉积（EPD）方法制备还原氧化石墨烯（rGO）和 $Ni(OH)_2$ 复合电极。通过镍离子修饰使 GO 带正电，使得 GO 转为 rGO，在不同的基底上形成了多层或花朵状的 rGO/$Ni(OH)_2$ 混合薄膜。由此制备的 100% 无黏合剂 rGO/$Ni(OH)_2$ 电极表现出卓越的赝电容特性，在 2A/g 的电流密度下，其比电容高达 1404F/g。这些结果为电泳沉积生产基于 rGO 的高性能储能器件纳米复合薄膜铺平了道路。

Feng 等采用水热合成法制备了钴镍双金属氢氧化物（CoNi-LDH），并在制备过程中适量添加乙炔黑（AB）制备得到了 CoNi-LDH/AB 复合材料。通过扫描电子显微镜可以观察到：乙炔黑的加入可以使 CoNi-LDH 的层状结构更加分散，且使层片的厚度有所减小。由于乙炔黑可以改变 CoNi-LDH/AB 复合材料的形貌，从而可以大幅提升电极材料的比容量，经过 500 次循环充放电后比容量几乎没有降低。

（4）金属碳氮化物

新型二维麦克烯（MXene）材料自 2011 年被发现以来，由于其优异的导电性、大比表面积、高亲水性和丰富的活性位点，已经被证实为超级电容器颇具前景的电极材料。在 MXene 家族中，$Ti_3C_2T_x$ 是超级电容器中研究最充分的材料之一。

MXene 是一种层状过渡金属碳氮化物，化学通式可以表示为 $M_{n+1}X_nT_x$，其中 M 代表过渡金属元素，常见的有 Ti、V、Nb、Mo、Cr 元素；X 代表 C 和 N 元素或者两者之一；n 表示原子层数，n=1 ～ 4；T_x 代表表面官能团，如—O、—OH、—F 等。图 3-11 中展示了三元陶瓷材料麦克斯（MAX）相中可能存在的组成元素，MAX 通常通过球磨和高温烧结制成，其 A 是以ⅢA 族或ⅣA 族为主的元素，如 Al、Ga、Si、Ge 等。根据原子层数 n 的不同，MAX 相可以被分为 M_2AX、M_3AX_2、M_4AX_3 以及最近合成的 M_5AX_3。到目前为止，有 70 多种 MAX 相。然而，只有大约 30 种 MXene 被成功制备。

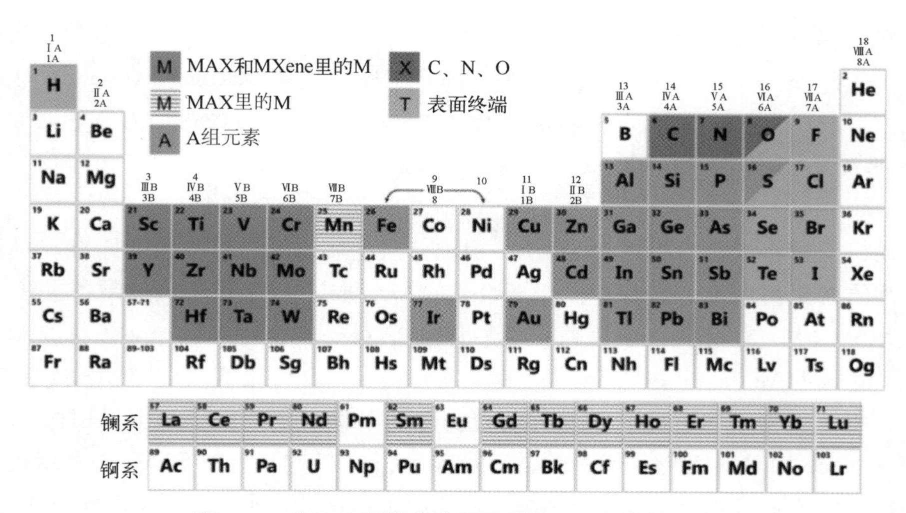

图 3-11　在元素周期表中用于构建 MAX 相的元素

图 3-12 展示了已报道的理论预测与实验制备的 MXene 材料种类，根据过渡金属元素的种类分为单过渡金属 MXene 和双过渡金属 MXene。其中，单过渡金属 MXene 被广泛研究，常见的有 $Ti_3C_2T_x$、V_2CT_x、Ti_2CT_x、Nb_2CT_x、$Nb_4C_3T_x$，目前发现了 14 种。后一种双过渡金属 MXene 还可以根据 M 位点上过渡金属的排列方式进一步分类：①不同种金属原

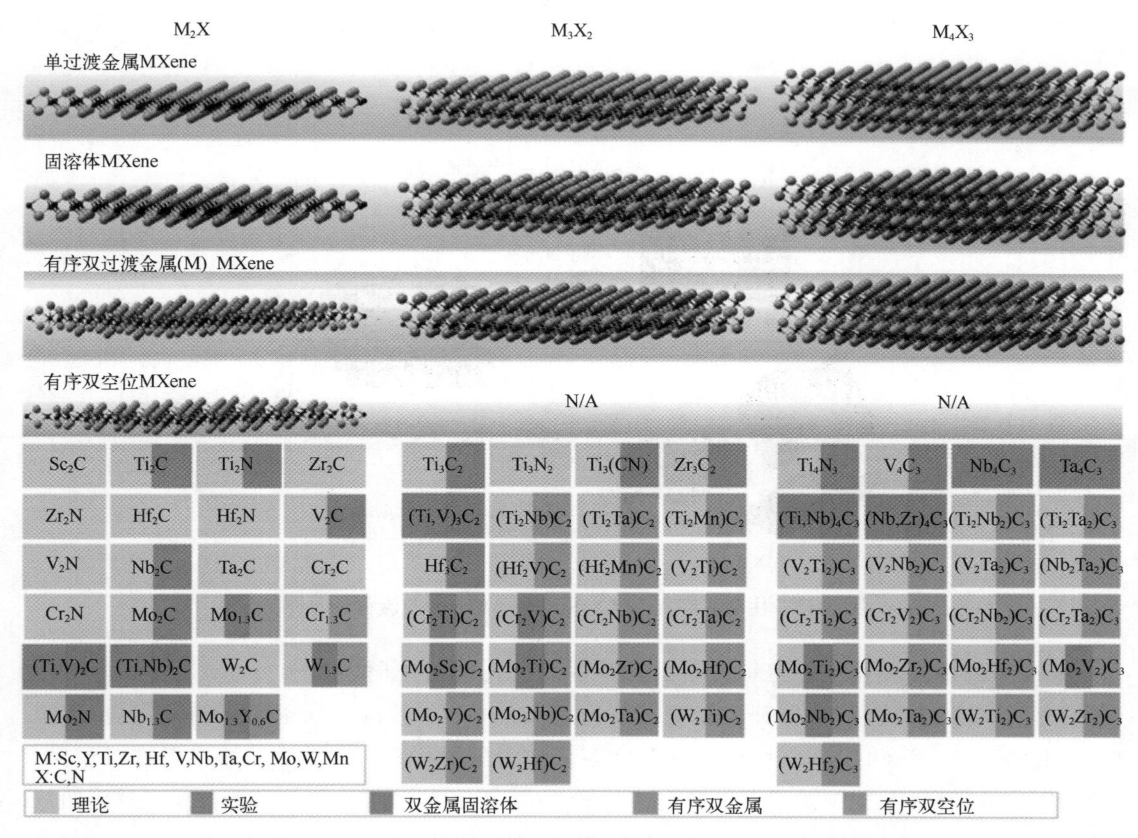

图 3-12　已报道的理论预测与实验制备的 MXene 材料种类

子有序排列的有序双金属 MXene，如 Mo_2TiC_2、Cr_2VC_2 和 $Mo_2Ti_2C_3$ 等，若使用四元 MAX 相（i-MAX）额外刻蚀掉其中一种金属则会得到有序空位的 MXene(i-MXene)，如 $Mo_{1.33}C$ 和 $Cr_{1.33}C$；② M 层原子随机分布的固溶体 MXene，如 $(Ti,V)_2C$、$(Ti,Nb)_2C$ 和 $(Ti,Nb)_4C_3$ 等。双金属 MXene 为 MXene 家族增加了很多成员，至少有 50 个有序和无序的固溶体 MXene。

与其他二维材料（如石墨烯和 MoS_2）相比，前驱体 MAX 相中更强的 M—A 金属键使得机械剥离方法相对困难。具有类似元素组成的 MXene 可以采用相似的制备方法，通常通过选择性地刻蚀 MAX 相中 A 金属原子层后得到 MXene。相对来说，陶瓷材料 MAX 相中 M—A 金属键弱于 M—X 的金属 / 共价 / 离子混合键。因此，强度较弱的 M—A 金属键更容易断裂，使得选择性刻蚀剥离 A 层成为可能。刻蚀条件主要由原子键类型和材料的强度决定，Ti 基 MXene 相对而言更易于刻蚀，而含 V、Cr、Zr、Nb、Ta 和 Mo 的 MXene 需要更严苛的刻蚀条件。在这里主要介绍两种常见的 MXene 液相刻蚀方法：氢氟酸（HF）刻蚀法和改进的 HF 刻蚀法（原位生成 HF）。

氢氟酸刻蚀法自从 2011 年首次报道以来，至今仍是应用最广泛的刻蚀方法。如图 3-13 所示，这种酸性水溶液通过简单的置换反应会选择性地刻蚀 A 原子层，释放氢气［式（3-3)］。获得的 $M_{n+1}X_n$ 将会与 HF 溶液中的 HF 和 H_2O 继续作用，并在 MXene 表面产生—OH、—O、—F 官能团［式（3-4)、式（3-5)］，从而使材料具有高亲水性。反应过程如下：

$$M_{n+1}AX_n + 3HF = M_{n+1}X_n + AF_3 + 3/2\ H_2 \tag{3-3}$$

$$M_{n+1}X_n + 2H_2O = M_{n+1}X_n(OH)_2 + H_2 \tag{3-4}$$

$$M_{n+1}X_n + 2HF = M_{n+1}X_nF_2 + H_2 \tag{3-5}$$

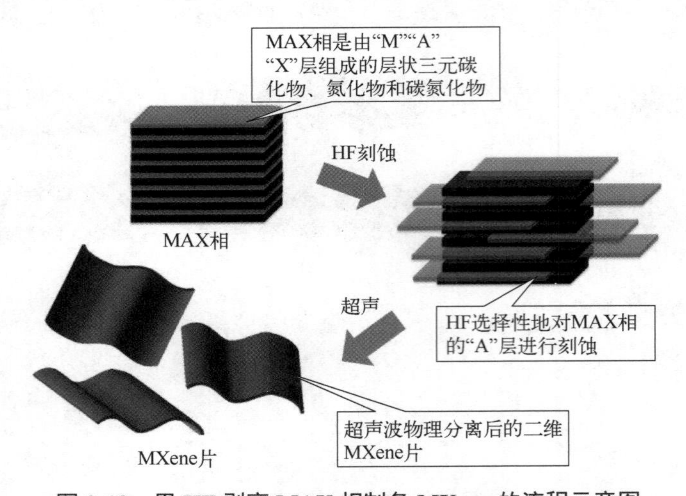

图 3-13　用 HF 剥离 MAX 相制备 MXene 的流程示意图

刻蚀所需的高浓度 HF 具有极强的腐蚀性，在处理使用时需要格外小心。因此，研究人员为了避免直接使用 HF，研发了更加安全温和的 HF 刻蚀法，利用常见的氟化盐（LiF、NaF、KF、FeF_3 和 NH_4HF_2）和 HCl 的混合溶液作为刻蚀溶液。在混合溶液中通过相互反应生成 HF，具有与 HF 刻蚀法相类似的反应机理。以 LiF 和 HCl 混合溶液为例，反应过程如下：

$$HCl + LiF = HF + LiCl \tag{3-6}$$

这种蚀刻过程更为温和，刻蚀得到的MXene薄片具有更大的横向尺寸。而且与HF刻蚀法不同的是，氟化盐阳离子会自发地插入MXene层间，在获得更大层间距的同时削减层间范德华力，有利于进一步剥离成少层和单层MXene。

改变MXene的结构可以有效增加MXene表面的活性位点，是改善电化学性能的有效策略之一。大孔$Ti_3C_2T_x$薄膜在10V/s的扫描速率下可以实现高达210F/g的比电容；制备的MXene水凝胶可以达到$1500F/cm^3$（380F/g）的超高体积比电容。Gogotsi教授团队报道了使用氟化锂和盐酸溶液制备的碳化钛"黏土"型无添加剂薄膜，在1mol/L H_2SO_4电解液中表现出高达$900F/cm^3$的体积比电容，同时具有出色的循环性能和倍率性能。在水系电解液中，电解液阳离子会结合水分子在MXene表面形成双电层结构，这与碳基双电层电容器的电极类似。此外，氧化还原反应会发生在MXene表面，这会贡献MXene电极绝大部分的容量。

通过一种酸性分子剪刀精确可控地制备出具有特定形态和缺陷密度的Ti_3CNT_x MXene。在MXene纳米片上的缺陷位点可作为离子的传输通道，具有优异的扩散和传输能力。与未裁剪的MXene薄膜（比电容为237F/g）相比，所制备的Ti_3CNT_x MXene薄膜的比电容达到376F/g，大大提高了电化学活性。由此制备的微型超级电容器的面积比电容高达$174.5mF/cm^2$，体积比电容高达$250F/cm^3$。

综上所述，超级电容器作为一种新型高效的储能装置，相较于传统电容器有明显的优势，但是受限于电极材料的性能。目前，可通过两种方法优化金属化合物电极材料的电容特性：

① 改变电极材料形貌，制备特殊形貌结构的纳米金属化合物。

② 将金属化合物与碳基材料或导电聚合物复合，制备纳米复合电极材料。

未来的研究可以进一步优化与简化材料的制备方法，降低生产成本，并通过针对不同的应用方向设计制备不同类型的电极材料，为超级电容器的实际应用打下基础。

3.1.2.2 导电聚合物

导电聚合物也是一种常用的赝电容电极材料，具有高导电性能、宽电压窗口、高储能能力以及高度电化学可逆性等优点。在充放电过程中，导电聚合物会发生氧化还原反应，实现快速n型或p型掺杂，使聚合物储存高密度的电荷，从而产生很大的法拉第赝电容。导电聚合物的p型掺杂过程是指外电路从聚合物骨架中吸取电子，从而使聚合物分子链上分布正电荷，溶液中的阴离子位于聚合物骨架附近保持电荷平衡（如聚苯胺）；而n型掺杂过程是从外电路传递过来的电子分布在聚合物分子链上，溶液中的阳离子则位于聚合物骨架附近保持电荷平衡（如聚乙炔）。

导电聚合物的储能原理主要是通过共轭聚合物骨架上发生的氧化还原反应储存电荷。当导电聚合物发生氧化反应时，共轭链上失去电子形成带正电的空穴，电解液阴离子嵌入共轭聚合物骨架上以保持电中性，称为p型掺杂；当导电聚合物发生还原反应时，电解液阳离子嵌入共轭聚合物骨架上以保持电中性，称为n型掺杂。反应式如下：

$$C_p \longrightarrow C_p^{n+}\left(A^+\right) + ne^+ \quad \text{(p 型掺杂)} \tag{3-7}$$

$$C_p + ne^- \longrightarrow \left(C^+\right)C_p^{n-} \quad \text{(n 型掺杂)} \tag{3-8}$$

而放电过程为上述方程式的逆过程，即嵌入的离子被释放的过程，称为去p型掺杂/去

n 型掺杂。实际上，大多数导电聚合物能够被氧化进行 p 型掺杂，但是只有包括聚噻吩在内的少数几种导电聚合物能够进行 n 型掺杂。导电聚合物的掺杂程度通常为 0.3 ～ 0.5，即 2 ～ 3 个单体中有 1 个被掺杂。

导电聚合物之所以适合用作电化学电容器材料，主要是由于：①随着电极电压的增加，出现氧化状态的连续排列；②电荷分离和再注入过程的可逆性。如此，在循环伏安法中，这些过程给出了近乎镜像的伏安特性，这是电容器放电和充电的特征，同时也给出了随扫描速率增大而增大的响应电流。目前，应用于超级电容器的导电聚合物主要有聚苯胺（PANI）、聚吡咯（PPy）和聚噻吩（PTh）等具有共轭结构的聚合物及其衍生物（图 3-14）。

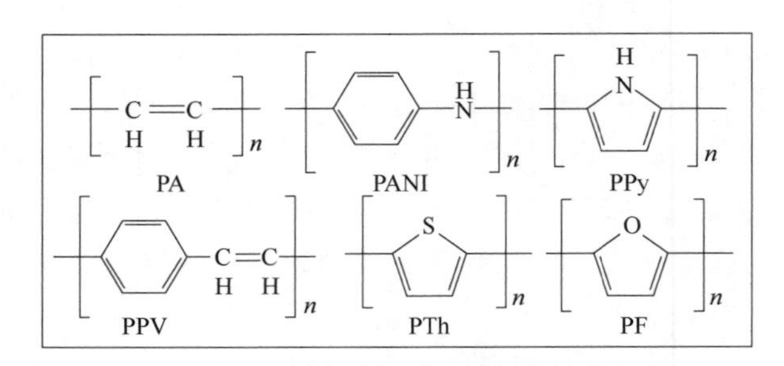

图 3-14　典型导电聚合物的化学结构

PA—聚酰胺；PANI—聚苯胺；PPy—聚吡咯；PPV—聚对苯乙烯；PTh—聚噻吩；PF—酚醛树脂

图 3-15 展示了不同导电聚合物的氧化还原电化学行为。由图可知，导电聚合物表面

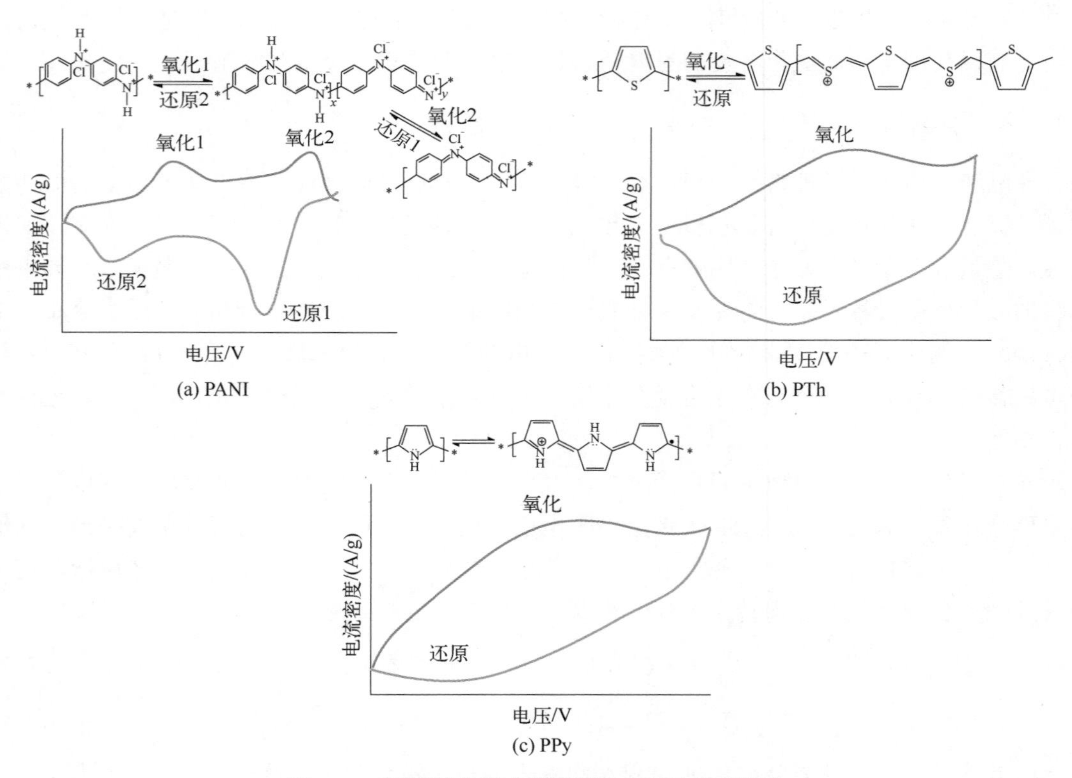

图 3-15　不同导电聚合物的氧化还原电化学行为

的带电活性位点使其在CV中几乎呈现氧化还原过程。PANI呈现明显的两对氧化还原峰，使得聚苯胺在中间氧化态、完全氧化态和还原态结构之间转变，实现掺杂和去掺杂。在掺杂过程中，大分子链段的空轨道引入了电子，从而降低其原来的能级，降低了载流子移动的阻力。与半导体中掺杂概念不同的是，聚合物中掺杂过程实质上是掺杂剂使聚合物分子链发生氧化或还原，使分子链失去或得到电子产生带电缺陷，从而形成电荷转移络合物。

作为超级电容器的电极材料，导电聚合物具有电导率良好、副反应少、电子和离子传输效率高等优点，但是由于功率密度较低和循环稳定性较差等缺陷，其研究与应用受到了较大的限制。其优缺点分析总结于表3-1。

表3-1 导电聚合物用作超级电容电极材料的优缺点分析

导电聚合物	聚苯胺	聚吡咯	聚噻吩
优点	柔性，易于制造，易掺杂/去掺杂，高掺杂水平，理论比电容高，制备可控，导电性	灵活，易于制造，单位体积比电容相对较高，循环稳定性高，适用于中性电解质	灵活，易于合成，良好的循环稳定性和环境稳定性
缺点	比电容主要依赖于合成条件，循环稳定性差，仅适用于质子型电解质	不易掺杂/去掺杂，质量比电容相对较低，仅适用于正极材料	电导率低，比电容低

聚苯胺具有较高的电学与电化学活性、易于加工、成本低、生态稳定性好、光学性质优良和可进行可逆氧化还原等优点，已成为超级电容器或电池电极的活性材料。此外，聚苯胺结构可以在形状、晶体结构和尺寸等广泛领域内进行修饰。聚苯胺可以通过化学或电化学方法简单氧化苯胺单体合成。通过精确控制氧化剂和添加剂的量，可化学聚合合成聚苯胺的各种形态（纳米棒、纳米纤维、纳米管、纳米球、纳米片甚至纳米花）。天然聚苯胺超级电容器电极的理论比电容可以达到2000F/g。但实验值远低于理论值，因为比电容和活性聚苯胺的比例取决于反阴离子的扩散和聚苯胺的导电性，而反阴离子的扩散和导电性又取决于制备方式、实验条件和掺杂水平。

采用一种活性分子［3-氨基苯甲醇（3-ABA）］共聚来修饰共轭聚合物的分子链，以纯聚苯胺（p-PANI）为例。超共轭PANI形成过程如图3-16（a）所示，通过引入苯环上含有的更多氨基和羟基，聚苯胺分子链得以延伸，从而实现更高的电化学活性。由于C—H中的σ键与苯环中的非局域π键的相互作用，会形成额外的超共轭效应［称为超共轭PANI(hc-PANI)］。这种超共轭效应可将电导率提高800%［见图3-16（b）］。hc-PANI超级电容器的比电容高达521F/g，比p-PANI高出50%［见图3-16（c）与（d）］。

Hu等采用羟基化的聚甲基丙烯酸甲酯纳米球为模板原位聚合了卷心菜形貌的聚苯胺。此形貌结构的聚苯胺具有较大的表面积和存在于聚苯胺骨架上的π-π共轭结构，极大地促进了电子扩散，提高了聚苯胺在充放电过程中的电化学活性，具有高比电容（0.1A/g电流密度下584F/g）和高循环稳定性（循环3000次比电容仅损失9.1%）的优势。

综上所述，纯聚苯胺在超级电容器中的应用研究较多，但循环稳定性仍不能满足实际应用要求。超级电容器的循环稳定性较差，使得其比电容下降较快，导致循环寿命较短。因此，研究人员试图通过将聚苯胺、碳材料或金属氧化物混合来制备各种聚苯胺复合材料，以提高超级电容器性能。

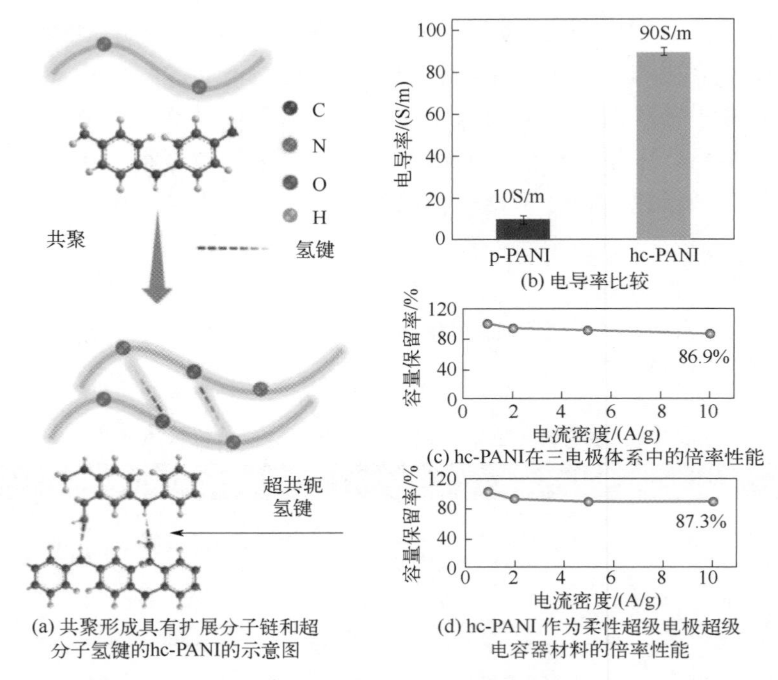

图 3-16 超共轭 PANI（hc-PANI）的形成示意图及其电化学性能

聚吡咯是重要的导电聚合物之一，它具有许多独特的特性，如易于合成、高比电容、优异的循环稳定性、高导电性、快速充放电、高热稳定性、高能量密度和成本低。聚吡咯以最小的尺寸就能实现高性能，并且具有可塑性，易于加工成各种形态。它的这些特性使其成为柔性、轻量化、高性能超级电容器理想的电极材料，从而满足柔性和便携式电子设备的需求。与其他导电聚合物相比，聚吡咯具有高柔韧性和导电性，因此是开发柔性电极材料最理想的导电聚合物。Yang 等在有或无表面活性剂的条件下，通过原油 / 水体系界面聚合合成了自支撑 PPy 膜（图 3-17）。表面活性剂制备的薄膜具有更小、更多的孔洞或囊泡，表现出更优异的电化学性能，在 25mV/s 下最大比电容达到 261F/g，在相同扫描速率下循环 1000 次后容量保留率为 75%。

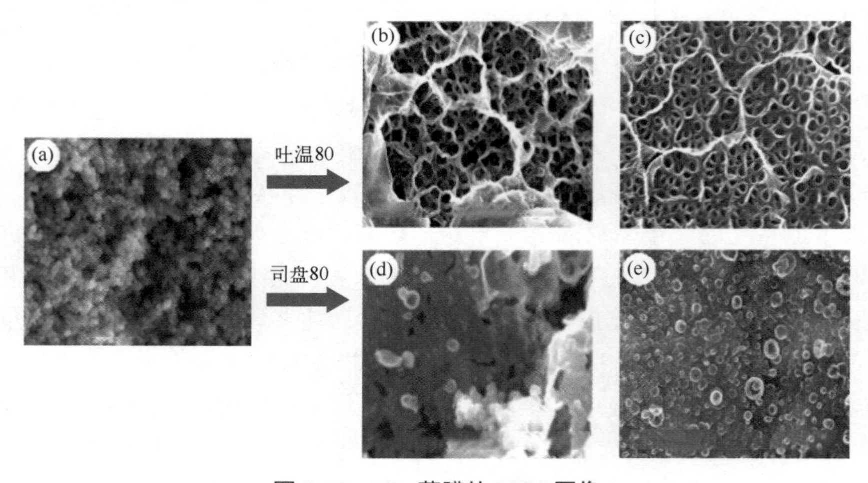

图 3-17 PPy 薄膜的 SEM 图像

(a) 25℃时不使用任何表面活性剂合成的 PPy；(b) 使用吐温 80 作为表面活性剂在 25℃时合成的 PPy；(c) 使用吐温 80 作为表面活性剂在 0℃时合成的 PPy；(d) 使用司盘 80 作为表面活性剂在 25℃时合成的 PPy；(e) 使用司盘 80 作为表面活性剂在 0℃时合成的 PPy

Xu 等以 $FeCl_3$- 甲基橙（MO）络合物为模板，通过原位聚合法制备了 PPy 纳米棒包覆的导电棉织物。所得织物不仅可以直接用作超级电容器电极，在电流密度为 $0.6mA/cm^2$ 时还表现出优异的比容量和能量密度（325F/g 和 24.7W · h/kg），经过 500 次循环后，电容保留率为 63%。

聚吡咯基电极的微观结构和性能受到很多因素的影响，包括制备方法、基底、掺杂剂、模板剂等。通过调节这些因素，聚吡咯的某些电化学性质可以得到较大的改善，而另一些电化学性质可能无法得到改善甚至有所下降，导致这些聚吡咯基电极仍然无法满足实际应用的要求。因此，对聚吡咯 / 碳复合材料、聚吡咯 / 金属氧化物复合材料以及其他聚吡咯基复合材料的研究是十分必要的。

聚噻吩是一种具有独特性质的导电聚合物。它以 n 型掺杂和 p 型掺杂形式存在，p 型掺杂的比电容和电导率均高于 n 型掺杂。聚噻吩及其衍生物具有高导电性、长波吸收性、电化学稳定性、高生态稳定性、485F/g 的理论比电容和 1.2V 的电位窗口，是颇具前途的超级电容器电极材料之一。由于其储能的过程存在电荷的迁移，因此，聚噻吩电导率越高，越有利于储能过程的进行。而储能机理本质是一个氧化还原反应，电极材料与电解液接触面积越大，电解液离子在电极材料中扩散速度越快，越有利于充放电反应的进行。因此，大比表面积和合适的孔结构有利于聚噻吩的储能过程。此外，聚噻吩的形貌会影响电极材料和电解液的接触，对电化学性能也有影响。

在聚噻吩的制备过程中，噻吩单体浓度、氧化剂浓度、聚合温度、反应时间、反应溶剂和后处理方式等反应条件对聚噻吩的链增长过程有显著影响，进而决定其结构和性能。Wang 等研究了噻吩单体浓度、氧化剂 / 噻吩摩尔比、反应时间、反应温度和后处理方式对聚噻吩结构和导电性能的影响。研究发现，可通过减小噻吩浓度、增大 $FeCl_3$/ 噻吩摩尔比等方式增大聚噻吩共轭程度，提高其导电性能，制得的聚噻吩电导率最高可达 2.5×10^{-8}S/cm。Thanasamy 等通过优化反应过程中的反应温度、氧化剂 / 噻吩摩尔比、溶剂体系、反应时间等参数，制得的聚噻吩电导率高达 9S/cm。

导电聚合物是超级电容器中研究最深入的聚合物电极材料，由于其合成方法简便、可控，机械柔性好，储能能力相对较高，成为超级电容器领域最有前景的电极材料之一。然而，仍存在以下问题:

① 循环稳定性差，导致其组装成的超级电容器的寿命较短。

② 与碳材料相比，动力学过程相对缓慢，导致功率密度较低。

③ 大部分导电聚合物的导电性不够，因此在大多数情况下，需要加入导电剂（如纳米碳）或导电衬底。

④ 大多数导电聚合物的机械强度较差。

而以下方法可有效解决上述问题:

① 提高导电聚合物的孔隙率和结晶度。

② 制备纳米结构的导电聚合物有助于提高其电化学循环稳定性和力学性能。

③ 掺杂或后处理可以提高导电聚合物的电导率。

④ 利用碳材料等其他材料制备复合材料，有望缓解其循环稳定性差的问题，改善充放电过程的动力学。

3.2 超级电容器储能电极材料的性质

3.2.1 比表面积

比表面积（specific surface area）是决定碳材料性能的一个重要因素，从理论上来说，碳材料的比表面积越大，比电容也越大，但实际情况较复杂，大多数情况下，比电容与比表面积不成正比，比表面积大，通常只会提高质量比电容，而体积比电容会降低，材料导电性也会变差。

双电层电容器对能量的存储是利用电极材料上的双电层，电容量的大小依赖于在液 - 固或固 - 固界面发生的静电吸附和电荷堆积，电荷的转移只发生在电极材料表面和电解液交界处，形成双电层电容，表达式如下：

$$C=\frac{\varepsilon_r \varepsilon_0 A}{d} \tag{3-9}$$

式中 C——比电容；

ε_0——真空介电常数；

ε_r——电解液的介电常数；

d——双层的有效厚度；

A——电极的比表面积。

由式（3-9）可得，双电层电容器的比电容跟工作电极的比表面积成正比，与双电层之间的距离成反比，因此增大电极材料孔隙率和比表面积可以有效提高其比电容。工作电极的有效比表面积，即电解液可浸润的实际电极表面积，决定了双电层超级电容器的电容能量密度，可通过调节电极材料的表面性质、孔结构、孔径分布及电导率等来提高该类超级电容器的实际比电容和倍率特性。同时，减小双层间距或选取具有高离子传导率和高介电常数的电解液也是获得高能量和功率密度的有效方法。基于双电层电容的超级电容器可实现超高速的充放电和电极结构的稳定，表现出十分优异的倍率性能和循环稳定性，但是其比电容有待进一步提高。

Xu 等利用一步热解法提出了纳米级具有丰富皱纹的高度皱缩的氮掺杂类石墨烯（CNG）材料，实现了抗压缩的超电容性能（图 3-18）。高度弯曲的结构使 CNG 能够保持较大的比表面积（$952m^2/g$），2 ～ 10nm（$1.3cm^3/g$）范围内的高孔体积，即使在高达 30MPa 的压力下也表现出很小的电容损耗。CNG 作为超级电容器电极材料的应用在离子液体中表现出 92W · h/kg 的高能量密度，具有优异的功率密度和循环稳定性。

然而，在实际应用的情况下，比电容并不是简单地随着比表面积的增大而增大，主要原因为：

① 比表面积较大的碳材料通常会含有丰富的微孔，而溶剂化半径较大的电解液离子往往无法进入直径较小的微孔，难以形成双电层作用。

② 大比表面积的电极材料通常会有较薄的孔壁，这样的孔壁会导致邻近两个空间所吸附的同种电荷互相排斥，进而降低其比电容，而且在电容器充放电过程中，特别是在大电流

密度下，电解质离子容易在微孔孔口大量堆积，因此，电解质离子不能充分地进入孔道内以形成有效的双电层。

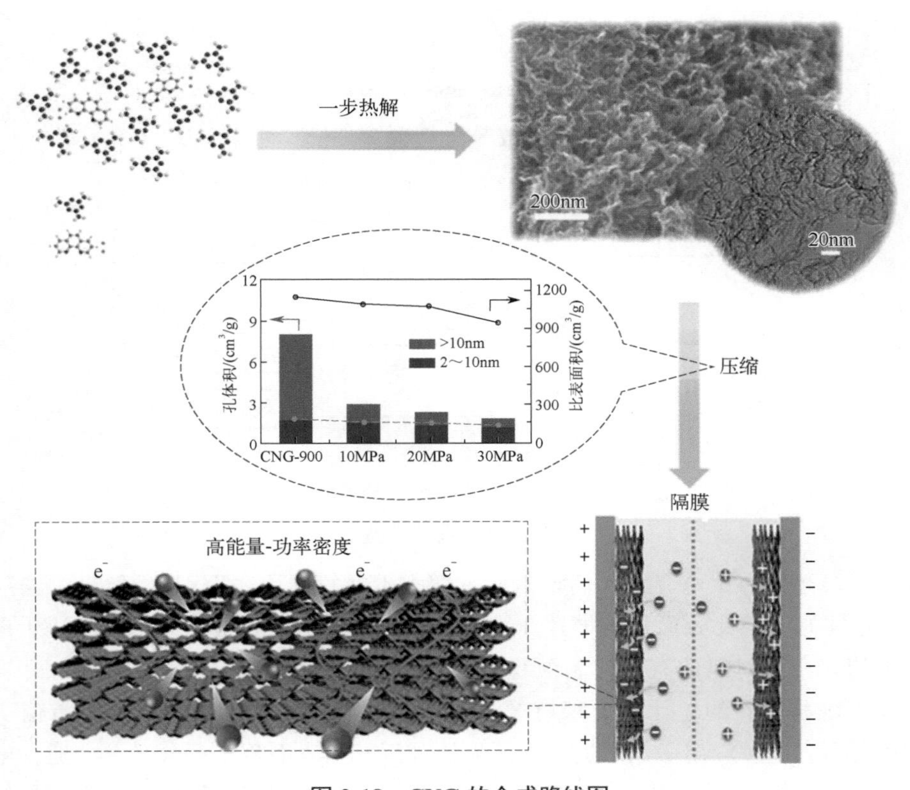

图 3-18　CNG 的合成路线图

CNG900—900℃下进一步退火 2h 得到的产物

3.2.2 孔径及孔分布

近年来，电极材料的多孔结构与其电化学性能之间的关系一直是人们研究的热点。不同的多孔碳材料，其孔的大小各不相同。不同电解质被吸附到电极材料的孔隙中，其所要求的电极材料孔隙大小也不一样。不论以何种原料为前驱体制备的活性炭，多以微孔分布为主，只是在孔容、比表面积、孔分布上有所差异，这些碳电极的电化学性能差异主要集中在孔结构的特性上（也有可能受到前驱体结构影响）。孔结构会影响碳材料的比表面积，如果微孔较多，比表面积就较大，如果微孔较少，比表面积就较小。

1985 年，国际纯粹与应用化学联合会（IUPAC）根据孔隙宽度对孔隙进行了分类。孔隙宽度的定义是孔隙直径，或者具体到狭缝形孔隙（即两层之间的空间），即层间距离。根据 IUPAC 的分类，孔隙可分为三类：大孔，孔隙宽度大于 50nm；中孔，孔隙宽度在 2 ～ 50nm 之间；微孔，孔隙宽度小于 2nm。随着纳米材料的发展，IUPAC 于 2015 年详细阐述了其分类方法，引入了三种新的孔隙类型：纳米孔，孔隙宽度小于 100nm ；亚微孔，又称大微孔，孔隙宽度在 0.7 ～ 2nm 之间；超微孔，又称小微孔，孔隙宽度小于 0.7nm。

根据新定义，纳米孔隙包括微孔、中孔和大孔，但孔隙宽度的上限为 100nm。亚微孔和超微孔是微孔的两个亚类。图 3-19 概括了这六种孔隙类型的分类。

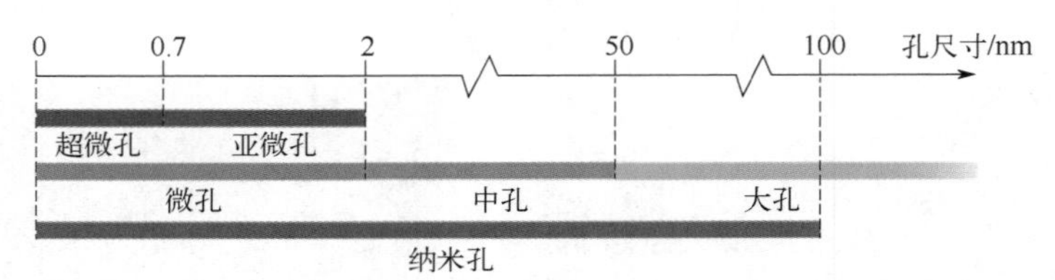

(a) 国际纯粹与应用化学联合会根据孔隙宽度对孔隙进行的分类

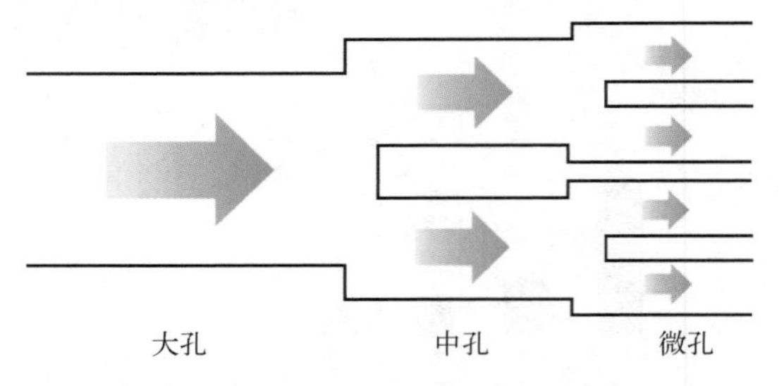

(b) 典型分层多孔结构中的离子扩散模式示意图

图 3-19　孔隙类型

为了增加碳材料的比电容，人们常常通过增大碳材料的比表面积以获得比电容的提升。然而比电容往往并不随比表面积的增大而线性增加。事实上碳材料的比电容取决于离子可接触比表面积的大小（材料的有效比表面积），只有这部分表面才能形成双电层，提供电容。有效比表面积既与材料的总比表面积有关，还和电解液离子在电极材料中的传输动力学有关。孔尺寸太小，电解液离子无法进入，就无法利用孔内表面积；孔分布不合适，电解液离子无法快速传输，高倍率下部分表面无法被电解液离子触及利用。为了确定碳材料的孔结构和其比电容之间的关系，人们做了很多研究。传统观点认为只有当孔尺寸大于溶剂化离子的尺寸时才能用来存储电荷提升材料的比电容。

然而，Gogotsi 等发现，当孔尺寸小于 1nm 时，碳化物衍生碳在有机电解液中的比电容反而随着孔尺寸减小而增加。他们的研究结果表明，当孔尺寸小于溶剂化离子尺寸时会对溶剂化离子去溶剂化直至其能够进入这些小孔。随着孔尺寸减小，溶剂化层去掉得越多，电解液离子和碳材料表面的距离 d 就越小，根据式（3-9）可知其容量随 d 减小而增加。

随后他们在不存在溶剂化离子的离子液体电解液中也观察到类似现象。通过归一化电容（以 $\mu F/cm^2$ 计）与碳化物衍生碳（CDC）孔径的关系图（图 3-20），可以更好地理解孔径与离子尺寸之间的关系。当孔尺寸从 1.1nm 降低到 0.7nm 时，材料的比电容增加并在大约 0.7nm 时达到最大值。可以看出，当孔尺寸和离子尺寸非常接近时可获得最大比电容。

出于对高比功率和高比能量的考虑，中孔在电极材料孔结构中所占比例一直被认为是影响碳材料电容行为的关键因素。这主要是因为电解液离子可以自由地在这类孔隙中通过，进而更有效地排列在双电层两侧完成储能行为。如果中孔较少，那么比表面积的有效利用率就会降低，从而无法形成更多的双电层电容，导致比电容的下降。但是随着中孔所占比例的升高，比表面积也会有所降低，而且还会导致材料振实密度下降和导电性变差等不良影响。因此，合理的孔径分布对材料电化学性能的影响非常重要。

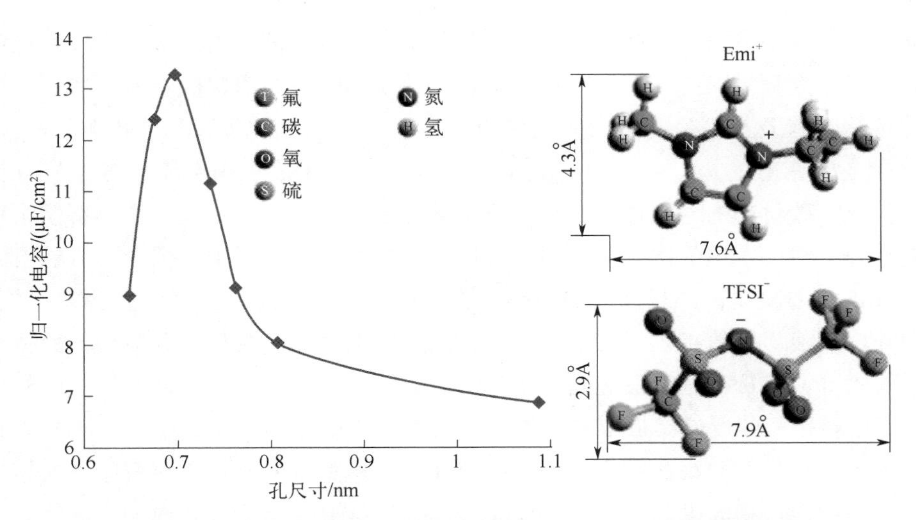

图 3-20 不同温度下制备的碳化物衍生碳样品的归一化电容随孔径的变化

1Å=10^{-10}m

通过一步烧结工艺制备出具有大比表面积（约 3000m^2/g）的纳米碳（HMC）改善了其电容特性。HMC 具有高介孔体积比（76%），促进了电解液离子的快速传输，同时保持良好的电子传导性，从而实现高能量和高功率密度。基于 HMC 材料的对称超级电容器在有机和离子液体电解质中分别表现出 180F/g 和 215F/g 的高质量比电容。这种简单、经济、可扩展的制备技术和 HMC 样品出色的电容特性促进了它们的实际应用。

3.2.3 导电性

材料的导电性是指在电场作用下，带电粒子发生定向移动从而形成宏观电流的现象，属于材料的电荷传输特性。材料器件宏观上的电导率是材料中带有电荷的粒子响应电场作用发生定向移动的结果，其中参与传导电流的带电粒子称为载流子（charge carrier）。

影响材料电导率的因素有以下几方面：

① 晶体结构。活化能的大小由晶体间各粒子的结合力决定。一般情况下，离子半径越小，电价越高，堆积越紧密，活化能越大，其电导率也就越低。以氧化锆为例，在相同条件下，单斜相氧化锆比四方相以及立方相的氧化锆电导率都低。

② 温度。电导率与温度呈指数关系，且随温度升高电导率迅速增大。低温下杂质电导率占主要地位，高温下固有电导率起主要作用。因此，对于掺杂的陶瓷材料，杂质电导率必须予以充分考虑。

③ 晶体缺陷。点缺陷是固体电解质电导率的主要响应部分。离子型晶格缺陷的生成及其浓度大小是决定离子电导率的关键所在。而影响晶格缺陷生成和浓度的主要因素是热激活生成晶格缺陷（肖特基与弗仑克尔缺陷）和不等价固溶体掺杂形成晶格缺陷。由于杂质与基体间的键合作用弱，在较低的温度下杂质就可以运动，杂质离子载流子的浓度取决于杂质的数量和种类。因此离子性晶格缺陷的生成及其浓度大小是决定离子电导率的关键。而电子电导率源于过剩电子或电子缺陷。

④ 孔隙率。孔隙率高的材料一般导电性差。

导电性可直接影响到电极材料的倍率性能和功率密度，良好的导电性不仅是电解液离子在孔道内牢固且大量吸附的驱动力，还会加快电解质离子在孔道内的迁移速率。另外，好的导电性使电极材料具有更低的电阻，超级电容器展现出更低的等效串联电阻（R_{ESR}），根据最大功率密度计算公式 $P_{max} = V^2/(4R_{ESR})$ 可知，小的等效串联电阻会使电容器具有更高的功率密度。另外，碳材料的导电性与自身的石墨化程度息息相关，一般来说，石墨化程度越高导电性能越好。然而发达的微孔结构固然可以提供较大的比表面积，但会降低材料的石墨化度，导致导电能力减弱，并且过高的石墨化度往往是以牺牲比表面积和孔容为代价获取的，这并不利于电解液离子的扩散和传输。因此，应合理地优化碳材料的孔结构，保持导电性和孔结构之间的平衡，从而获得最优的电化学性能。

结合原位转化和非原位模板限域生长法，利用镁热反应，以 Mg 为还原剂，预掺杂 MgO 模板，合成了一种具有微观次结构的三维碳超球体。所制备的材料具有有序多孔结构、大比表面积（1001m^2/g）和高电导率（2700S/m）。以 $EMIMBF_4$ 离子液体为电解液所组装的器件在 52.5kW/kg 的高功率密度下，实现了 46.5W · h/kg 的高能量密度。

3.2.4 稳定性

在实际应用中，材料的稳定性是影响器件可靠性和寿命的重要因素。研究表明，法拉第赝电容材料对老化和环境非常敏感，在循环和再生过程中稳定性不足。其中过渡金属氧化物（transition metal oxides，TMOs）电极，其价态变化引起的电荷转移主要依靠离子的运动。离子进出晶格会导致晶格尺寸的膨胀和收缩。最初，这是一种可逆运动。然而，这种周期性变化很容易导致过渡金属氧化物电极结构坍塌，降低稳定性，并导致电极存储离子的能力显著下降。电极材料的结构对电化学装置的性能有着至关重要的影响。电极材料的不稳定性会导致超级电容器循环寿命缩短和电容去离子（capacitive deionization，CDI），吸附性能显著下降。造成电极材料不稳定的原因有很多，最终主要表现为电极材料本身的破坏。此外，电极材料的破坏因素可分为化学影响和物理影响。

如图 3-21 所示，由于过渡金属的价态丰度，过渡金属氧化物具有不同的组成结构。目

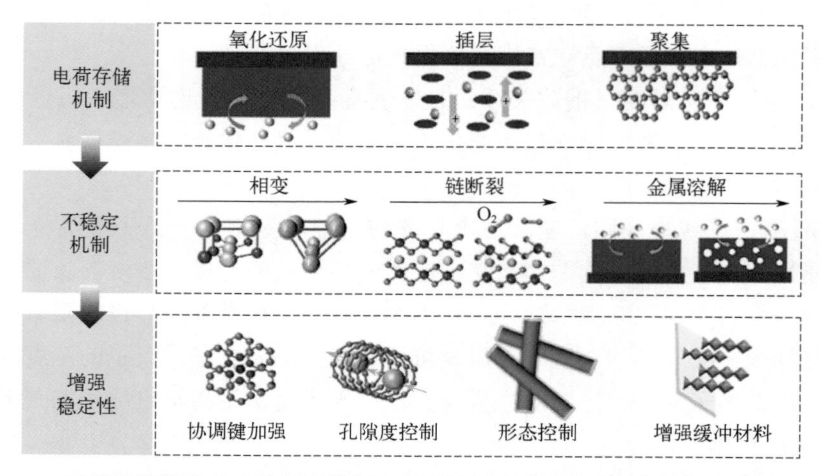

图 3-21　过渡金属氧化物电化学储能机理的分类、不稳定性特性及提高稳定性的方法

前，应用最广泛的过渡金属氧化物晶体结构是层状和尖晶石结构。所有过渡金属氧化物在电化学反应过程中都会受到金属与氧（M—O）之间化学键的影响。此外，M—O键的不稳定性严重影响过渡金属氧化物在电化学场中的稳定性。除了M—O键的影响外，层状尖晶石-岩盐相变也是造成过渡金属氧化物严重不稳定的原因。在电场作用下，过渡金属氧化物电极转变为尖晶石相或岩盐相，从而导致材料结构的改变，从而引起失稳。过渡金属溶解会严重降低电极的性能从而导致容量下降，它是由化学键断裂、相变和溶液环境共同造成的。断裂（包括相变）伴随着材料损坏，进而加剧过渡金属的溶解，导致不稳定性增强。

上述研究发现，电极材料在电化学场作用下存在化学和物理不稳定现象，会极大地妨碍其实际应用。提高稳定性的方法主要有以下几种。

（1）引入高度稳定的物质

通常，大多数研究人员使用复合和掺杂方法在一定程度上提高循环稳定性。用保护层覆盖金属和氧化物表面可以提高电化学领域的稳定性。但是，紧密包裹的保护层不利于内部结构的膨胀和收缩。在外部区域的作用下，材料的物理完整性将受到影响。基于上述形式，研究表明，在保护层和内部结构中构建中空结构有助于电化学场下的体积变化，提高循环稳定性。因此，精细的结构设计可以缓解电场条件下的结构变化，增强循环稳定性。

（2）加强配位键

复合材料中各成分的特性及其连接方式会影响其稳定性。此外，微观结构决定了材料在外部条件影响下的稳定性。通过调整微观结构来提高基体内部结构的连接强度，可以进一步提高电极材料的稳定性能。

（3）增强相位稳定性

除了通过提高配位键的强度来提高材料的稳定性之外，还可以通过调整晶体结构或增加相变来进一步提高材料的稳定性。通过晶相调控可以提高金属氧化物电极材料的稳定性。

（4）改善间距和孔隙率

除了增加缓冲层以消除应力外，还可以通过调整材料的宏观结构来提高电极材料的结构强度，进一步增强稳定性。在电化学场条件下，电极材料通常被吸附在表面上，并通过电荷转移和离子插入嵌入其晶体结构中。在这种情况下，调整材料的内部结构在建立强稳定性方面起着至关重要的作用。孔隙也会影响电极材料的稳定性。研究表明，如果孔隙太小，离子在电场作用下循环进入电极时会迅速失去容量。较大的孔径可减小容量损失，提供高可逆容量，并且在高速率环境中更稳定。

综上所述，为了增强电极材料的循环稳定性，有广泛的研究方法，包括形貌、结构、晶相和孔径等各种调整方法。在研究电场条件下的稳定机理的基础上，主要从界面结构和固体力学稳定性等方面总结提出了优化电极材料循环稳定性的方法。

3.3 超级电容器储能复合电极材料

影响碳材料储能性能的主要因素是它的比表面积、孔径结构和分布。因其仅靠电极与电解液之间的静电吸附来进行储能，故而其比电容往往都较低；金属氧化物的电导率较小，且电极材料与电解质溶液接触机会少，材料利用率不高，阻碍了电极反应向电极内部深入。而导电聚合物作为电极材料在循环过程中会发生膨胀和收缩从而导致材料发生分解，进而影响循环中的电化学性能。

以上几种电极材料本身往往存在着各种各样的缺陷，为了进一步改善和提高材料的性能，一方面可以对材料进行改性研究，另一方面，可以将碳材料、金属氧化物、导电聚合物和MXenes等材料进行复合，利用添加物对单一材料的短板进行弥补，既保留原组成材料的重要特色，又通过复合效应获得原组分所不具备的性能。通过对电极材料进行设计，使各组分的性能互相补充并彼此关联，从而获得更优越的性能，最终获得各性能优异的超级电容器电极材料。

3.3.1 碳-碳复合（碳基复合材料）

新材料技术的发展极大地推动了超级电容器等先进储能技术的蓬勃发展。对于超级电容器电极材料，需满足导电性好、比电容高、化学稳定性与循环性能好、成本低以及环保等要求。单一材料难以满足上述所有要求，因此考虑对材料进行复合，研究与合成二元或三元复合材料，利用不同材料之间的物理化学性质的差异，各组分之间取长补短，通过形貌结构配比结合方式的调控与设计，从微米到纳米不同的尺寸组装在一起，实现复合材料各组分之间的协同作用，弥补单一组分性能的不足。材料复合不是简单地将材料进行机械混合，而是材料之间有协同作用，充分发挥各自的优势，达到 $1+1>2$ 的效果。复合电极材料可以做到将多种材料优势相结合，不仅具备高导电性和大的比表面积，而且比电容也进一步扩大，循环稳定性好，成本低廉，是未来超级电容器电极材料发展的方向。

碳纳米材料，如活性炭、碳纳米管、石墨烯和碳纳米笼，是研究和应用最广泛的超级电容器电极材料，它们各有优势。零维结构的活性炭具有原料易得、比表面积高、成本低、化学稳定性及热稳定性高的优点；一维结构的碳纳米管具有相对规则的孔隙结构、大的比表面积、高的导电性和化学稳定性；二维结构的石墨烯具有大的比表面积、高的导电性和优异的化学稳定性，并且具有成本低、合成工艺简单等优点；三维结构的碳纳米笼具有多尺度孔隙网络、比表面积大、孔径分布均匀、导电性好等优点。同时，在单一碳纳米材料的基础上，对其进行优化和复合（图 3-22），以满足超级电容器的性能要求，是一个重要的研究方向。

二维石墨烯材料由于具有优异的电化学性能而备受关注。然而，石墨烯中 π-π 键的存在使得石墨烯片层发生堆积，从而减小了比表面积，阻碍了电解质离子的渗透和降低了电子传输的速率。碳纳米管具有更精细的特性，如更高的化学稳定性、长宽比、机械强度和表面积。将碳纳米管加入石墨烯中制备复合材料，碳纳米管将能够发挥分隔石墨烯片层的作用，从而增加石墨烯片层之间的距离。该复合材料不仅能消除石墨烯片层间不可逆的团聚而造成的电子扩散速率降低以及比表面积缩小等现象，还可获得具有优异电化学性能的三维导电网络结构。因此，将碳纳米管加入石墨烯中，显著提高了石墨烯的储能特性。最近，石墨烯/

碳纳米管复合材料因其超大比表面积、二维结构和高导电性而受到越来越多的关注。

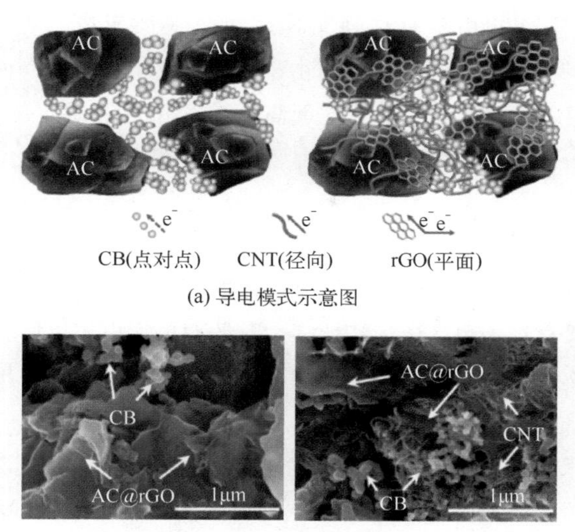

图 3-22　不同碳纳米复合材料导电模式示意图和 SEM 图像

张勇通过两步化学气相沉积法合成了具有层状结构的 3D 石墨烯 / 碳纳米管（3DG/CNT）复合材料。一方面，将 CNT 有效地填充到石墨烯泡沫的孔隙中，弥补了石墨烯片层之间电子传递的缺陷，增加了电解质与电极的接触面积，从而促进了电解质离子和电子向电极内部区域的传输；另一方面，CNT 的引入可以缓解石墨烯聚集对电化学性能的影响，形成导电网络，促进电子的传输。3DG/CNT 复合材料具有 197.2F/g 的高比电容，经 1000 次循环后的容量保持率为 93%，具有较高的循环稳定性。

其他碳材料的协同作用也可以使电极材料获得优异的电化学性能。Zhao 等采用热解工艺制备了 N 掺杂的碳颗粒 - 泡沫碳（N-CP-CF）复合材料。所得样品具有多级多孔结构，比表面积大（$538m^2/g$），电化学性能优异（300F/g 的高比电容和 20.8W·h/kg 的高能量密度）。此外，N-CP-CF 复合材料在大变形（原始厚度的 25%）下可以提供稳定的比电容（250F/g）和能量密度（17.36W · h/kg）。Zhang 等用落叶松锯屑制备了具有优异电化学性能的落叶松基碳复合材料。该材料于 1mol/L KOH 电解液中在 0.2A/g 的电流密度下表现出 288F/g 的高比电容、93.79W · h/kg 的能量密度和 850W/kg 的功率密度。同时，该材料具有良好的倍率性能和稳定性（3000 次循环后电容保持率超过 97%）。

基于室温溶液法，通过共价键和氢键相互作用构建了新的 NH_2- 石墨烯和 $Ti_3C_2T_x$ MXene(NG@MX) 单体。通过化学相互作用，随机取向的 NH_2- 石墨烯层和块状 $Ti_3C_2T_x$ MXene 可以自组装成单片 NG@MX 复合材料。以单片 NG@MX 复合材料为电极材料的超级电容器在 0.5A/g 的电流密度下同时实现了 38F/g 的质量比电容和 $32.3F/cm^3$ 的体积比电容，远远高于纯石墨烯和 MXene 材料。将 2D 材料设计为具有开放传质通道的 3D 结构材料，以提高法拉第动力学，从而解决质量比电容和体积比电容难以兼得的矛盾，本工作为指导先进电极材料的设计及其在电化学储能中的应用提供了一种新颖的策略。

3.3.2 碳-赝电容材料复合

金属氧化物和导电聚合物由于其快速可逆的氧化还原反应，被用作赝电容器的电极材料。虽然导电聚合物具有很高的比电容，但由于其力学性能较差，在充 / 放电过程中性能不稳定，因此在某些应用中受到限制。为了实现高比电容和性能稳定的协同效应，通常将碳材料和赝电容材料进行复合，并将复合材料应用到超级电容器中。

（1）碳 - 导电聚合物复合材料

碳 - 导电聚合物复合材料是以碳材料和导电聚合物作为单电极的组合形式，同时具有这两种物质的电荷存储机制。碳材料提供了电荷和比表面积的双电层电容，增强了导电聚合物和电解质之间的接触。导电聚合物的高导电性、高柔韧性和高性价比吸引了越来越多的关注，但其循环稳定性差并且在水系电解质中会发生膨胀 / 下沉，从而限制了导电聚合物的实际应用。因此，在导电聚合物中添加其他纳米材料可增强其循环稳定性和理化特性。一般来说，金属氧化物和碳材料可用作增强导电聚合物性能的填料。由于成本高昂，金属氧化物的合成和商业化都受到了影响。因此，更多人考虑将碳材料用作导电聚合物的纳米填料，合成碳 - 导电聚合物复合材料。

用作导电聚合物填料的碳材料可分为:

① 零维（0D）碳纳米颗粒，如具有高表面积的活性炭、碳纳米球和介孔碳等。

② 一维（1D）碳纳米结构，如具有高纵横比的纤维状材料碳纳米管、碳纳米纤维和碳纳米线圈，它们具有高纵横比和良好的电子特性，可简化电化学反应的动力学过程。

③ 二维（2D）纳米片，如石墨烯、氧化石墨烯或还原氧化石墨烯，它们具有很强的机械强度、出色的电子导电性和高比表面积。

④ 三维（3D）多孔结构（主要是碳纳米泡沫或海绵），它们具有高表面积、大面积的电解质 - 电极界面和连续的电子传输路。

碳 - 导电聚合物复合材料的各种纳米结构如图 3-23 所示。

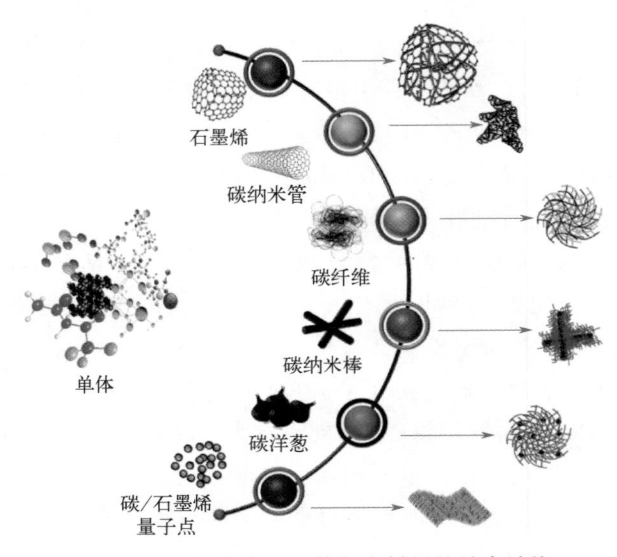

图 3-23 碳 - 导电聚合物复合材料的纳米结构

Yu 等采用机械压制和电沉积工艺制备了基于三维还原氧化石墨烯（3D rGO）气凝胶 / 聚苯胺阵列混合电极的柔性全固态超级电容器。通过在超轻 3D rGO 气凝胶上电沉积聚苯胺阵列来提高 3D rGO 气凝胶超级电容器的电化学性能。该复合材料可以充分利用 3D rGO 气凝胶交联框架丰富的多孔结构和优异的导电性以及 PANI 的高电容贡献。所制备的复合材料表现出优异的电化学性能，当电流密度为 1A/g 时，其比电容为 432F/g；具有优异的循环稳定性，在 10000 次充放电循环后仍能保持 85% 的比电容，能量密度高达 25W · h/kg。此外，所组装的柔性全固态超级电容器在从直线状态到 90° 状态的不同弯曲状态下都具有出色的柔韧性和稳定性。

（2）碳 - 金属氧化物复合材料

金属化合物作为电极材料具有较高的比电容，但由于金属化合物的导电性较差，循环稳定性和倍率能力较差，而碳纳米材料具有优异的电化学稳定性。因此，结合金属化合物和碳纳米材料的优点，制备高性能的复合电极材料有相关的研究。

研究人员通过不同的合成方法，使金属氧化物的纳米粒子原位生长在石墨烯表面。一方面，这些纳米粒子的存在可以有效地阻止石墨烯片的重新堆叠；另一方面，石墨烯具有良好的机械延展性，活性物质均匀分布在它的表面，而不是团聚成更大的粒子，活性物质与电解液可以更好地接触，从而提高了电化学性能。

Wang 等合成了 $Ni(OH)_2$/ 石墨烯复合物，六边形单晶 $Ni(OH)_2$ 纳米片生长于石墨烯片上（见图 3-24）。该复合物用作超级电容器电极材料具有较高的比容量和功率密度，在电流密度 2.8A/g 时比容量可达 1335F/g，当电流密度达 45.7A/g 时，其比容量仍可保持在 953F/g。其性能要优于 $Ni(OH)_2$ 与石墨烯的单纯物理混合，这说明纳米材料直接生长于石墨烯片上实现了纳米活性物质同导电石墨烯网络之间的交互作用，利于电荷的传输。同时，单晶 $Ni(OH)_2$ 纳米片 / 石墨烯复合物的性能也要好于 $Ni(OH)_2$ 粒子生长于氧化石墨烯的情况，这表明复合材料的电化学性能与石墨烯基体的质量好坏，以及其上生长的纳米材料的形貌和结晶情况有关。以上研究结果表明，石墨烯基复合材料的合理设计与合成将直接影响到其在储能方面性能的优良与否。

(a) SEM图

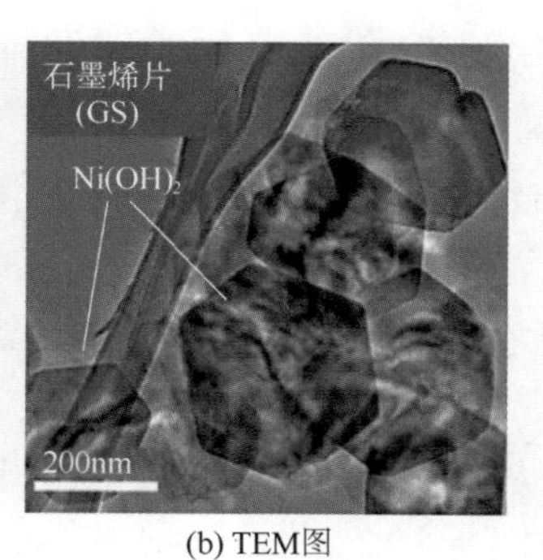

(b) TEM图

图 3-24 $Ni(OH)_2$ 纳米片生长于石墨烯片的形貌

3.3.3 赝电容-赝电容材料复合

导电聚合物作为一种低成本、高导电性、环保的电极材料，已被公认为是具有较高电容的超级电容器的快速充放电材料。但是，它们的稳定性和循环寿命受到限制。更高的导电性意味着离子传输将更有效地用于能量存储。由于金属氧化物表面具有有效的电极 - 电解质相互作用，可以通过调整金属氧化物的表面特性来改善其电容性能。

许多金属氧化物在表面官能化的同时，其表面氧化还原过程会产生赝电容行为，从而使界面赝电容增加 10 ～ 100 倍，这一发现引发了人们对有望成为技术应用候选的材料以及材料的改性和形态进行深入研究。

Li 等通过噻吩单体的原位化学聚合制备了高性能的烷氧基功能化聚噻吩 PM_4EOT/TiO_2 纳米复合材料。形貌研究表明，纳米复合材料为核壳结构，粒径约为 30nm，PM_4EOT 壳厚度为 2 ～ 10nm。X 射线光电子能谱（X-ray photoelectron spectroscopy，XPS）证实了聚合物与 TiO_2 表面之间存在一种新的 Ti—S 相互作用。在 0.5A/g 电流密度下，PM_4EOT/TiO_2 纳米复合材料（1∶1）的比电容高达 111F/g，远高于纯 PM_4EOT（45F/g）和 TiO_2（1.6F/g）。此外，在 0.5A/g 电流密度下，复合材料（1∶1）电容器的能量密度达到 15.4W · h/kg，功率密度达到 308W/kg。

3.4 超级电容器储能碳材料的产业化现状

目前，超级电容器在市场上已经有了一系列的产品，其容量范围通常为 0.5 ～ 3000F，工作电压范围为 2.7 ～ 400V，最大放电电流可达 400 ～ 2000A。其应用范围不断扩展，比如铁路运输、电网、电子消费产品和电动汽车等。目前商品化的超级电容器基本是基于碳材料的双电层超结构。根据不同的应用需求，超级电容器一般有三种类型：纽扣型，其主要用作电子消费品的主电源或者备用电源；卷绕型超级电容器，主要用作通信工程领域中的存储设备，比如指示灯、信号灯等和应急电源等场景；方壳型超级电容器，主要用作交通运输工具（如火车、叉车和起重车等）的牵引电源，或者并入微电网中，用来调节、稳定电网的负载。

截至 2021 年，我国超级电容炭市场需求每年达 4000 ～ 5000t，预计未来将随着超级电容器市场扩容进一步快速增长。据预测，目前中国市场超级电容器的增长速度为 50%，而整个亚太地区以 90% 的年增长速度持续增长。虽然超级电容器的发展速度很快，但是其在储能装置领域中的市场份额仅仅约为 1%，而中国的市场份额占到了 0.5% 左右。国内主要的厂家有上海奥威、江苏双登、锦州凯美、哈尔滨巨容等公司。由此可知，超级电容器在未来具有非常大的市场空间。超级电容器不仅在新能源汽车、轨道交通、公交物流、航空航天、医疗设备、电力电气、消费电子产品等众多领域有着巨大的应用价值和市场潜力，还在风电变桨、光伏发电、机械能回收、智慧城市、国防建设等方面有着广泛应用（如图 3-25 所示）。尤其是在新的军事装备方面更是一枝独秀，如超级电容器可用作电磁弹射、电磁炮、激光武器、微波武器和核潜艇的应急电源等。超级电容器的优异性能和广泛用途已经被世界各国所关注，各国都在成立研发团队进行超级电容器的研究开发。

超级电容器的电极材料是超级电容器的关键活性材料，在超级电容器的成本中占到 30% ～ 40% 份额。超级电容器电极材料主要分为碳材料、金属氧化物材料和导电聚合物材料三大类。由于导电聚合物、金属氧化物等电极材料还处于实验室阶段，从实用角度来讲，碳材料是目前超级电容器各类电极材料中最具吸引力的。

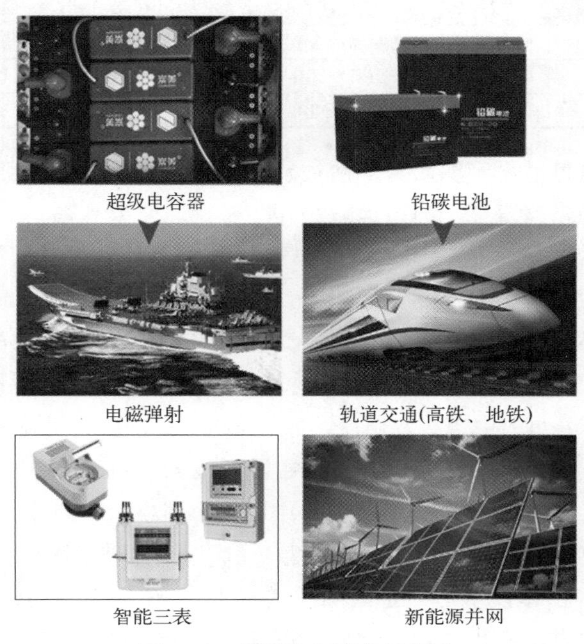

图 3-25　超级电容器应用领域

3.4.1　活性炭

超级活性炭又通常称为超级电容活性炭或活性炭电极材料，其比表面积达 $2000m^2/g$ 以上，远高于常规活性炭（一般在 300 ～ $1000m^2/g$ 之间）。超级活性炭是目前用量最大、最经济的电极材料。在超级电容器中，电极材料是影响其性能和生产成本的关键因素，因此可以说，对超级电容器的研究几乎都是围绕着电极材料进行的。随着超级电容器快速发展，超级电容器的主要材料超级活性炭也存在着极大的市场需求，被列入国家战略性新兴产业发展规划。虽然这些年国内一直在加大超级活性炭的研发投入，但由于起步晚、技术不成熟（主要是产品指标稳定性差、内阻偏高、金属等杂质含量大、产气量偏高、成本高），难以产业化，目前国内超级电容器电极材料一直依赖进口。其中，日本可乐丽占据我国市场份额的 70% ～ 80%。作为活性炭的专业生产商，可乐丽依靠以往积累的经验、技术，提供以椰壳、煤炭等为原料的活性炭电极材料，具有容量高、杂质少、内阻小、循环性能和倍率性能好、漏电流小等特点，其性能达到或超过进口产品。目前，日本可乐丽在日本冈山、中国宁夏和菲律宾宿务设有生产和研发基地。

我国在超级电容器高性能电极材料的生产和供应方面存在瓶颈，使得我国超级电容器成本居高不下，严重制约了我国超级电容器的发展。作为超级电容器中唯一的储能活性物质，对其电化学性能有着极其苛刻的要求，不仅需要对其宏微观结构进行科学的设计和调控，特别是工程化方面复杂且极高的技术难度更需要无数次工程化的实验。

超级活性炭行业产业链结构见表 3-2。

表3-2　超级活性炭行业产业链结构

产业链	说明
上游	原材料行业，主要包括杏壳、椰壳、石油焦等
中游	超级活性炭的产品研发、生产行业
下游	需求领域，主要为超级电容器

国内的活性炭厂商包括辽宁朝阳森塬活性炭有限公司、河南滑县活性炭厂、新疆天富环保科技有限公司、浙江富来森能源科技有限公司、福建鑫森炭业股份有限公司、深圳贝特瑞新能源材料股份有限公司等。但上述厂商均未实现电极材料大规模量产，国内开发高容量、高稳定性、低成本的活性炭材料依然迫切。

北海星石碳材料科技有限责任公司是以椰壳活性炭（图 3-26）研发、生产和销售为主的专业公司。星石公司历时八年研发、两年中试、四年规模化生产线建设。一系列创新工艺、创新技术的应用，星石公司的中试线及产品，即“300t/a 高品质有机体系超级电容活性炭连续化制备技术及产品”，于 2018 年 12 月通过了由中国超级电容器产业联盟、中国电工技术学会、工业和信息化部、科学技术部参加的鉴定会，中国军事科学院军事电源中心主任、中国工程院杨裕生院士为主任委员的技术鉴定委员会认为，“该成果打破了国外技术垄断并实现替代进口，填补了国内空白，整体技术达到了国际先进水平”。该成果为超级电容活性炭的进口替代，为超级电容器产业发展做出了重要贡献，解决了这一关键材料的“卡脖子”问题。星石产业园二期项目建设也已获得批准，全面建成投产后产能将达到 8000t/a。未来随着北海星石碳材料等企业相继进入规模化生产阶段，我国超级电容活性炭行业国产化替代进程将会加快。

图 3-26　北海星石超级电容活性炭

以元力股份为代表的国内厂商也已经实现对中低端超级电容活性炭的国产化供应。根据 2019 年公告，元力股份已规划 600t 超级电容活性炭产能，目前已建成 300t，是当前我国少数实现大规模超级电容活性炭量产的公司，美锦能源同样正进行年产能 1000t 的产线建设，并已和中车新能源、上海奥威达成供货协议。

从超级电容活性炭市场发展前景来看，超级电容活性炭是超级电容器的核心电极碳材料，是制约国内超级电容器产业发展的关键。我国是全球最大的电容器市场，2020 年，我国电容器市场规模超过 1130 亿元。超级电容器作为高效储能器件，具备充电时间短、使用寿命长、温度特性好、节约能源和绿色环保等特点，可大量替代传统电容器产品，在交通运输、工业、新能源行业、工程机械装备等领域大量使用。因此，未来随着超级电容器产业化规模持续扩大，我国超级电容活性炭市场也将迎来良好的发展契机。

3.4.2 碳纤维

碳纤维是一种碳含量在 90% 以上的纤维材料，有着“轻质高强”的性能，密度只有钢材的 1/5 左右，但强度可以达到钢材的 5 ～ 7 倍，且具备耐高温、耐腐蚀、导电导热性好等特性，是发展航空航天、新能源、高端装备制造等高科技产业的重要基础材料，也是制造火箭、导弹、战斗机、海军舰艇及多种尖端军事武器的必备关键材料，在国防军工等领域有着不可替代的战略地位。

碳纤维具有独特的镀层石墨结构，有一定的导电特性（电导率一般在 2.5 ～ 10S/cm），可用于存储和释放电能，将力学承载性能和储电功能特性集中在一种材料上，实现结构的承载和储 / 放电一体化，可以进一步实现材料的多功能化、结构的轻量化和装备的节能减排。沃尔沃提出使用储能复合材料作为汽车车身结构，在为汽车提供电能的同时也提供必要的力学支撑。近年来，利用碳纤维电极制备超级电容器成为研究热点。

日本松下电器公司早期使用活性碳粉为原料制备双电层电容器的电极，后来发展的型号则是用导电性优良、平均细孔孔径 2 ～ 5nm、比表面积达 1500 ～ 3000m^2/g 的酚醛活性碳纤维，活性碳纤维的优点是质量比容量高，导电性好，但表观密度低。Nakagawa 采用热压的方法研制了高密度活性碳纤维（HD-ACF），并用这种 HD-ACF 制作了超级电容器电极，对于尺寸相同的单元电容器，采用 HD-ACF 为电极的电容器的电容明显提高。

碳纤维制备工艺主要包括预处理、碳化和活化三个阶段，其中活化工艺可分为物理活化法和化学活化法。其制备过程一般是将有机前驱体纤维在低温（200 ～ 400℃）下进行稳定化处理，随后进行碳化活化（700 ～ 1000℃）。用作活性碳纤维前驱体的有机纤维主要有纤维素基、聚丙烯腈基、沥青基、酚醛基、聚乙烯醇等，商业化的主要是前 4 种。

作为碳纤维的前驱体，高质量的聚丙烯腈（PAN）原丝是制备高性能碳纤维的前提条件，但其中的聚合、纺丝、碳化、氧化等工艺并非朝夕能够达成，其产业化工艺以及反应装置核心技术是关键。PAN 原丝制备流程较长，主要包括聚合、纺丝、蒸汽牵伸、上油、卷绕等工序，其中，聚合和纺丝是原丝制备的重要工序。据《碳纤维产业化发展及成本分析》论述，较高质量的 PAN 原丝投入与碳纤维产出比约为 2.2∶1，较低质量的原丝与碳纤维产出比约为 2.5∶1，叠加聚合、喷丝、碳化、氧化等过程对环境、综合技术等要求较高，进一步导致碳纤维生产成本居高不下。PAN 基碳纤维的原料来源丰富，且其拉伸强度优越，因此 PAN 基碳纤维应用领域最广，比如航空航天、体育休闲、风电叶片、汽车工业、建筑补强等领域，市场份额占 90% 以上。沥青基碳纤维和黏胶基碳纤维的用途较为窄、产量小。大多数 PAN 基碳纤维生产企业具备由原丝生产开始到制作碳纤维再到最终完成碳纤维产品的完整生产线。目前全球生产 PAN 碳纤维的企主要分布在日本和美国，其中日本东丽是全球 PAN 基碳纤维最主要的生产企业之一。

碳纤维分类、优缺点及应用现状见表 3-3。

表3-3　碳纤维分类、优缺点及应用现状

分类	优点	缺点	应用现状
PAN基碳纤维	PAN为前驱体碳化后得到，生产工艺难度低，品种多，价格适中	—	已经成为碳纤维主流
沥青基碳纤维	导热性高，拉伸模量高，抗冲击性强	制作工艺复杂，成本高	目前规模较小
黏胶基碳纤维	开发早，耐温性高	碳化效率低，技术难度大，设备复杂，成本高	主要用于耐烧蚀材料、隔热材料

我国的碳纤维行业起步于 20 世纪 60 年代，几乎和日美等国家同时起步，但由于相关知识储备不足、知识产权归属等问题，发展缓慢。2000 年以来，国家加大对碳纤维领域自主创新的支持力度，将碳纤维列为重点研发项目。随着工业水平的不断提升，国内材料领域得到了极大的发展。碳纤维自从被发明到现在已经一百多年了，但是我国对碳纤维材料的研究时间却仅有几十年。在这几十年当中，我们凭借着智慧成功突破国外的封锁，完成了国内碳纤维的产业链。在国家对碳纤维公司的大力支持下，国内碳纤维发展的势头如日中天，现在国内知名碳纤维厂家有威海光威复合材料股份有限公司、吉林碳谷碳纤维股份有限公司、中复神鹰碳纤维股份有限公司等。

国家强力支持国产碳纤维的技术攻关、工程产业化和应用牵引，使国产碳纤维的发展取得长足进步。未来随着碳纤维技术的逐步成熟以及规模化生产对成本的稀释，国内碳纤维产业必然会在降低成本与提高性能方面同步发力，产能利用率有望逐步走高，生产企业的盈利能力也将大幅跃升。有望依次实现低端领域低成本、高端领域低成本与低端领域高性能低成本的跨越式发展。碳纤维作为新材料的“无冕之王”，今后将进一步受到国家政策的长期扶持，行业环境有望不断改善，为技术突破、产品性能升级注入源源不断的强大动力。

3.4.3　石墨烯

石墨烯是目前世界上最薄且最坚硬的纳米材料，这一特性引起了研究人员的极大兴趣，其主要性能和制备方式已经被许多科学家和学者反复讨论验证。此外，它具有的出色的电、热和光学特性，在电池、传感器、太阳能电池板、电子产品等各个领域具有较大应用潜力。

石墨烯拥有异常高的导电性和比表面积。相比同类产品，石墨烯基超级电容器在能量储存和释放过程中更具优越性。研究人员曾开发了一种基于 DVD（数字化视频光盘）的激光烧蚀技术，用于制备石墨烯基超级电容器。随后，该技术被改造为生产堆叠式 3D 超级电容器。堆叠配置大大提高了设备的能量密度，在测试中，器件在 12000 次充放电循环中保持稳定，并保留了 90% 的电容。

随着石墨烯超级电容器产业化的不断推进，国家针对该产业的政策不断深化，石墨烯进入了国家宏观战略布局，其在超级电容器领域内的实际应用也得到了大力的支持，国家自然科学基金委员会也启动了多项重大研究项目，以促进石墨烯的商业化应用进程和石墨烯超级电容器的产业化步伐。国家科学基金共享服务网数据显示，目前已有 338 项与石墨烯超级电容器直接相关的国家级项目获得支持，该数量占据了石墨烯类相关国家级项目总量 783 项中的 43.17%，这说明国家层面高度重视、支持石墨烯在超级电容器中应用的基础研究。

随着国家政策及企业对石墨烯研发及应用的大力支持，石墨烯超级电容器的研发取得了突飞猛进的发展，逐步走向市场化。《2016—2017 中国石墨烯发展年度报告》指出，石墨烯在超级电容器方面的开发应用项目预计在 3 ～ 5 年内可实现商业化。2016 年 10 月，常州立方能源技术有限公司通过对涂布工艺的改良及涂布机的非标准件设计，解决了石墨烯浆料难涂布成型的问题，打破了整个产品量产的瓶颈。依靠该技术生产的石墨烯超级电容器具备环保、可百万次充放电，以及不燃、不爆、抗低温等特性。2017 年 7 月，英国 ZapGo 有限公司与株洲立方新能源科技有限责任公司合作开发碳 - 离子（carbon-ion）石墨烯超级电容器。相比普通电池需要几个小时的充电时间，碳 - 离子超级电容器在 3 ～ 5min 内即可完成充电。2017 年 11 月，宁波中车新能源科技有限公司和中国科学院宁波材料技术与工程研究所联合研发力量，采用石墨烯改性正极复合材料和石墨烯改性复合导电剂，解决了锂离子电容器结构不稳定、电极密度低的关键技术难题，成功开发出高能量密度的锂离子超级电容器，预示我国在锂离子石墨烯超级电容器方面的技术水平已达到国际领先水平。2018 年 5 月，清华大学和江苏中天科技股份有限公司等联合攻关“基于石墨烯 - 离子液体 - 铝基泡沫集流体的高电压超级电容技术”取得阶段性成果，在国内首次掌握了全铝泡沫集流体的制备技术，解决了石墨烯这一高性能纳米材料用于超级电容器的诸多加工难题。表明我国高电压超级电容器技术同样达到了世界领先水平。

尽管目前国内整体发展态势不错，已取得了一系列突破性的进展，但石墨烯行业还存在一些亟待解决的问题制约着其实际推广应用。石墨烯超级电容器的市场化过程依然面临种种困难与挑战，如何将科研人员丰硕的研究成果有效转化为经济、性能稳定的产品是其市场化的主要瓶颈。石墨烯超级电容器未来发展所面临的主要挑战可总结为：

① 在材料制备上，缺乏经济、可控的方法大批量制备质量、面积、层数可控的石墨烯材料。

② 在生产过程中，电极、电容器结构优化与控制以及后期的超级电容器实际安装过程中的安全性问题。

③ 在实际服役过程中，石墨烯片层的团聚问题严重制约石墨烯基电极材料性能的发挥。

参考文献

[1] 王磊，王泓博，李大鹏．碳基双电层超级电容器电极材料的研究进展［J］．电池工业，2023，27（3）：156-162.

[2] 盛利成，李芹，董丽敏，等．基于碳材料的超级电容器电极材料的研究现状［J］．电源技术，2019，43（7）：1241-1244.

[3] Dhandapani E，Thangarasu S，Ramesh S，et al．Recent development and prospective of carbonaceous material，conducting polymer and their composite electrode materials for supercapacitor—A review［J］．Journal of Energy Storage，2022，52：104937.

[4] 任双鑫，安承巾．活性炭材料应用于超级电容器电极材料研究进展综述［J］．新型工业化，2022，12（9）：186-189，194.

[5] Su H，Zhang H，Liu F，et al．High power supercapacitors based on hierarchically porous sheet-like nanocarbons with

ionic liquid electrolytes [J]. Chemical Engineering Journal, 2017, 322: 73-81.

[6] Mohammed A A, Chen C, Zhu Z. Low-cost, high-performance supercapacitor based on activated carbon electrode materials derived from baobab fruit shells [J]. Journal of Colloid and Interface Science, 2019, 538: 308-319.

[7] Iijima S. Helical microtubules of graphitic carbon [J]. Nature, 1991, 354 (6348): 56-58.

[8] Iijima S, Ichihashi T. Single-shell carbon nanotubes of 1-nm diameter [J]. Nature, 1993, 363 (6430): 603-605.

[9] Chen Q L, Xue K H, Shen W, et al. Fabrication and electrochemical properties of carbon nanotube array electrode for supercapacitors [J]. Electrochimica Acta, 2004, 49 (24): 4157-4161.

[10] Khan Z U, Kausar A, Ullah H, et al. A review of graphene oxide, graphene buckypaper, and polymer/graphene composites: Properties and fabrication techniques [J]. Journal of Plastic Film & Sheeting, 2016, 32 (4): 336-379.

[11] Novoselov K S, Geim A K, Morozov S V, et al. Electric field effect in atomically thin carbon films [J]. Science, 2004, 306 (5696): 666-669.

[12] 陈洪派，杨行，刘银东，等. 石墨烯材料制备技术及其在电化学领域的应用 [J]. 石化技术与应用，2023，41 (1): 73-77.

[13] Moreno-Bárcenas A, Perez-Robles J F, Vorobiev Y V, et al. Graphene synthesis using a CVD reactor and a discontinuous feed of gas precursor at atmospheric pressure [J]. Journal of Nanomaterials, 2018, 2018 (1): 3457263.

[14] Fang B, Chang D, Xu Z, et al. A review on graphene fibers: Expectations, advances, and prospects [J]. Advanced Materials, 2020, 32 (5): 1902664.

[15] Fang B, Binder L. A modified activated carbon aerogel for high-energy storage in electric double layer capacitors [J]. Journal of Power Sources, 2006, 163 (1): 616-622.

[16] Yang K L, Yiacoumi S, Tsouris C. Electrosorption capacitance of nanostructured carbon aerogel obtained by cyclic voltammetry [J]. Journal of Electroanalytical Chemistry, 2003, 540: 159-167.

[17] Bordjiba T, Mohamedi M, Dao L H. Synthesis and electrochemical capacitance of binderless nanocomposite electrodes formed by dispersion of carbon nanotubes and carbon aerogels [J]. Journal of Power Sources, 2007, 172 (2): 991-998.

[18] Pekala R W, Farmer J C, Alviso C T, et al. Carbon aerogels for electrochemical applications [J]. Journal of Non-Crystalline Solids, 1998, 225: 74-80.

[19] Gallegos-Suárez E, Pérez-Cadenas A F, Maldonado-Hódar F J, et al. On the micro- and mesoporosity of carbon aerogels and xerogels. The role of the drying conditions during the synthesis processes [J]. Chemical Engineering Journal, 2012, 181-182: 851-855.

[20] Chhetri K, Subedi S, Muthurasu A, et al. A review on nanofiber reinforced aerogels for energy storage and conversion applications [J]. Journal of Energy Storage, 2022, 46: 103927.

[21] 柳景亚. 碳气凝胶的制备及表征 [D]. 武汉：武汉工程大学，2016.

[22] Su L, Wang C Y, Luo Z H, et al. Reverse microemulsion synthesis of mesopore phloroglucinol-resorcinol-formaldehyde carbon aerogel microsphere as nano-platinum catalyst support for ORR [J]. ChemistrySelect, 2020, 5 (2): 538-541.

[23] 陈媛，韩雁明，范东斌，等. 生物质纤维素基碳气凝胶材料研究进展 [J]. 林业科学，2019，55 (10): 88-98.

[24] Han S, Sun Q, Zheng H, et al. Green and facile fabrication of carbon aerogels from cellulose-based waste newspaper

for solving organic pollution [J]. Carbohydrate Polymers, 2016, 136: 95-100.

[25] Pekala R W, Farmer J C, Alviso C T, et al. Carbon aerogels for electrochemical applications [J]. Journal of Non-Crystalline Solids, 1998, 225: 74-80.

[26] Hwang S W, Hyun S H. Capacitance control of carbon aerogel electrodes [J]. Journal of Non-Crystalline Solids, 2004, 347 (1): 238-245.

[27] 张杰. 过渡金属氧化物电极材料的电化学储能研究 [D]. 厦门: 厦门大学, 2020.

[28] Wang Z, Su H, Liu F, et al. Establishing highly-efficient surface faradaic reaction in flower-like $NiCo_2O_4$ nano-/micro-structures for next-generation supercapacitors [J]. Electrochimica Acta, 2019, 307: 302-309.

[29] Kang M, Zhou H, Qin B, et al. Ultrathin nanosheet-assembled, phosphate ion-functionalized NiO microspheres as efficient supercapacitor materials [J]. ACS Applied Energy Materials. 2020, 3 (10): 9980-9988.

[30] Zhang L, Zhang H, Jin L, et al. Composition controlled nickel cobalt sulfide core-shell structures as high capacity and good rate-capability electrodes for hybrid supercapacitors [J]. RSC Advances, 2016, 6 (55): 50209-50216.

[31] Li J, Chen D, Wu Q. Facile synthesis of CoS porous nanoflake for high performance supercapacitor electrode materials [J]. Journal of Energy Storage, 2019, 23: 511-514.

[32] 尚奕政. 三元金属氢氧化物材料作为超级电容器电极材料研究 [D]. 上海: 华东理工大学, 2020.

[33] 孙媛钰. 金属硫化物电极材料的可控合成与储能性能研究 [D]. 上海: 上海应用技术大学, 2021.

[34] Zhang H, Zhang X, Zhang D, et al. One-step electrophoretic deposition of reduced graphene oxide and $Ni(OH)_2$ composite films for controlled syntheses supercapacitor electrodes [J]. Journal of Physical Chemistry B, 2013, 117 (6): 1616-1627.

[35] 冯艳艳, 黄宏斌, 杨文, 等.镍钴双金属氢氧化物/乙炔黑复合材料的制备及其电化学性能 [J]. 化工进展, 2018, 37 (11): 4378-4383.

[36] Hong W, Wyatt B C, Nemani S K, et al. Double transition-metal MXene: Atomistic design of two-dimensional carbides and nitrides [J]. MRS Bulletin, 2020, 45 (10): 850-861.

[37] Deysher G, Shuck C E, Hantanasirisakul K, et al. Synthesis of Mo_4VAlC_4 MAX phase and two-dimensional Mo_4VC_4 MXene with five atomic layers of transition metals [J]. ACS Nano, 2020, 14 (1): 204-217.

[38] Anasori B, Naguib M. Two-dimensional MXenes [J]. MRS Bulletin, 2023, 48: 238-244.

[39] Gogotsi Y, Anasori B. The rise of MXene [J]. ACS Nano, 2019, 13 (8): 8491-8494.

[40] Tao Q, Dahlqvist M, Lu J, et al. Two-dimensional $Mo_{1.33}C$ MXene with divacancy ordering prepared from parent 3D laminate with in-plane chemical ordering [J]. Nature Communications, 2017, 8 (1): 1-7.

[41] Tan T L, Jin H M, Sullivan M B, et al. High-throughput survey of ordering configurations in MXene alloys across compositions and temperatures [J]. ACS Nano, 2017, 11 (5): 4407-4418.

[42] Anasori B, Xie Y, Beidaghi M, et al. Two-dimensional, ordered, double transition metals carbides (MXene) [J]. ACS Nano, 2015, 9 (10): 9507-9516.

[43] Yang J, Naguib M, Ghidiu M, et al. Two-dimensional Nb-based M_4C_3 solid solutions (MXenes) [J]. Journal of the American Ceramic Society, 2015, 99 (2): 660-666.

[44] Yazdanparast S, Soltanmohammad S, Fash-white A, et al. Synthesis and surface chemistry of 2D TiVC solid-solution MXene [J]. ACS Applied Materials & Interfaces, 2020, 12 (17): 20129-20137.

[45] Pinto D, Anasori B, Avireddy H, et al. Synthesis and electrochemical properties of 2D molybdenum vanadium

carbides-solid solution MXene [J]. Journal of Materials Chemistry A, 2020, 8 (18): 8957-8968.

[46] Naguib M, Mochalin V N, Barsoum M W, et al. 25th anniversary article: MXene: a new family of two-dimensional materials [J]. Advanced Materials, 2014, 26 (7): 992-1005.

[47] Tang X, Guo X, Wu W, et al. 2D Metal Carbides and nitrides (MXene) as high-performance electrode materials for lithium-based batteries [J]. Advanced Energy Materials, 2018, 8 (33): 1801897.

[48] Naguib M, Kurtoglu M, Presser V, et al. Two-dimensional nanocrystals produced by exfoliation of Ti_3AlC_2 [J]. Advanced Materials, 2011, 23 (37): 4248-4253.

[49] Naguib M, Mashtalir O, Carle J, et al. Two-dimensional transition metal carbides [J]. ACS Nano, 2012, 6 (2): 1322-1331.

[50] Shan Q M, Mu X P, Alhaneb M, et al. Two-dimensional vanadium carbide (V_2C) MXene as electrode for supercapacitors with aqueous electrolytes [J]. Electrochemistry Communications, 2018, 96: 103-107.

[51] Ghodiu M, Lukatskaya M R, Zhao M Q, et al. Conductive two-dimensional titanium carbide'clay'with high volumetric capacitance [J]. Nature, 2014, 516 (7529): 78-81.

[52] Levi M D, Lukatskaya M R, Sigalov S, et al. Solving the capacitive paradox of 2D MXene using electrochemical quartz-crystal admittance and in situ electronic conductance measurements [J]. Advanced Energy Materials, 2015, 5 (1): 1400815.

[53] Zhan C, Naguib M, Lukatskaya M, et al. Understanding the MXene pseudocapacitance [J]. Journal of Physical Chemistry Letters, 2018, 9 (6): 1223-1228.

[54] Okubo M, Sugahara A, Kajiyama S, et al. MXene as a charge storage host [J]. Accounts of Chemical Research, 2018, 51 (3): 591-599.

[55] Chen N, Zhou Y, et al. Tailoring Ti_3CNT_x MXene via an acid molecular scissor [J]. Nano Energy, 2021, 85: 106007.

[56] Snook G A, Kao P, Best A S. Conducting-polymer-based supercapacitor devices and electrodes [J]. Journal of Power Sources, 2011, 196 (1): 1-12.

[57] Shi Y, Peng L, Ding Y, Zhao Y, Yu G. Nanostructured conductive polymers for advanced energy storage [J]. Chemical Society Reviews, 2015; 44 (19): 6684-6696.

[58] Etman A E, Ibrahim A M, Darwish F M, et al. A 10 years-developmental study on conducting polymers composites for supercapacitors electrodes: A review for extensive data interpretation [J]. Journal of Industrial and Engineering Chemistry, 2023, 122: 27-45.

[59] 闫琪若. 聚苯胺作为超级电容器电极材料的制备及性能研究 [D]. 哈尔滨: 哈尔滨工业大学, 2022.

[60] Wang Y, Chu X, Zhang H, et al. Hyper-conjugated polyaniline delivering extraordinary electrical and electrochemical properties in supercapacitors [J]. Applied Surface Science, 2023, 628: 157350.

[61] Hu C, Chen S, Wang Y, et al. Excellent electrochemical performances of cabbage-like polyaniline fabricated by template synthesis [J]. Journal of Power Sources, 2016, 321: 94-101.

[62] 张国栋. PPy基超级电容器电极材料的制备及性能研究 [D]. 太原: 太原理工大学, 2022.

[63] Yang Q, Hou Z, Huang T. Self-assembled polypyrrole film by interfacial polymerization for supercapacitor applications [J]. Journal of Applied Polymer Science, 2015, 132 (11): 41615.

[64] Xu J, Wang D, Fan L, et al. Fabric electrodes coated with polypyrrole nanorods for flexible supercapacitor application

prepared via a reactive self-degraded template [J]. Organic Electronics, 2015, 26: 292-299.

[65] 王震宇. 聚噻吩基超级电容器电极材料的制备及电化学性能研究 [D]. 太原: 太原理工大学, 2020.

[66] Shown I, Ganguly A, Chen L C, et al. Conducting polymer-based flexible supercapacitor [J]. Energy Science & Engineering, 2015, 3 (1): 2-26.

[67] 王亚杉. 化学氧化法制备条件对聚噻吩导电性能的影响 [J]. 太原理工大学学报, 2017, 48 (4): 563-569.

[68] Thanasamy D, Jesuraj D, Konda Kannan S K, et al. A novel route to synthesis polythiophene with great yield and high electrical conductivity without post doping process [J]. Polymer, 2019, 175: 32-40.

[69] Wang Z, Zhu M, Pei Z, et al. Polymers for supercapacitors: Boosting the development of the flexible and wearable energy storage [J]. Materials Science and Engineering, 2019, 139: 139.

[70] Wang Y G, Song Y F, Xia Y Y. Electrochemical capacitors: mechanism, materials, systems, characterization and. applications [J]. Chemical Society Reviews, 2016, 45 (21): 5925-5950.

[71] Huang J, Sumpter B G, Meunier V. Theoretical model for nanoporous carbon supercapacitors [J]. Angewwandte Chemie International Edition, 2008, 120 (3): 530-534.

[72] Xu X, Yang J, Zhou X, et al. Highly crumpled graphene-like material as compression-resistant electrode material for high energy-power density supercapacitor [J]. Chemical Engineering Journal, 2020, 397: 125525.

[73] Frackowiak E, Beguin F. Carbon materials for the electrochemical storage of energy in capacitors [J]. Carbon, 2001, 39: 937-950.

[74] 周桂林, 蒋毅, 邓正华, 等. 超高比表面积活性炭结构与比电容的关系 [J]. 电子元件与材料, 2006, 1: 34-37.

[75] Gu W, Yushin G. Review of nanostructured carbon materials for electrochemical capacitor applications: advantages and limitations of activated carbon, carbide-derived carbon, zeolite-templated carbon, carbon aerogels, carbon nanotubes, onion-like carbon, and graphene [J]. Wiley Interdisciplinary Reviews—Energy and Environment, 2014, 3: 424-473.

[76] Liu T, Zhang F, Song Y, Li Y. Revitalizing carbon supercapacitor electrodes with hierarchical porous structures [J]. Journal of Materials Chemistry A, 2017, 5 (34): 17705-17733.

[77] Chmiola J, Yushin G, Gogotsi Y, et al. Anomalous increase in carbon capacitance at pore sizes less than 1 nanometer [J]. Science, 2006, 313 (5794): 1760-1763.

[78] Celine L, Cristelle P, John C, et al. Relation between the ion size and pore size for an electric double-layer capacitor [J]. Journal of the American Chemical Society, 2008, 130 (9): 2730-2731.

[79] Zhang H, Zhang X, Ma Y. Enhanced capacitance supercapacitor electrodes from porous carbons with high mesoporous volume [J]. Electrochimica Acta, 2015, 184: 347-355.

[80] Budko O, Butenko O, Chernysh O, et al. Effect of grain composition of natural graphites on electrical conductivity of graphite-based composite materials [J]. Materials Today, 2022, 50: 535-538.

[81] Xu B, Zheng D F, Jia M Q, et al. Nitrogen-doped porous carbon simply prepared by pyrolyzing a nitrogen-containing organic salt for supercapacitors [J]. Electrochimica Acta, 2013, 98: 176-182.

[82] Gu B, Su H, Chu X, et al. Rationally assembled porous carbon superstructures for advanced supercapacitors [J]. Chemical Engineering Journal, 2019, 361: 1296-1303.

[83] Tao S Y, Wang Y C, Shi D, et al. Facile synthesis of highly graphitized porous carbon monoliths with a balance on crystallization and pore-structure [J]. Journal of Materials Chemistry A, 2014, 2 (32): 12785-12791.

[84] Wang X, Sun Y, Liu K, et al. Chemical and structural stability of 2D layered materials [J]. 2D Materials, 2019, 6: 042001.

[85] Fang C, Wu X Q, Xiao P Y, et al. Ultrahigh-power supercapacitors from commercial activated carbon enabled by compositing with carbon nanomaterials [J]. Electrochimica Acta, 2022, 406: 139728.

[86] Niu Z, Zhang Y, Zhang Y, et al, Enhanced electrochemical performance of three-dimensional graphene/carbon nanotube composite for supercapacitor application [J]. Journal of Alloys and Compounds, 2020, 820: 153114.

[87] Zhao Z, Kong Y, Liu C, et al. Atomic layer deposition-induced integration of N-doped carbon particles on carbon foam for flexible supercapacitor [J]. Journal of Materiomics, 2020, 6 (1): 209-215.

[88] Zhang Y, Chen H, Wang S, et al. A new lamellar larch-based carbon material: fabrication, electrochemical characterization and supercapacitor applications [J]. Industrial Crops and Products, 2020, 148: 112306.

[89] Sevilla M, Mokaya R. Energy storage applications of activated carbons: Supercapacitors and hydrogen storage [J]. Energy Environ Sci, 2014, 7 (4): 1250-1280.

[90] Yang Y, Xi Y, Li J, et al. Flexible supercapacitors based on polyaniline arrays coated graphene aerogel electrodes [J]. Nanoscale Research Letters, 2017, 12: 394.

[91] Wang H, Casalongue H S, Liang Y, et al. $Ni(OH)_2$ nanoplates grown on graphene as advanced electrochemical pseudocapacitor materials [J]. Journal of the American Chemical Society, 2010, 132 (21): 7473-7477.

[92] Li Y, Zhou M, Li Y, et al. Structural, morphological and electrochemical properties of long alkoxy-functionalized polythiophene and TiO_2 nanocomposites [J]. Applied Physics A, 2018, 124 (12): 855.

[93] 薛军. 瑞典研制具有高抗拉强度碳纤维锂电池材料 [J]. 电动自行车, 2014, 7: 46-48.

[94] Nakagawa H, Shudo A, Miura K. High-capacity electric double-layer capacitor with high-density activated carbon fiber electrodes [J]. Journal of The Electrochemical Society, 2000, 147: 38-42.

第4章 超级电容器储能电解液

电解液是一种导电性较强的溶液，通常是离子化合物（如盐、酸等）在溶剂中形成的溶液，在电子学、化学和能源领域有广泛的应用。电解液分为有机电解液和无机电解液两种类型。有机电解液是以有机化合物作为溶剂，如有机碳酸盐、有机硫酸酯等。无机电解液则是以无机化合物溶解于水或其他溶剂形成的溶液，如酸、碱、盐等。

储能电解液是一种特殊的电解液，用于储能设施中的电化学储能系统，如超级电容器、锂离子电池、钠离子电池、硫电池等。储能电解液在储能系统中扮演着关键的角色。它通过充放电过程中离子的迁移，将电能转化为化学能（储存能量）或反之将化学能转化为电能（释放能量）。在充电时，电解液中的离子会从正极迁移到负极，使电池吸收电能；在放电时，电解液中的离子会从负极返回正极，释放储存的电能。

电解液的浓度、溶解性、黏度等性质会影响电池的性能。储能电解液的性能对电池的性能和稳定性有重要影响。电池的能量密度、功率密度、循环寿命等特性受制于电解液中离子的传输速率、浓度、电化学稳定性等因素。因此，提高和优化储能电解液的性能是提高电化学储能系统效率和可靠性的关键。近年来，随着储能技术的快速发展，科研人员致力于改善电解液的稳定性、安全性和可持续性，以满足不同储能应用的需求。

4.1 超级电容器储能电解液的分类

对于电化学储能器件，不仅要关注它的能量密度，还需要关注其安全性、成本、循环寿命和使用及退役后对环境的影响等。由电解质盐和溶剂组成的电解液是超级电容器最重要的组成部分之一，被喻为电化学储能器件的“血液”。在电化学储能器件中，电解液是不同电极之间不可或缺的离子导体和电子绝缘体。电解液的存在使电荷转移发生在电极或电解液的界面上，而不是直接发生在阴阳两电极之间，电解液的离子传导能力决定了器件中电荷转移和存储过程的快慢，因此电解液的性质对超级电容器的工作温度范围、安全性能、倍率性能、循环效率和储存性能等各项性能均具决定性影响。

由溶剂和电解质构成的电解液与电极材料一样重要，也是超级电容器的关键组分，是超级电容器研究的重要对象。电解液在电容器中的作用很多，如补充离子、加速离子传导及粘接电极颗粒等，因此选择适宜的电解液对提高电容器性能起着举足轻重的作用。以下是超级电容器电解液的选择原则：

① 电解质的电导率要高，以减小电容器的电阻。

② 电解质的分解电压要高，以提高能量密度。

③ 电解质的温度适应范围要宽，以满足电容器使用范围的要求。

④ 纯度要高，以减少漏电流。

⑤ 浸润性好，以提高电极利用率进而提高比电容。

⑥ 电解质不与其他任何电容器部件材料反应。

⑦ 电解质应无毒或低毒，绿色环保。

按照溶剂类型，可以将电解液划分为水系电解液、有机电解液和离子液体电解液。按照电解液状态，分为液态电解质、凝胶电解质和固态电解质。现如今，多数超级电容器选用的电解质是液态的。从性能上来说，液态电解质作为最早使用的电解质，经多年的研究后技术相对成熟，具有电导率高、成本低、电压窗口稳定等优点。而固态电解质在超级电容器中可充当隔膜和导电介质，虽然在传导率上较液态电解质有一定的差距，但在安全性、稳定性及循环性能上具有较大的优势。如表4-1所示，目前超级电容器所使用的电解液都有其优缺点，很难有一种电解液能够完全满足上述所有要求。

表4-1　几种典型电解液性质对比

项目	水系电解液	有机电解液	离子液体电解液
电压窗口/V	＜1.2	2.5～2.8	2～6
电导率	高	低	非常低
黏度	低	中/高	高
成本	低	中/高	非常高
毒性	低	中/高	低
优点	高电导率、容量大	电压窗口宽、无腐蚀性	高氧化还原稳定性、宽电压窗口
缺点	电压窗口窄	电解液离子大、电导率低、对外部环境的要求高	黏度高、对外部环境要求高

4.1.1 水系电解液

随着商用超级电容器的快速发展，其安全性能也越来越受到人们的关注。传统的商用超级电容器均采用有机电解液，但有机电解液具有价格昂贵、有毒、易燃易爆等无法克服的缺点，直接影响了商用超级电容器的成本和安全性能。

与有机电解液相比，水系电解液不可燃、环境友好、成本低，可以完全克服有机电解液所面临的安全问题。另外，水系电解液在制备和使用时不需要苛刻的无水环境，极大简化了超级电容器的组装过程并降低了成本。水系电解液还具有较高的电导率，其数值一般比有机电解液高两个数量级，高电导率有利于降低超级电容器的内阻，还能够提供高的离子浓度和低的电阻，高的离子浓度和小的离子半径可以确保超级电容器具备高的比容量和功率特性。

电解液中的裸离子和水合离子的尺寸会影响电解液的电导率以及器件的比容量。硫酸（H_2SO_4）作为典型的酸性电解液，氢离子尺寸小，电导率高，在双电层电容器中使用广泛，可以获得比中性电解液和有机电解液更高的比容量。另外，碳材料中的杂原子和表面官能团在酸性电解液中能够发生快速的氧化还原反应而贡献部分赝电容。但是，这些活性材料的表面官能团在反应过程中容易发生分解从而影响器件的循环稳定性。在酸性电解液中由于含有较高浓度的氢离子，容易在负极发生析氢反应而导致超级电容器的工作电压较窄。由于酸性电解液通常不适用于金属氧化物和硫化物等赝电容材料，因此碱性电解液可应用到金属氧化物、氮化物和氢氧化物等的赝电容过程而获得较高的比容量。同时，在碱性电解液中，一些低成本的金属（如 Ni）不会像在酸性电解液中那样被腐蚀而可以作为超级电容器的集流体。但是碱性电解液中含有较高浓度的氢氧根离子，容易在正极发生析氧反应而导致超级电容器的工作电压较窄。相比于酸性和碱性电解液，中性电解液中具有较低的氢离子浓度和氢氧根离子浓度，可以产生较高的析氢、析氧过电位，从而获得更宽的电化学窗口。同时，中性电解液的使用可以避免酸性和碱性电解液的腐蚀问题，安全性更高。

因此，发展高功率、高能量密度、长循环稳定性的水系超级电容器是现阶段的研究热点。然而，水系超级电容器的商业化应用仍然面临两个方面的问题。一方面是水系电解液在低温下离子电导率急剧下降进而结冰，导致水系超级电容器的容量衰减甚至消失，这就限制了其在低温环境下的使用；另一方面是其较低的工作电压，由于水的热力学稳定电位仅为 1.23V，容易在正 / 负极被氧化 / 还原而发生析氧（oxygen evolution reaction，OER）/ 析氢反应（hydrogen evolution reaction，HER）。理论上水系超级电容器的输出电压在保证电解质不分解的前提下难以超过 1.23V，从而导致超级电容器的工作电压和能量密度较低，限制了其市场应用。因此，提升水系超级电容器工作电压成为实现高性能水系超级电容器的关键。

水系电解液通常可分为酸性、碱性和中性三类，而 H_2SO_4、KOH 和 Na_2SO_4 分别是其最具代表性的电解质。

（1）酸性电解液

酸性电解液中的氢离子具有离子传导性高、尺寸小的特点，所以双电层型电极材料往往在酸性电解液中容易获得更高的比电容和比功率；而且碳基电极材料中的杂原子（如氮、氧和磷等）和表面官能团在酸性电解液中更易进行快速、可逆的氧化还原反应，从而获得更高的比电容。但是酸性电解液中较高的氢离子浓度使其极易在负极发生析氢反应，导致碳基超级电容器的电压一般在 1.2V 以下。此外，具有较高比电容的赝电容材料（如导电聚合物、金属氧化物或硫化物，除 RuO_2）通常对 pH 值比较敏感，在酸性电解液中难以长期稳定循环。

（2）碱性电解液

一些金属氧化物、硫化物、氮化物和氢氧化物在碱性电解液中可以产生很高的赝电容，并且某些金属集流体（如 Ni）不会像在酸性电解液中那样被腐蚀。但是碱性电解液中较高的氢氧根离子浓度导致正极处极易发生析氧反应，使碳基对称电容器的电压一般在 1.2V 以下。由于某些金属氢氧化物等赝电容正极在碱性电解液中具有较高的析氧过电位，而碳基负极具有较低的析氢过电位，所以基于碱性电解液的水系非对称超级电容器研究比较广泛，其电压一般可达 1.6V。

（3）中性电解液

相比于酸性和碱性电解液，中性电解液的离子传导性稍低。但是中性电解液无腐蚀性、更加安全，而且因为电解液中的氢离子和氢氧根离子的浓度均很低，所以其析氢、析氧过电位均较高，使其具有更宽的电化学窗口。此外，赝电容电极同样可以在中性电解液中发生反应，并可使电容器的工作电压达 1.8 ～ 2.4V。

需要注意的是，在使用水系电解液时，由于水的自电离导致电容器的自放电现象较为显著，需要采取一些措施来抑制自放电，如选择合适的电容器结构和添加适量的缓冲剂等。

水包盐（SIW）电解液是超级电容器中最常用的水系电解液。在 SIW 中，溶质的量小于溶剂（水）的量。然而，近年来，研究人员已经开始制造更高浓度的盐包水（WIS）电解液。WIS 电解液是一种含有高浓度盐的溶液，其中溶质的质量或体积含量高于溶剂（水）。图 4-1 描绘了水和双（三氟甲磺酰）亚胺锂（Li[TFSI]）在 SIW 和 WIS 系统中的排列和相互作用。过量的自由水分子会导致 SIW 电解液中的析氢反应（HER）。这种副反应通过限制电化学窗口（ESW）来降低超级电容器的效率。在 SIW 中也观察到阳离子和阴离子之间缺乏相互作用，因为系统特定区域的溶质离子可用性低［图 4-1（a)］。此外，WIS 系统中存在的水簇完全与盐离子结合。这种情况会阻止 HER 并提供更宽的 ESW［图 4-1（b)］。此外，WIS 电解液单位表面积的高溶质离子密度改善了溶质离子之间的相互作用。由于这些特性，WIS 溶液被认为是超级电容器的可行非常规电解液。

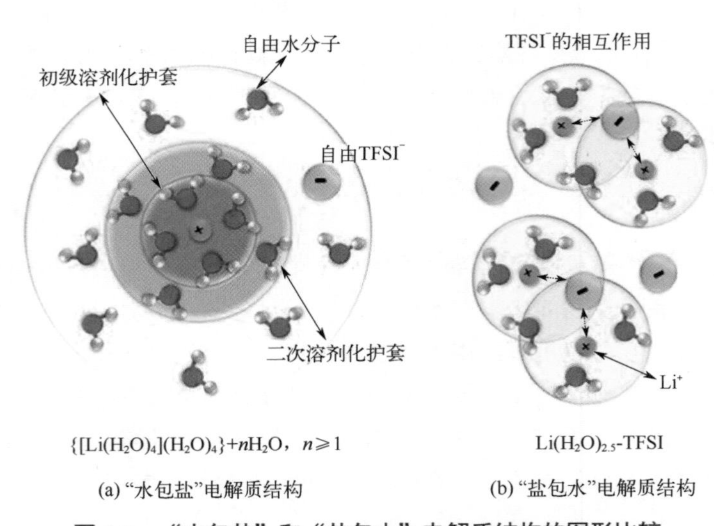

(a) “水包盐”电解质结构　　(b) “盐包水”电解质结构

图 4-1　“水包盐”和“盐包水”电解质结构的图形比较

在选择水系电解液时，需综合考虑电化学性能、水溶液稳定性、电容器的特定应用需求以及水系电解液与电容器材料的相容性。

4.1.2　有机电解液

有机电解液具有比水系电解液更宽的电化学窗口，在更高的电压范围内能够提供相对稳定的性能，可以实现更高的能量密度，目前商用超级电容器主要使用有机电解液。最典型的有机电解液是将四乙基四氟硼酸铵溶于乙腈或碳酸丙烯酯等溶剂中。乙腈虽然能够溶解大量的盐，但是有毒、易燃，而且会对环境造成污染。碳酸丙烯酯对环境友好，电位窗口宽，导电性好，温度适应范围广。电解质通常选用锂盐如高氯酸锂（$LiClO_4$）和季铵盐如四氟硼酸四乙基铵（$TEABF_4$）等。

通常，使用有机电解液的双电层电容器的电压窗口为2.7V甚至更高。如图4-2所示，一些有机电解质可到达2.7～3.2V的高电压窗口。尽管商业化超级电容器多是基于有机电解液，但是有机电解液存在以下问题：一是电导率小，高电阻限制了电容器的功率密度；二是有机电解液中的水含量有严格限制（3～5mg/kg甚至更低），高水含量限制了电容器的工作电压窗口；三是有机电解液高度可燃，具有毒性，并且电极与电解液之间存在高的反应活性会导致体系热失控而产生爆炸，因此存在较高的安全风险；四是有机电解液价格昂贵，并且在组装器件的时候要求严格的干燥环境从而增加了器件的制备成本。

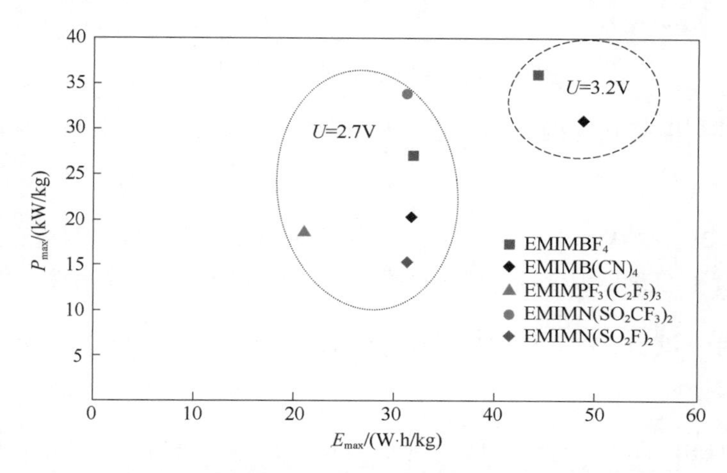

图4-2 不同有机电解质在高电压窗口下的功率密度

使用有机电解液的超级电容器可以在较高的电压下实现更高的能量密度，但需要考虑溶剂的选择以及电解液的稳定性和安全性等因素。因此，在使用有机电解液时，需要综合考虑电化学性能、溶剂选择、电解液成分和电容器安全性之间的平衡。

4.1.3 离子液体电解液

离子液体（ionic liquid，IL）是由有机阳离子和无机或有机阴离子构成的在室温或近于室温下呈液态的离子化合物，是一种新型电解液。离子液体是一类具有较低熔点或无熔点的溶剂，其主要特征是它们由离子对（阳离子和阴离子）组成，而不是传统的溶剂分子。

根据其离子组成，可以分为三大类，即非质子型、质子型和两性离子型，如图4-3所示。离子液体主要有咪唑盐类、吡啶盐类、季铵盐类、哌啶盐类等。离子液体的阴离子主要由双（三氟甲磺酰）亚胺离子（$TFSI^-$）、BF_4^-、PF_6^-等组成，阳离子由咪唑、吡咯和短链脂肪季铵盐等有机大体积离子组成。组成离子液体的阴阳离子体积很大、结构松散，导致它们之间的作用力较弱，熔点接近室温并在很大的温度范围内呈现液态。

以下是一些常见的离子液体电解液在超级电容器中的应用。

（1）1- 丁基 -3- 甲基咪唑四氟硼酸盐（1-butyl-3-methylimidazole tetrafluoroboronic acid，[Bmim][BF_4]）

这是一种常见的离子液体，其阳离子是 1- 丁基 -3- 甲基咪唑，阴离子是四氟硼酸根（BF_4^-）。[Bmim][BF_4] 具有良好的可逆溶胀性，用于超级电容器具有较高的离子电导率和稳定性。

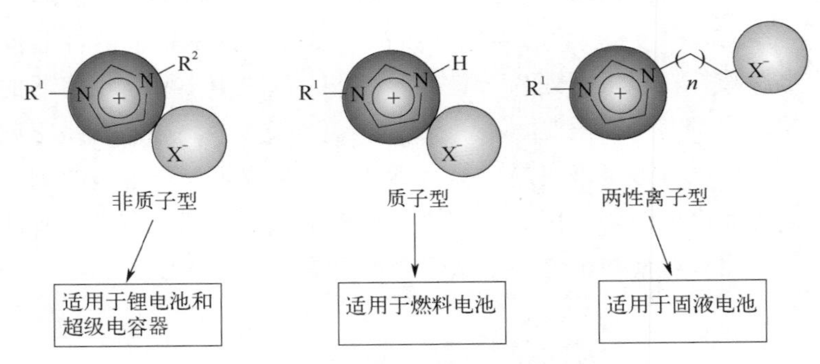

图 4-3　离子液体的基本类型

（2）1- 丙基 -3- 甲基咪唑四氟硼酸盐（1-propyl-3-methylimidazole tetrafluoroboronic acid，[Pmim][BF_4]）

与 [Bmim][BF_4] 类似，[Pmim][BF_4] 是另一种常见的离子液体电解质，其阳离子是 1- 丙基 -3- 甲基咪唑。它在超级电容器中可提供高离子电导率和化学稳定性。

（3）丁基二甲基醚基三甲基溴化锡（butyl dimethyl ether trimethyl tin bromide，[Bmmim][TFSI]）

[Bmmim][TFSI] 是一种含锡的离子液体电解质，具有较高的电导率和化学稳定性。它在超级电容器电解质中的应用可提高电容器的性能。

（4）其他离子液体

除了上述离子液体，还有许多其他类型的离子液体可作为超级电容器的电解质，如 *N*-丙基吡啶氧化钾（[Pyr_{13}][OTf]）、乙醇胺氧化镍（[Emi][OTf]）等。

离子液体电解质具有低挥发性、宽电压窗口（2 ～ 6V）、高离子电导率（量级为 10mS/cm）和较高的化学与热稳定性等优点，因此在超级电容器和其他电化学器件中得到了广泛应用。而且由于离子液体的阴阳离子结构和种类组合多样，使离子液体的物理化学性质可以被设计、调控和优化，以满足超级电容器的不同性能需求，使其作为超级电容器的电解液已受到广泛关注。然而，离子液体电解质的成本较高，且部分离子液体可能存在毒性或环境问题，严重妨碍了这种电解液的实际应用。

4.1.4　凝胶电解质

凝胶电解质（GPE）是一种半固态电解质，通常由溶剂、高分子导电剂和盐类组成。在制备过程中，可以通过在液体溶剂中发生聚合反应来形成高分子主体，同时将导电粒子作为电荷载体，从而构建电离通道。这些高分子在形成后可通过物理或化学法进行交联，以增强其力学性能和稳定性（图 4-4）。

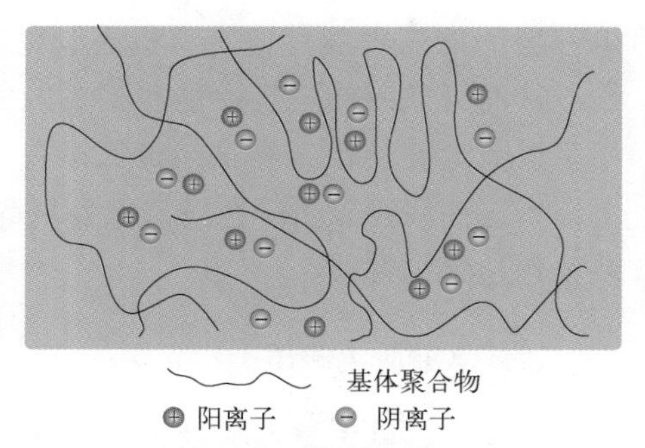

图 4-4　凝胶聚合物电解质模型

凝胶聚合物电解质也称为增塑电解质，由 Feuillade 和 Perche 于 1975 年首次提出，是一种增塑或胶凝的聚合物电解质，其主要由聚合物基体、电解质盐和添加剂组成。凝胶电解质被有些学者归为固态电解质一类，但是由于其具备液态电解质和固态电解质的双重特性，我们在此把它独立归为一种类别的电解质。

通常，由于在水或有机溶剂等可自由移动的液态分子的存在下，制备的凝胶电解质阻值相对较小。但当液体比例增大时，液体的低放电电位和较低的熔沸点会导致凝胶的热稳定性和电化学窗口大幅降低，同时固含量的降低也导致凝胶的力学性能下降，因此要控制其固含量。

根据内部溶剂的不同可将其分为有机凝胶电解质、水凝胶电解质和离子液体凝胶电解质。凝胶电解质结合了液体的扩散特性和固体的内聚特性，具有质量轻、挥发性低、电化学窗口宽、离子传导率高、易制备、安全无毒、操作安全性高、尺寸稳定性好及机械强度高等诸多优点，它在作为导电介质的同时也起到隔膜的作用，这些独特性能使其成为柔性超级电容器电解质的优良选择，有效促进了器件的高效集成化。

（1）有机凝胶电解质

为了进一步增大凝胶电解质的使用电压，科研人员将有机溶剂引入凝胶中代替水，这种凝胶也被称为有机凝胶电解质。常用的有机凝胶的主体高分子聚合物如聚环氧乙烷（PEO）、聚甲基丙烯酸甲酯（PMMA）、聚乙烯吡咯烷酮（PVP）、聚醚醚酮（PEEK）和聚偏二氟乙烯-六氟丙烯（PVDF-HFP）等。常用的有机溶剂包括碳酸二甲酯（DMC）、碳酸乙烯酯（EC）、二甲基亚砜（DMSO）和 *N*,*N*-二甲基甲酰胺（DMF）等及其混合物。这些溶剂可以使超级电容器电压窗口达 3V 以上，要大大优于水凝胶电解质的超级电容器。同时由于部分有机溶剂的熔沸点远高于水，有机凝胶可在更加复杂的环境下使用，例如以乙二醇（EG）作为溶剂的凝胶拥有极佳的低温性能，而以 DMSO 为溶剂的凝胶又可在较高的环境温度下使用，这都是传统的水凝胶电解质所不能达到的。但是，有机溶剂的使用也导致了凝胶中可使用的导电离子种类大大受限，离子电导率较水凝胶也要更低。

有机凝胶电解质由聚合物骨架和有机电解液组成，与传统电解质相比，其最大的优点是具有较高的工作电压。相应地，它也保留了有机电解液离子电导率低的缺点。例如，Lee 等报道的 PMMA/PC/$LiClO_4$ 有机凝胶电解质在环境条件下无须封装即可组装成微型超级电容器，该超级电容器具有 8.9F/cm^3 的高体积比电容，在拉伸、扭曲、卷绕和弯曲时仍能表现出稳定的电化学性能。此外，Bha 等制备了一种有机凝胶聚合物电解质（PVDF-HFP/SUN/Li[TFSI]），其工作电压窗口可达 2.0V。基于该电解质组装的超级电容器具有较高的能量密度（最大可达 32W · h/kg）和出色的循环稳定性（20000 次循环容量保留率为 90%）。

综上所述，有机溶剂的使用能够扩大有机凝胶电解质的电化学稳定窗口，可以提升超级电容器的能量密度，但是有机凝胶电解质通常具有相对低的离子传导率、较高的成本和毒性，从而导致差的电容性能和相关的安全问题。此外，有机电解质的吸湿性和易燃性表明：不可避免地要使用手套箱来确保没有水和氧气的环境，这增加了制造过程的成本和复杂性。考虑到这些问题以及绿色可持续发展的战略要求，研究人员一般不使用有机凝胶电解质来组装柔性超级电容器。

（2）水凝胶电解质

水凝胶电解质是以水溶性聚合物为骨架，以酸 / 碱 / 盐为电解质的一类凝胶聚合物电解质。水凝胶的弹性互连聚合物链可以提供足够的体积空间来容纳高达其重量 2000 倍的水性电解质，其间隙中充满了大量的水，所以凝胶通常看起来潮湿且柔软。聚合物链上的带电官能团（如羟基、羧基、磺酸基和氨基）可以有效地吸引和定位网络内的电解离子，大量的溶剂水（高达其自身重量的 2000 倍）可以被吸收和捕获在骨架中，使水凝胶具有优异的吸水性和离子传导率。与液体电解质相比，水凝胶具有橡胶般的可拉伸性、自愈合性和高韧性，以及如同固体一样的尺寸稳定性，是柔性储能器件的理想选择。更重要的是，丰富的聚合物化学和聚合物工程技术赋予水凝胶材料良好的可设计性和可调性，从而能够合成具有独特性质的水凝胶。

而构成水凝胶的水合聚合物链的共同特点就是拥有丰富的亲水官能团，如羟基、羧基、磺酸基、氨基等。这些官能团能够形成丰富的分子间或分子内氢键，这种特性的产生使得水凝胶具备出色的性能，例如优异的吸水性等。此外，由于官能团在水性环境中通常带有表面电荷，例如带负电的羧基和带正电的磺酸基，以溶解在水中的形式固定在三维纳米结构网络的间隙空间中，使水凝胶具有与液体电解质相当的离子电导能力。

水凝胶最常见的优点就是水凝胶内交联聚合生成的丰富三维多孔网络结构，可以作为电解质和离子运输通道的连接骨架，电化学导电离子溶液等大量高导电电解质可以以固体形式填充于多孔网络的空间间隙，使水凝胶电解质具有较高的导电能力和优良的电容，这是水凝胶成为超级电容器电解质组分的天然优势。

物理交联水凝胶电解质是目前储能器件中广泛使用的电解质之一。物理交联是指在高分子链之间通过一种或多种物理相互作用而实现分子链之间的互相交联。这些物理作用是一类弱的可逆超分子作用力，包括氢键、静电相互作用、离子配位键、疏水相互作用、偶极 - 偶极相互作用、主客体相互作用等。这种物理相互作用在受到较大的应力时逐渐被破坏，在应力消失后又可以实现自我修复，因此，大多数物理交联水凝胶具备自修复的特性。值得一提的是物理交联水凝胶的这种自修复特性不需要光、热等外界刺激即可完成。如图 4-5 所示，研究者基于不同的交联机制制备了多种物理交联水凝胶电解质。需要注意的是，物理交联水凝胶电解质的性能和稳定性受环境温度和电化学系统的影响较大，因此在具体应用中需要针对不同的实际条件进行适配和优化。

在已知的水凝胶电解质中，以聚乙烯醇（PVA）为高分子骨架的水凝胶因具有良好的亲水性、可塑性、简单的制作过程和廉价的原料等优点而成为应用最广泛的水凝胶材料。更重要的是，聚乙烯醇作为一种线性聚合物，可在凝胶中添加多种常见的强酸强碱电解质，如硫酸、磷酸、氢氧化钠和氢氧化钾而不会破坏其结构。因此，PVA 基水凝胶被大量应用于双电层电容器、赝电容器以及混合超级电容器中。除了聚乙烯醇基聚合物水凝胶电解质外，聚丙烯酸（PAA）、聚丙烯酰胺（PAM）、聚羟乙基丙烯酰胺（PNHEA）等水凝胶因具有优异的吸水性和较优异的力学性能而受到人们的关注。而最常用的水凝胶有聚乙烯醇（PVA）、聚丙烯酸（PAA）等，它们的聚合物链上都含有丰富的亲水性官能团，如羟基、羧基，结构式如图4-6所示。

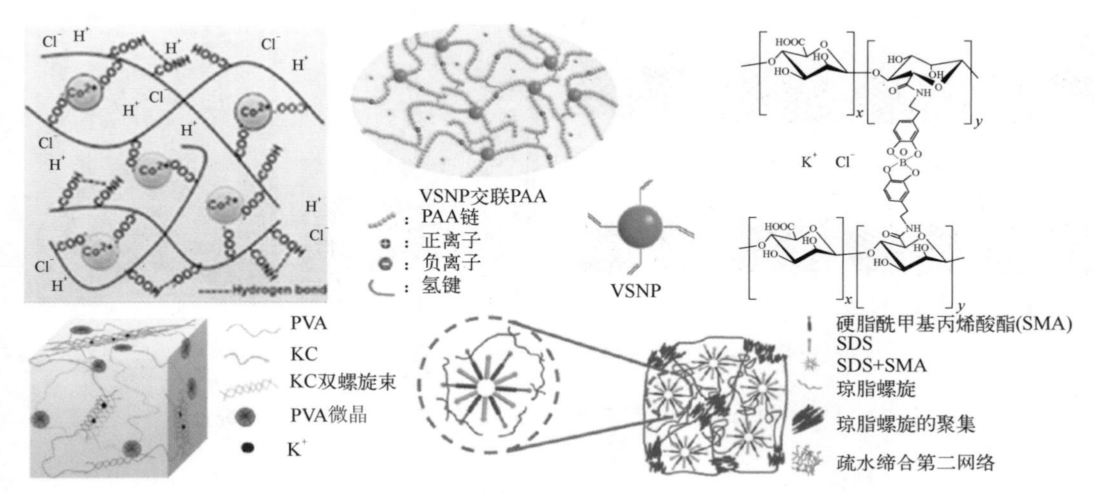

图4-5　基于不同交联机制的物理交联水凝胶电解质

PVA—聚乙烯醇；KC—κ-卡拉胶；PAA—聚丙烯酸；VSPA—乙烯基杂化 SiO_2 纳米颗粒；SDS—十二烷基磺酸钠

聚乙烯醇不仅具有易加工、易成膜、价格低廉的特点，而且具有优异的弯曲性能。因此，它是一种颇具发展潜力的水凝胶电解质。早在20世纪80年代，科学家佩蒂·韦克斯等就开发了PVA/H_3PO_4质子导电聚合物电解质，并发现它具有高的离子传导率。此后，研究人员开发了不同类型的凝胶电解质，例如PVA/H_2SO_4和PVA/KOH，以便使水凝胶电解质在不同条件下更广泛地适用。

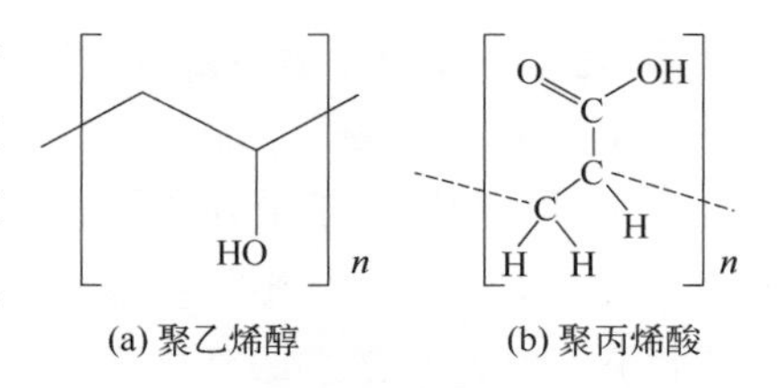

图4-6　两种聚合物的结构式

柔性超级电容器是由一对多孔碳电极和夹在中间的凝胶电解质组成，所以凝胶电解质必须与电极的内部孔隙充分接触，以形成充放电界面。研究人员已经做了很多努力来解决这个问题。本书作者提出了一种简单可行的方法，通过直接喷涂导电MXene油墨来设计纸基全固态微型超级电容器。结果表明，全固态微型超级电容器叉指电极的几何构型对电化学性能起着关键作用，宽度越小，电容越大，距离越短，电容越大。当宽度和距离分别减小到0.8mm和0.2mm时，这些器件具有最高的面积比电容（23.4mF/cm^2）、良好的倍率能力和出色的循环稳定性（在5000次循环后电容保持率超过92.4%），以及出色的灵活性和高度集成的能力。Li等提出了一种“自下而上”的填充方法，该方法解决了固态凝胶电解质和厚膜多孔电极之间的界面接触问题。在“自上而下”的凝胶化过程中［图4-7（a）］，水的连续蒸发形成厚凝胶层，导致填充不完整。然而，柔性电极的完全填充可以通过使用PVA/H_3PO_4凝胶电解质的“自下而上”填充方法来获得。如图4-7（b）所示，这个方法由两个步骤组成：首先，将电解质溶液直接浇铸到透气基底上面的多孔电极上；其次，在 PVA/H_3PO_4 的表面放置一层不透水的薄膜，迫使水向下蒸发通过透气的基底，形成在电极中生长的凝胶电解质。使用“自下而上”的填充方法，PVA/H_3PO_4 固态凝胶电解质可用于填充厚度为 500μm 的 MWCNT 电极和 MWCNT-PEDOT/PSS 复合电极，该电极表现出优异的力学性能，当卷曲到 0.5mm 时没有观察到裂纹［图 4-7（c）］，这将利于充 / 放电过程中的离子扩散。

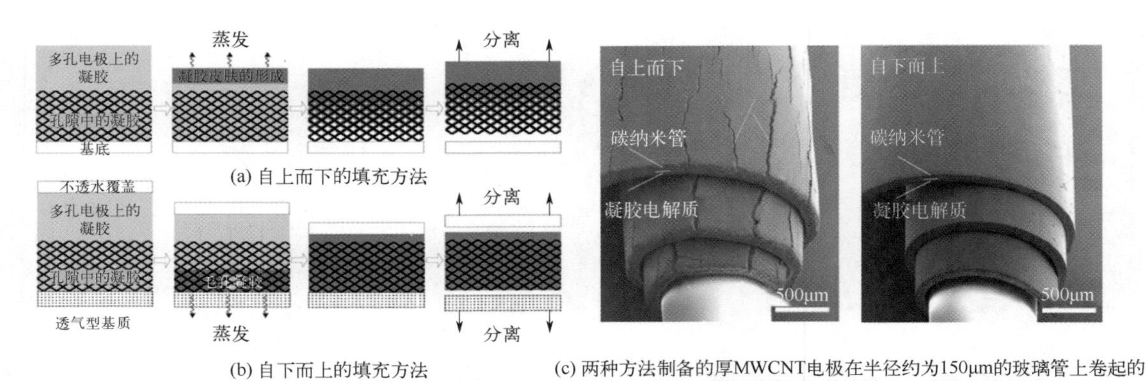

图 4-7 PVA/H_3PO_4 凝胶电解质填充柔性超级电容器装置的性能研究方法

PVA 通常与各种强酸（如 H_2SO_4）、强碱（如 KOH）和中性盐（如 LiCl）的水性电解质共混来制备水凝胶。由于水凝胶不同的电解质具有不同的离子电导率、热稳定性和环境稳定性，聚合物水凝胶中水溶液的类型对超级电容器的性能有着重要影响。通常需要根据不同的体系选择 PVA 的电解质溶液。Chen 等使用不同的电解质（如 H_3PO_4、H_2SO_4、KOH、NaOH、KCl 和 NaCl）制备了六种不同的 PVA 基水凝胶电解质，并用于石墨烯基超级电容器。通过电化学测试，他们发现 PVA/H_3PO_4 水凝胶在所有研究的基于 PVA 水凝胶的超级电容器中表现出最好的电容性能。本书作者通过二氧化碳的直接转化，在多个柔性基底上形成具有三维骨架、线性网络状结构的多级纳米碳管状结构（hCTN）［图 4-8（a）］。hCTN 为血管状多通道结构，一条“主动脉”贯穿整个 hCTN 和大量“毛细血管”，分布在具有丰富微孔到中孔的碳微 / 纳米结构上。基于 hCTN 与 PVA/KOH 凝胶电解质组成的柔性超级电容器［图 4-8（b）］，具有高面积比电容［图 4-8（d）］、优异的电化学稳定性和良好的抗弯折能力［图 4-8（c）］。

聚丙烯酰胺（PAM）基水凝胶由于其高离子传导率、高含水量、易于制备以及对不同酸碱度条件的耐受性好等优点，也被用作柔性超级电容器的电解质。在 Wei 等的工作中（图 4-9），水凝胶电解质可以通过“热冰”排列和聚电解质掺杂来设计和优化［图 4-9（a）］。垂直的液体离子通道使得水凝胶电解质具有较高的离子传导率（47.3mS/cm）和较低的界面电阻（4.7Ω）。在电流密度为 0.1A/g 时，基于定向聚酰胺凝胶的超级电容器具有高的放电电容（201.5F/g，为非定向超级电容器的 2 倍）和超长的循环稳定性［图 4-9（b）］。除了 PAM 基水凝胶外，聚丙烯酸（PAA）也被用作柔性超级电容器的水凝胶电解质材料。Guo 等通过三价铁离子（Fe^{3+}）交联 PAA 水凝胶，赋予水凝胶自修复性和可回收性，使得这种新型电解质环保且成本较低。该 PAA 水凝胶电解质组装的柔性超级电容器的最大比电容为 87.4F/g，并且具有优异的循环稳定性（5000 次循环容量保持率为 89%）。

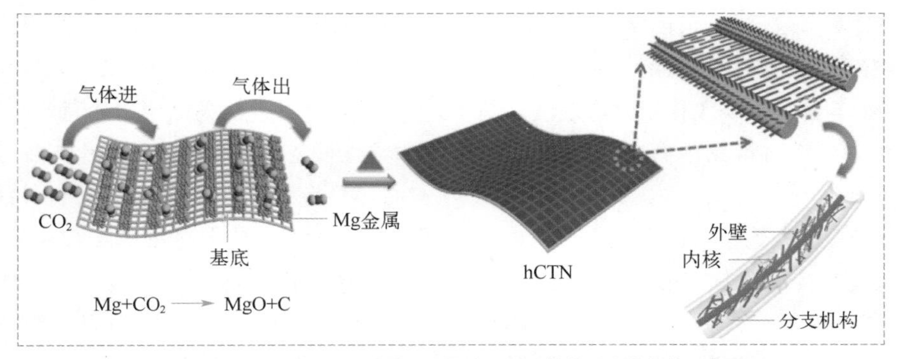

(a) 将二氧化碳转化为由基板支撑的多级碳管状纳米结构的示意图

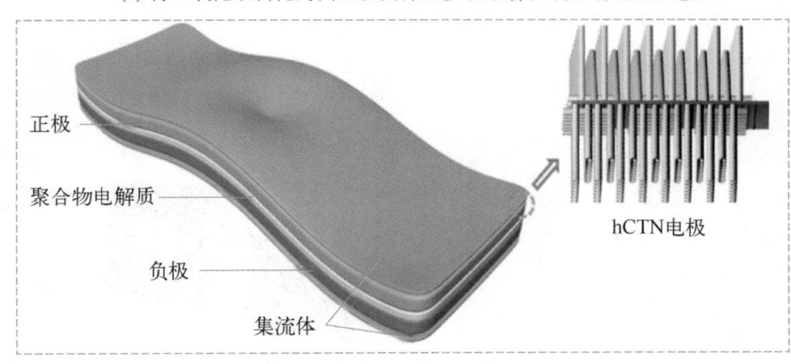

(b) 准固态hCTN柔性超级电容器示意图

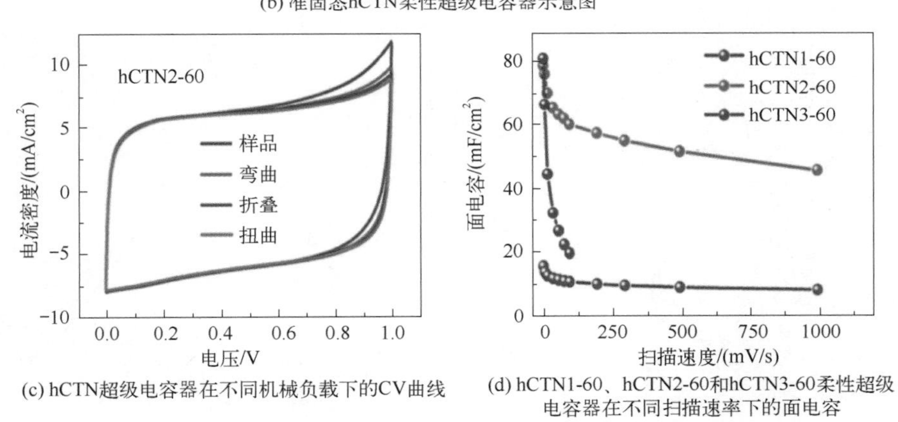

(c) hCTN超级电容器在不同机械负载下的CV曲线

(d) hCTN1-60、hCTN2-60和hCTN3-60柔性超级电容器在不同扫描速率下的面电容

图 4-8 采用 PVA/KOH 凝胶电解质的 hCTN 基柔性超级电容器

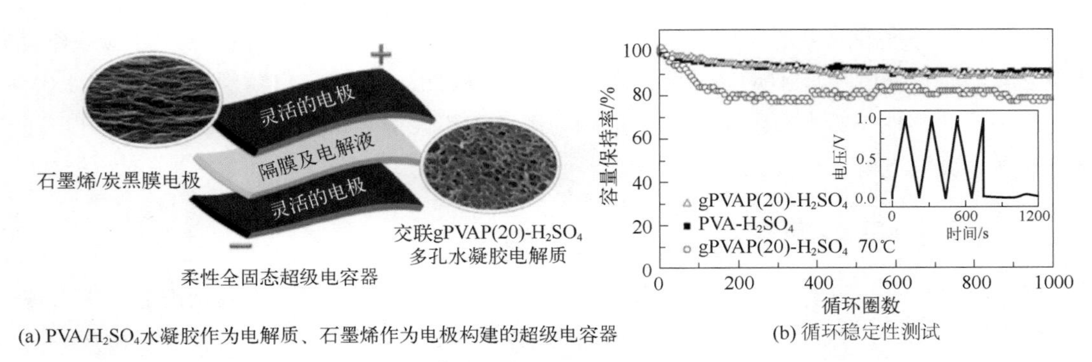

(a) PVA/H_2SO_4水凝胶作为电解质、石墨烯作为电极构建的超级电容器

(b) 循环稳定性测试

图 4-9 石墨烯基柔性超级电容器及其循环性能

本书作者开发了一种无化学引发剂的方法来构建3D多孔聚苯胺/植酸（CPH），其中植酸既用作掺杂剂又用作交联剂。所得水凝胶由许多相互连接的纳米颗粒组成，这些纳米颗粒在基体中有着丰富的连续大孔和分层结构。基于CPH的柔性固态超级电容器具有561.7mF/cm^{2}的大面积比电容，质量比电容为311.3F/g。而且，柔性固态超级电容器可提供高能量密度（49.9～400μW·h/cm^2）、优异的灵活性和良好的循环稳定性。Guo等报道了一种铁离子交联超分子PAA水凝胶电解质［KCl-Fe^{3+}/PAA，图4-10（a）］，其中离子键和氢键赋予KCl-Fe^{3+}/PAA水凝胶电解质良好的自愈能力和易回收性。水凝胶电解质还保持了良好的力学性能（延伸率＞700%，应力＞400kPa）和优异的电导率（0.09S/cm）。由石墨烯泡沫支撑的聚吡咯电极组装成的柔性超级电容器［图4-10（b）］，在电流密度为0.5A/g下，比电容为90.3F/g［图4-10（c）、（d）］。

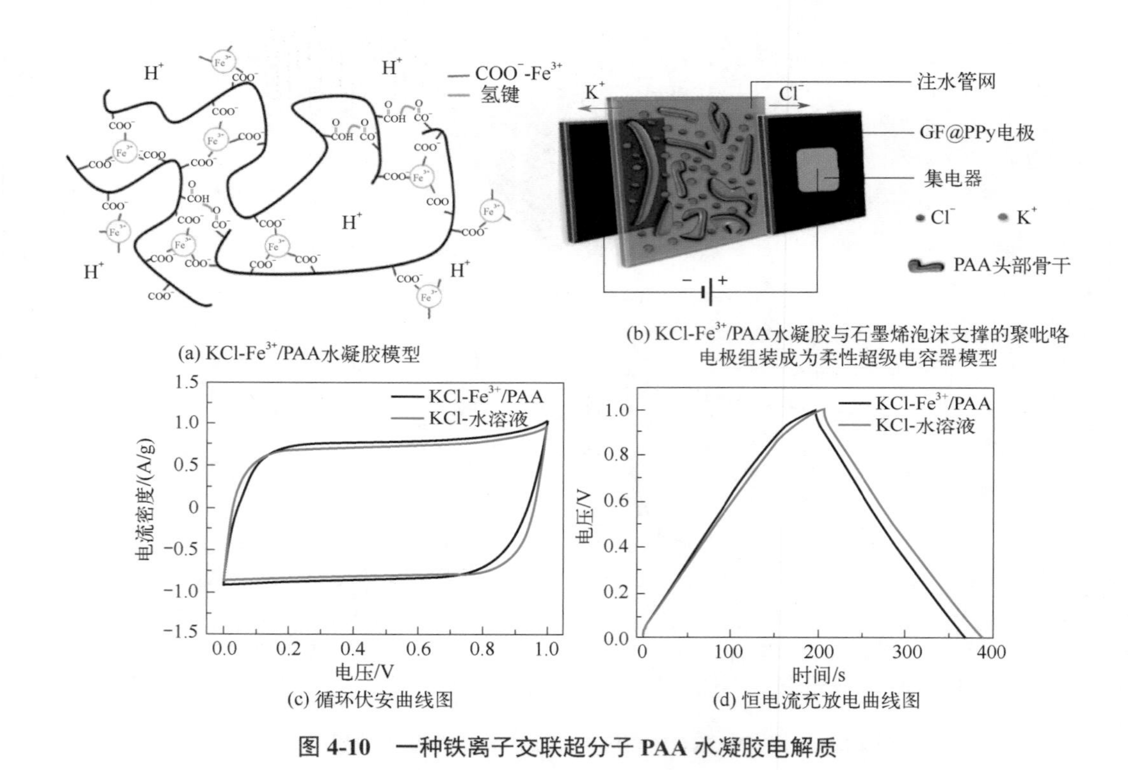

(a) KCl-Fe^{3+}/PAA水凝胶模型

(b) KCl-Fe^{3+}/PAA水凝胶与石墨烯泡沫支撑的聚吡咯电极组装成为柔性超级电容器模型

(c) 循环伏安曲线图

(d) 恒电流充放电曲线图

图4-10　一种铁离子交联超分子PAA水凝胶电解质

一般来说，水凝胶电解质具有环境友好、无毒、价廉、导电率高等优点，可以弥补有机凝胶电解质所存在的一些不足。然而，水凝胶电解质的工作电压窗口较低（大部分为1.0V），这反过来导致柔性超级电容器的能量密度和功率密度不能满足市场需求。因此，提升电压窗口将成为水凝胶电解质研发的工作重点。

（3）离子液体凝胶电解质

离子液体是一类具有高离子电导率的液体电解质，当将其固化为凝胶状态时，即形成离子液体凝胶电解质。离子液体凝胶电解质通常以聚合物为基体，以离子液体为电解质。与传统电解质相比，这种新型的凝胶电解质很好地解决了易挥发的问题，有较高的机械强度，与此同时还表现出优异的热稳定性和更宽的电化学窗口。不过现阶段离子液体凝胶电解质在组装器件上的应用研究相对较少，作为新兴领域有待研究的问题还较多。离子液体凝胶电解质未来的发展方向是在保留高电化学性能的同时实现功能化。

基于聚偏氟乙烯（PVDF）的离子液体凝胶电解质由于其优越的电化学性能和化学稳定性以及与其他材料的良好相容性吸引了越来越多研究者的关注。

Liu 等使用聚偏氟乙烯作为凝胶电解质基质，通过加入离子液体［Emim］[BF_4]以形成聚偏氟乙烯基离子液体凝胶电解质（PVDF-HFP/［Emim］[BF_4]）。基于该凝胶电解质和分级碳组装而成的柔性超级电容器，其工作电压窗口可达 3.5V，在 0.5A /g 的电流密度下可获得 201F/g 的高比电容，且具有优异的弯曲循环稳定性（90.1%，0°～180°的 1000 次弯曲循环）。

凝胶电解质可以通过涂覆、浸渍或直接堆叠等方法制备到超级电容器的电极表面，形成电解质层。它可以提供离子传导通道，同时阻止电极之间的短路，从而增强了超级电容器的性能和安全性。

需要注意的是，凝胶电解质在超级电容器中的应用还需要考虑其稳定性、界面相容性以及与活性材料的接触等因素。因此，在设计和选择凝胶电解质时，需要综合考虑电化学性能、力学性能、制备工艺等多个方面的要求。

4.1.5 全固态电解质

近年来，由于对可穿戴电子设备、便携式电子设备及柔性电子设备的需求迅速增长，基于固态电解质的超级电容器研究逐渐成为热点。相比于液体电解质，固态电解质可同时具有离子传导和电子绝缘的作用，可使器件具有柔性和可弯折特性，具有良好的力学性能。此外，它没有泄漏风险，安全性高，使超级电容器的封装和加工过程得到极大的简化。同时由于电解质相对较大的电阻在器件中也能起到隔膜的作用，进一步简化了器件结构。但是，固态电解质很难同时具有高离子传导性、机械稳定性、化学稳定性、电化学稳定性等必备特点，导致其实际应用受限。超级电容器用固态聚合物电解质作为电解液也是研究者们讨论的课题。

为满足其实际应用需求，理想的固态电解质材料应具备以下几个优势：

① 宽温度范围内的高电导率（$> 10^{-3}$S/cm），同时保证其高的锂离子迁移数。

② 高化学稳定性使其不易与储能器件中其他活性物质发生反应。

③ 宽泛的电化学稳定窗口，使其在高电压下具有良好的充放电性能。

④ 良好的热稳定性，适合高温等极端条件下的实际应用。

固态电解质包含无机固态电解质和聚合物固态电解质，前者离子导电优异但普遍存在化学不稳定性问题；后者与电极兼容良好但常温离子导电性差，比无机固态电解质低一个数量级，是阻碍其实际应用的主要因素。

（1）无机固态电解质

无机固态电解质诞生于 19 世纪。E. Warburg 发现一些无机固体化合物为离子导体，包括磷酸盐、氮化物、硫化物、硼酸盐、氧化物等。常见的无机固态电解质主要有β-Al_2O_3、NASICON（钠超离子导体）、钙钛矿型材料、反钙钛矿型材料等（图4-10给出了几种典型固态电解质的晶体结构）。它们都具有离子导电性好、机械强度高、工作温度范围宽（50～200℃）的特点。β-Al_2O_3在合成时需要苛刻的高温烧结条件且在高温下才具有理想的离子电导率，这些缺点限制了它的大规模应用。NASICON虽然具有较高的电导率和较低的热膨胀系数，但是其组装的器件中电极与电解质之间的固-固界面存在较大的阻抗，致使器件性能不佳。Na_3OCl和Na_3OBr等反钙钛矿型材料虽然价格低廉且电压窗口较宽，但是原始的反钙钛矿材料结构较致密，很难为离子的传输提供通道，需要通过掺杂等方法在材料中形成缺陷以提高离子电导率。理想的无机固态电解质应满足在工作温度下具有良好的离子电导率，极低的电子电导率，极小的晶界电阻，良好化学稳定性，不与电极材料发生化学反应且具有与电极材料相匹配的热膨胀系数。

钙钛矿型固态电解质具有ABO_3（A=Ca、Sr、La；B=Al、Ti）结构［图4-11（a）］，用$Li_{3x}La_{2/3-x}TiO_3$等价取代A位上的两种金属离子获得，常温下离子电导率高于10^{-3}S/cm。然而，钛的高晶电阻、高界面电阻以及与锂金属负极之间相容性差等缺点限制了其广泛应用。

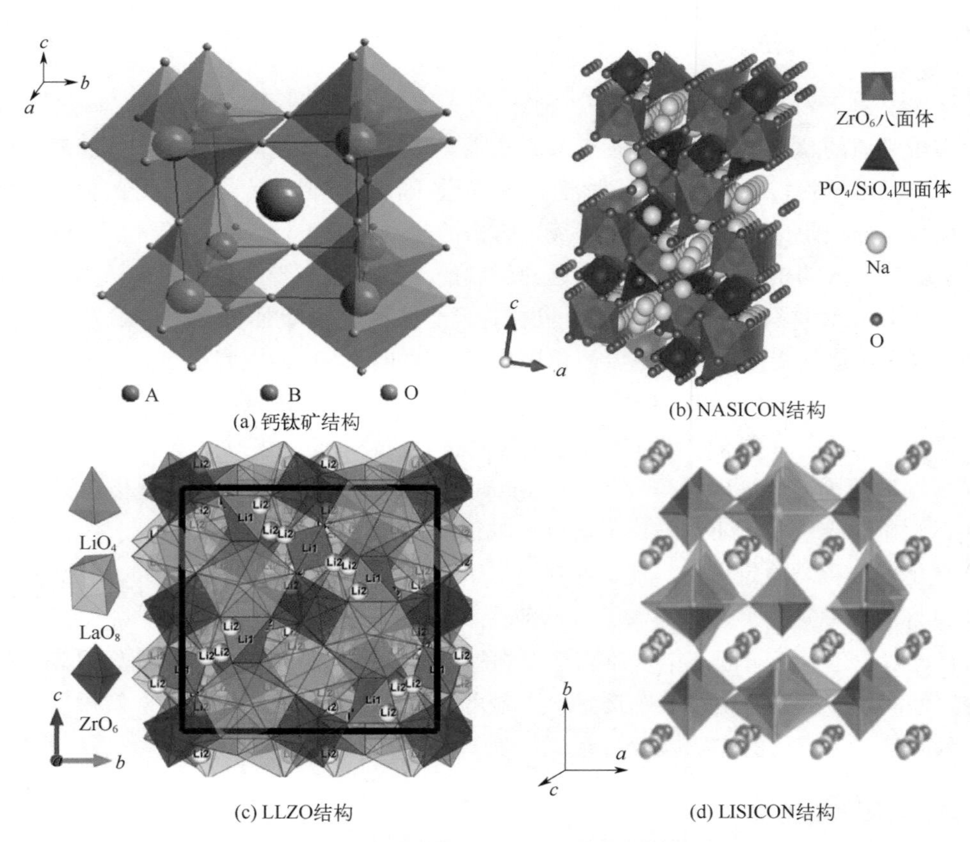

图4-11　几种典型固态电解质的晶体结构示意图

A、B、O分别表示钙钛矿结构通式ABO_3中的元素，A通常为Ca、Sr、La等元素，B通常为Al、Ti，O为O元素

NASICON 型固态电解质［图 4-11（b）］，具有 $NaM_2(PO_4)_3$(M = Ge、Ti、Zr) 结构，NASICON 晶体骨架是由 PO_4 四面体和 MO_6(M=Ge、Ti、Zr) 八面体形成的三维网状结构。钠离子位于中间位置，并沿 c 轴传输。用锂元素取代钠元素，NASICON 型固态电解质在不改变 NASICON 晶体结构的情况下成为锂超离子导体。目前研究最多的 NASICON 型固态电解质是通过将 $LiTi_2(PO_4)_3$ 和 $LiGe_2(PO_4)_3$ 中的部分 Ti 或 Ge 用 Al 替代而得到 $Li_{1+x}Al_xTi_{2-x}(PO_4)_3$(LATP) 和 $Li_{1+x}Al_xGe_{2-x}(PO_4)_3$(LAGP)。目前报道的 NASICON 型固态电解质的最高离子电导率在 $10^{-3}\sim10^{-2}$S/cm 范围内，几乎与液态电解质相当。然而，NASICON 型固态电解质固有的刚性使得它们与电极的界面相容性较差。此外，含钛的 LATP 固态电解质容易与金属锂和多硫化物等还原剂反应，妨碍其实际应用。

石榴石类型电解质因其宽电化学稳态电压而被广泛研究。常见的石榴石型电解质为 $Li_7La_3Zr_2O_{12}$(LLZO)。LLZO 有两种不同的晶体结构，一种是表现低离子电导率的四方体结构，另一种是表现高离子电导率的立方体结构［图 4-11（c）］，因此立方晶体结构的 LLZO 在实际应用中更为理想。然而，立方晶体结构 LLZO 需要很高的烧结温度才能获得，同时烧结过程中暴露在外的锂会发生反应生成 Li_2CO_3 化合物，导致界面电阻增大和离子电导率减小等问题出现。尽管 LLZO 具有很高的离子导电性，但对于石榴石类型的固态电解质来说，锂枝晶问题和由刚性引起的界面不相容问题仍然具有挑战性。

LISICON 是一个独特的结构，它代表“金属 - 溶液界面结构基元（liquid-solid interface configuration）”。该结构主要用于研究金属与溶液之间的界面性质和行为［图 4-11（d）］。LISICON 是通过将金属表面与溶液接触的区域进行建模来描述金属 - 溶液界面的结构。这种模型被广泛应用于材料科学和电化学领域，特别是应用于金属腐蚀、电池、催化剂和传感器等领域。

综上所述，无机固态电解质在实际应用中具有相对较高的离子导电性，但由界面不相容导致的界面电阻大的问题是其最大痛点。所介绍的无机固态电解质都具有较高的杨氏模量，LATP、石榴石型固态电解质（LLZO）和钙钛矿型固态电解质的杨氏模量分别为 115GPa、150GPa 和 203GPa。如果设计合理，这种刚性有助于抑制锂枝晶生长，但会导致与电极兼容变差问题，从而导致界面电阻过大。

（2）聚合物固态电解质

固态聚合物电解质的柔韧性、可加工性和界面兼容性优异，因此，固态聚合物电解质被认为比无机固态电解质更适合商业应用。迄今为止，各种固态聚合物电解质，例如聚偏氟乙烯（PVDF）、聚偏氟乙烯 - 六氟丙烯（PVDF-HFP）、聚丙烯腈（PAN）、聚氧化乙烯（PEO）、聚甲基丙烯酸甲酯（PMMA）和热塑性聚氨酯（TPU），都已被报道。

1973 年，Wright 等首次将聚氧化乙烯（PEO）与碱金属盐结合，为固态聚合物电解质设计提供新思路。组装的固态磷酸铁锂（$LiFePO_4$）电池在 70℃下能稳定循环多次，并且成功应用在电动汽车中，可以提供 30kW · h 的电力，行驶里程为 250km。因出色的溶盐能力和良好的电极界面兼容性，PEO 基固态聚合物电解质研究得最为广泛。

自从聚合物电解质研究开始以来，固体聚合物电解质中离子的传输机理便一直作为研究的热点。虽然聚合物基体中离子传导的确切机制尚未完全建立，但目前主流的研究观点认为：聚合物中锂离子的传输机制，主要是由于聚合物中的基团（—O—、—N—、—S—）与锂离子发生配位，形成络合物，并通过聚合物链段产生的“络合 - 解离 - 络合”来使得锂离子在固相中进行传输。因此，只有在聚合物主体的非晶态相区才能进行锂离子的传输。图 4-12 为固态聚合物电解质中最具代表性的锂离子传输机制。

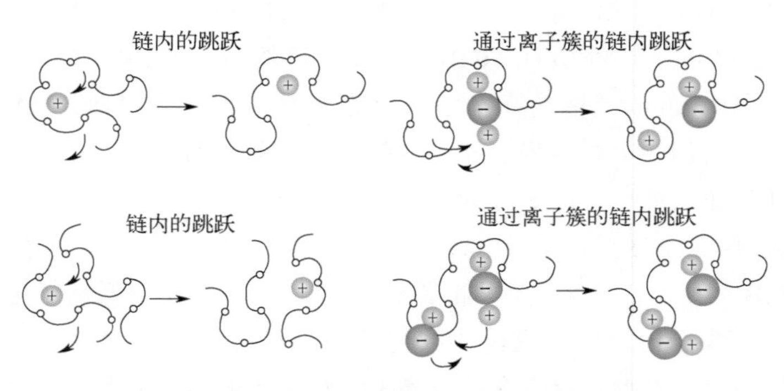

图 4-12　锂离子在固态聚合物电解质中的传输机制

理想的候选聚合物在其结构中应含有大量的极性基团，同时非结晶区应足够多。这样在工作温度下，将有更多聚合物链段可以进行迁移，有利于锂离子的传输。此外，聚合物基体的介电常数应较高，便于溶解锂盐。在所有已研究的聚合物中，PEO 无疑是各种锂盐的最佳溶解介质。PEO 作为固态聚合物电解质基体的主要优势在于其化学、机械和电化学稳定性，因为 PEO 仅包含—C—O—、—C—C—和—C—H—键。但是，PEO 基电解质常温离子电导率很低（10^{-7} ～ 10^{-5}S/cm），难以满足电池在宽温度范围内运行的需要。离子液体具有不燃、难挥发、化学稳定性好等一系列独特的性能，添加离子液体不仅可以提升聚合物电解质离子导电性，还可以降低电解质隔膜和电极之间的固 - 固界面阻抗。同时，它还可以通过共价键连接成聚离子液体，聚离子液体继承聚合物和离子液体的优点，不仅可以很容易地制成柔性薄膜，而且离子导电性、化学稳定性都很优良。Ling 等合成了一种双功能团离子液体单体（C═C 和环氧基），它不仅可以作为聚合单体，还可以通过 1- 乙烯 -3- 环氧丙基咪唑双三氟甲基磺酰酰亚胺盐（[Veim][TFSI]）与聚乙二醇二丙烯酸酯（PEI）和聚乙二醇二丙烯酸酯（PEGDA）反应，形成双交联聚离子液体电解质。[Veim][TFSI] 的环氧基与 PEI 的氨基进行开环反应，以及 [Veim][TFSI] 与 PEGDA 的自由基聚合，使聚离子液体电解质具有双交联型结构。以 Li| 双交联型聚离子液体电解质 |$LiFePO_4$ 形式组装成锂离子电池后，聚离子液体电解质与 $LiFePO_4$ 正极和锂金属负极紧密结合，显著降低界面电阻，电池在电流密度 0.1C 下循环 200 圈后仍具有高放电容量（165.6mA · h/g）和库仑效率（97.8%）。更重要的是，由交联型聚离子液体电解质组成的软包电池能够在不同弯曲程度点亮发光二极管灯，这表明双交联型聚离子液体电解质在柔性电子器件中具有应用潜力。Li 等合成了聚离子液体掺杂的 PEO 基半互穿网络结构固态电解质。聚离子液体半互穿网络结构固态电解质相对于纯 PEO 电解质有以下优点：①降低了 PEO 的结晶度（相当于纯 PEO 的 15.5%）；②提高了离子电导率（从 4×10^{-5}S/cm 增加到 6×10^{-4}S/cm）；③增加了相同电流密度下的放电容量（电流密度 0.2C 下从 122mA · h/g 增加到 147mA · h/g）和库仑效率（从 95% 增加到 99%）。

虽然在聚合物中添加液体增塑剂可以提高离子导电性，然而却降低了聚合物电解质的机械强度。因此，需要一种更有效的策略来平衡聚合物电解质的力学和电化学性能。N. S. Schause 等发现在较高温度下，在聚合物电解质与金属锂界面处观察到明显的枝晶生长，而在较低温度下，锂枝晶生长受阻。这可能是由于聚合物电解质在较高温度下力学性能差，导致易形成锂枝晶。所以，聚合物电解质的力学性能要有所提升。正如 Monroe 和 J. Newman 所述，若聚合物电解质的剪切模量足够大，则能够减缓锂枝晶的生长。另外，PEO 基聚合物电解质分解电压为 3.8V，因此在充电平台约为 3.4V 的 $LiFePO_4$ 正极的全固态锂电池能稳定运行。而在使用高电压（> 4V）正极（如 $LiCoO_2$）的全固态锂电池中无法提供优异的性能。因此，对于高能量密度锂电池来说，提高聚合物电解质的力学性能和电化学稳定性是研究重点。

（3）复合固态电解质

以上研究表明，无机固态电解质离子电导性优良，工作温度范围宽，但与电极的相容性较差，而聚合物电解质与电极的界面相容性较好，但机械强度和离子电导率较低的问题限制了其在固态电化学储能器件（即超级电容器和锂离子电池）中的应用。复合电解质是将两种或两种以上优势互补的电解质合理地组合在一起，所以在聚合物电解质中添加无机 - 有机填料（图 4-13）有望得到高机械强度、离子导电优异、宽稳态电压、与电极兼容良好的固态电解质。

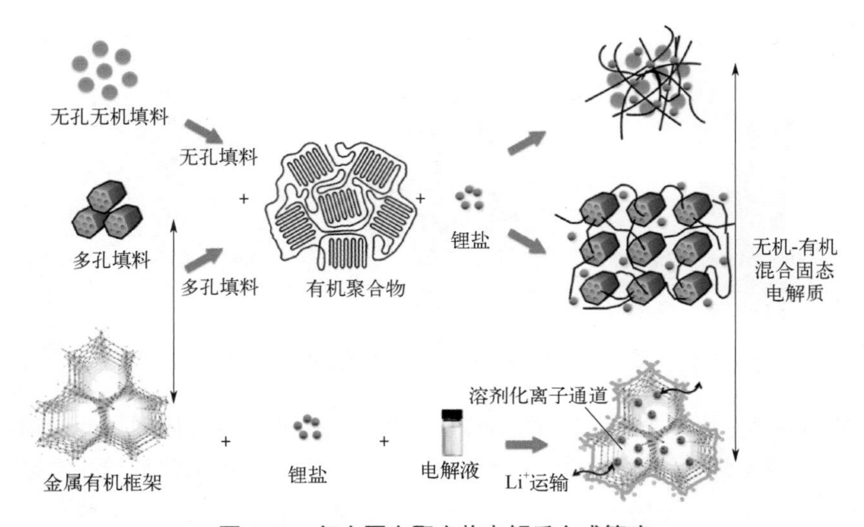

图 4-13　复合固态聚合物电解质合成策略

无机填料有两类：非活性与活性填料。非活性填料（如 Al_2O_3 和 SiO_2）不参与锂离子的传导过程。相比之下，活性填料（如 LAGP 和 LLZTO）本身就是锂离子的超离子导体，参与锂离子的传导过程。在固态聚合物电解质中，锂离子在无定形区域中通过分段运动链移动。当功能填料被添加到基体中时，它们通过电解质膜产生连续的导电路径，这在改善固态聚合物电解质的离子传导性方面发挥了重要作用。因此，颗粒形态包括填充物的大小和形状是重要的参数，应该在制造电解质膜之前进行调节。减小填料尺寸是提高分散性的有效策略。一般纳米粒子在溶液中分散的常用方法是超声波处理和机械搅拌。然而，无论是在聚合物添加到溶剂之前对填料进行超声处理，还是在引入填料之前将聚合物溶解在溶剂中，都不能很好地解决填料团聚的问题，这可能是搅拌过程中纳米颗粒高表面能导致纳米颗粒之间碰撞而造成的。

通过热压等无溶剂制备方法构建复合固态电解质可有效减缓填料团簇问题。如图 4-14 所示，Chen 等在不使用任何有机溶剂的情况下通过热压法制备 PEO-PEG-LLZTO 复合电解质。首先将 PEO、PEG、LLZTO 和双三氟甲磺酰亚胺锂（Li[TFSI]）与砂浆混合，将混合物研磨均匀，并添加聚乙二醇用于增强薄膜的柔韧性。随后，将混合物卷成薄膜并压制成固态电解质膜。通过调节聚合物和 LLZTO 的含量，得到了两种类型的复合电解质：一种是具有优异柔韧性的固态复合电解质；另一种是机械强度高的固态复合电解质。G. Piana 使用相同方法制备了 PEO 和 LAGP 的固态复合电解质。首先，将 Li[TFSI] 和 LAGP 粉末充分混合后加入 PEO 中，在 80℃下加热获得糊状浆料。最后，将糊状浆料在 80℃、15MPa 的条件下热压制成约 200μm 的均匀薄膜。使用此固态电解质的 $LiFePO_4$ 电池在电流密度 2C 的放电容量相当于理论容量（170mA · h/g）的 70%，库仑效率接近 99.5%。采用强路易斯酸碱和弱氢键的协同作用策略，原位自组装构建三维网络结构聚环氧乙烷（PEO）和 SiO_2 固态电解质（PEO@SiO_2）。得益于这种协同刚性 - 柔性耦合动态策略，单分散 SiO_2 的纳米颗粒显著降低了 PEO 的结晶度。PEO@SiO_2 的离子电导率在 30℃时高达 1.1×10^{-4}S/cm，并促进固体电解质的界面稳定性。基于 PEO@SiO_2 的全固态锂金属电池在 90℃下具有高比容量（146mA · h/g@0.3C，1C = 170mA · h/g）、出色的倍率能力（105mA · h/g@2C）和高温循环能力（循环 100 次容量为 90mA · h/g）。

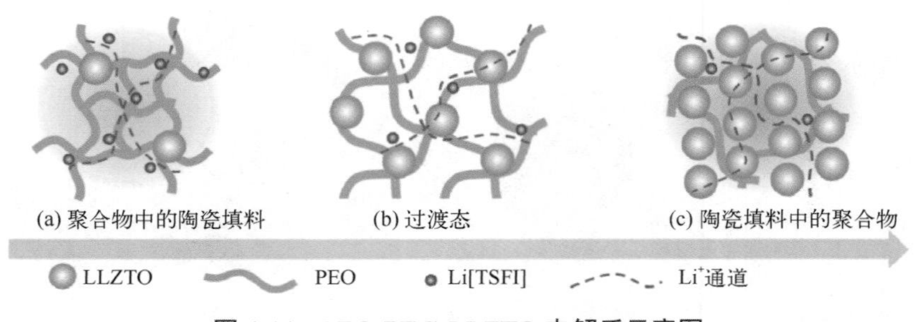

图 4-14　PEO-PEG-LLZTO 电解质示意图

除了物理分散外，填料的化学分散是制备高性能固态复合电解质的另一种途径。化学分散主要通过对填料表面进行化学修饰，使表面官能团和聚合物链之间形成化学键，从而有效地改善填料的分散性，避免团聚。此外，这些化学键能够有效地使高分子链和填料交联，从而降低聚合物结晶度，提高了复合电解质的电化学和力学性能。

2003 年，Wang 以三氧化二铝（Al_2O_3）和聚丙烯腈（PAN）构建复合固态电解质。Al_2O_3 的表面路易斯酸可以与 PAN 的丁腈基团结合，使其均匀分散。此外，路易斯酸与 ClO_4^- 有很强的相互作用，促进锂盐 $LiClO_4$ 解离释放游离的 Li^+。Lin 在 PEO 中通过原位水解将正硅酸乙酯转移到单分散的超细二氧化硅微球中，从而实现了填料与高分子链之间的化学和机械相互作用。如图 4-15 所示，PEO 中的羟基和 SiO_2 表面的羟基以化学键相互连接，PEO 链被机械包裹并部分嵌入 SiO_2 球体中，因此，PEO 的结晶度降低。复合电解质具有高室温离子导电性（1.2×10^{-3}S/cm），组装的固态电化学储能器件在电流密度 1C 时具有良好的容量保持。

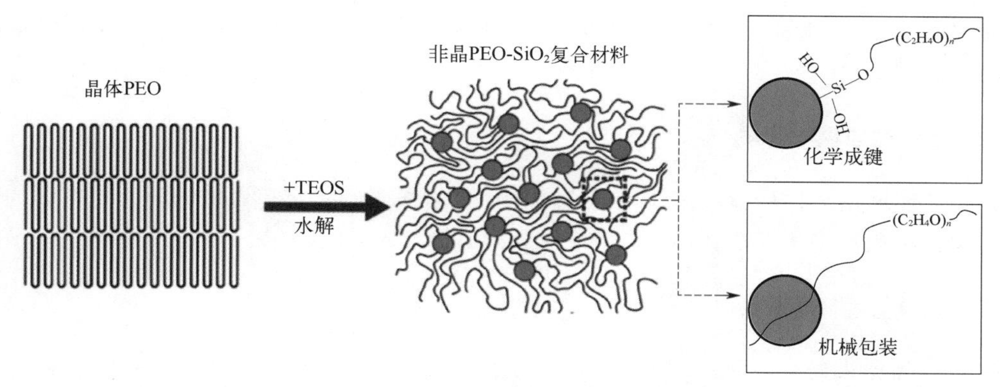

图 4-15　PEO 和 SiO_2 相互作用机制图

此外，金属有机骨架（metal-organic frameworks，MOFs）制备高性能复合固态电解质已成为一个新兴的研究课题，并推动复合电解质基固态电池的发展。金属有机骨架是由金属离子或簇化合物与有机配体配位形成周期性网络结构的多孔杂化材料，具有以下优点：①具有高的比表面积和可控的表面极性，能够优化复合固态电解质整体电化学性能；②具有有序通道的周期性晶体结构，能够进行快速离子转移；③可调的孔结构，可增强离子扩散和抑制不良副反应。这些优良的物理化学性质有利于设计制备高性能的 MOFs 基固态电解质。Wang 将 Li[TFSI] 与[Emim][TFSI] 混合后浸润在 MOF-525 中制备固态电解质［图 4-16（a)］。Chiochan 等在 UIO［根据发现者所在研究单位奥斯陆大学（UIO）命名］结构 MOFs 中掺杂磺酸锂基团（—SO_3Li）并与［Emim][TFSI］离子液体结合［图 4-16（b)］。固态电解质常温离子电导率为 3.3×10^{-4}S/cm，并且 MOFs 晶体结构能够很好地将多硫化物固定起来，有效地减缓多硫化物的穿梭效应，固态 Li_2S_6 电池具有较长的循环寿命，容量保留率为 84%。

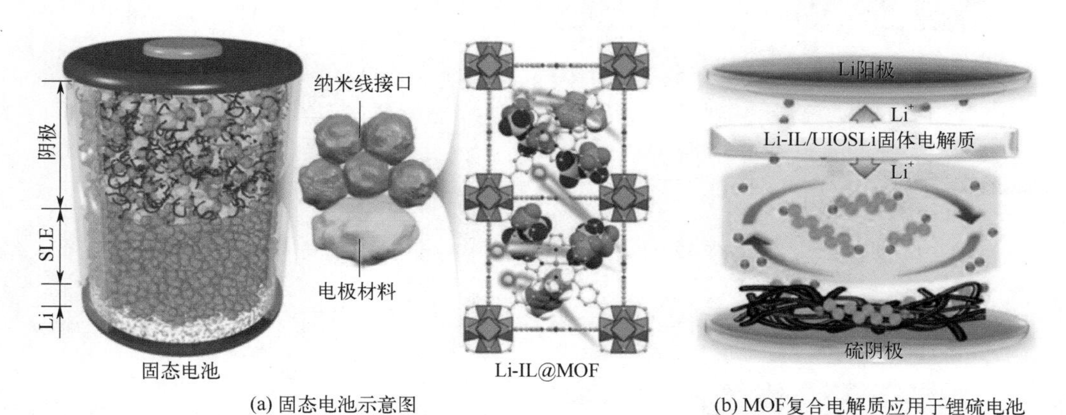

(a) 固态电池示意图　　(b) MOF复合电解质应用于锂硫电池

图 4-16　MOFs 基固态电解质

SLE—新型固体电解质；MOF—金属有机骨架；Li-IL—含锂离子液体；UIOSLi——SO_3 锂接枝 UIO

目前，全固态电解质在超级电容器中的应用仍处于研究阶段，但已经有一些固态电解质材料被探索和提出用于超级电容器。以下是一些可能用于超级电容器的全固态电解质材料。

（1）聚合物电解质

聚合物电解质是一种具有高离子电导率的固态电解质材料，能够在室温下实现离子传导。聚合物电解质如聚合物凝胶电解质［例如聚丙烯酸丁酯（PBA）］可以用于超级电容器的固态电解质层。

（2）硫酸盐玻璃电解质

硫酸盐玻璃是一种具有高离子电导率的固态电解质材料。它可以作为超级电容器的固态电解质层，提供离子传导路径。

（3）磷酸盐固体电解质

磷酸盐固体电解质［如锂磷氧氮（LiPON）］也被考虑用作超级电容器的固态电解质。它们具有较高的离子电导率和化学稳定性。

（4）黏土基固态电解质

一种新颖的“玩泥饼”策略来制备离子液体插层黏土基固态电解质（BISE）［图 4-17（a）、（b）］，可以有效地解决超级电容器的自放电问题。在解决了自放电问题之后，进一步探讨了 BISE 超级电容器的实际应用。使用 BISE 组装了一个软封装超级电容器（75mm×40mm），

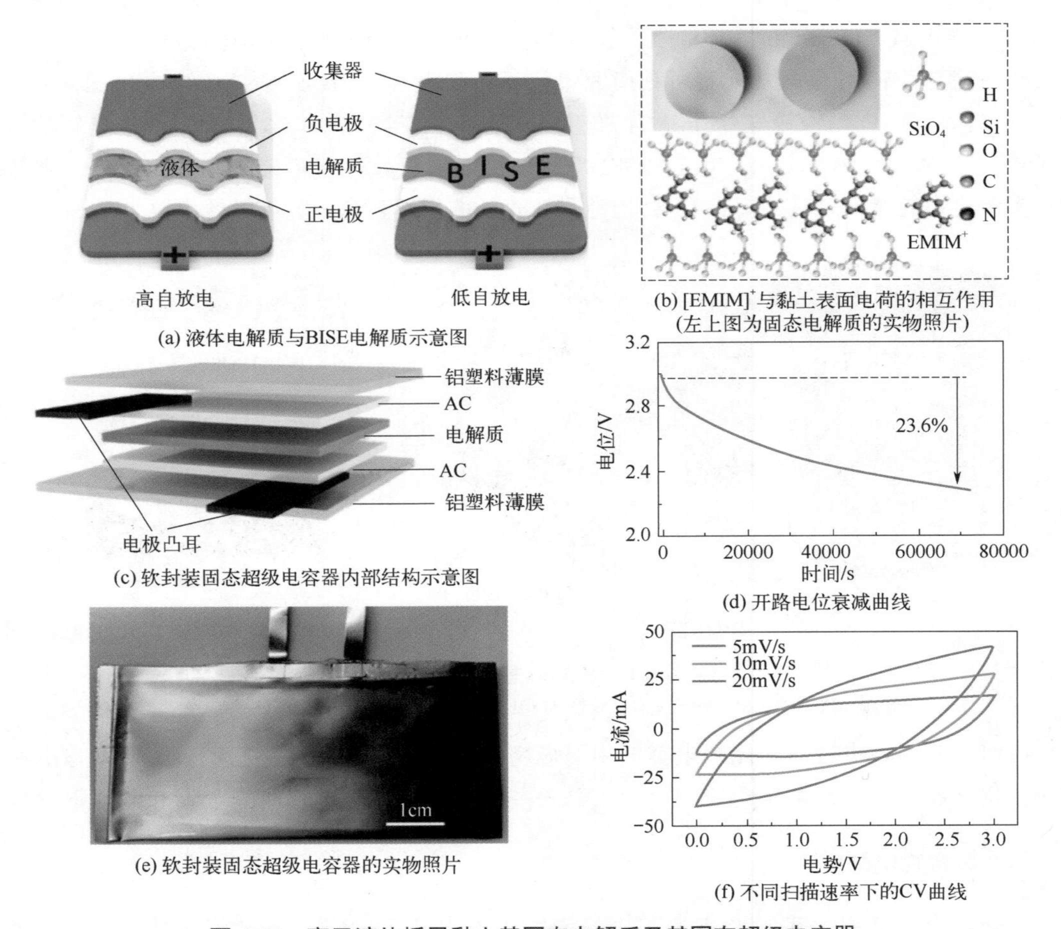

(a) 液体电解质与BISE电解质示意图

(b) [EMIM]⁺与黏土表面电荷的相互作用（左上图为固态电解质的实物照片）

(c) 软封装固态超级电容器内部结构示意图

(d) 开路电位衰减曲线

(e) 软封装固态超级电容器的实物照片

(f) 不同扫描速率下的CV曲线

图 4-17　离子液体插层黏土基固态电解质及其固态超级电容器

如图 4-17（c）、（e）所示。图 4-17（d）显示了软封装超级电容器在 0.5mA/cm^2 的电流密度下完全充电至 3V 后 20h 的开路电位。可以明显观察到：20h 后，软封装超级电容器的开路电位下降到近 2.3V，仅比初始电压低 23.6%。从 CV 曲线［图 4-17（f）］中也可以观察到双电层电容行为，该曲线几乎与矩形相似。

需要指出的是，全固态电解质应用于超级电容器中仍面临一些挑战，例如离子电导率的提高、界面的优化以及制备工艺的改进。此外，目前仍有大量的研究正在进行，以探索和开发更适用于超级电容器的全固态电解质材料，以确保全固态电解质的可靠性、性能和制备工艺的成熟性。

4.2 超级电容器储能电解液的理化性质

超级电容器的实际使用价值与其综合性能密不可分，因此用科学手段来表征其电化学综合性能就显得尤为重要。目前，研究人员常常通过循环伏安曲线、恒电流充放电和电化学阻抗谱等测试手段来评估其综合性能，主要指标有工作电压、比电容、等效串联电阻、能量密度、功率密度、循环稳定性、倍率性能等。

所谓工作电压就是超级电容器在工作时，两个电极处可以施加的最大电压，对于同种器件而言，工作电压越大表明它能储存的电能越多。比电容是指单位质量或单位面积的电极材料所能提供的电容，体现了超级电容器储存电荷的能力。工作电压和比电容可以归结为超级电容器最重要的两个指标，它们直接决定了超级电容器的能量密度。等效串联电阻反映了整个超级电容器的电阻大小，其数值越小越有助于提高能量密度和功率密度。能量密度和功率密度是评估超级电容器实用性的重要指标，能量密度直接反映了超级电容器的储能水平，而功率密度则反映了超级电容器工作时充放电的速率。另外，超级电容器的循环稳定性和倍率性能也是评估其实用性的重要指标。循环稳定性体现了超级电容器电化学过程中的可逆性，包括电极材料的可逆性和电解质的稳定性。一个循环稳定性很好的超级电容器往往具有很长的使用寿命，因此器件的循环稳定性也常常被称为循环寿命。倍率性能是指器件的比电容随充放电电流密度的增大而衰减的水平，倍率性能越好的超级电容器比电容随电流密度的增大其衰减越小。倍率性能体现了电极材料的电化学可逆性，这在很大程度上与材料的稳定性有关。

电解液通常是由电解质盐和溶剂组成，是超级电容器不可或缺的一部分。电解液的各项性能影响着超级电容器的方方面面。例如：电解液溶质的离子尺寸影响着超级电容器的电容量；电压窗口、电导率等因素则影响着功率密度；电解液的稳定性则影响着超级电容器的循环稳定性；电解液的电化学稳定性以及浓度则影响着超级电容器的能量密度；电解液的沸点、凝固点以及溶解盐的多少直接影响着超级电容器的热稳定性。电解液的稳定性会影响电化学稳定窗口（electrochemical stability window，ESW），从而影响器件的工作电压和比电容；而其离子传导性会影响到器件的等效串联电阻，最终影响到器件的比功率。此外，电解质离子的尺寸会影响到电极的比电容，而电解液与电极之间的相互作用还会影响到器件的赝电容、循环稳定性和自放电等性能。因此在选择电解液时需要考虑电解质的种类与浓度、离子迁移数、离子电导率、介电性质等理化性质。

4.2.1 离子迁移数

超级电容器的电解液中包含正离子和负离子，在充放电过程中，这些离子会在电解液中进行迁移来完成电荷的储存和释放。离子迁移的有效性可以通过离子迁移数来描述。离子迁移数（ionic transference，τ）是指电解质溶液中离子在电场作用下迁移的能力，可用来评价某一种离子的迁移能力，是该离子在导电过程中所占的导电份额。它是一个无量纲参数，通常用符号“τ^+”表示正离子的迁移数，“τ^-”表示负离子的迁移数。离子迁移数代表了每个离子在总离子流中所占的比例，其数值范围在 0 ～ 1 之间。

离子迁移数与电解质的浓度、电场强度和温度等因素相关，是评价电解质在化学反应中的活性和稳定性的重要参数。离子迁移数描述了离子在电解质溶液中移动的相对能力。一个离子的迁移数越高，表示其在电解质溶液中移动越快，反之则移动越慢。在充放电过程中，阴阳离子反向移动，阴离子的迁移数通常大于阳离子的迁移数，产生与所加电场反向的电解质盐的浓度梯度，影响超级电容器的电化学性能。保持高的离子迁移数可以减小浓差极化。因此，测定电解质的离子迁移数具有重要的意义。

在超级电容器中，常见的电解液离子包括阳离子（如 Na^+、K^+、Li^+ 等）和阴离子（如 Cl^-、SO_4^{2-} 等）。理想情况下，正负离子迁移数相等，即 $\tau^+ = \tau^- = 0.5$。这意味着正负离子在电解液中的迁移速度相等，电荷储存和释放的平衡性良好。

实际情况下，由于电解液成分和结构的差异，以及电极表面的化学反应等因素的影响，离子迁移数可能会有所偏离理想值。较低的离子迁移数可能导致电荷传输效率降低和内阻增加，从而影响超级电容器的性能。

因此，在超级电容器的设计和优化过程中，需要综合考虑电解液的成分、结构和离子迁移性能，以及电荷储存和释放的均衡性，以提高超级电容器的能量密度、功率密度和延长循环寿命。

超级电容器电解液离子迁移数受多种因素的影响，以下是一些主要的因素。

（1）电解液成分和浓度

电解液中不同离子的种类和浓度会影响离子的迁移数。一般而言，高浓度的电解液通常会导致离子迁移数的减少。在低浓度下，溶液中离子之间的电互斥作用较小，离子迁移数较多。这是因为低浓度下离子之间的相互作用较弱，离子易于在电场的作用下自由迁移。随着离子浓度的增加，溶液中离子间的电互斥作用增强，离子迁移数逐渐减少。高浓度下离子之间的相互作用强烈，离子迁移受到限制，导致离子迁移数较少。

（2）温度

温度对离子迁移数有显著影响。一般而言，随着温度的升高，离子迁移数会增加。这是因为在较高温度下，溶液的分子动力学增强，离子间的碰撞频率增加，导致离子迁移速率加快，从而可以加快离子的扩散速率。然而，过高的温度可能会影响电解液的稳定性和电容器的可靠性。

（3）电场强度

电场强度也对离子迁移数有直接影响。在较低的电场强度下，离子受到的推动力较小，离子迁移数相对较少。而在较高的电场强度下，离子受到的推动力增大，离子迁移数会相应增加。这是因为电场强度越大，离子受到的电场力就越大，离子迁移速率随之加快。

（4）溶剂

不同溶剂对离子的溶解度和迁移速率有不同影响。选择合适的溶剂可以改善离子迁移性能。

（5）添加剂

通过添加特定的添加剂，如表面活性剂、稳定剂等，可以调节电解液的界面性质和离子迁移速率，从而影响离子迁移数。

（6）电极材料

电解液中离子与电极之间的相互作用会影响离子的迁移性能和迁移数。因此，电极材料的选择和表面处理也会对离子迁移数产生影响。

（7）pH 值和氧化还原性质

电解液的 pH 值和氧化还原性质可以影响离子的电荷状态和迁移行为，从而影响离子迁移数。

综上所述，超级电容器电解液离子迁移数受诸多因素的影响。在超级电容器的设计和优化中，需要选择合适的电解液成分、温度条件和添加剂，以最大限度地提高离子的迁移数，从而实现电容器性能的优化。

4.2.2 离子电导率

离子电导率可表征离子传输的能力，是衡量电解液性能的重要指标之一，也是电解液最基本的能力。离子电导率通常以单位距离内的电导率来表示，常用单位是 S/cm。电导率的大小也决定着电极充电的快慢。在液体电解质中，离子的传输通过两个步骤完成：①离子化合物（通常是晶体盐）在极性溶剂中的溶解和分离；②这些溶解的离子在溶剂中的迁移。在溶解过程中，溶质分子往往是通过和溶剂的偶极子之间相互作用来保持稳定的。在溶剂化作用下，溶解的阳离子的周围往往都会包裹一层一定数量的溶剂分子。

电解液的电导率主要由正负离子的数目、迁移速率、正负电荷的价数等决定。溶剂的介电常数和黏度也是影响电解液离子电导率的两个重要因素。根据相关理论，关于阴阳离子形成离子对的临界距离，没有固定的标准数值。它取决于具体的化学反应和溶剂环境，因此临界距离的数值会有所不同。在化学反应中，阴阳离子形成离子对的临界距离取决于它们之间的相互作用力和溶剂的屏蔽效应。通常来说，当两个离子之间的距离使得它们的相互作用力能够克服其静电斥力时，就会形成离子对。因此，高介电常数溶剂的使用不仅能够增加锂盐的溶解度，还可以降低阴阳离子的缔合，增加溶液中自由离子的数目。

超级电容器电解液的离子电导率是决定其导电性能的关键因素，影响离子电导率的因素如下。

（1）离子浓度

离子浓度是决定电解液导电性的重要因素。通常电解液中离子的浓度越高，电导率越大。因为离子浓度的增加会提高电解液中离子间的相互碰撞和传输的概率，可以更容易地形成离子对和电荷传输路径，从而提高电导率。

（2）温度

温度对电解液的离子电导率有显著影响。一般而言，温度升高会加快离子的热运动速率，促进离子的运动和扩散速率，从而增大电解液的电导率。

（3）溶剂

不同溶剂对离子电导率的影响有所差异。一些有机溶剂和离子液体具有较高的溶剂电导率，可以改善电解液的导电性能。

（4）添加剂

通过添加特定的添加剂，如电解质添加剂、界面活性剂等，可以改变电解液的化学性质和离子传输行为，从而影响电解液的电导率。

（5）电极材料

电解液中离子与电极材料间的相互作用也会影响离子电导率，与电极材料有良好的界面接触和相容性可以提高电解液的电导率。

（6）离子大小和价态

离子的大小和价态也会影响电解液的电导率。通常而言，较小的离子更容易溶解和传输，从而提高电解液的电导率。

例如，Huang 等在用于双电层电容器电解质的硼交联 PVA/KOH(GO-B-PVA/KOH) 水凝胶中使用电绝缘氧化石墨烯（GO）作为离子导电促进剂，观察到在低氧化石墨烯含量范围内离子电导率随着氧化石墨烯量的增加而增大［图 4-18（a）、(b)］。然而，随着氧化石墨烯含量的进一步增加，离子电导率下降，这可能是氧化石墨烯材料聚集引起的离子通道阻塞效应［图 4-18（c)］。使用含 20%（质量分数）氧化石墨烯的硼交联 PVA/KOH 水凝胶的双电层电容器的比电容在 0.1A/g 时为 141.8F/g，比使用纯 KOH 水系电解质的比电容高 29%。

在超级电容器的设计和优化中，需要综合考虑以上因素，以选择合适的电解液成分、温度条件、溶剂和添加剂等，以最大限度地提高电解液的离子电导率，从而实现电容器性能的优化。目前，对于电导率的提高主要是通过增加盐的溶解度和提高离子迁移速率，这两个方面都是由溶剂分子和溶质分子的物理化学性质决定的。

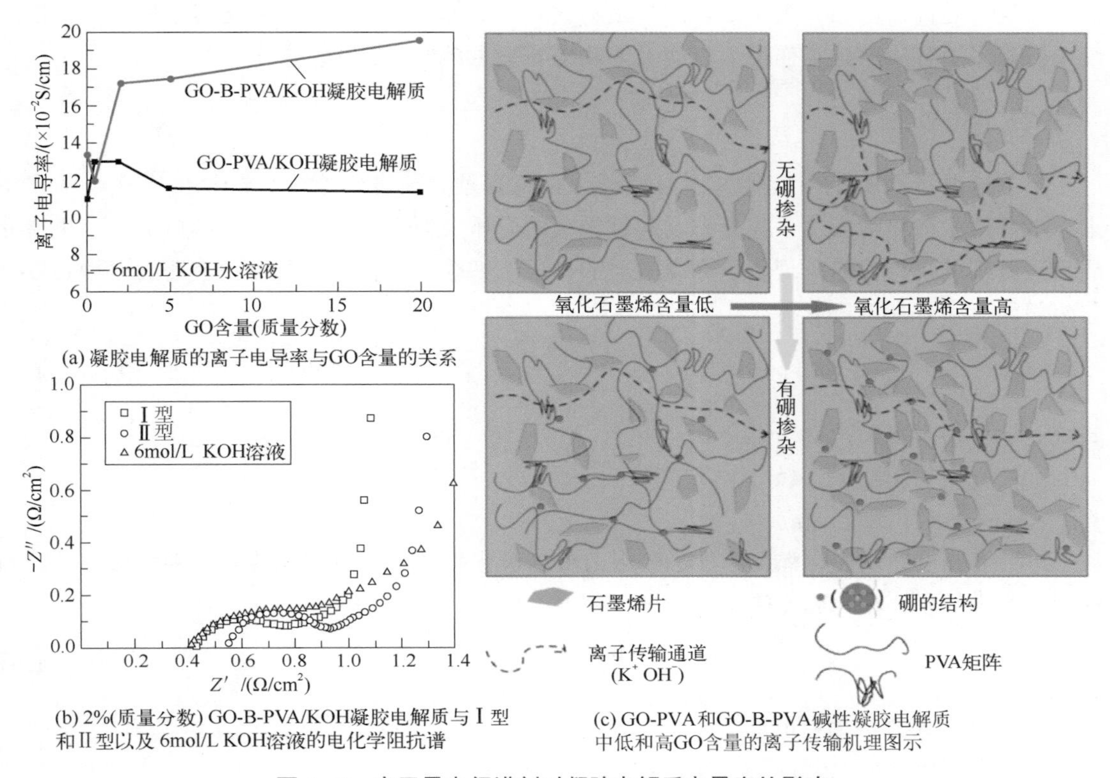

图 4-18 离子导电促进剂对凝胶电解质电导率的影响

Ⅰ型和Ⅱ型分别对应双电层电容器的组装方式：电极 / 凝胶聚合物电解质 / 无隔膜电极（AC/gel/AC，Ⅰ型），电极 / 隔膜 / 凝胶聚合物电解质 / 隔膜 / 电极（AC/S/gel/S/AC，Ⅱ型）

4.2.3 介电性质

介电性质是指在电场作用下，表现出对静电能的储存和损耗的性质，通常用介电常数和介质损耗来表示。超级电容器的介电性质是指电解液在电场作用下的电容特性。介质在外加电场下会产生感应电荷而削弱电场，原外加电场（真空中）与最终介质中电场比值即为介电常数（permittivity），又称诱电率。

超级电容器电解液的介电性质取决于电解液的成分、溶剂类型和温度等因素。以下是一些常见的超级电容器电解液的介电性质。

（1）介电常数

介电常数是衡量介质对电场的响应能力的物理量，是相对介电常数与真空中绝对介电常数的乘积，常用 ε 表示。它反映了电解液中电荷分离和电场极化的程度，具体数值通常在介电常数为 1（真空）和无穷大（理想绝缘体）之间。通常，相对介电常数大于 3.6 的物质为极性物质；相对介电常数在 2.8 ～ 3.6 范围内的物质为弱极性物质；相对介电常数小于 2.8 的物质为非极性物质。介电常数越小绝缘性越好。较高的介电常数表示电解液对电场的响应更强，有助于提高超级电容器的电容量。

电解液的离子电导率与介电常数存在一定的关联。一般来说，介电常数越大，电解液的离子电导率越高。因为介电常数反映的是物质对电场的响应能力，当介电常数增大时，电解液中的离子更容易在电场作用下移动，因此电导率也会相应提高。

（2）介电极化

把电解质放入真空电容器，引起极板上电荷量增加，电容增大，这是由于在电场作用下，电解质中的电荷发生了再分布，靠近极板的介质表面上将产生表面束缚电荷，结果使介质出现宏观的偶极，这一现象称为电解质的极化，即介电极化。平行板电容器的电场强度只与板间距离和外加电压有关：

$$E=\frac{U}{d} \tag{4-1}$$

式中　E——电场强度，V/m；

U——外加电压，V；

d——板间距离，m。

为了描述电介质极化程度的大小，引入称为极化强度 P 的物理量：对于平行板间各向同性的均匀电解质，极化强度等于极化电荷密度，即

$$P=\frac{Q'}{S}=\frac{Q-Q_0}{S}=\varepsilon\epsilon_0 E-\epsilon_0 E=(\varepsilon-1)\epsilon_0 E \tag{4-2}$$

式中　P——极化强度，C/m^2；

Q'——感应电荷，C；

S——真空平行板电容器极板的面积，m^2；

Q——增加的电荷，C；

Q_0——初始电荷，C；

ε——介电常数；

ϵ_0——真空电容率，F/m；

E——电场强度，V/m。

极化强度 P 也可表示为

$$P=\chi\epsilon_0 E \tag{4-3}$$

式中　P——极化强度，C/m^2；

χ——材料的极化率；

ϵ_0——真空电容率；

E——电场强度，V/m。

式（4-3）中材料的极化率 χ，即单位场强下的极化强度，显然 $\chi=\varepsilon-1$。

电解液在电场作用下会发生极化现象，即电荷在电解液中的分离和重新排列。极化行为直接影响超级电容器的充电和放电速度、能量存储和释放等。

（3）介电损耗

介电损耗是指电解液在交流电场下吸收和释放能量的能力。它影响超级电容器的能量损

耗和功率密度。较低的介电损耗可以提高超级电容器的效率和循环寿命。

（4）抗电解液分解性

在工作电压范围内，电解液应具有良好的抗电解液分解性。高电压下电解液的分解会导致电化学反应，进而降低超级电容器的性能和缩短其寿命。

（5）温度依赖性

电解液的介电性质通常与温度有关。温度升高可以影响电解液中离子的扩散速率、溶剂的极化效应和电解质的电导率等，在一定范围内合理调节温度可以改善超级电容器的性能。

需要根据具体应用和要求选择适合的电解液，经过实验和研究以优化其介电性质，以提高超级电容器的性能和稳定性。

4.2.4 介电性质影响因素

影响介电性质的因素包括以下几个方面:

（1）电解液组成和浓度

电解液的组成和浓度会直接影响介电性质。电解液中不同离子的种类和浓度会对电解液的电导率、极化效应和介电常数等产生影响，从而影响介电性质。

（2）溶剂选择

溶剂的选择对超级电容器的介电性质起着重要作用。不同溶剂的极化能力和介电常数不同，可以对介电性质产生显著影响。

（3）添加剂

通过添加特定的添加剂，如稳定剂、界面活性剂等，可以改变电解液的化学性质和界面特性，从而影响介电性质。

（4）温度

温度对电解液的介电性质有显著影响。一般而言，提高温度会降低电解液的介电常数，因为温度升高会增强电介质分子的热运动，从而减弱电介质极化效应。

（5）电极材料

电极材料对介电性质也有一定影响。不同的电极材料可能与电解液有不同的相互作用，从而影响介电性质的表现。

需要注意的是，介电性质对超级电容器的性能有重要影响。较高的介电常数和低的介电损耗可以提高电容器的能量存储能力和循环寿命。

在超级电容器的设计和优化中，需要考虑以上因素，选择合适的电解液成分、浓度和温度条件，以实现优化的介电性质，并提高超级电容器的性能。

4.2.5 电势窗口

电势窗口是指在电化学反应中，电极表面与电解质溶液之间的界面区域。在这个区域内，电极表面的电势与电解质溶液的电势不同，形成了一个电势差，也就是电势窗口。对于电解液来说，电势窗口指的是电解液不发生电化学反应而分解的那个电势范围，也是指电解液所能承受的最大电压范围，即在该范围内电解液能够保持相对稳定的性能和结构，超出该范围可能导致电解液的分解、电化学反应的发生等不可逆的损害。

这个电势范围越宽，说明电势窗口越宽，电解液的稳定性就越好。它是衡量电极材料和电解液的电催化能力的一个重要指标，也是指在循环伏安曲线中，电极的析氧电位与析氢电位之差。电极的电势窗口越宽，特别是阳极析氧过电位越高，对在高电位下发生的氧化反应和合成具有强氧化性的中间体更有利。另外，对于电化学性能来说，因为电极上发生氧化还原反应的同时，还存在着水电解析出氧气和氢气的竞争反应，若被研究物质的氧化电位低于电极的析氧电位或还原电位高于电极的析氢电位，则研究物质优先发生氧化还原反应，贡献赝电容。

不同的电解液具有不同的耐受电压能力，一般来说，超级电容器常用的电解液有以下几种类型。

（1）酸性电解液

酸性电解液（例如硫酸、磷酸等）常用于电双层超级电容器（EDLC），其电势窗口可达到 0.8 ～ 1.4V。然而，酸性电解液对电容器电极材料的选择要求较高，因为某些材料在较高电势下可能会发生氧化、腐蚀等不可逆的变化。

（2）锂盐电解液

锂盐电解液（例如锂盐溶于有机溶剂）常用于锂离子电容器（Li-ion capacitors，LICs），其电势窗口一般在 2.5 ～ 3.5V。锂盐电解液具有较高的电导率和相对较好的化学稳定性。

（3）有机电解液

有机电解液（例如聚合物凝胶电解质）常用于有机电解质超级电容器，其电势窗口可达到 2.5 ～ 3.0V。有机电解液具有较高的溶解度、良好的表面润湿性和较好的化学稳定性。

（4）离子液体电解液

离子液体作为电解液具有较宽的电势窗口，通常可以覆盖从零电位到高电位的范围。具体的电势窗口取决于所使用的离子液体的化学组成和性质。一些常见的离子液体电解液如氯化铝磷酸盐、四氟硼酸盐等，在常规电化学条件下，其电势窗口通常可以达到 3.5 ～ 4.0V。此外，特殊设计的离子液体电解液，如聚合物电解质或添加阻燃剂等，可以实现更高的电势窗口。

4.2.6 电势窗口影响因素

具体的电解液电势窗口取决于电解液的成分、溶剂选择以及电容器设计等因素。影响电解液电势窗口的因素主要包括以下几个方面。

（1）电解液成分

电解液的化学成分在很大程度上决定了其电势窗口。不同的电解液成分具有不同的稳定性和耐受电压能力。例如，某些电解液可承受较高的电压，而另一些电解液可能会在相对较低的电压下发生分解。

（2）溶剂选择

溶剂的选择也会对电解液的电势窗口产生影响。不同的溶剂具有不同的极化能力和化学稳定性，会对电解液的耐受电压能力产生影响。

（3）温度

温度对电解液的电势窗口有一定影响。温度升高可能导致电解液的蒸发、分解或其他电化学反应，从而降低电势窗口。

（4）电极 - 电解液界面

电极材料和电解液之间的相互作用也会影响电势窗口。不同的电极材料可能在不同电势下产生不同的电化学反应，从而限制电势窗口。

（5）电容器结构和设计

超级电容器的结构和设计也会影响电解液的电势窗口。例如，电容器的电极材料、电极之间的间隙、电解液的扩散速率等因素都可能对电势窗口产生影响。

电势窗口的大小取决于多种因素，当这些因素发生变化时，电势窗口的大小也会发生变化。了解这些因素对电势窗口的影响，有助于我们更好地理解电化学反应的机理，并优化反应条件，提高反应效率。在某些情况下，电势窗口会变窄，这可能是由以下几个原因造成的。

① 电解质浓度增加。

当电解质溶液的浓度增加时，电势窗口会变窄。这是因为电解质浓度的增加会导致电极表面与电解质溶液之间的离子交换增加，从而减小了电势窗口的大小。

② 温度升高。

温度升高会导致电解质溶液中的离子运动加快，从而增加了电极表面与电解质溶液之间的离子交换，减小了电势窗口的大小。

③ 反应物浓度降低。

当反应物浓度降低时，电势窗口也会变窄。这是因为反应物浓度的降低会导致反应速率减慢，从而减少了电极表面与电解质溶液之间的离子交换，减小了电势窗口的大小。

需要根据具体的应用需求和设计，选择合适的电解液成分、溶剂以及适当的电势窗口，以保证电解液在可接受的电压范围内工作，避免损坏和性能下降。同时，还需注意电容器的电极材料选择和优化，以确保与电解液的相容性和稳定性。

4.2.7 稳定性

超级电容器电解液的稳定性是指电解液在长期使用和极端条件下（如高温、高压、循环充放电等）能够保持稳定的化学性质和性能，而不发生分解、腐蚀、析气或其他不可逆反应，从而确保超级电容器的性能和寿命。电化学稳定性是衡量超级电容器是否能够实际应用的重要性能指标，主要包括在电池充放电循环中所能承受的最高 / 最低分解电压、长循环库仑效率和长循环稳定性等评价参数。

超级电容器的使用性能要求电解液具备较高的电化学稳定性。超级电容器的电解液是决定其电化学稳定性的关键因素之一，因为电解液的化学性质和电学性质都非常重要。电解质的选择和浓度对超级电容器的电化学稳定性有显著的影响。在不同的电极材料中，电解质浓度对超级电容器的电化学稳定性影响不同。

影响超级电容器电解液稳定性的因素包括以下几个方面。

（1）电解液成分

电解液的化学成分是影响稳定性的关键因素。合理选择和控制电解液成分是保证稳定性的关键。不同的电解液成分具有不同的化学稳定性和耐受性。一些常见的电解液成分包括有机溶剂（如乙二醇、丙二醇）、离子液体、盐溶液等。需要注意的是，有些电解液成分可能在高温、高电压或过量电解质浓度下分解或产生有害物质，从而导致电解液的降解和电容器性能的下降。因此需要进行合适的成分优化和平衡。

（2）溶剂选择

溶剂的选择对电解液的稳定性起着重要作用。溶剂在电解液中起到帮助离子传导、稳定性和溶解性的作用。不同的溶剂具有不同的化学稳定性和溶解度。一些溶剂可能具有较高的挥发性或易于分解的特性，这可能导致电解液的损失或不稳定。溶剂选择应注意其与电解液成分的相容性和稳定性。有机溶剂通常在超级电容器中广泛运用，但其挥发性和易燃性需要特别关注。

（3）添加剂

通过添加稳定剂、抗氧化剂、界面活性剂等，可以改善电解液的稳定性。这些添加剂可以防止电解液的分解、氧化等不可逆反应，从而提高稳定性并延长电解液的寿命。

（4）温度

温度对电解液稳定性有显著影响。高温环境可能加速电解液的分解和反应速度，导致电解液稳定性降低。控制温度在合适的范围内，可以减缓电解液的分解和降解速度，提高稳定性。因此，在超级电容器的设计中应注意提供合适的温度管理，以确保电解液在可接受的温度范围内工作。

（5）电极材料

电极材料和电解液之间的相互作用也会影响电解液的稳定性。不同的电极材料可能与电解液具有不同的相容性，某些材料可能会与电解液发生副反应，导致电解液分解和性能下降。选择相容性良好的电极材料可以减少副反应和电解液的降解。

阎兴斌等尝试研究了不同的有机 / 水混合体系的电解液的一些物理化学性质（图 4-19）。通过对比发现乙腈具有优异的润湿性、高的离子电导率、能提供足够宽的电化学稳定窗口，是一种性能优良的电解液有机溶剂。通过大量实验以及数据分析得出结论：$NaClO_4/(H_2O)_{1.5}(AN)_{2.4}$ 这种电解液的性能最佳。超级电容器在 2.5V 下的循环伏安曲线在 50 ～ 1000mV/s 的宽扫描速率范围内显示出近似矩形［图 4-19（a）］。不同电流密度下的充放电曲线如图 4-19（b）所示，呈现出三角形的特征。比电容是根据充放电曲线的放电时间计算得出的，在 1A/g 时值为 31.9F/g，在 20A/g 时值为 29.0F/g［图 4-19（c）］。图 4-19（d）显示了频率范围为 0.01Hz ～ 100kHz 的电化学阻抗谱图。低频下的奈奎斯特（Nyquist）图具有近乎垂直的曲线，表明存在电容行为。高频下的小半圆表明离子传输电阻很小。使用的电解液具有一定的不易燃性，同时用碳电极组装成对称超级电容器，测试可得电化学稳定窗口高达 2.4V，还具有良好的倍率性能、循环稳定性能，在 82A/g 下循环 15000 次后，电容保持率为 95%，具有接近 100% 的库仑效率［图 4-19（e）］。这项工作使用三元相图系统地显示了不同比例混合电解液的各项物理化学性质，从有机溶剂类型和比例入手，逐步优化了有机 / 水系混合电解液。设计出了一种具有较强综合性能的可用于高级储能装置的新型混合电解液。

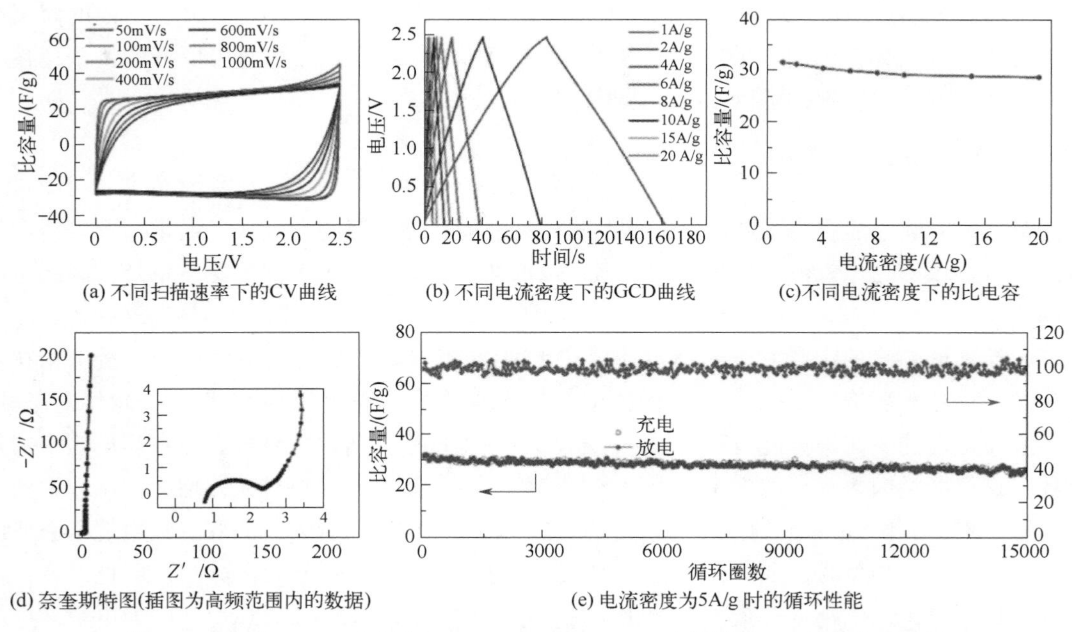

图 4-19　使用 YP-2F 电极和 $NaClO_4/(H_2O)_{1.5}(AN)_{2.4}$ 电解液的 SC 的电化学性能

SC—超级电容器；YP-50F—日本可乐丽化学公司售卖电极材料的型号；AN—乙腈

需要根据具体应用需求和电容器设计，选择适合的电解液成分、溶剂、添加剂，同时注意电容器的工作温度范围和电极材料的选择，以确保电解液在长期使用和极端条件下能够保持稳定性。对于特殊要求的应用，需要进行充分的实验和测试，以评估电解液的稳定性和可靠性。

4.3 超级电容器储能电解液的改性

为了提高超级电容器的能量密度、电导率和循环寿命等关键性能，研究人员已经进行了广泛的电解液改性研究。目前，电解液改性技术正在不断发展，越来越多的新型电解液改性方法被引入各个领域。例如，很多研究人员利用电解液改性技术，对电化学储能材料的特性进行调控。通过电解液改性技术，可以改变储能材料各参数，使得储能材料具有更高的储能密度，并且有利于能量的转移和传输。

电解液改性的基本原理是在电解液中加入某些物质，使电解质分子或离子发生物理或化学改性。电解液的改性主要分为物理法改性和化学法改性。

4.3.1 物理法改性

对于超级电容器的电解液，物理法改性可以通过调节电解液的成分、结构和物理性质，从而改善电容器的性能和稳定性。以下是一些常见的物理法改性方法。

（1）调整溶剂

选择适合的溶剂可以改变电解液的黏度、表面张力和导电性等物理性质。常用的溶剂有水、有机溶剂（如甲醇、乙醇、丙酮等）、离子液体等。不同的溶剂对电解液的离子传输和界面特性有不同的影响，可以根据需求进行选择。

（2）调节浓度

调节电解液中溶质的浓度可以改变电解液的密度和黏度等物理性质。通常情况下，增加溶质浓度可以提高电解液的导电性能，但过高的浓度可能导致电解液的黏度增加，限制了电荷的传输。

此外，电解液的浓度对于其稳定性也有重要影响。He 等采用原位气相分析技术和在线电化学质谱技术研究了 Li_2SO_4 电解液的浓度对碳基对称电容器电极、电解液稳定性的影响，结果发现更高的电解液浓度有利于减少电极腐蚀等副反应，增加超级电容器在高电压下的稳定性，这可能是因为高浓度电解液中更多的溶剂与电解质离子配位键合，增大了水分解的能量势垒。Wang 和 Xu 等配制了超高浓度的（21mol/L，物质的量浓度）双三氟甲烷磺酰亚胺锂（Li[TFSI]）电解液，其中超高浓度的 Li^+ 使电解液中的自由水大部分与之配位结合，极大地降低了自由水的活度，最终将电化学窗口扩展到 3.0V［图 4-20（a）］。因为电解液中的水分子数不足以完全配位 Li^+，所以部分电解质阴离子进入 Li^+ 的水合层，导致电解液 / 电极界面处的双电层结构发生改变。如图 4-20（b）所示，低浓度电解液中存在大量的自由水分子，其将直接接触带电电极从而将电解质离子与电极分隔开形成双电层；而在高浓度电解液中，因为自由水减少，电解质阴离子进入 Li^+ 水合层，电极表面由阴离子占据而减少了水分子与带电电极接触的机会，从而有效地抑制了水的分解。无独有偶，Hasegawa 等基于 5mol/L Li[TFSI] 电解液获得了高电压（2.4V）的碳基对称超级电容器。

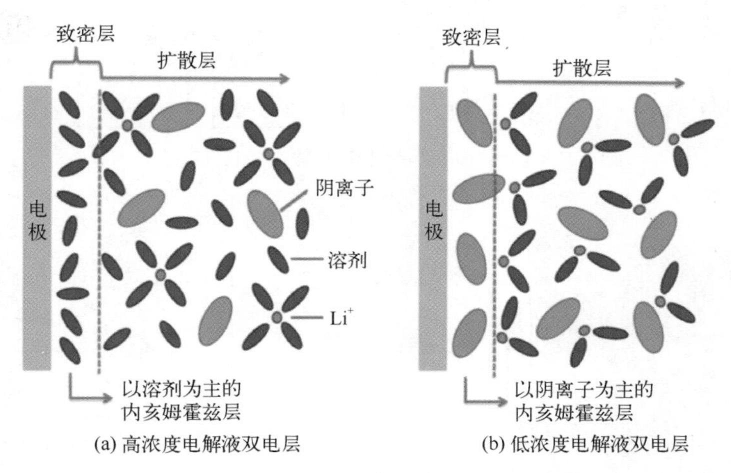

图 4-20　不同浓度电解液中双电层示意图

（3）结构调控

通过改变电解质的物理结构，如纳米材料的表面积、孔隙结构等，以增加电解质与电极的接触面积，提高离子传输速率。例如，在电解液中加入纳米材料，如纳米颗粒、纳米管、纳米片等，使用纳米孔隙材料作为电解液载体，可以增加电解液的界面面积，增大电极与电解液之间的接触面积，从而增强电容器的电荷存储和释放效率，提高电容器的能量密度和功率密度。通过添加剂工程引入 Ti_3C_2-CTAB（溴化十六烷基三甲胺）开发出一种新型的超级电容器电解质，包括［Emim］[BF_4］和 Et_4NBF_4/PC。Ti_3C_2-CTAB 之间的静电相互作用和氢键效应有利于电解质离子的解离。Ti_3C_2-CTAB 在不牺牲电解液原有电化学稳定性窗口的情况下提高了离子电导率。将超级电容器与纯［Emim］[BF_4］电解质进行比较，0.5%-IL 电解质组装的超级电容器表现出增强的倍率性能（76.4% 相对于 45.8%）、更高的比电容（29.6F/g 相对于 21.6F/g）、更长的循环寿命（83.6% 相对于 59.8%）（图 4-21）。

（4）表面处理

通过在电解液中添加表面活性剂或进行表面处理，调节电解液界面活性和表面张力，可以改变电解液与电极材料的界面特性，提高电子传输和离子传输的效率。例如，表面处理可以增强电解液在电极表面的润湿性，提高电荷传输速率。

（5）增加电介质

在电解液中引入电介质颗粒或纤维，可以增大电解液的介电常数，从而提高电容器的能量密度。电介质颗粒的选择应考虑其与电解液的相容性和分散性。

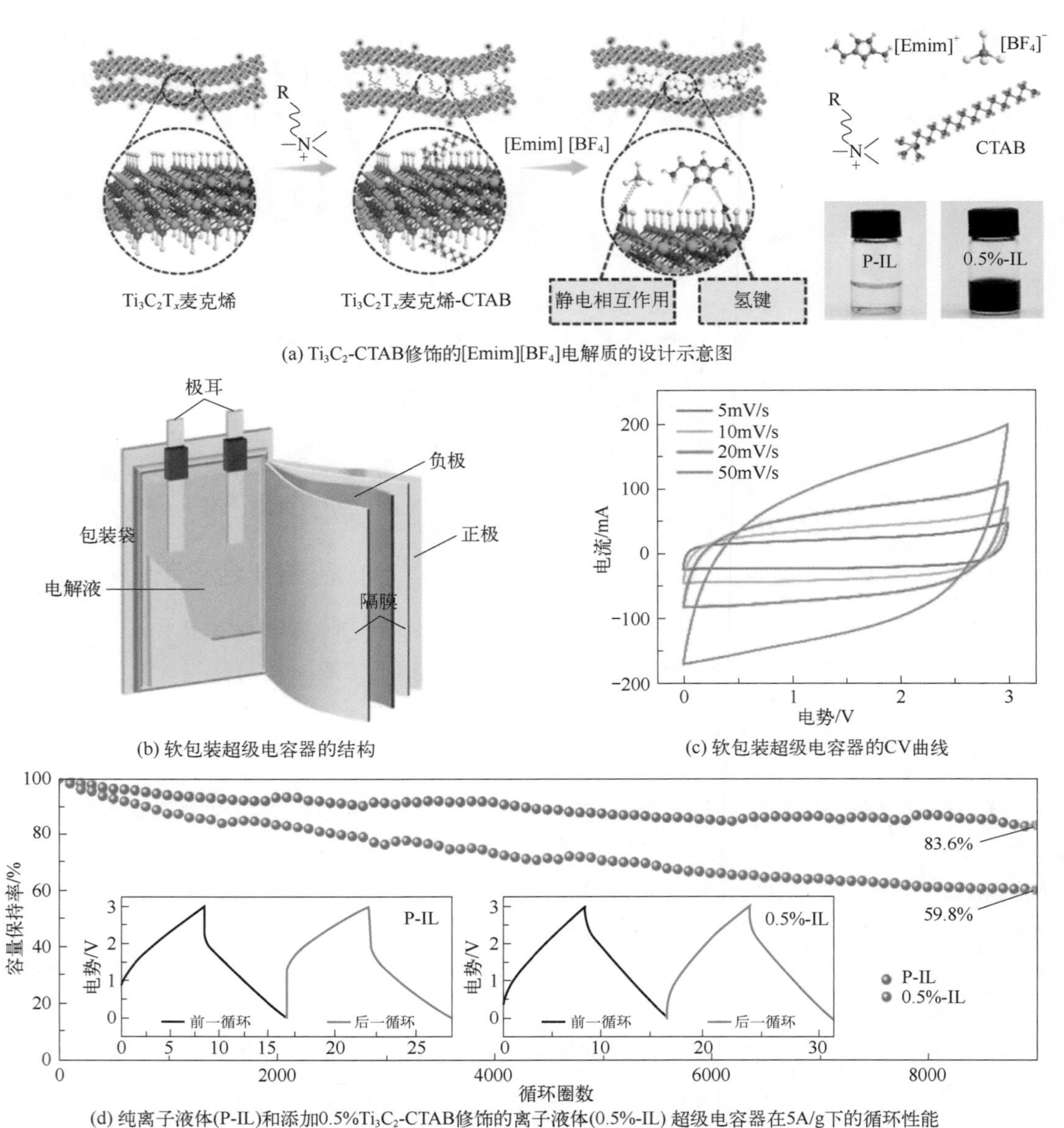

(a) Ti_3C_2-CTAB修饰的[Emim][BF_4]电解质的设计示意图

(b) 软包装超级电容器的结构

(c) 软包装超级电容器的CV曲线

(d) 纯离子液体(P-IL)和添加0.5%Ti_3C_2-CTAB修饰的离子液体(0.5%-IL) 超级电容器在5A/g下的循环性能

图 4-21　基于添加剂工程设计的离子液体电解质及其性能

这些物理法改性方法可以通过实验研究和优化，根据超级电容器的要求和应用场景进行选择和调整。同时，改性电解液的研发还需要综合考虑材料成本、工艺可行性和环境友好性等因素。

4.3.2　化学法改性

对于超级电容器的电解液，化学法改性方法可以通过在电解液中引入化学添加剂、离子液体或通过化学反应改变电解液的组成和性质，从而改善电容器的性能和稳定性。以下是一些常见的化学法改性方法。

（1）添加离子液体

离子液体作为电解质具有较高的离子导电性和稳定性，可以作为电解液中的添加剂，以提高超级电容器的能量密度和电荷传输速率。

（2）引入添加剂

通过在电解液中添加特定化合物，如盐类、酸碱、电解质添加剂、界面活性剂或稳定剂等，可以改变电解液的离子浓度、电导率、化学性质和表面特性，增强电解液与电极之间的相容性和界面性能。添加剂的掺杂不仅可以提高电解质的离子传导性能，还可以改善电容器的循环寿命和温度稳定性。

（3）电解液改性反应

通过在电解液中引入化学反应物，如聚合物、溶剂配对体系等，进行聚合、交联或其他反应，可以改变电解液的结构和化学性质，提高电解液的稳定性和电化学性能。

（4）调节酸碱度和 pH 值

调节电解液的酸碱度和 pH 值可以影响电解液中离子的平衡和流动性能，以改善超级电容器的电荷存储和释放速率。

首先，电解液的 pH 值对电化学窗口有明显影响。前面提到，酸 / 碱性电解液因为较高的 H^+/OH^- 浓度而极易在负极 / 正极发生析氢 / 析氧反应，使其电化学窗口要低于 H^+/OH^- 浓度很低的中性电解液。Beguin 等通过原位检测充电过程中活性炭负极 / 电解液界面附近处细微区域内溶液的 pH 值发现：在 1mol/L Li_2SO_4（pH = 6.5）电解液中，电极孔内伴随 H^+ 消耗和微量氢生成的同时，产生的 OH^- 可将表面 pH 值骤增到 10，从而使得析氢过电位较高［图 4-22（a）］；而在 1mol/L $BeSO_4$（pH=2.1）电解液中，由于 H^+ 浓度较高，相同情况下

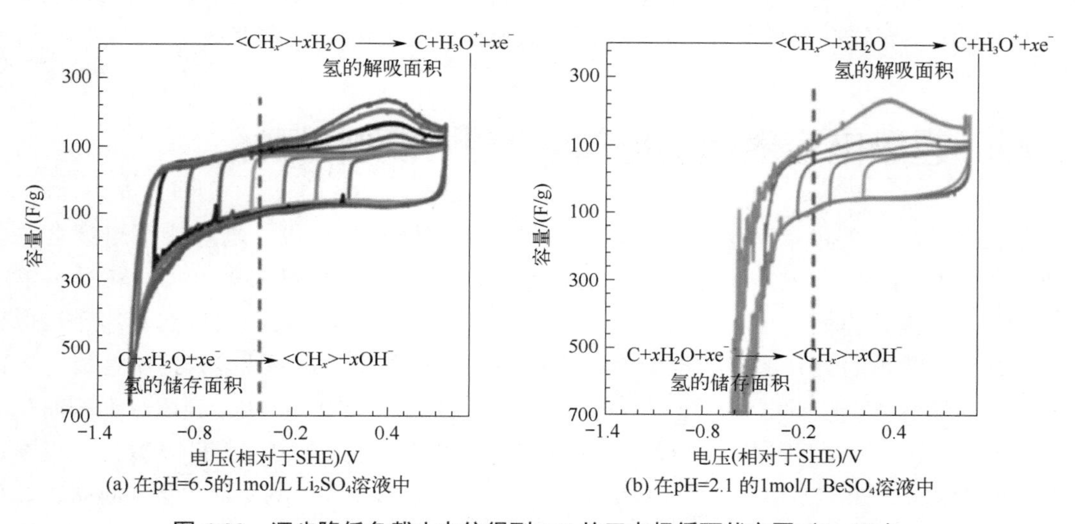

(a) 在pH=6.5的1mol/L Li_2SO_4溶液中

(b) 在pH=2.1 的1mol/L $BeSO_4$溶液中

图 4-22　逐步降低负截止电位得到 AC 的三电极循环伏安图（2mV/s）

图中垂直虚线表示在考虑的 pH 值下的理论水还原电位

SHE—标准氢电极

界面处的 pH 值与体相溶液没有太大区别，导致析氢过电位要明显小于前者［图 4-22（b）］。对于同是中性的 Li_2SO_4、Na_2SO_4 和 K_2SO_4 电解液来说，Elzbieta Frackowiak 等研究发现，Li^+ 因为尺寸较小而具有最高的去水合能，不利于水的分解析氢 / 析氧，可使碳基对称电容器的电压达到 2.2V。Fic 等对比研究了不同电解质阴离子对超级电容器性能的影响，结果发现相比于 1mol/L Li_2SO_4 电解液，基于 1mol/L $LiNO_3$ 电解液的碳基超级电容器中没有电吸附现象发生，这是因为 NO_3^- 具有与碳电极反应的活性，它能可逆地氧化碳电极以增加比电容，但是也不排除对体系的循环稳定性产生不利影响的可能。

（5）电解液溶解度调节

通过在电解液中引入溶解度调节剂，可以调节电解液中溶解物质的溶解度，控制离子的释放和传输速率，以提高电容器的性能和循环寿命。

这些化学法改性方法需要进行合理的配方设计和实验验证，以确保改性效果的可行性和稳定性。在进行化学法改性时，需要注意添加剂的浓度、相容性和与电极材料的相互作用，以及改性过程对电容器的耐久性和安全性的影响。

通过物理法和化学法改性超级电容器电解液，可以显著提高电容器的能量密度、功率密度和循环寿命，同时改善其热稳定性和安全性。这些改性方法在超级电容器的储能、动力电池、电动车辆和可再生能源等领域具有广阔的应用前景。

目前，虽然物理法和化学法在超级电容器电解液改性中取得了显著发展，但超级电容器电解液改性的研究仍处于起步阶段，尚存在许多挑战和待解决的问题。未来的研究方向包括研发更先进的电解液改性方法、进一步提高电解液的能量密度和电导率、改善电解液的循环寿命和安全性等。此外，绿色、可持续和低成本等方面也是改性电解液研究的重点。

超级电容器电解液的改性是提高超级电容器性能的重要途径之一。通过物理结构调控、表面改性和添加剂掺杂等方式，可以改善电解液的离子传导性能、界面特性和化学稳定性，以实现更高性能的超级电容器。虽然仍面临一些挑战，但通过持续的研究和发展，改性电解液将推动超级电容器在能量存储和电动交通等领域的广泛应用。

4.4 超级电容器储能电解液产业化现状概述

超级电容器主要由电解液、隔膜、正极材料和负极材料构成。电解液是超级电容器的四大关键材料之一，其成本占超级电容器整体的 30% 左右，仅次于电极材料排名第二（图 4-23）。电解质是超级电容器电解液最核心的成分之一，在正负极之间起着输送和传导电流的作用，影响着器件的充放电特性、能量密度、安全性、循环性能、倍率性能、高低温性能和存储性能。超级电容器电解液的研发最早可以追溯到 1962 年，美国标准石油公司（SOHIO）制作出一种工作电压为 6V，以碳材料为电极的电容器。随后在 1970 年，美国标准石油公司又开发出非水电解液多孔碳超级电容器。经过二十多年的不断尝试，科研人员在电解液研究领域取得了丰硕的研究成果。2005 年中国制定了《超级电容器技术标准》，填补了中国超级电容器行业标准的历史空白。2018 年 11 月，中国工业和信息化部正式发布了《超级电容器用有机电解液规范》，这是中国首个超级电容器材料标准，该标准完善了超级电容器标准体系，对超级电容器电解液行业的标准化、规范化提出了重要的指导意见，将进一步推动超级电容器在新能源等多领域市场的应用。超级电容器目前应用最为广泛的为液体电解液。液体电解液根据液态属性不同，可进一步分为水系电解液、有机电解液和离子液体电解液。下面将阐述液态电解液的产业化现状。

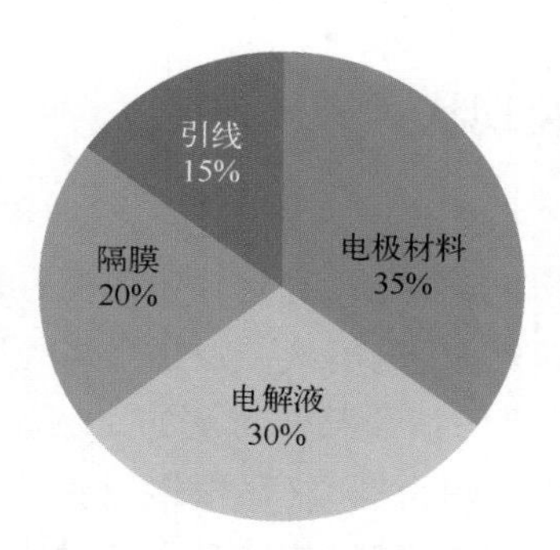

图 4-23　超级电容器成本构成情况

4.4.1 水系电解液的产业化现状

水系电解液是最早应用于超级电容器的电解液，主要包括酸性电解液、碱性电解液、中性电解液。其中，酸性电解液多采用 36% 的硫酸水溶液作为电解质；碱性电解液通常采用氢氧化钾、氢氧化钠等强碱作为电解质，水作为溶剂；而中性电解液通常采用氯化钠、氯化钾等盐作为电解质，水作为溶剂，多用作氧化锰电极材料的电解液。水溶液电解质的优点是电导率高，电容器内部电阻低，电解质分子直径较小，容易与微孔充分浸渍。以硫酸为代表的水系电解液最早在钌基赝电容器得到应用。然而，水系电解液存在分解电压低（＜ 1.2V）、低温性能较差的缺点，且酸性和碱性电解质普遍具有腐蚀性，包装较困难，对超级电容器的包装材料要求较高，制备费用成本较高，这大大限制了水系电解液在超级电容器方面的商业化应用。

4.4.2 离子液体的产业化现状

离子液体具有电化学性能稳定、热稳定性能好、无挥发、不易燃、工作电压窗口宽（2 ～ 6V）等优点，成为一种颇具前景的超级电容器电解液。2005 年，日清纺与日本无线宣布从 2005 年 9 月开始量产（月产 1 万个）能量密度为 10.7W · h/L（7.5W · h/kg）、功率密度为 10.8kW/L（7.6kW/kg）的超级电容器，而该电容器中所使用的电解液就是含醚功能化的离子液体，即 *N*,*N*- 二甲基 -*N*- 乙基 -*N*-(2- 甲氧基乙基) 铵四氟硼酸盐，醚键的引入主要是降低了离子液体的黏度以及拓宽了离子液体的电化学窗口。与此同时，两公司还计划销售合作开发的电容器模块，该模块是由日清纺开发的电容器单元和日本无线开发的用于均衡各单元间电压的控制电路组成，其中都用到了离子液体电解质。

咪唑类离子液体电解质具有黏度低、流动性好、电导率高等优点，目前研究较为广泛，已逐步投入应用。而双三氟甲基酰胺离子液体由于具有导电性能好、电化学稳定性好等优点，目前国内外许多研究机构和厂家已开始将双三氟甲基酰胺离子液体作为研究的重点，并开始产业化。目前，新宙邦已经可以提供商品级的超级电容器离子液体电解液，不过要配合特殊的有机溶剂使用，尤其适合电容器单体电压2.7V以上的体系。总体上说来，离子液体相比有机液体电解液具有更高的成本、更低的电导率和更高的黏度，因此，纯离子液体作为电解液，在超级电容器中尚未实现大规模产业化应用。

4.4.3 有机电解液的产业化现状

有机电解液是目前市面上的主流产品，其具有较宽的工作电压窗口（2.5～2.8V）、优异的电导率（10～60mS/cm）、较好的化学稳定性和热稳定性等优点，符合人们对高电压电化学储能器件的要求。超级电容器有机电解液一般是由高纯度的有机溶剂、电解质和必要的添加剂等主要材料在一定的条件下，按照某一特定的比例配制而成（图4-24）。电解液生产工艺较为简单，首先对原料溶剂进行提纯，之后根据配方将提纯后的溶剂、溶质、添加剂按顺序加入反应釜，在一定的温度下按照特定的速度充分搅拌、混匀，最后对电解液实行灌装处理。电解液生产环节的核心技术是原料的配方。按照质量占比来看，有机溶剂质量占电解液质量约80%；其次是季铵盐，占比为10%～15%；添加剂占比为5%～10%。按成本计算，溶质占整体电解液成本的比例高达50%～60%，对电解液价格影响较大，溶剂和添加剂成本占比分别为25%和20%。

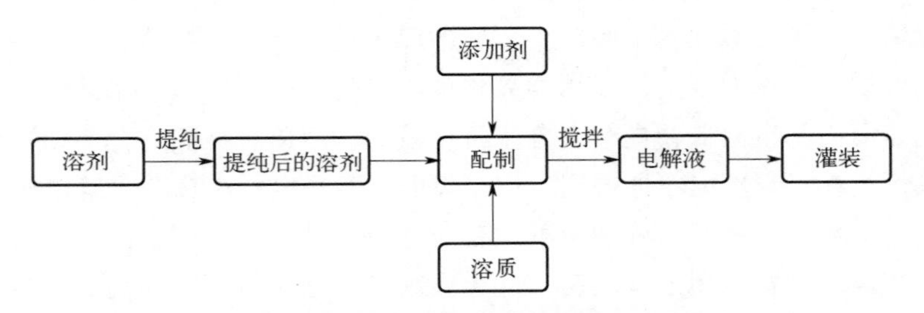

图4-24 超级电容器有机电解液生产工艺流程

溶质（电解质）是超级电容器电解液最核心的组成部分之一，其在电解液总成本中占比较高，因此，电解液价格主要受溶质价格的影响。目前，超级电容器采用的电解质主要为四氟硼酸或六氟磷酸的季铵盐，混合型超级电容器用锂盐做电解质。其中，四乙基四氟硼酸铵盐（$TEABF_4$）具有电导率高、电化学稳定性好、制作成本低等优点，已占据当前超级电容器市场电解质的主导地位。但$TEABF_4$分子对称性较高，在极性溶剂中的溶解度不够大。另一种广泛研究的季铵盐四氟硼酸三乙基甲基铵盐（$TEMABF_4$），因不对称的分子结构，在溶剂中的溶解度高于$TEABF_4$，且在同样的条件下，可获得比$TEABF_4$更低的工作温度。近年来，由于制造成本进一步降低，$TEMABF_4$在超级电容器市场的应用得以扩大。此外，将烷基碳链连接后，可得到环状结构的季铵盐，如*N*-二烷基吡咯烷鎓盐、*N*-二烷基哌啶鎓盐类，此类物质的电化学稳定性好，电导率高。具有吡咯烷环状结构的四氟硼酸季铵盐，如*N*，*N*-二甲基吡咯烷鎓四氟硼酸盐、*N*,*N*-二乙基吡咯烷鎓四氟硼酸盐、*N*-甲基-*N*-乙基吡咯烷鎓四氟硼酸盐等，具有与开环结构的季铵盐相当的电导率和电势窗口，且环状结构可增大在有机溶剂中的溶解度（表 4-2）。电解液的浓度与电容器的工作电压成正比，浓度越高，工作电压越高；电解液浓度的不同，还会导致凝固点的变化。

表4-2　有机电解液性能比较

性能	$TEABF_4$电解液	$TEMABF_4$电解液	$SBPBF_4$电解液
耐电压性	★★★★	★★★★	★★★★★
低温ESR	★	★★	★★★★
耐久性	★★★★	★★★★	★★★★
防漏液	★	★	★

注：ESR—等效串联电阻。

有机溶剂是电解液中的介质，其性能与电解液性能密切相关，直接影响超级电容器的综合性能。如表 4-3 所示，有机溶剂主要包括碳酸丙烯酯、碳酸乙烯酯、γ- 丁内酯、碳酸甲乙酯、碳酸二甲酯等酯类化合物以及乙腈、环丁砜、*N,N*-二甲基甲酰胺（DMF），其主要特点是低挥发、电化学稳定性好、介电常数较大。

表4-3　有机溶剂性质比较

名称	摩尔质量 /（g/mol）	相对介电常数	黏度/cP	熔点/℃	沸点/℃	密度 /（g/cm^3）
碳酸丙烯酯（PC）	103.09	66.1	2.51	−49.0	242	1.1980
碳酸乙烯酯（EC）	88.06	89.6	0.18	36.4	128	1.3214
γ-丁内酯（GBL）	86.09	39.1	1.73	−43.5	206	1.1254
碳酸甲乙酯（EMC）	104.10	2.4	0.65	−55.0	108	1.0070
碳酸二甲酯（EMC）	90.08	3.1	0.58	4.6	90	1.0632
乙腈（AN）	41.05	21.0	0.37	−46.0	82	0.7900
环丁砜（SL）	120.17	43.4	10.29	27.4～27.8	285	1.2614
N,N-二甲基甲酰胺（DMF）	73.09	36.7	1.30	−60.5	153	0.9440

注：1cP=1mPa·s。

其中，乙腈（AN）和碳酸丙烯酯（PC）具有较低的闪点、较好的电化学稳定性以及对有机季铵盐类有较好的溶解性，被广泛应用于超级电容器的电解液体系中。AN 虽然具有比 PC 低的内阻，但 AN 有毒，如今在日本机动车上已被禁止使用。PC 电压窗口宽、导电性好、温度适应范围广且环境友好，被广泛用作超级电容器的电解液。目前商业应用最多的有机电解液如表 4-4 所示。

表4-4　超级电容器有机电解液

主成分（浓度均为1mol/L）	性能说明
$TEABF_4$/AN	2.7V、各种电容器
$TEABF_4$/PC	2.7V、小容量民用电容器
$TEMABF_4$/AN	2.7V、低温、各种电容器
$TEMABF_4$/PC	2.7V、高温、小容量电容器
$SBPBF_4$/AN	2.9V、低温
$SBPBF_4$/PC	2.9V、高温

溶剂按纯度可以分为工业级、电池级和超纯级。由于溶剂纯度会影响电解液的稳定电压，从而对电池的安全性和稳定性产生影响，且核心溶质遇水易分解，因此对电解液溶剂的纯度和含水量有较高要求。相比工业级溶剂，电池级溶剂纯度要求至少达到99.99%，更高纯级产品要求甚至达到99.995%以上，且由于催化剂选择要求高、提纯难度大，国内可以规模化生产电池级溶剂的企业较少。

电解液产业链上游为基础化工原料，主要包括制备超级电容器所需的电极、电解液、隔膜及辅材等。产业链下游应用为超级电容器的终端应用，主要包括电力能源领域、汽车领域、交通领域及工业领域等，其中，电力能源、新能源汽车是超级电容器最主要的两大增量市场，如图4-25所示。据GIR（Global Info Research）调研，2022年全球超级电容器有机电解液市场规模大约为8.6亿元人民币，预计2029年将达到17亿元人民币，2023～2029年期间年复合增长率（CAGR）为7.4%。

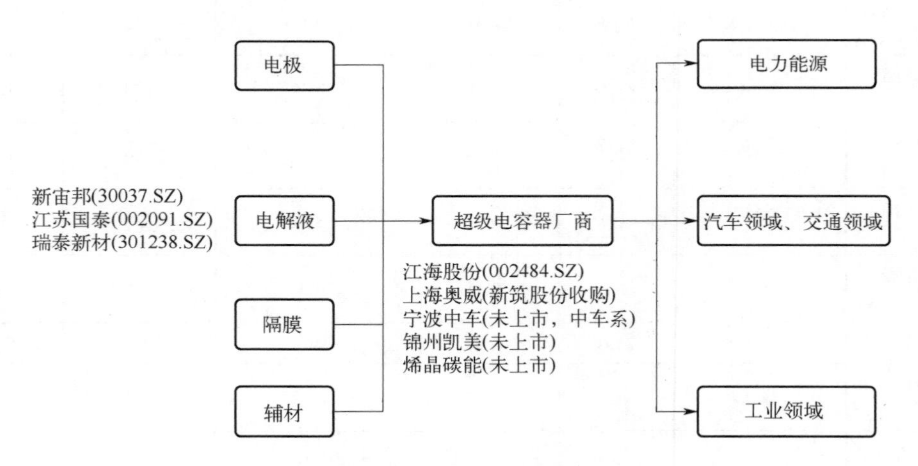

图4-25　超级电容器本土产业链

从生产商来说，全球范围内超级电容器电解液核心厂商主要包括深圳新宙邦科技、江苏国泰超威新材料、日本贵弥功株式会社（Nippon Chemi-Con Corporation）、博鸿化学和张家港市国泰华荣化工新材料等。2021年，全球第一梯队厂商主要有深圳新宙邦科技、江苏国泰超威新材料、Nippon Chemi-Con Corporation和博鸿化学，第二梯队厂商有张家港市国泰华荣化工新材料。

碳酸丙烯酯系（PC系）和乙腈系（AN系）是两种最具代表性的有机电解液用溶剂。其中，AN系电解液具有内部阻抗低的优良特质。然而，AN系电解液的挥发温度低，导致使用时的环境温度受限，加之其起火时可能产生极为有毒的氢气。Nippon Chemi-Con Corporation 因重视安全性，生产的超级电容器均采用非乙腈系的有机系电解液。Nippon Chemi-Con Corporation 的“DLCAPTM（Di El Cap）”被载人机动车的“减速能源再生系统”蓄电池设备所采用。这是全球首次在载人机动车上装载电容器型减速能源再生系统，该系统将为改善燃油消耗作出贡献。“DLCAPTM”之所以被选中，是因为在使用重视安全性的 PC 系电解液实现了高可靠性的同时，还凭借着独创的技术开发出了大幅抑制内部电阻的新产品。目前，Nippon Chemi-Con Corporation 生产的超级电容器如表 4.5 所示。

表4-5　Nippon Chemi-Con Corporation超级电容器

DLCAPTM系列	额定电压/V	工作温度范围/℃	特长/分类
DXE	2.5	−40～+70	标准品 可水平安装的产品
DXF	2.8	−40～+60	高耐压、长寿命
DXG	2.5	−40～+85	高耐热、低阻抗
DKA	2.5	−40～+70	小型、低阻抗
DKG	2.7	−40～+70	高耐压、长寿命

电解液国产化配套相对成熟，本土厂商新宙邦自主创新掌握了超级电容器电解液的关键技术——季铵盐合成技术及电解液配制技术，占据我国超级电容器电解液 50% 以上市场份额。新宙邦重视电解液的产品和技术研发，经过 20 余年的发展，开发出电池化学品、电容化学品、半导体化学品和有机氟化学品等产品。在我国以及波兰、美国、日本均布局了生产基地或分支机构。并为国内企业宁德时代、亿纬锂能、比亚迪、比克电池、珠海冠宇等，以及国外企业美国 Maxwell 和 REDI 公司、韩国 Nesscap 等提供电解液。2022 年，公司电解液出货量约 11 万吨，同比增长 37.5%，到 2025 年规划实现 100 万吨电解液产能布局（表 4-6）。

表4-6　2022年中国三大电解液厂商的产能、销售情况和客户对比

序号	公司名称	产能	销售情况	主要客户
1	深圳新宙邦股份有限公司	现有电解液产能13万吨，在建产能有17.6万吨，另有规划产能68.3万吨	2022年公司电解液出货量约11万吨	宁德时代、亿纬锂能、比亚迪、比克电池、珠海冠宇、美国Maxwell、美国REDI公司、韩国Nesscap等
2	江苏国泰国际集团股份有限公司	现有电解液产能7万吨，包括张家港华荣3万吨/年和福建宁德4万吨/年	2022年实现营业收入427.59亿元人民币，进出口总额52.98亿美元	LG化学、CATL、ATL、Panasonic
3	江苏瑞泰新能源材料股份有限公司	现有电解液四大生产基地合计产能26万吨，2025年公司规划产能将达150万吨	2022年电解液出货量为9万多吨	宁德时代、ATL、LG、亿纬锂能、村田、松下等

江苏国泰国际集团股份有限公司成立于 1997 年，是一家以供应链服务和化工新能源业务为主业，集研发设计、生产实体、金融投资于一体的大型国际化企业集团。主要从事消费品进出口贸易和电池材料、有机硅材料的研发、生产和销售。国泰超威生产的电池材料还包括锂电池电解液添加剂和超级电容器电解液。现有电解液产能 7 万吨，包括张家港华荣 3 万吨 / 年和福建宁德时代 4 万吨 / 年。2022 年实现营业收入 427.59 亿元人民币，进出口总额 52.98 亿美元。公司国内主要客户有 LG 化学、CATL、ATL、Panasonic。目前，国泰超威超

级电容器电解液出货量在国内排名靠前，属于电解液第二梯队成员，并牵头制定国内首个行业标准。

瑞泰新材是江苏国泰旗下独立的化工新材料及新能源业务平台，主要从事锂离子电池电解液、各类添加剂、新型锂盐的生产和销售。瑞泰新材经过20余年的耕耘和积累，凭借较高的质量水准及工艺精度，在下游客户中享有较高的品牌优势和市场地位，在江苏张家港、福建宁德、浙江衢州、四川自贡等地建有生产基地，且在波兰、韩国设有海外子公司；此外，瑞泰新材与宁德时代、LG化学和新能源科技等头部电池企业建立了长期的紧密合作关系。

瑞泰新材现有四大电解液生产基地，合计产能26万吨，其中张家港总部基地10万吨，宁德基地12万吨，波兰华荣Prusice 4万吨，四川自贡30万吨在建，到2025年公司规划产能将达150万吨。2021年，张家港国泰超威新能源有限公司启动创建年产4000吨锂电池/超级电容器电解质新材料，建成后将具备年产5737.9吨化学原料（副产品）的生产能力。

4.4.4 上下游市场对超级电容器电解液产业的推动作用

超级电容器电解液的下游市场包括电网、交通运输、消费电子、军工、汽车、工业设备等应用领域。如图4-26数据所示，超级电容器的主要下游应用行业是交通运输、工业和新能源等领域，共占到下游应用的90%。

（1）交通运输

2020年全球交通运输行业碳排放量占能源相关碳排放量的比例约为26%（图4-27），根据白旻等在《碳中和背景下全球新能源汽车产业发展政策与趋势》一文中分析，公路运输碳排放量占交通运输行业碳排放量的比例约为80%。

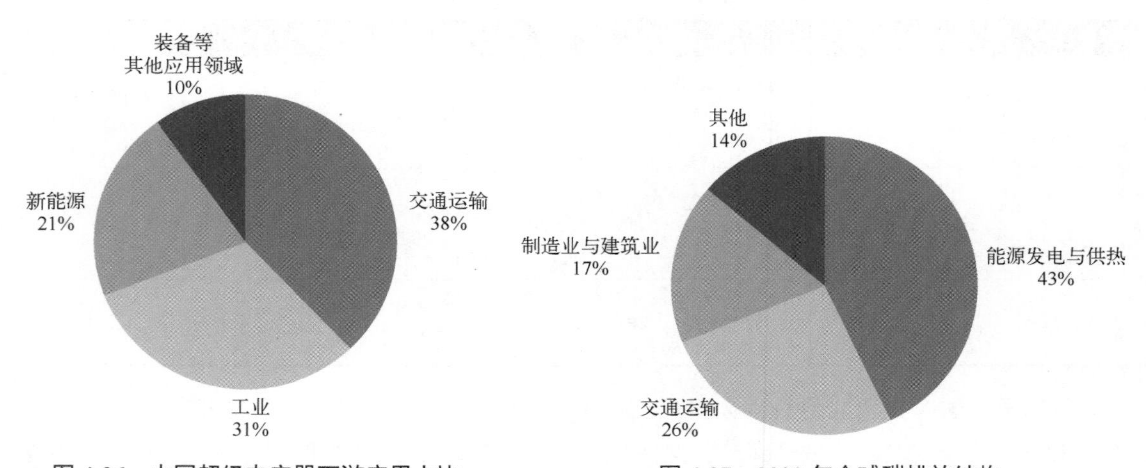

图4-26 中国超级电容器下游应用占比

图4-27 2020年全球碳排放结构

因此降低交通运输行业碳排放对于实现全球“碳中和”目标至关重要。为实现交通运输业的低碳化发展，100多个国家的政府、城市、州和主要企业在第26届联合国气候变化大会上签署《关于零排放汽车和面包车的格拉斯宣言》，指出在2035年前在主要市场停止销售内燃机，并于2040年前在全球范围内停止销售。

为了实现“碳中和”目标，全球多国也相继出台了新能源汽车的优惠和补贴政策，大力推动汽车产业向电动汽车转型（表4-7）。然而，纯电动、燃料电池和串联混合动力汽车存在汽车动力性不足，电压总线上要经常承受大的尖峰电流的问题，这无疑会大大损害电池、燃料电池或其他辅助动力装置的寿命。使用比功率较大的超级电容器，当瞬时功率需求较大时，超级电容器可以提供尖峰功率，并且在制动回馈时吸收尖峰功率，从而减轻对电池、燃料电池或其他辅助动力装置的压力，大大增加起步、加速时系统的功率输出。

表4-7 国内外相关新能源汽车政策和发展目标

国家	相关政策	发展目标
中国	将新能源汽车推广应用财政补贴政策实施期限延长至2022年底	2030年新能源汽车渗透率达到40%，2035年新能源汽车渗透率达到50%
	加快推进居住社区充电设施建设安装	
	对作为公共设施的充电桩建设给予财政支持	
美国	2021年3月美国发布《基础设施计划》，指出投资1740亿美元发展电动汽车市场，在全国建立50万个电动汽车充电桩	计划于2030年实现零碳排放汽车销量达50%
	2021年8月拜登签署了“加强美国在清洁汽车领域领导地位”行政命令	
欧盟	推出两年总额为200亿欧元计划鼓励采购符合欧盟排放标准的清洁能源汽车	计划要求新车和货车的排放量从2030年开始比2021年的水平下降65%，在2035年实现净零排放
	成立一项400亿～600亿欧元的清洁能源汽车投资基金，加速零排放产业链和配套基础设施的升级建设	
	计划在2025年前建立200万个公共充电站	
	通过征收碳排放税等方式，鼓励新能源车型消费，支持新能源汽车的研发和市场拓展	
日本	在汽车购置环节计税依据中引入汽车环保性能要求，降低节能-环保车各环节税负	2035年实施新车销售100%电动
	支持充电基础设施建设，提高使用便利性	
	对私人和公共领域购买新能源汽车给予财政补贴	

在城市公交行业方面，锂电池纯电公交车需要建立配套的封闭集中充电场所，结合公交车行驶路线固定、启停次数多等特点，以超级电容器为主电源，公交车可在停靠站时间通过智能柔性充电弓进行迅速充电，锂离子超级电容器能量密度提升带动超级电容公交储电量提升，单次充电可行驶里程由5km提升至30km。据久事公交集团披露，2020年底，上海930路、17路、18路、隧道8线、146路新增89辆超级电容车，加上已经投运的11路、26路，上海超级电容公交车超过百辆，配套的6个超级电容快充站也已完成外线送电（图4-28）。与新能源公交应用类似，锂离子超级电容器技术未来有望切入高尔夫球车、旅游观光车、机场摆渡车、摆渡船等闭环线路运行的场景。这意味着超级电容器出货量高增，进而带动电解液出货量大幅增长。

（2）工业

近年来国家陆续推出了鼓励先进制造业的政策，为工业自动化装备行业的发展提供了有力的政策支持，中国工业自动化装备行业发展取得明显进步，国产替代进程加速。2020年我国工业自动化市场规模2057亿元人民币，2022年约2409亿元人民币（图4-29）。工业规模的不断扩大对超级电容器电解液行业有强大推动作用。

图4-28　上海930路超级电容公交充电弓

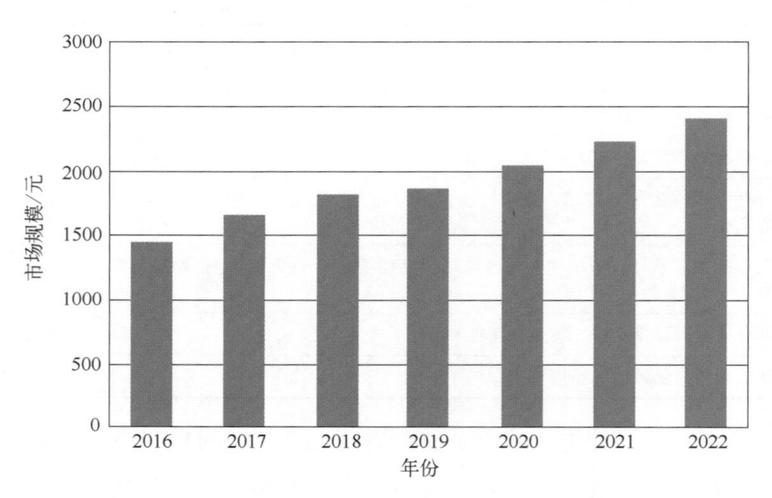

图4-29　2016～2022年中国工业自动化市场规模

（3）新能源

随着常规能源的有限性以及环境问题的日益突出，以环保和可再生为特质的新能源越来越得到各国的重视。近年来，我国积极发展以太阳能、风能为代表的新能源，已具有一定的规模成效。超级电容器储能作为重要的电化学储能方式，有望受益于新能源装机规模的提升。如图4-30所示，2017～2021年新能源发电装机容量呈逐年上升趋势。2021年，我国新能源发电装机容量达到11.18亿千瓦，占总发电装机容量的47.10%。其中，水电装机3.91亿千瓦（其中抽水蓄能0.36亿千瓦）、风电装机3.28亿千瓦、光伏发电装机3.06亿千瓦、核能发电装机0.55亿千瓦、生物质发电装机0.38亿千瓦。随着新能源装机容量不断扩大，也将带动我国超级电容器的发展，电解液市场前景可观。

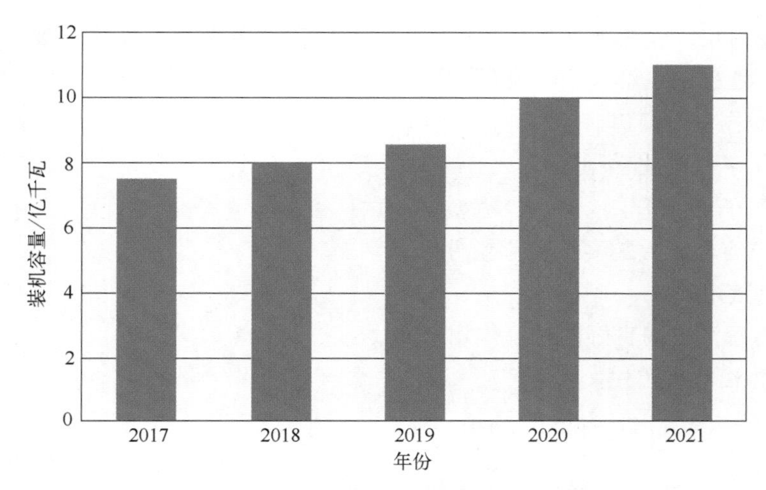

图 4-30 2017 ～ 2021 年新能源发电装机容量

综上，交通运输、工业和新能源行业的高速发展带动了电解液的快速增长。2015 ～ 2021 年全球电解液出货量年均复合增长率为 32.95%，其中 2021 年出货量为 61.2 万吨，同比增长 83.23%；2015 ～ 2021 年中国电解液出货量年均复合增长率为 39.53%，其中 2021 年出货量为 50.7 万吨，同比增长 88.48%。我国为电解液主要生产国，2021 年我国电解液出货量占全球电解液出货量的比例为 82.84%。

从生产端来看，我国为全球最大的电解液溶剂生产区域，叠加我国原材料、人工成本相对较低，因此我国在电解液溶剂方面具有较强的话语权。2022 年我国电解液溶剂出货量占全球总量的 81.9%，出货量为 75.7 万吨。出货量大幅增长的主要原因为：一方面，国内电解液企业为满足电池厂商扩产需求，纷纷加强供给能力，带动溶剂产量及出货量激增；另一方面，我国超级电容器技术不断获得国际市场认可，电池出口量大幅增长，同时企业纷纷奔赴海外建厂，带动电解液及电解液溶剂需求增长。需求持续扩张拉动行业市场规模不断增大，2022 年中国电解液溶剂的市场规模超 441.2 亿元，同比增长 44.1%。

新宙邦、江苏国泰集团和瑞泰新材作为电解液行业领先企业，在电解液材料方面已具备一定的产能和技术优势。与行业内天赐材料、瑞泰新材相比，新宙邦研发费用率近 5 年始终超过 5.5%，2023 年更是达到 7.38%，大幅领先于同行（图 4-31）。

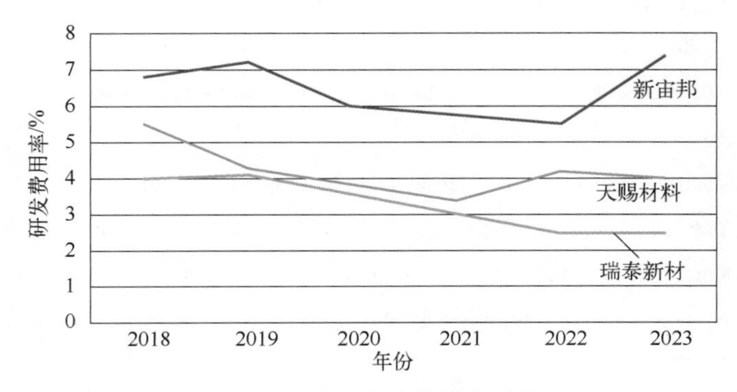

图 4-31 公司研发费用率对比

然而，迄今为止，没有任何多功能电解液可以满足生产理想电化学超级电容器的所有要求。具体来说，理想的电解液应满足以下要求：

① 更宽的操作电压窗口。

② 较高的化学和电化学稳定性。

③ 较高的离子电导率。

④ 对超级电容器元件的高电化学惰性。

⑤ 工作温度范围宽。

⑥ 电极 - 电解液之间良好的相互作用。

⑦ 低挥发性和低易燃性。

⑧ 环保。

⑨ 操作方便。

⑩ 成本低。

目前，水系电解液（KOH、KCl、HCl、H_2SO_4 等）具有高离子电导率和低腐蚀性，但其低电压窗口导致单体超级电容器的能量密度和功率密度较低。与水系电解液相比，有机电解液可以提供较高的工作电压，因此成为目前商业主流电解液，如溶解在乙腈或碳酸丙烯酯中的 $TEABF_4$。尽管 $TEABF_4$ 有机电解液可以在更高的电压下工作，但其存在溶剂易挥发、电导率和工作电压提高困难、安全隐患及对环境有影响等问题。基于离子液体电解液的超级电容器具有独特的性能组合——不可燃性、高工作电压窗口和宽工作温度范围，填补了超级电容器储能领域的一个重要空白。然而，高黏度、价格昂贵、电导率有待进一步提升（内电阻相对较高）等问题成为离子液体走向工业化应用的主要障碍。随着研究的深入，相信在不久的将来，离子液体型超级电容器在一些特殊或极端领域如高温、真空、航天等方面可以大显身手。

参考文献

[1] 雍智鹏. 基于聚合物凝胶电解质赝电容超级电容器的制备与性能研究［D］ 长春：长春工业大学，2023.

[2] 闫晓军. 基于电解液功能调控的高电压水系超级电容器研究［D］ 上海：华东师范大学，2019.

[3] Suo L，Borodin O，Gao T，et al.“Water-in-salt”electrolyte enables high-voltage aqueous lithium-ion chemistries［J］. Science，2015，350（6263）：938-943.

[4] Wang Z，Li H，Tang Z，et al. Hydrogel electrolytes for flexible aqueous energy storage devices［J］. Advanced Functional Materials，2018，28（48）：1804560.

[5] Armand M，Endres F，MacFarlane D R，et al. Ionic-liquid materials for the electrochemical challenges of the future［J］. Nature Materials，2009，8（8）：621-629.

[6] Gong J P. Materials both tough and soft［J］. Science，2014，344（6180）：161-162.

[7] 周观炳. 基于聚合物水凝胶电解质超级电容器的制备与性能研究［D］. 宁波：宁波大学，2020.

[8] Lee G，Kim D，Kim D，et al. Fabrication of a stretchable and patchable array of high performance micro-supercapacitors using a non-aqueous solvent based gel electrolyte［J］. Energy & Environmental Science，2015，8（6）：1764-1774.

[9] Bhat M Y，Yadav N，Hashmi S A. A high performance flexible gel polymer electrolyte incorporated with suberonitrile

as additive for quasi-solid carbon supercapacitor [J]. Materials Science and Engineering: B, 2020, 262: 114721.
[10] 董晨昊. 宽电位高浓体系电解液在超级电容器中的应用 [D]. 天津: 天津理工大学, 2023.
[11] 雍智鹏. 基于聚合物凝胶电解质赝电容超级电容器的制备与性能研究 [D]. 长春: 长春工业大学, 2022.
[12] Huang H, Chu X, Su H, et al. Massively manufactured paper-based all-solid-state flexible micro-supercapacitors with sprayable MXene conductive inks [J]. Journal of Power Sources, 2019, 415: 1-7.
[13] Li X, Shao J, Kim S K, et al. High energy flexible supercapacitors formed via bottom-up infilling of gel electrolytes into thick porous electrodes [J]. Nature Communications, 2018, 9 (1): 2578.
[14] Zhang H, Su H, Zhang L, et al. Flexible supercapacitors with high areal capacitance based on hierarchical carbon tubular nanostructures [J]. Journal of Power Sources, 2016, 331: 332-339.
[15] Wei J, Yin C, Wang H, et al. Polyampholyte-doped aligned polymer hydrogels as anisotropic electrolytes for ultrahigh-capacity supercapacitors [J]. Journal of Materials Chemistry A, 2018, 6 (1): 58-64.
[16] Guo Y, Zhou X, Tang Q, et al. A self-healable and easily recyclable supramolecular hydrogel electrolyte for flexible supercapacitors [J]. Journal of Materials Chemistry A, 2016, 4 (22): 8769-8776.
[17] Fei H, Yang C, Bao H, et al. Flexible all-solid-state supercapacitors based on graphene/carbon black nanoparticle film electrodes and cross-linked poly (vinyl alcohol)-H_2SO_4 porous gel electrolytes [J]. Journal of Power Sources, 2014, 266: 488-495.
[18] Chu X, Huang H, Zhang H, et al. Electrochemically building three-dimensional supramolecular polymer hydrogel for flexible solid-state micro-supercapacitors [J]. Electrochimica Acta, 2019, 301: 136-144.
[19] 李喜德. 新型离子液体聚合物电解质的制备及性能研究 [D] 长沙: 中南大学, 2014.
[20] Liu W, Wang K, Li C, et al. Boosting solid-state flexible supercapacitors by employing tailored hierarchical carbon electrodes and a high-voltage organic gel electrolyte [J]. Journal of Materials Chemistry A, 2018, 6 (48): 24979-24987.
[21] 陶奋程. MOFs基固态电解质的制备及其锂离子传导性能研究 [D]. 呼和浩特: 内蒙古大学, 2022.
[22] Takahashi T, Iwahara H. Ionic conduction in perovskite-type oxide solid solution and its application to the solid electrolyte fuel cell [J]. Energy Conversion, 1971, 11 (3): 105-111.
[23] Inaguma Y, Liquan C, Itoh M, et al. High ionic conductivity in lithium lanthanum titanate [J]. Solid State Communications, 1993, 86 (10): 689-693.
[24] Mariappan C R, Yada C, Rosciano F, et al. Correlation between micro-structural properties and ionic conductivity of $Li_{15}Al_{05}Ge_{15}(PO_4)_3$ ceramics [J]. Journal of Power Sources, 2011, 196 (15): 6456-6464.
[25] Kumar B, Thomas D, Kumar J. Space-charge-mediated superionic transport in lithium ion conducting glass-ceramics [J]. Journal of The Electrochemical Society, 2009, 156 (7): 506-513.
[26] Stramare S, Thangadurai V, Weppner W. Lithium lanthanum titanates: a review [J]. Chemistry of Materials, 2003, 15 (21): 3974-3990.
[27] Yao X, Huang B, Yin J, et al. All-solid-state lithium batteries with inorganic solid electrolytes: Review of fundamental science [J]. Chinese Physics B, 2015, 25 (1): 018802.
[28] Karasulu B, EmgeS, Groh M, et al. Al/Ga-doped $Li_7La_3Zr_2O_{12}$ garnets as li-ion solid-state battery electrolytes: atomistic insights into local coordination environments and their influence on ^{17}O, ^{27}Al, and ^{71}Ga NMR spectra [J]. Journal of the American Chemical Society 2020, 142 (6): 3132-3148.

[29] Kamaya N, Homma K, Yamakawa Y, et al. A lithium superionic conductor [J]. Nature Materials, 2011, 10 (9): 682-686.

[30] O'callaghan M P, Lynham D R, Cussen E J, et al. Structure and ionic-transport properties of lithium-containing garnets $Li_3Ln_3Te_2O_{12}$ (Ln = Y, Pr, Nd, Sm—Lu) [J]. Chemistry of Materials, 2006, 18 (19): 4681-4689.

[31] Thangadurai V, Kaack H, Weppner W J F. Novel fast lithium-ion conduction in garnet-type $Li_5La_3M_2O_{12}$ (M = Nb, Ta) [J]. Journal of the American Ceramic Society, 2003, 86 (3): 437-440.

[32] Thangadurai V, Weppner W. $Li_6ALa_2Nb_2O_{12}$ (A=Ca, Sr, Ba): A new class of fast lithium-ion conductors with garnet-like structure [J]. Journal of the American Ceramic Society, 2005, 88 (2): 411-418.

[33] Yu S, Schmidt R D, Garcia-Mendez R, et al. Elastic properties of the solid electrolyte $Li_7La_3Zr_2O_{12}$ (LLZO) [J]. Chemistry of Materials, 2016, 28 (1): 197-206.

[34] Schell K G, Lemke F, Bucharsky E C, et al. Microstructure and mechanical properties of $Li_{0.33}La_{0.567}TiO_3$ [J]. Journal of Materials Science, 2017, 52 (4): 2232-2240.

[35] Luo W, Gong Y, Zhu Y, et al. Reducing interfacial resistance between garnet-structured solid-state electrolyte and Li-metal anode by a germanium layer [J]. Advanced Materials, 2017, 29 (22): 1606042.

[36] Bag S, Zhou C, Kim P J, et al. LiF modified stable flexible PVDF-garnet hybrid electrolyte for high performance all-solid-state Li-S batteries [J]. Energy Storage Materials, 2020, 24: 198-207.

[37] Liu X, Liu J, Lin B, et al. PVDF-HFP-based composite electrolyte membranes having high conductivity and lithium-ion transference number for lithium metal batteries [J]. ACS Applied Energy Materials, 2021, 3 (4): 4007-4013.

[38] Akashi H, Shibuya M, Orui K, et al. Practical performances of Li-ion polymer batteries with $LiNi_{0.8}Co_{0.2}O_2$, MCMB, and PAN-based gel electrolyte [J]. Journal of Power Sources, 2002, 112 (2): 577-582.

[39] Wang C, Yang Y, Liu X, et al. Suppression of lithium dendrite formation by using LAGP-PEO (LiTFSI) composite solid electrolyte and lithium metal anode modified by PEO (LiTFSI) in all-solid-state lithium batteries [J]. ACS Applied Materials & Interfaces, 2017, 9 (15): 13694-13702.

[40] Kang S, Yang Z, Yang C, et al. Co-blending based tribasic PEO-PS-PMMA gel polymer electrolyte for quasi-solid-state lithium metal batteries [J]. Ionics, 2021, 27 (5): 2037-2043.

[41] Wu N, Jing B, Cao Q, et al. A novel electrospun TPU/PVDF porous fibrous polymer electrolyte for lithium-ion batteries [J]. Journal of Applied Polymer Science, 2012, 125 (4): 2556-2563.

[42] Fenton D E. Complex of alkali metal ions with poly (ethylene oxide) [J]. Polymer, 1973, 14: 589.

[43] Hovington P, LagacéM, Guerfi A, et al. New lithium metal polymer solid state battery for an ultrahigh energy: Nano C-$LiFePO_4$ versus Nano $Li_{1.2}V_3O_8$ [J]. Nano Letters, 2015, 15 (4): 2671-2678.

[44] Zaghib K, Choquette Y, Guerfi A, et al. Electrochemical intercalation of lithium into carbons using a solid polymer electrolyte [J]. Journal of power sources, 1997, 68 (2): 368-371.

[45] Meyer W H. Polymer electrolytes for lithium-ion batteries [J]. Advanced Materials, 1998, 10 (6): 439-448.

[46] Xue Z, He D, Xie X. Poly (ethylene oxide)-based electrolytes for lithium-ion batteries [J]. Journal of Materials Chemistry A, 2015, 3 (38): 19218-19253.

[47] Tang W, Tang S, Zhang C, et al. Simultaneously enhancing the thermal stability, mechanical modulus, and electrochemical performance of solid polymer electrolytes by incorporating 2D sheets [J]. Advanced Energy Materials, 2018, 8 (24): 1804429.

[48] Xu C, Yang G, Wu D, et al. Roadmap on ionic liquid electrolytes for energy storage devices [J]. Chemistry—An Asian Journal, 2021, 16 (6): 549-562.

[49] Zhang D Z, Ren Y, Hu Y, et al. Ionic liquid/poly (ionic liquid) -based semi-solid-state electrolytes for lithium-ion batteries [J]. Chinese Journal of Polymer Science, 2020, 38: 506-513.

[50] Liang L, Yuan W, Chen X, et al. Flexible, nonflammable, highly conductive and high-safety double cross-linked poly (ionic liquid) as quasi-solid electrolyte for high performance lithium-ion batteries [J]. Chemical Engineering Journal, 2021, 421: 130000.

[51] Li Y, Sun Z, Shi L, et al. Poly (ionic liquid) -polyethylene oxide semi-interpenetrating polymer network solid electrolyte for safe lithium metal batteries [J]. Chemical Engineering Journal, 2019, 375: 121925.

[52] Harry K J, Hallinan D T, Parkinson D Y, et al. Detection of subsurface structures underneath dendrites formed on cycled lithium metal electrodes [J]. Nature Materials, 2014, 13 (1): 69-73.

[53] Schauser N S, Harry K J, Parkinson D Y, et al. Lithium dendrite growth in glassy and rubbery nanostructured block copolymer electrolytes [J]. Journal of The Electrochemical Society, 2014, 162 (3): A398-A405.

[54] Zhang Z, Huang Y, Gao H, et al. MOF-derived ionic conductor enhancing polymer electrolytes with superior electrochemical performances for all solid lithium metal batteries [J]. Journal of Membrane Science, 2020, 598: 117800.

[55] Miyashiro H, Kobayashi Y, Seki S, et al. Fabrication of all-solid-state lithium polymer secondary batteries using Al_2O_3-coated $LiCoO_2$ [J]. Chemistry of Materials, 2005, 17 (23): 5603-5605.

[56] Fu X, Yu D, Zhou J, et al. Inorganic and organic hybrid solid electrolytes for lithium-ion batteries [J]. CrystEngComm, 2016, 18 (23): 4236-4258.

[57] Stoeva Z, Martin-Litas I, Staunton E, et al. Ionic conductivity in the crystalline polymer electrolytes PEO_6 : $LiXF_6$, X= P, As, Sb [J]. Journal of the American Chemical Society, 2003, 125 (15): 4619-4626.

[58] Cha J H, Didwal P N, Kim J M, et al. Poly (ethylene oxide)-based composite solid polymer electrolyte containing $Li_7La_3Zr_2O_{12}$ and poly (ethylene glycol) dimethyl ether [J]. Journal of Membrane Science, 2020, 595: 117538.

[59] Luo K, Zhu G, Zhao Y, et al. Enhanced cycling stability of Li-O_2 batteries by using a polyurethane/SiO_2/glass fiber nanocomposite separator [J]. Journal of Materials Chemistry A, 2018, 6 (17): 7770-7776.

[60] Guo J, Huo J, Liu Y, et al. Nitrogen-doped porous carbon supported nonprecious metal single-atom electrocatalysts: from synthesis to application [J]. Small Methods, 2019, 3 (9): 1900159.

[61] Piana G, Bella F, Geobaldo F, et al. PEO/LAGP hybrid solid polymer electrolytes for ambient temperature lithium batteries by solvent-free, "one pot" preparation [J]. Journal of Energy Storage, 2019, 26: 100947.

[62] Xu Z, Yang T, Chu X, et al. Strong lewis acid-base and weak hydrogen bond synergistically enhancing ionic conductivity of poly (ethylene oxide) @SiO_2 electrolytes for a high rate capability Li-metal battery [J]. ACS Applied Materials & Interfaces, 2020, 12 (9): 10341-10349.

[63] Chen L, Li Y, Li S P, et al. PEO/garnet composite electrolytes for solid-state lithium batteries: From "ceramic-in-polymer" to "polymer-in-ceramic" [J]. Nano Energy, 2018, 46: 176-184.

[64] Wang Z, Huang X, Chen L. Understanding of effects of Nano-Al_2O_3 particles on ionic conductivity of composite polymer electrolytes [J]. Electrochemical and Solid-State Letters, 2003, 6 (11): E40.

[65] Lin D, Liu W, Liu Y, et al. High ionic conductivity of composite solid polymer electrolyte via in situ synthesis of

monodispersed SiO_2 nanospheres in poly (ethylene oxide) [J]. Nano Letters, 2016, 16 (1): 459-465.

[66] Bai S, Sun Y, Yi J, et al. High-power Li-metal anode enabled by metal-organic framework modified electrolyte [J]. Joule, 2018, 2 (10): 2117-2132.

[67] Zhao R, Liang Z, Zou R, et al. Metal-organic frameworks for batteries [J]. Joule, 2018, 2 (11): 2235-2259.

[68] Zhang Z, Huang Y, Gao H, et al. MOF-derived ionic conductor enhancing polymer electrolytes with superior electrochemical performances for all solid lithium metal batteries [J]. Journal of Membrane Science, 2020, 598: 117800.

[69] Wang Z, Tan R, Wang H, et al. A metal-organic-framework-based electrolyte with nanowetted interfaces for high-energy-density solid-state lithium battery [J]. Advanced Materials, 2018, 30 (2): 1704436.

[70] Chiochan P, Yu X, Sawangphruk M, et al. A metal organic framework derived solid electrolyte for lithium-sulfur batteries [J]. Advanced Energy Materials, 2020, 10 (27): 2001285.

[71] Xu Z, Chu X, Wang Y, et al. Three-dimensional polymer networks for solid-state electrochemical energy storage [J]. Chemical Engineering Journal, 2020, 391: 123548.

[72] Wang Z, Chu X, Xu Z, et al. Extremely low self-discharge solid-state supercapacitors via the confinement effect of ion transfer [J]. Journal of Materials Chemistry A, 2019, 7 (14): 8633-8640.

[73] Huang Y F, Wu P F, Zhang M Q, et al. Boron cross-linked graphene oxide/polyvinyl alcohol nanocomposite gel electrolyte for flexible solid-state electric double layer capacitor with high performance [J]. Electrochimica Acta, 2014, 132: 103-111.

[74] Dou Q, Lu Y, Su L, et al. A sodium perchlorate-based hybrid electrolyte with high salt-to-water molar ratio for safe 25 V carbon-based supercapacitor [J]. Energy Storage Materials, 2019, 23: 603-609.

[75] He M, Fic K, Frąckowiak E, et al. Influence of aqueous electrolyte concentration on parasitic reactions in high-voltage electrochemical capacitors [J]. Energy Storage Materials, 2016, 5: 111-115.

[76] Suo L, Borodin O, Gao T, et al. "Water-in-salt" electrolyte enables high-voltage aqueous lithium-ion chemistries [J]. Science, 2015, 350 (6263): 938-943.

[77] Hasegawa G, Kanamori K, Kiyomura T, et al. Hierarchically porous carbon monoliths comprising ordered mesoporous nanorod assemblies for high-voltage aqueous supercapacitors [J]. Chemistry of Materials, 2016, 28 (11): 3944-3950.

[78] Zheng J, Lochala J A, Kwok A, et al. Research progress towards understanding the unique interfaces between concentrated electrolytes and electrodes for energy storage applications [J]. Advanced Science, 2017, 4 (8): 1700032.

[79] Jiang X, Wu X, Xie Y, et al. Additive engineering enables ionic-liquid electrolyte-based supercapacitors to deliver simultaneously high energy and power density [J]. ACS Sustainable Chemistry & Engineering, 2023, 11 (14): 5685-5695.

[80] Abbas Q, Ratajczak P, Babuchowska P, et al. Strategies to improve the performance of carbon/carbon capacitors in salt aqueous electrolytes [J]. Journal of the Electrochemical Society, 2015, 162 (5): A5148.

[81] Fic K, Lota G, Meller M, et al. Novel insight into neutral medium as electrolyte for high-voltage supercapacitors [J]. Energy & Environmental Science, 2012, 5 (2): 5842-5850.

[82] Fic K, He M, Berg E J, et al. Comparative operando study of degradation mechanisms in carbon-based

electrochemical capacitors with Li_2SO_4 and $LiNO_3$ electrolytes [J]. Carbon, 2017, 120: 281-293.

[83] González A, Goikolea E, Barrena J A, et al. Review on supercapacitors: Technologies and materials [J]. Renewable and Sustainable Energy Reviews, 2016, 58: 1189-1206.

[84] Samantaray S, Mohanty D, Hung I M, et al. Unleashing recent electrolyte materials for next-generation supercapacitor applications: A comprehensive review [J]. Journal of Energy Storage, 2023, 72: 108352.

[85] Pershaanaa M, Bashir S, Ramesh S, et al. Every bite of Supercap: A brief review on construction and enhancement of supercapacitor [J]. Journal of Energy Storage, 2022, 50: 104599.

[86] Zang X, Shen C, Sanghadasa M, et al. High-voltage supercapacitors based on aqueous electrolytes [J]. ChemElectroChem, 2019, 6 (4): 976-988.

[87] Pal B, Yang S, Ramesh S, et al. Electrolyte selection for supercapacitive devices: a critical review [J]. Nanoscale Advances, 2019, 1 (10): 3807-3835.

[88] Zhong C, Deng Y, Hu W, et al. A review of electrolyte materials and compositions for electrochemical supercapacitors [J]. Chemical Society Reviews, 2015, 44 (21): 7484-7539.

[89] Taneja N, Kumar A, Gupta P, et al. Advancements in liquid and solid electrolytes for their utilization in electrochemical systems [J]. Journal of Energy Storage, 2022, 56: 105950.

[90] Biswas S, Chowdhury A. Organic supercapacitors as the next generation energy storage device: emergence, opportunity, and challenges [J]. ChemPhysChem, 2023, 24 (3): e202200567.

[91] Chen J, Wei K Z, Fangyuan S U, et al. Research progress on electrode materials and electrolytes for supercapacitors [J]. New Carbon Materials, 2017, 32 (2): 106-115.

[92] Mauger A, Julien C, Paolella A, et al. Recent progress on organic electrodes materials for rechargeable batteries and supercapacitors [J]. Materials, 2019, 12 (11): 1770.

[93] Qiu X, Wang N, Dong X, et al. A high-voltage Zn-organic battery using a nonflammable organic electrolyte [J]. Angewandte Chemie International Edition, 2021, 133 (38): 21193-21200.

[94] Biswas S, Chowdhury A. Organic supercapacitors as the next generation energy storage device: emergence, opportunity, and challenges [J]. ChemPhysChem, 2023, 24 (3): e202200567.

[95] Aldrich Chemical Company Catalog handbook of fine chemicals [M]. Aldrich Chemical Company, 2000.

[96] Ue M, Ida K, Mori S. Electrochemical properties of organic liquid electrolytes based on quaternary onium salts for electrical double-layer capacitors [J]. Journal of the Electrochemical Society, 1994, 141 (11): 2989.

[97] Recommended methods for purification of solvents and tests for impurities: International Union of Pure and Applied Chemistry [M]. Elsevier, 2013.

[98] Barthel J, Gores H J, Schmeer G, et al. Non-aqueous electrolyte solutions in chemistry and modern technology [J]. Topics in Current Chemistry, 1983, 111: 33-144.

第5章

超级电容器储能隔膜材料

5.1 超级电容器储能隔膜材料的分类

超级电容器中电解质离子交换速率主要受隔膜材料的影响，而离子交换速率影响超级电容器功率密度性能的提升，因此隔膜材料对于超级电容器的功率密度有很大影响；电容器的最大工作电压取决于介电材料的性能，在超级电容器中，隔膜是重要的介电材料。因此，隔膜材料的研究是超级电容器工业化应用的关键环节。作为隔离正负极和电解质离子循环的通道，隔膜是超级电容器的关键组成部分。其主要作用有以下两方面：a. 隔离正负极材料，防止电极间接触造成短路；b. 导通电解质离子循环通道，保证充放电过程快速进行。为满足超级电容器对于这两方面性能的要求，在制备超级电容器隔膜过程中需要使隔膜符合以下要求。

① 良好的隔离性能和绝缘效果。

② 良好的电子绝缘性能保证在离子通过隔膜过程中不会发生电子转移，防止电容器内部短路而造成的危害发生。

③ 较高的孔隙率。超级电容器中离子的交换速率主要受隔膜结构的影响。如果隔膜孔隙率低，那么在离子转移过程中就不能提供足够的离子转移通道，减缓离子转移速度，从而影响超级电容器功率密度性能。

④ 较好的吸液和保液性能。超级电容器根据用途的不同有多种组装结构，大容量的超级电容器通常采用卷绕式和层叠式的组装工艺。电极和隔膜结构预制成卷筒或平板状结构，放入封装材料进行电解液的加注，在该过程中隔膜的吸液性能极大影响注液速度，吸液和保液性能差会引起气泡残留，影响超级电容器的安全使用。

⑤ 化学性质稳定，不与电解质发生反应。

⑥ 超级电容器在组装成型后，隔膜应不与电极及电解液等成分发生化学反应，只有这样才能保证超级电容器的使用寿命。

⑦ 离子电阻小，制作而成的超级电容器自放电率低。较小的离子电阻可以保证电解液中的离子高效通过隔膜，提高电流密度。相反，大的离子电阻不仅降低电流密度，影响超级电容器功率密度的提升，同时因为自身消耗能量，自放电率升高，降低电容容量，影响超级电容器的循环性能。

⑧ 较高的机械强度，收缩变形性小。如前所述，大容量超级电容器在组装时采用卷绕方式，需要隔膜承受较大的应力和应变，此时需要隔膜有较高的抗张强度和柔韧性能。此外，由于超级电容器工作环境常伴有高温，隔膜的热稳定性能要求较高，防止因热收缩造成的正负极接触导致的短路发生。

⑨ 隔膜材料表面平整，孔隙分布均匀。疏松多孔的结构是保证电解质离子顺利通过隔膜的关键。隔膜孔隙过大，在超级电容器受压情况下容易引起正负极接触造成短路，孔隙过小降低电解质离子的转移速率。因此还要在保证隔膜高孔隙率的同时调控孔隙结构，使孔隙大小合适、孔道分布均匀。

目前，各高校、科研院所、公司机构对于超级电容器的研究主要集中于电极材料的制备和电解液研发上，对超级电容器隔膜的研究相对较少，隔膜作为超级电容器的关键组成构件，对于提升超级电容器的功率密度性能以及提高最大工作电压有关键作用。近年来对于隔膜的研究也越来越多。超级电容器的隔膜根据其组成可大致分为纤维素隔膜、合成高分子聚合物基隔膜、静电纺丝隔膜和生物隔膜四大类。为此，我们对上述四种类型的隔膜进行阐述，重点介绍它们的原料、制备策略、结构和性能。

5.1.1 纤维素隔膜

纤维素隔膜因其所用材料为纤维素纤维，在成纸过程中纤维之间形成立体网状结构，纤维分丝帚化形成的微纤丝在主干纤维与微纤丝之间形成桥接，使成纸具有较高的机械强度。一方面纤维素对电子有绝缘作用，制得的隔膜产品可以有效防止两电极间接触造成短路；另一方面纸隔膜孔隙率较高，纤维素分子包含数量较多的吸水性羟基官能团，使成纸具有良好的吸液保液效果，能够使电解质阴阳离子在充电、放电过程中实现快速交换，因此纤维素纸可以作为隔膜应用于超级电容器。

纤维素隔膜主要由造纸法抄造而成，常见的原料包括植物纤维如棉浆、木浆、草浆、麻浆、再生纤维等，以及辅助植物纤维配抄的合成纤维如聚乙烯纤维、聚乙烯醇纤维、聚丙烯纤维、黏胶纤维、聚酯纤维、芳纶纤维、皮芯复合纤维（ES 纤维）等。单一的纤维浆粕纸隔膜制品在强度上不及采用干法拉伸形成的高分子聚合物隔膜，在抄造过程中添加合成纤维不仅可以改善纸隔膜孔隙率还能提高其强度性能。

纤维素隔膜应用于超级电容器应满足超级电容器的基本使用性能要求，并希望进一步提高隔膜的孔隙率和孔隙分布匀度，降低孔隙大小，减小隔膜厚度，从而提高电解质离子的交换能力及安全性能，减少因纤维素隔膜内阻引起的自放电现象，进一步缩小超级电容器的体积。目前市场上超级电容器使用的纤维素隔膜产品，在高端市场主要由日本高度纸工业株式会社（Nippon Kodoshi Corporation，NKK）垄断，部分低端超级电容器的纤维素隔膜依然采用传统电池用纸隔膜产品。

针对超级电容器的纤维素隔膜孔隙率要求高、孔径小且分布均匀的结构性能要求，中国制浆造纸研究院有限公司（CNPPRI）通过甄选造纸原料，改进加工处理技术，调控纸张孔隙结构、吸液和保液率以及强度之间的关系，研制出厚度小、高孔隙率、高强度的新型纤维素隔膜产品。郝静怡等利用多层复合工艺抄造超级电容器纸隔膜，各项性能指标也已达到同类纤维素隔膜性能要求。图 5-1 展示了 NKK 纤维素隔膜、CNPPRI 纤维素隔膜、SCUT 纤维素隔膜以及普通纤维素隔膜产品的扫描电子显微镜（scanning electron microscopy，SEM）形貌对比图。由图可以看出，CNPPRI 纤维素纸隔膜采用超细纤维处理技术获得的纤维在成纸后表面孔隙分布及大小上均已达到或超过 NKK 纤维素隔膜；相比于 SCUT 纤维素隔膜，CNPPRI 纤维素隔膜孔隙分布更加均匀，纤维结合更为紧密。上述 4 种纤维素隔膜产品基本物理性能参数如表 5-1 所示。

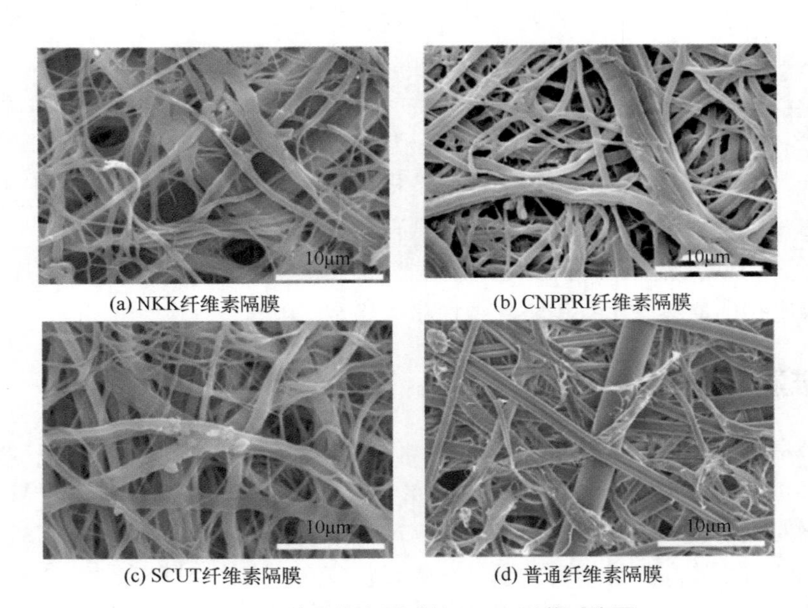

(a) NKK纤维素隔膜　(b) CNPPRI纤维素隔膜　(c) SCUT纤维素隔膜　(d) 普通纤维素隔膜

图 5-1　4 种纤维素隔膜的 SEM 形貌对比图

表5-1　4种纤维素隔膜产品性能参数对比

样品	厚度/μm	面积质量/（g/m^2）	平均孔径/μm	孔隙率/%
CNPPRI纤维素隔膜	36.8	20.3	0.25	67.0
SCUT纤维素隔膜	31.9	—	0.27	63.0
NKK纤维素隔膜	40.3	16.1	0.31	65.0
普通纤维素隔膜	124.0	41.5	42.47	84.2

田中宏典等利用胺氧化物处理纤维素得到可用于制作超级电容器纸隔膜的再生纤维素，实验表明此多孔质膜厚度可降低至 29.8μm，平均孔径 0.24μm，阻抗仅为 0.031Ω/100kHz。佃贵裕等利用聚酯纤维和原纤化纤维素制作出多孔的双电层电容器隔膜，可适用于 3V 以上的高电压双电层电容器。刘文等利用原纤化处理后的 Lycocell 纤维和经丝光化处理的亚麻浆纤维混合抄造，得到绝缘性和吸收性好、结构均匀、孔径小的超级电容器纤维素隔膜。中国

科学院电工研究所孙现众研究员等对比观察了非织造布聚丙烯隔膜、干法聚丙烯拉伸隔膜、Al_2O_3涂层聚丙烯隔膜以及纤维素隔膜的物理性能对超级电容器电化学性能的影响，研究发现相比于其他 3 种隔膜，纤维素隔膜可以获得更高的比电容和功率密度。主要原因是纤维素隔膜吸液保液率高、孔隙率高，为电解质离子在超级电容器内部流动提供了良好的通道，加快电解质离子交换速率。

5.1.2 合成高分子聚合物隔膜

合成高分子聚合物隔膜具有优异的化学稳定性和机械强度，广泛应用于水系超级电容器。常见的合成聚合物包括聚丙烯（PP）、聚偏氟乙烯（PVDF）、聚丙烯腈（PAN）等，根据不同应用领域，容易加工为适用于不同领域的超级电容器隔膜，如应用于传统超级电容器、高温超级电容器、低自放电超级电容器等的隔膜。

合成高分子聚合物隔膜的制备方法有干法拉伸工艺、干法非织造布工艺、相分离法工艺和湿法非织造布工艺等。干法拉伸工艺分为单向拉伸和双向拉伸两种，在干法单向拉伸工艺中，将聚烯烃用挤出、流延等方法制备出特殊结晶排列的高取向膜，在低温下拉伸诱发微缺陷，高温下拉伸扩大微孔，再经高温定型成高度结晶的微孔隔膜产品；干法双向拉伸主要是在聚烯烃中加入成核改性剂，利用聚烯烃不同相态间的密度差异拉伸产生晶型转变，形成微孔隔膜，干法双向拉伸也是目前制作超级电容器薄膜的主要方法。干法非织造布工艺指将聚合物纤维在干态下用机械、气流、静电或它们结合的方式形成纤维网，再用机械、化学或热加工方法加固而成的非织造工艺。相分离法工艺主要是在聚烯烃中加入制孔剂高沸点小分子，经过加热、熔融、降温发生相分离，拉伸后用有机溶剂萃取出小分子，形成相互贯通的微孔膜从而制成隔膜产品。湿法非织造布抄造隔膜与造纸法类似，由于聚丙烯等合成纤维亲水性和耐热性能较差，在实际生产中通常与植物纤维混抄，提高吸液保液性及热稳定性能。以上四种方法采用的主要原料包括聚丙烯、聚乙烯等聚烯烃类高分子化合物。

孙现众等研究了非织造布聚丙烯隔膜、干法拉伸聚丙烯隔膜、Al_2O_3涂层聚丙烯隔膜以及纤维素隔膜对混合型电池 - 超级电容器电化学性能的影响。结果发现：干法拉伸聚丙烯隔膜和非织造布聚丙烯隔膜的比容量比其他器件约高 20%，而采用纤维素隔膜的元件自放电率最高。图 5-2 为 3 种合成高分子聚合物隔膜与纤维素隔膜的 SEM 图。对比图 5-2（a）、(b）可以发现，非织造布聚丙烯隔膜纤维较长，直径较大，隔膜孔隙分布较差且大小不均匀；纤维素隔膜纤维较短，纤维直径及孔径分布较均匀，较粗的纤维在隔膜中起到骨架作用。干法拉伸聚丙烯隔膜［图 5-2（c）］采用干法拉伸工艺制得，孔径分布均匀，孔隙呈贯穿孔状，孔隙率较低。

合成高分子聚合物隔膜由于其较高的电化学稳定性、机械强度及较低的孔隙率，适用于低容量、功率密度小的超级电容器。但是用于制作大功率、高容量的超级电容器却由于其自身材料孔隙率低和生产工艺的限制难以实现。

合成高分子聚合物隔膜制作的超级电容器在电性能上相比于纤维素隔膜自放电率较低，但是由于烯烃类聚合物自身熔点较低，因此隔膜产品热稳定性较差。此外，合成聚合物高分子隔膜由于生产工艺及自身材料的限制，在保证超级电容器安全性能的前提下隔膜的孔隙率很难进一步提高，厚度很难降低，限制了超级电容器进一步向高功率密度和高能量密度以及体积更小的方向发展。

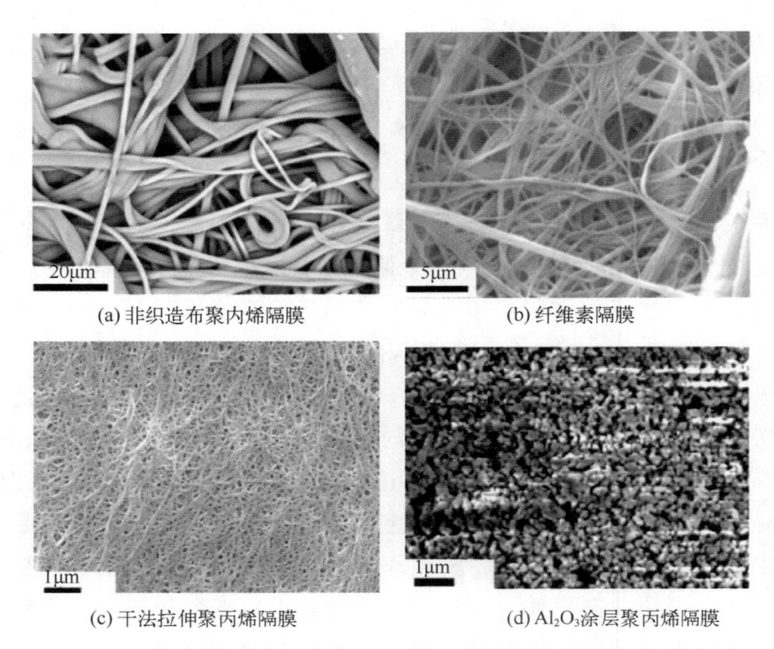

(a) 非织造布聚丙烯隔膜　(b) 纤维素隔膜

(c) 干法拉伸聚丙烯隔膜　(d) Al_2O_3涂层聚丙烯隔膜

图 5-2　3 种合成高分子聚合物隔膜与纤维素隔膜的 SEM 图

表 5-2 比较了美国 Celgard 2400（聚丙烯膜）、日本 NKK MPFO4Q-15（无纺布类）、中国兴邦 pvdf XB-30（高分子半透隔膜）、中国鸿图 CO_2（隔膜纸类）几种不同隔膜的性能。由表 5-2 可见，不同种类的隔膜在穿刺强度、孔隙率和透气性等物理性质方面差别较大。

表5-2　常见隔膜物理性质分析

隔膜	厚度/μm	穿刺强度gf	孔隙率/%	透气性/(s/100cc)	横向拉伸强度/(kgf/cm^2)	纵向拉伸强度/(kgf/cm^2)
Celgard 2400	25	450	41	520	140	1420
MPFO4Q-15	13	150	66.1	—	40	120
pvdf XB-30	30	200	60	8	150	200
CO_2	50	750	45	220	90	130

注：1kgf/cm^2=98.067kPa。

5.1.3　生物隔膜

目前用于制作超级电容器的生物隔膜研究材料主要有蛋壳隔膜（eggs shell membrane）、琼脂隔膜（agar membrane）等。生物隔膜相比于合成高分子聚合物隔膜和静电纺丝隔膜最大的优点在于原料绿色环保、来源广泛，但目前由于产量及自身性能限制还无法实现工业化应用。

蛋壳隔膜主要利用酸溶方法从禽类蛋壳中提取而得。Yu 等利用硫酸溶解鸡蛋壳制作出超级电容器蛋壳隔膜，其表观形貌图见图 5-3。蛋壳隔膜天然具有疏松多孔的立体网状结构，纤维间分布均匀，孔隙大小适合电解质离子通过，如图 5-4 所示。与干法拉伸聚丙烯隔膜相比，蛋壳隔膜具有更好的耐热性，热重分析表明其初始降解温度可达 215℃，满足超级电容器对于隔膜在高温环境中工作的要求，并且具有良好的吸液润胀性能以及强度性能。Taer 等利用蛋壳隔膜制备超级电容器并进行测试，结果表明蛋壳隔膜具有良好的电化学性能，例如低阻抗、较高的能量密度和功率密度等；循环伏安测试表明蛋壳内膜可以形成良好的矩形特征，是良好的隔膜材料。但由于隔膜尺寸较厚（平均可达 100μm），隔膜工业化生产造成大量酸液污染、处理困难等，蛋壳隔膜的产业化应用难以开展。

图 5-3　蛋壳隔膜表观形貌图

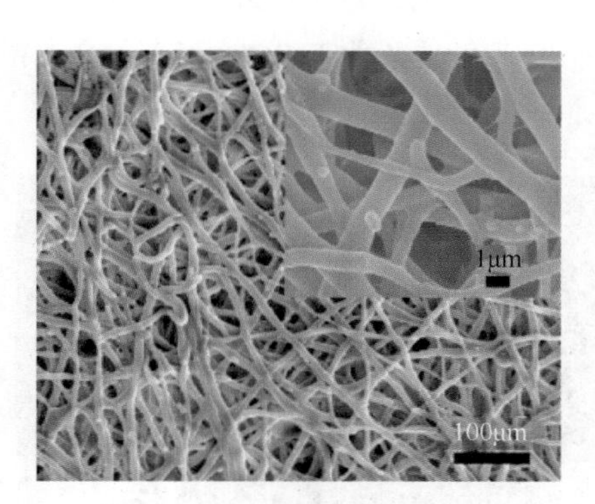

图 5-4　蛋壳隔膜微观形貌图

琼脂隔膜主要采用浇注法制作，将预先配制好的琼脂液浇注在合适的模具中即可制得。琼脂隔膜是一种高分子半透明膜，其主要特点是吸液保液率高、离子透过性及自身电阻小、欧姆极化小等。杨惠等以琼脂为原料制备琼脂隔膜，并以溶胶 - 凝胶法制备的氧化锰作为电极材料制备超级电容器，与纤维素隔膜制备的超级电容器对比发现，利用琼脂隔膜制备的超级电容器能量密度提高 69%，电容效率提高约 11%，且能够使电极性能更加稳定。但是由于琼脂自身机械强度和隔膜韧性差等不能单独使用，往往会在其中添加改性剂提高成膜强度后用于制备超级电容器隔膜。韩莹等以琼脂为基体通过聚丙烯酰胺改性的方式制备出新型超级电容器隔膜材料，研究表明添加聚丙烯酰胺的琼脂隔膜吸液率提升至 400.1%，保液率提升至 335.1%，隔膜韧性也得到改善，超级电容器经历千次循环后，容量衰减率约为 10%。但是相较于其他隔膜材料，琼脂隔膜的机械强度和韧性仍有较大差距，应用于工业化生产还需进一步提高其强度等性能指标。

5.1.4　静电纺丝隔膜

静电纺丝技术是一种对熔融聚合物施加外电场，通过特殊制作的喷丝孔制造出微米、纳米级尺寸的纤丝制造技术。该技术制作出来的微纤丝具有比表面积高、尺寸均匀等优势，而且隔膜具有孔隙率高（可达到 80% 以上）以及纤维之间空间堆叠均匀等特点，有利于电解质离子通过，从而提高离子电导率。

刘延波等利用静电纺丝方法制备 PAN/PVDF-HFP 隔膜应用于超级电容器，PAN/PVDF-HFP 隔膜 SEM 图及其纤维尺寸分布见图 5-5 和图 5-6。由图 5-6 可以看出，隔膜纤维分布均匀，纤维直径主要分布在 250 ～ 350nm 区间内，电化学性能实验表明 PAN/PVDF-HFP 隔膜等效串联电阻小于美国 Celgard 2400 隔膜，循环伏安特性曲线在 5mV/s 下有明显的矩阵特征，具有相对较高的比容量。Laforgue 利用静电纺丝法获得直径约 350nm 的聚（3,4- 乙烯二氧噻吩）纳米纤维隔膜作为电极材料载体，采用 PVDF-co-HFP 静电纺丝纤维制作超级电容器隔膜，该隔膜电化学性能表明，利用静电纺丝方法制作的超级电容器隔膜具有较小的电化学阻抗。Cho 等将美国 Celgard 2400 隔膜与 PAN 静电纺丝隔膜对比发现，在厚度相同和 150℃测试条件下，PAN 静电纺丝隔膜的孔隙率大约是前者的 2 倍。而且 PAN 静电纺丝隔膜的收缩率为 26%，为 Celgard 2400 隔膜的 30%，强度也优于 Celgard 2400 隔膜。Tonurist 等将制备出的静电纺丝 PVDF 隔膜与日本 NKK 纤维素隔膜和美国 Celgard 聚丙烯隔膜对比发现，在相同测试条件下，静电纺丝 PVDF 隔膜综合性能已达到使用要求。

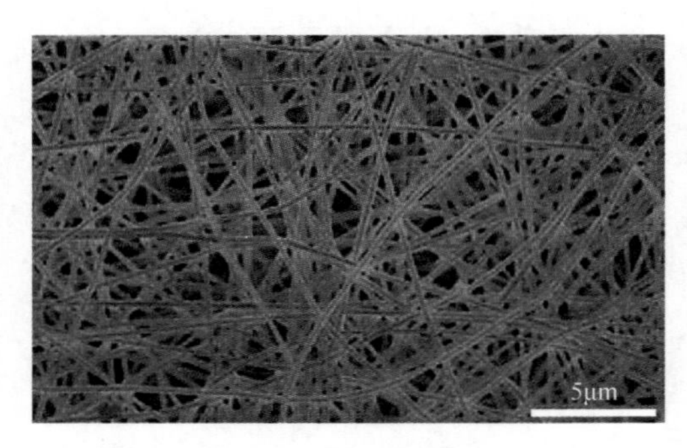

图 5-5　PAN/PVDF-HFP 隔膜 SEM 图

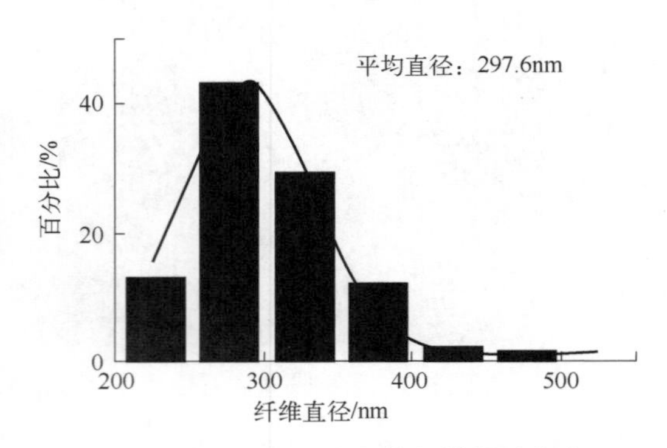

图 5-6　PAN/PVDF-HFP 的纤维尺寸分布

静电纺丝隔膜在超级电容器领域应用中有其独有的优势，但是在制备技术上仍存在较大的不足。静电纺丝隔膜利用静电喷丝设备喷丝而成，在喷丝过程中由于溶剂挥发，使得纤维表面集聚较多的电荷导致喷丝不稳定，直接导致隔膜尺寸和结构产生偏差，降低超级电容器的安全性能；制作喷丝所用材料亲水性较差，使得制作出的超级电容器在工作过程中电解质离子无法快速交换，影响功率密度的提升。因此，静电纺丝隔膜规模化应用于超级电容器，还需要进一步改善其制作工艺，采用化学改性等方法提高纤维材料的亲水性能。

5.2 超级电容器隔膜材料的产业化现状

超级电容器性能优异，在交通运输和新能源等领域应用广泛。我国为超级电容器生产和消费大国，在市场需求拉动下，我国超级电容器行业发展空间不断扩大。随着超级电容器技术不断发展，其应用领域不断扩展，市场规模持续扩大，预计 2028 年全球超级电容器行业市场规模有望达到 1600 亿美元。从国内市场来看，随着国家政策支持力度的加大和技术的不断升级，近年来中国超级电容器市场规模持续攀升。2022 年中国超级电容器行业市场规模达 184.9 亿元，随着新能源汽车、智能穿戴等设备的普及，未来中国超级电容器市场规模有望进一步扩张。

如图 5-7 所示，超级电容器产业链上游为各类零部件及原材料提供商，主要由电极炭、隔膜、电解液等材料组成，分别占电芯成本的 30% ～ 50%、15%、10%。中游参与者主要包括超级电容器单体制造、超级电容器模组制造等。下游主要面向交通运输、工业领域、新能源以及装备等领域，在各类能量回收和储能场景使用。

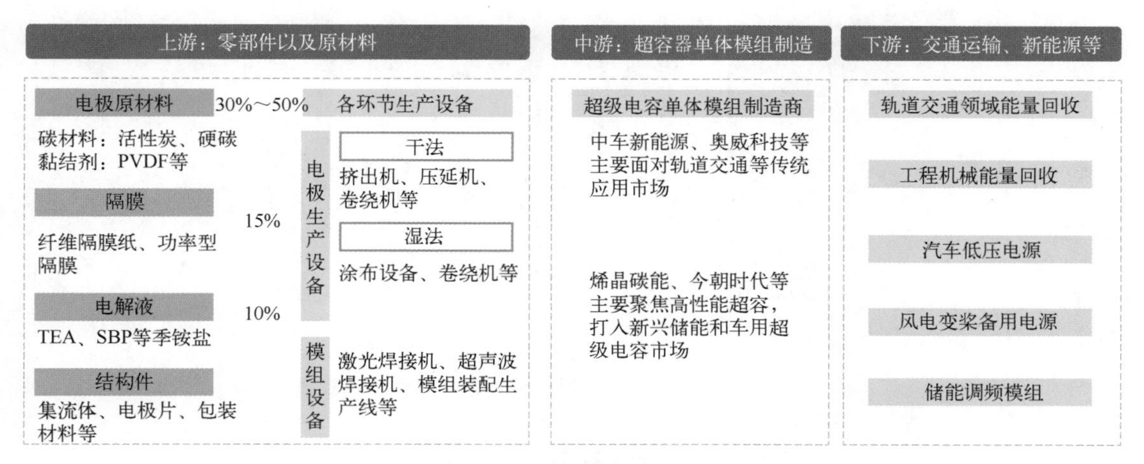

图 5-7　超级电容器产业链

超级电容器目前主要需求来自交通运输和工业领域，但需求相对低端，竞争壁垒较低。未来在新能源等因素驱动下，汽车电源与储能调频预计成为重要的应用市场，对超级电容器提出更高的性能需求，届时具备领先电极开发能力和车规超容器单体开发能力的相关企业将率先打开市场空间，实现快速增长。

目前，超级电容器的关键技术仍需行业内企业的不断创新与突破。其次与拥有成熟经验的国外企业相比，国内企业在生产、制作和管控上还有一定差距。国内企业只有从全产业链上寻找市场突破口，结合自身优势针对细分市场研发高性价比的产品，才能与国外企业竞争。对于超级电容器上游产业链而言，上游材料国产化，成本持续下降成必然趋势。其中电解液国产化配套相对成熟，本土厂商新宙邦占据我国超级电容器电解液 50% 以上市场份额，而电极与隔膜则因技术壁垒较高而长期依赖进口，电极材料中用量最大、最经济的材料——超级电容炭 70% ～ 80% 从日本可乐丽进口，如何获得高性能、低成本木炭材料将成为技术攻关的关键。在电极材料的制备中，电极微观孔径的大小、孔径分布的一致性控制是超级电容器研究需要考虑的关键因素，也是考验超级电容器研究核心能力的关键难点。

我国超级电容器隔膜市场规模庞大并逐年增大，占超级电容器市场规模的 25% 左右，见图 5-8。但我国隔膜主要从美国、日本等国进口，日本 NKK 占据全球超级电容器隔膜 60% 以上市场份额。元力股份、北海星石、凯恩股份等本土厂商正大力推动电极、隔膜材料国产化，如表 5-3 所示，在原材料国产替代趋势下，超容材料成本下降成为必然趋势。我国超级电容器隔膜市场主要参与者包括浙江凯恩特种材料股份有限公司、宁波柔创纳米科技有限公司、中国制浆造纸研究院有限公司等。凯恩股份为我国超级电容器隔膜龙头企业，产品已在我国众多知名超级电容器生产厂得到应用。据凯恩股份企业年报，2021 年公司实现营收 18.3 亿元，同比增长 18%。

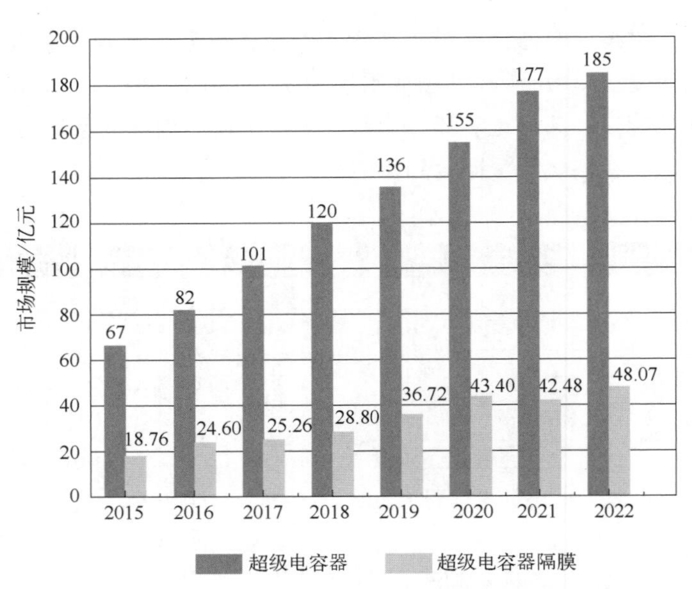

图 5-8　2015 ～ 2022 年中国超级电容器隔膜市场规模

表5-3　超级电容器各材料国产替代现状

原材料	成本占比	全球竞争格局	国产替代进展
电极	30%～50%	电极材料长期被日本垄断，日本厂商可乐丽占据我国超级电容炭70%～80%市场份额	元力股份：元力股份是国内木质粉状活性炭龙头，目前已建成300t超级电容炭产能，2022年末项目产能达标后将新增300t超级电容炭产能，已与锦州凯美、宁波中车等多家超级电容厂商达成合作； 北海星石：年产2000t的超级电容炭项目已于2021年建成，已正式投产； 中国科学院山西煤化所：成功突破“淀粉基超级电容炭批量化制备技术”，并已在宁波中车、锦州凯美和上海奥威等超级电容厂商试用
电解液	25%～35%	电解液国产化配套较成熟，国内厂商新宙邦占据我国超级电容器电解液50%以上市场份额	新宙邦：超级电容器电解液产品性能处于国际先进水平，已成为包括Maxwell、REDI、Nesscap在内的世界主流超级电容器厂商的合格供应商
隔膜	15%～25%	隔膜材料长期被日美垄断，日本厂商NKK占据全球超级电容器隔膜60%以上市场份额	柔创纳科：超级电容器隔膜占其总营收60%左右，已成为宁波中车、今朝时代、江海股份、中天科技等超级电容器厂商的合格供应商； 凯恩股份：超级电容器隔膜目前已处于下游厂商小规模使用阶段，量产后有望逐步实现国产替代

新思界行业分析人士表示，作为超级电容器关键材料之一，超级电容器隔膜市场需求旺盛，行业发展速度不断加快。与美、日两国相比，我国超级电容器隔膜技术水平相对落后，产能无法满足市场需求，产品高度依赖进口。未来随着本土企业技术创新能力不断提高，国产超级电容器隔膜市场占比将进一步提升。

5.3 超级电容器储能隔膜材料的性质

隔膜的三种主要特性，即稳定性、一致性和安全性，决定着电容器的放电倍率、内阻、循环寿命等。这三种特性的作用及对工艺和材料的要求见表 5-4。不同的基体材料性能对于隔膜的稳定性有较大影响，主要包括电子绝缘性、化学稳定性、拉伸强度和收缩率。隔膜的一致性取决于生产工艺，主要包括孔径、孔隙率、浸润性和厚度等。隔膜的安全性受基体材料和制作工艺的共同影响，主要包括穿刺强度、熔化温度和闭孔温度等。

表5-4　隔膜三种特性的作用及对工艺和材料的要求

项目	特性	作用	对工艺和材料的要求
安全性	穿刺强度	防止电极枝晶、极片毛刺刺穿隔膜造成短路	主要受基体材料和工艺共同影响，实现难度较高
	熔化温度	防止隔膜熔化造成电容器内部短路	
	闭孔温度	防止电容器过热	
一致性	孔径	保证较低电阻和较高的离子电导率、提高能量密度和充放电性能	主要受工艺影响，实现难度较高
	孔隙率		
	浸润性		
	厚度	减小内阻，可大功率充放电	
稳定性	电子绝缘性	隔离正负电极，防止电容器短路	主要受基体材料影响，实现难度相对较低
	化学稳定性	耐电解液腐蚀，保证隔膜寿命	
	收缩率	防止隔膜变形	
	拉伸强度		

目前，国内尚未形成对隔膜的统一测试标准，很多测试项目借鉴了塑料薄膜、纸制品、纺织品等行业的产品标准进行测定。

针对诸多性质，中国科学院山西煤炭化学研究所与中国农业大学对诸多理想力学性质进行了归类，在超级电容器隔膜的性能研究中都可以将其作为一种参考标准，例如：抗拉强度≥ 0.3kN/m、厚度< 50μm、孔径小于 1μm 等。

下面将对隔膜的力学性质（拉伸强度和断裂伸长率、穿刺强度、混合穿刺强度）、热学性质（热收缩率、熔点和自闭孔温度）和表面性质（厚度、形貌和组成、微孔结构、透气度、润湿性、吸液率）的测试标准及方法进行详细的介绍。

5.3.1　力学性质

力学性质决定着隔膜材料的寿命和强度，在整个电容器体系中扮演着重要的角色。电容器能否安全工作，能工作多久，都受到力学性质的直接影响。隔膜需要有一定的机械强度来应对电容器封装过程中的压力。此外，在长期的充放电过程中，隔膜要保证其结构完整性，如果破裂，则会导致正负极直接接触引起短路，从而造成安全事故。

（1）拉伸强度和断裂伸长率

对于超级电容器而言，在正常的充放电循环中，正极和负极的活性物质会经历较大的体积膨胀，因而对力学强度有着一定的要求。隔膜作为一种聚烯烃类物质，其拉伸强度和断裂伸长率是隔膜的两个最直观评判指标。拉伸强度可分为纵向方向（machine direction，MD）和横向方向（transverse direction，TD）两个，对于不同生产工艺的隔膜，其拉伸强度也不尽相同。以单向拉伸和双向拉伸工艺（详见第 5.4.2 小节）为例，前者纵向（拉伸方向）拉伸强度明显高于横向拉伸强度，而后者的拉伸强度在两个方向都表现得相对均匀。

目前，拉伸强度采用的标准有《塑料　拉伸性能的测定　第 3 部分：薄膜和薄片的试验条件》(GB/T 1040.3—2006)和 Standard Test Method for Tensile Properties of Thin Plastic Sheeting(ASTM D882-12),涉及的参数主要有夹具距离、拉伸速率、试样尺寸等。使用电子万能材料试验机对隔膜样品的拉伸强度和断裂伸长率进行测试,拉伸隔膜直至断裂产生的力,即拉伸强度。在固定样品其他参数的情况下所得结果平行性较好,准确度较高。另外,材料的应力和应变在弹性变形阶段成正比,比例系数为杨氏模量,值越大,其力学性能越好。

如式(5-1)所示,试样在拉伸过程中,材料将会经过弹性形变、屈服、应变软化后伴随细颈现象直至应变硬化进而拉断。

$$\sigma = \frac{F_b}{S_0} \tag{5-1}$$

式中 F_b——拉断时所承受的最大力,N;

S_0——试样原横截面积,m^2;

σ——所得的应力,称为抗拉强度或者强度极限,N/m^2 或 MPa。

拉伸测试满足式(5-2)。

$$\varepsilon = \frac{L_b - L_0}{L_0} \times 100\% \tag{5-2}$$

式中 L_0——试样拉伸前长度,m;

L_b——拉伸后长度,m;

ε——拉伸后的伸长长度与拉伸前长度的比值称断裂伸长率,用百分数表示。

湖南大学的谭龙利对隔膜及阴阳极材料进行拉伸测试,研究其力学性能,发现隔膜试样的断口呈现与阴阳极不一样的平整情况,是随孔隙率分布的不均匀断裂,推测孔隙率分布高的部位拉伸承载能力更弱,对于研究热失控现象有一定指导作用。

张文阳等对双向拉伸工艺的 UHMPWPE 隔膜进行了拉伸研究,探究了不同温度和拉伸比及拉伸速率下膜的理化性质变化。实验发现,较低拉伸温度会造成孔网络结构破坏,较高拉伸温度会降低隔膜均匀性甚至熔融;拉伸比增加,造成聚合物取向程度增加,力学强度增强,微孔结构更加均匀;拉伸速率由低变高,隔膜微孔结构均匀性由差变好。

天津工业大学赵超制备了 PAN 复合压电纤维膜,其拉伸强度达到 16.43MPa,相比 PP/PE 商业膜(7.28MPa)高出一倍,拥有更良好的拉伸强度。

(2)穿刺强度

由于极片的边缘在生产过程中容易产生毛刺,在电容器工作过程中负极表面容易生成金属枝晶,这些都容易刺穿隔膜,造成正负极直接导通使得电容器短路,所以隔膜也需要有足够的抗穿刺强度才能保障生产和使用过程中的安全性。使用电子万能材料试验机测试穿刺强度,参考标准为 Outline of Investigation for Battery Separators(UL2591—2009)。将隔膜样品固定在直径为 30mm 的固定架上,用顶端半径为 0.5mm 的钢针以 30mm/min 的速度垂直插入隔膜样品的中间位置,穿刺强度是完全穿透隔膜所施加在钢针上的最大力值。

穿刺测试满足式(5-3)。

$$F_p = \frac{F_0}{d} \tag{5-3}$$

式中　F_p——穿刺强度，N/μm；

　　F_0——隔膜被刺穿时所测得的力，N；

　　d——隔膜的厚度平均值，μm。

Jung 等对提高隔膜穿刺强度进行了研究，在 PE 基膜表面涂覆非水性陶瓷层［如 Al_2O_3、$Mg(OH)_2$］，可以将隔膜的耐热温度提升至 200℃，减少内短路时的热收缩，从而提高针刺安全性。涂覆 $Mg(OH)_2$ 很大程度上将隔膜延展性提高，Al_2O_3 又进一步使表面脆性增加，使得穿刺强度上升，穿刺时隔膜也能部分填充针孔阻止正负极短接。

（3）混合穿刺强度

混合穿刺强度测试的是电极混合物穿透隔膜造成短路时的力，具体方法参考 Battery Separator Characterization and Evaluation Procedures for NASA's Advanced Lithium-Ion Batteries（Nasa/TM-2010-216099），国内执行标准可以参考《包装用复合膜、袋通则》（GB/T 21302—2007）。通常混合穿刺强度用于评估储能器件发生短路的可能性，USABC（美国先进电池联盟）规定，隔膜的混合穿刺强度应大于 100kgf/mil（1kgf = 9.8N、1mil = 25.4μm）。实验方法是将隔膜夹在电容器正负极之间通过外界施力平板进行挤压，模拟储能器件内部实际环境，测量当正负极短路时所施加的压力。在组装超级电容器时，由于隔膜被两个表面粗糙的电极夹在中间，在电容器组装或充放电时会导致隔膜穿刺，因此通过用混合穿刺强度去表示隔膜的力学性能更加具有参考价值。但该方法的测量结果直接受到正负极片的涂覆工艺、电极材料影响，因而难以形成通用的指标。

5.3.2　热学性质

（1）热收缩率

电容器工作的过程中，由于不可避免的内阻存在，往往会产生或多或少的热量，极端情况下（短路）短时间内会生成大量的热，这些热量会导致隔膜材料产生收缩或褶皱。为保证隔膜不失效，始终保证隔离正负极的效果，对于其热收缩率就有了一定的要求。

隔膜的热收缩率是指加热前后隔膜尺寸的变化率，也分为横向（TD）和纵向（MD）两种。主要参考标准有《塑料　薄膜和薄片　加热尺寸变化率试验方法》（GB/T 12027—2004）和 Standard Test Method for Linear Dimensional Changes of Nonrigid Thermoplastic Sheeting or Film at Elevated Temperature（ASTM D1204-14）。具体方法为，裁剪出一定面积大小的隔膜样品，将其夹在两块钢板中，置于一定测试温度下保持一定时间，记录样品在加热前后的尺寸大小。计算公式如下：

$$\text{热收缩率} = \frac{S_1 - S_2}{S_1} \times 100\% \tag{5-4}$$

式中　S_1——隔膜初始面积，cm^2；

　　S_2——隔膜热处理后的面积，cm^2。

一方面，由于隔膜多使用 PP/PE 为基础的聚烯烃类物质为原料，而聚烯烃类隔膜自身的抗热收缩性能较差，因此针对热收缩率的优化多采用涂层的方式，常见的有 Al_2O_3 等无机陶瓷材料涂层。

另一方面，由于隔膜生产过程中，部分工艺采取热拉伸的方式进行，双向拉伸和单向拉伸都会使聚合物取向，而受热会导致其沿取向方向收缩，因此生产过程的拉伸程度也会影响隔膜热收缩率。如图 5-9 所示，王欣等对拉伸率和热收缩率间的关系进行了研究，发现热稳定性随着拉伸率的提高而下降，其原因是在拉伸率提高的同时，隔膜的孔径拉得更大，热量在隔膜表面及内部结构中的传递周期更短，受到的热辐射量更大，导致收缩更明显。

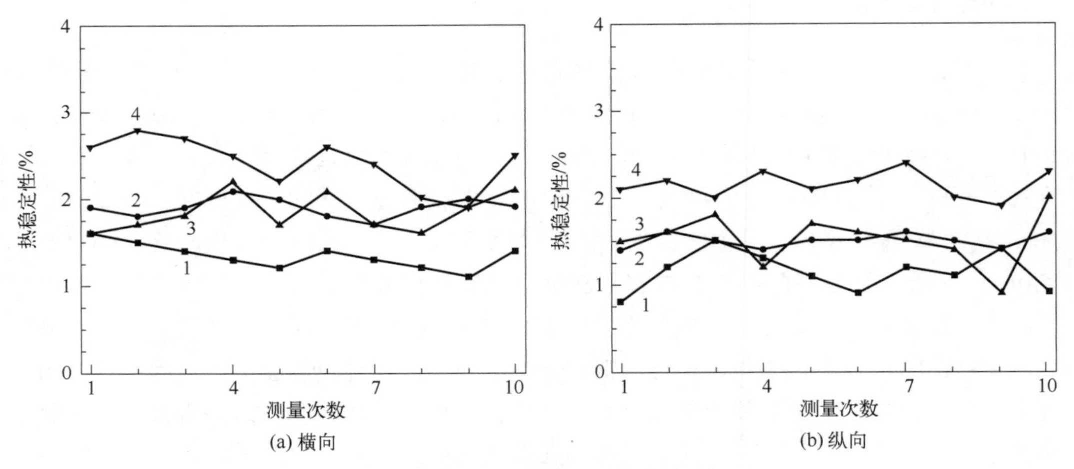

图 5-9 拉伸率对隔膜热稳定性的影响

1—纵向 5.5%，横向 5.0%；2—纵向 6.0%，横向 5.5%；
3—纵向 6.5%，横向 6.0%；4—纵向 7.0%，横向 6.5%

（2）熔点和自闭孔温度

熔点是材料发生熔化时的温度，电容器使用过程中容易发生电容器温度上升的情况，隔膜熔化会导致电容器发生短路，因此隔膜熔化温度越高，安全性越高。通常来说，熔点最好大于 150℃。电容器在短路、过充、热失控等异常情况发生时会产生过多热量，当超过一定温度时，聚烯烃隔膜的微孔结构会自动闭合而形成无孔绝缘层，即在温度达到热失控之前切断电流回路，阻抗明显上升，可防止电容器在使用过程中发生热失控而引发危险。但是并不是所有的隔膜都具有自闭孔行为，其闭孔能力与聚合物的分子量、结晶度、加工历史等因素有关。

判断隔膜基材的熔点可采用差式扫描量热仪（differential scanning calorimeter，DSC）测试。该仪器通过热电偶收集材料在升 / 降温过程中热流的变化，绘制成曲线，由于材料在熔点时会大量吸热，曲线在此处出现尖锐的峰，峰值温度即该材料的熔点。测试方法为，称取 4 ～ 5mg 隔膜样品装入铝制坩埚内，使用 DSC 在氮气气氛中对样品进行热性能分析，设置扫描温度范围为 50 ～ 300℃，升温速率为 10℃ /min。如图 5-10 所示，测得聚乙烯（PE）隔膜的熔点约为 135℃，而聚丙烯（PP）隔膜的熔点约为 165℃，根据隔膜的熔点可初步判定其耐热性能。

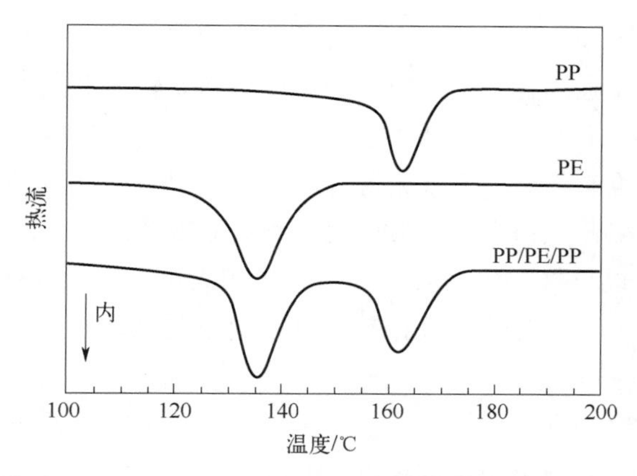

图 5-10　PP、PE 和 PP/PE/PP 三种隔膜的 DSC 测试

当前，测量隔膜自闭孔温度的主要方法是电阻突变法。该方法通过在外界温度升高时测量电容器阻抗来确定隔膜的自闭孔温度，以确定阻抗突变处自闭孔温度。过度充电滥用性测试也验证了隔膜的自闭孔性能可以有效地预防系统热失控。根据图 5-11，PE 隔膜的自闭孔温度约为 135℃，而 PP 隔膜的自闭孔温度约为 165℃。然而，单层聚烯烃类隔膜的阻抗仅有小幅增加，可能无法完全将自闭孔闭合，存在安全隐患，因此需要进一步提高阻抗数量级。PP/PE/PP 多层隔膜则能够满足这一需求。

基于自闭孔的原理，为制备更安全的电容器 / 电池，降低自闭孔温度是直接方式，隔膜自闭孔温度与原材料的熔点有密切关联。胡伟等以 PP、PE 薄膜为基膜，采用三层共挤工艺一次成型挤出 PP/PE/PP 复合基膜，经过热处理退火后直接进行双向热拉伸，得到了孔径均一、贯通性好、穿刺强度高及 130℃低温自闭孔的复合隔膜，且由于 PP 高熔点特性，在隔膜孔自闭时仍保证了熔体的完整性。

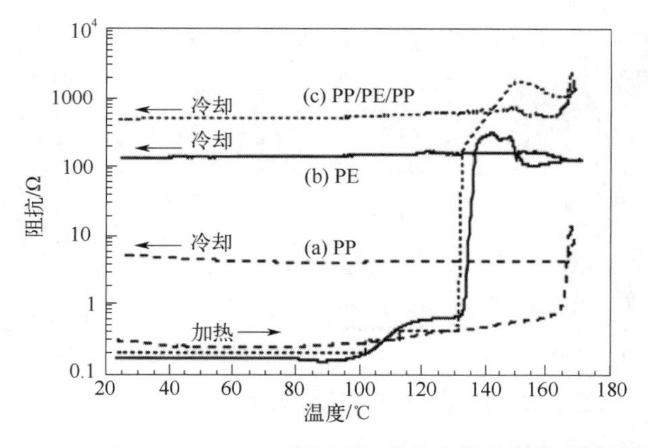

图 5-11　PP、PE 和 PP/PE/PP 三种隔膜组装储能器件阻抗和温度关系曲线

5.3.3 表面性质

（1）厚度、形貌和组成

厚度是隔膜最直观、最基本的性质，隔膜厚度一般约为 25μm，且厚度均一，在保证一

定机械强度的前提下，隔膜表面必须平整，对于高能量和高功率密度的超级电容器要求隔膜厚度尽量薄，以增加离子通透性。但是过薄的厚度会降低隔膜机械强度，这又使得隔膜变得易损，在电容器组装与工作中更容易发生安全问题。一般企业会使用千分尺测量隔膜厚度。关于厚度测试的主要标准有《塑料薄膜和薄片厚度测定 机械测量法》（GB/T 6672—2001），该标准对取样方法、仪器测试精度、测量压力、测量面积等进行了详细规定。

隔膜的形貌观测可以直接评估隔膜的孔隙分布和大小，定性推断隔膜生产工艺及质量。通常，利用SEM来观测隔膜表面的微孔和纤维，记录其孔的形貌、均匀性和纤维的尺寸。方法是对所需测试的隔膜样品进行充分的干燥处理后，裁剪出合适的尺寸，用导电胶纸固定于样品台上，经表面喷金处理后，采用冷场发射扫描电子显微镜调整合适的放大倍数对隔膜样品的表面形貌结构进行观察分析。如图5-12所示，分别为美国Celgard公司几种不同孔隙率的隔膜拍摄SEM图像，可以通过图像观测隔膜产品的孔隙大小，进一步反映孔隙率的高低。

除SEM外，常见的表征方法还有红外光谱法，通过使用红外光谱仪（infrared spectrometer, IR），利用物质特定结构对不同波长的红外辐射的吸收特性，进行分子结构和化学组成分析，通常利用该方法来对改性隔膜进行成分分析。

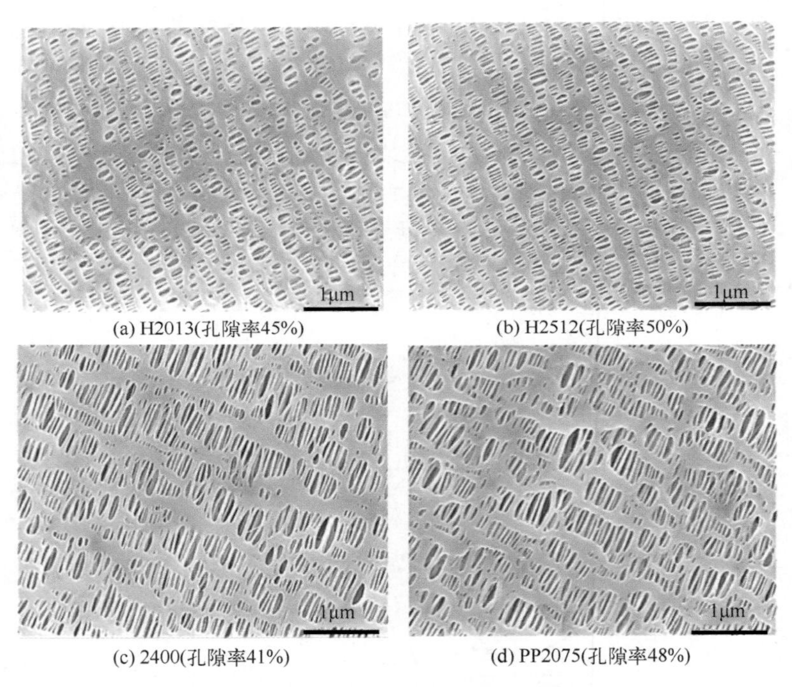

(a) H2013(孔隙率45%)　(b) H2512(孔隙率50%)
(c) 2400(孔隙率41%)　(d) PP2075(孔隙率48%)

图5-12　Celgard不同孔隙率隔膜产品的SEM图

（2）微孔结构

微孔是隔膜能让离子自由通过的结构基础，孔隙的大小、分布及孔隙率是评判微孔结构质量的几个标准，这几个因素直接影响着电容器的性能。同样厚度的情况下，孔径越大，隔膜对离子迁移的阻力越小，但会导致隔膜的力学性能和电子绝缘性下降，容易在电容器生产、工作中造成隔膜穿孔而导致电池短路；孔径太小，则会增大内阻。孔径的分布影响着隔膜微孔的均一性，微孔分布不均匀会导致离子迁移的数量不一致，直接造成局部电流过大或过小以影响正常工作性能，隔膜孔径分布测定的主要参考标准为 Standard Test Methods for Pore Size Characteristics of Membrane Filters by Bubble Point and Mean Flow Pore Test [ASTM F316-03（2011）] 和《压汞法和气体吸附法测定固体材料孔径分布和孔隙度 第 1 部分：压汞法》(GB/T 21650.1—2008)，通常采用毛细管流动分析仪或压汞仪两种设备进行测试。毛细管流动分析仪使用泡点法，让惰性气体通过已润湿的隔膜测量气体流出的压力值，从而计算出孔径参数。压汞仪则使用压汞法，通过测量汞压入孔所施加的压力来计算孔径参数。然而，由于隔膜的微孔不是刚性结构，压汞浸入的过程中会使孔发生变形，从而影响测定结果的准确性，并可能破坏样品原有结构。此外，压汞仪的测试结果包括通孔和盲孔，而毛细管流动分析仪的测试结果仅包含通孔。值得一提的是，在测量过程中，在选择标准溶剂时应谨慎考虑，因为所选的标准溶剂会影响样品的浸润性，进而影响测量结果的准确性。

孔隙率是指微孔体积占隔膜总体积的比例，直接影响着隔膜对电解液的保液量，关系着电容器充放电性能和寿命的好坏。目前，市面上常见的隔膜孔隙率大多在 40% ～ 60% 的数量级，一般来说，聚烯烃（PP/PE）基隔膜比纤维素基隔膜孔隙率低。孔隙率是隔膜生产工艺需要把控的一个十分重要的指标，高孔隙率意味着更好的电化学性能（阻抗等），但是会带来表现不佳的力学性能，且会降低隔膜自闭孔能力，影响使用安全，因此通常在生产中会对制作方法、原料进行选择和改进，以制得孔隙率和强度尽可能兼顾的高性能隔膜。由于孔隙结构包含通孔、盲孔和闭孔三种结构，因此同样厚度和孔隙率的两种隔膜可能阻抗等性能不一致。

通常测试孔隙率的方法包括吸液法、仪器测试法和计算法。吸液法是将隔膜称重后，浸入可以被润湿的已知密度溶剂中，待液体充分进入孔隙后将隔膜纸取出并擦干表面液体，通过测量吸液前后质量差计算液体占据的体积，这个体积就是隔膜孔隙的体积，其计算方法如式（5-5）所示。

$$\text{孔隙率}=\frac{\frac{m_2-m_1}{\rho}}{V}\times 100\%=\frac{m_2-m_1}{\rho V}\times 100\% \tag{5-5}$$

式中 m_1——隔膜浸湿前质量，g；

m_2——隔膜浸湿后质量，g；

ρ——液体密度，g/cm^3；

V——隔膜表观体积，cm^3。

仪器测试法是通过毛细管流动分析仪或压汞仪测试得到孔隙率的一种方法。仪器测试法精确度高，但需要采用特殊的仪器设备。压汞仪由于使用了有毒金属汞，且测试方法会破坏试样，因而市面上也逐渐出现了压水仪作为实验仪器。目前，采用压汞仪测定孔隙率的相关标准有《压汞法和气体吸附法测定固体材料孔径分布和孔隙度 第 1 部分：压汞法》(GB/T 21650.1—2008)。

计算法是一种简便的孔隙率计算方法，直接通过测量隔膜体积和质量就可以计算出孔隙率。

$$\text{孔隙率}=(1-\frac{m/V}{\rho})\times 100\% \tag{5-6}$$

式中　m——隔膜质量，g；

V——隔膜表观体积，cm^3；

ρ——隔膜材料密度，g/cm^3。

（3）透气度

透气度是指隔膜的气体透过能力，间接地反映离子的透过性，更好的透气度往往获得更低的内阻。透气度受到多种因素的影响，包括隔膜材质、孔隙率等因素。隔膜的透气度通常通过空气透过率来衡量，定义为定量的空气在单位压差下通过单位面积隔膜的时间。由于透气率的大小由微孔结构所决定，而孔隙率并不能真实地表示孔隙的贯通性（闭孔、盲孔），因此孔隙率和厚度一致的情况下透气率可能不相同。一般来说，双层或多层隔膜的透气率低于单层隔膜。

透气度的测试主要参考造纸行业标准《纸和纸板　透气度的测定》（GB/T 458—2008）和 Standard Test Method for Resistance of Nonporous Paper to Passage of Air［ASTM D726-94（2003）］，两者测试方法基本一致，区别在于气体透过量。由于透气度与气体透过量呈正比例关系，因此，尽管执行标准不同，但可通过换算得到统一的数据。通常采用透气度测试仪测定隔膜的透气度，以 Gurley 指数表示，时间越短，表明隔膜的透气率越高，反之则越低。除上述标准外，还可以参考采用的检测标准还有《Plastics-Film and Sheeting-Determination of Gas-transmission Rate-Part 1：Diferential-pressure Methods》（ISO 15105-1：2007），《Standard Test Method for Determining Gas Permeability Characteristics of Plastic Film and Sheeting》［ASTM D1434-82（2015）］等。

（4）润湿性

润湿性指的是电解液对隔膜的浸润程度，隔膜应该具备快速吸收尽量多电解液的良好的保液能力，但又不能引起隔膜的溶胀与隔膜尺寸的变化，从而保证离子正常通过，得到更高的离子电导率；反之则会增加隔膜与电极间的界面电阻，影响电池的充放电效率和循环性能。

由于隔膜的润湿性受其材质影响，因此通常采用接触角来反映隔膜润湿性的高低。图 5-13 是接触角测量示意图，使用接触角测定仪在隔膜表面滴下电解液，测定液滴两端的距离与高度，计算出接触角，接触角数值越小，表明隔膜的亲液能力越好。

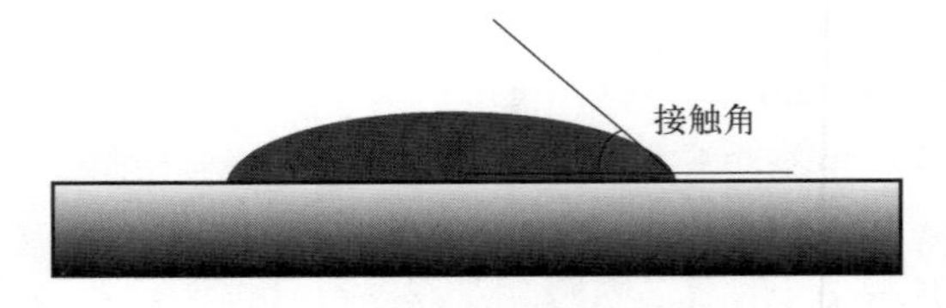

图 5-13　接触角测量示意图

另一种简单的方法，即目测法。通过用微量注射器吸取电解液，滴加在隔膜上并开始计时，电解液将隔膜完全润湿时停止计时，或者将隔膜悬吊于电解液上方，隔膜下半部分浸入电解液中，观察电解液上升的高度。这种方法的缺点是无法表征隔膜对电解液的润湿性。

针对 PP 基隔膜材质的弊端——PP 表面能低，与含极性组分电解液相容性差，使得润湿性较差，浙江大学的张音通过在PP基隔膜表面涂覆鞣酸和聚醚酰亚胺两种高极性物质，将PP原膜的电解液接触角从49°降低至11.6°，电解液从在隔膜上缓慢渗透几乎不发生扩散转变为在隔膜上迅速扩散浸润，大大改善了PP基隔膜的润湿性，进一步得到了更好的离子电导率和迁移数。

(5) 吸液率

隔膜必须具有一定的吸液量才能保证其能够传输离子，电解液吸收率采用吸液法进行测定。执行标准可以参考《电池用浆层纸　第11部分：吸液率的测定》(QB/T 2303.11—2008) 或《碱性蓄电池隔膜性能测试方法　隔膜吸碱率的测定》(SJ/T 10171.7—1991)。通常在实际操作中，由于电解液的挥发性等因素，会导致每次测定结果存在偏差，因此吸液率的测定以多取几次测定结果的平均值为准。吸液率计算公式见式(5-7)。

$$\text{吸液率}=\frac{m_1-m_0}{m_0}\times 100\% \tag{5-7}$$

式中　m_0——隔膜初始质量，g；

　　　m_1——隔膜充分吸液后质量，g。

5.4 超级电容器储能隔膜材料的工艺

隔膜是超级电容器的关键材料，直接影响超级电容器的性能。隔膜材料的选择直接决定了隔膜的工作能力，而生产工艺又决定隔膜的性能。近年来，有关超级电容器隔膜的工艺报道较少，大多数沿用几种较为主流的生产工艺而进一步地改性增强。商用超级电容器隔膜在国际上主要生产商包括日本高度纸工业株式会社、美国Celgard公司，国内有中国制浆造纸研究院有限公司、浙江凯恩特种材料股份有限公司等。

5.4.1 纤维素基隔膜材料的抄纸法工艺

纤维素是一种大分子多糖类化合物，自然界中分布广泛，是一种储量丰富、成本低廉的隔膜原料。相比PP/PE基隔膜，纤维素可降解、无污染，在绿色发展的时代背景下，纤维素成为储能隔膜的不二之选。

纤维素隔膜因其所用材料为纤维素纤维，在抄纸过程中纤维之间形成立体网状结构，纤维分丝帚化形成的微纤丝在主干纤维与微纤丝之间形成桥接，使成纸具有较高的机械强度。一方面纤维素对电子有绝缘作用，制得的隔膜产品可以有效防止两电极间接触造成短路；另一方面纸隔膜孔隙率较高，纤维素分子包含数量较多的吸水性羟基官能团，使成品纸具有良好的吸液保液效果，能够使电解质阴阳离子在充电、放电过程中实现快速交换，因此纤维素纸可以作为隔膜应用于超级电容器。

由于纤维素庞大的分子结构，使之不易在水中溶解，因此目前纤维素隔膜制备工艺多采用抄纸法进行，即经过造纸工艺的制浆、调制、抄造、加工等一系列工序，常见的原料包括植物纤维如棉浆、木浆、草浆、麻浆、再生纤维等，以及辅助植物纤维配抄的合成纤维如聚乙烯纤维、聚乙烯醇纤维、聚丙烯纤维、黏胶纤维、聚酯纤维、芳纶纤维、皮芯复合纤维(ES 纤维）等。纤维素隔膜的抄纸工艺可控性强，对比非织造布聚丙烯隔膜、干法拉伸聚丙烯隔膜，有效地避免了孔隙分布不均等现象，同时提高了孔隙率。

抄纸法制备超级电容器纤维素隔膜具体实施方案：

① 前处理：对采用的纤维素进行高温真空烘干，去除其中的水分。

② 调浆：将烘干后的纤维素用水配制为不同浓度的悬浮液，搅拌溶液使纤维素充分吸水膨胀并形成均一溶液。

③ 打浆：选用不同浓度的溶液，研究低浓打浆和高浓打浆对纤维性能的影响。

④ 抄纸：将得到的均质浆液加入造纸机中制备湿法纤维素膜。

⑤ 烘干压延：隔膜随后在高温烘箱中进行干燥处理，随后在一定温度和压力下压延得到超级电容器纤维素隔膜。

图 5-14 展示的是抄纸法工艺的基本流程。

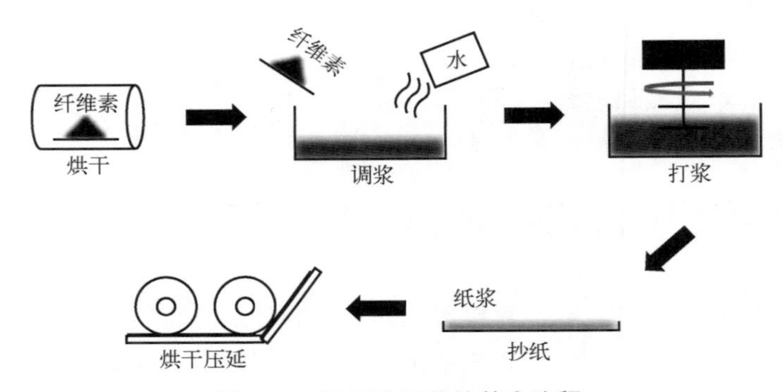

图 5-14 抄纸法工艺的基本流程

目前，在纤维素隔膜的生产和销售上存在较大的两极分化，专门生产纤维素隔膜的公司比较少，基本被日本高度纸工业株式会社（NKK 公司）垄断，市场份额高达 90%。日本 NKK 公司的隔膜产品以超细纤维为原料，通过湿法无纺布工艺造纸。图 5-15 是华南理工大学制浆造纸工程国家重点实验室拍摄的日本 NKK 公司隔膜产品的 SEM 图，可以看到，这种隔膜产品有着很高的孔隙率，他们统计得出孔隙率高达 66%。

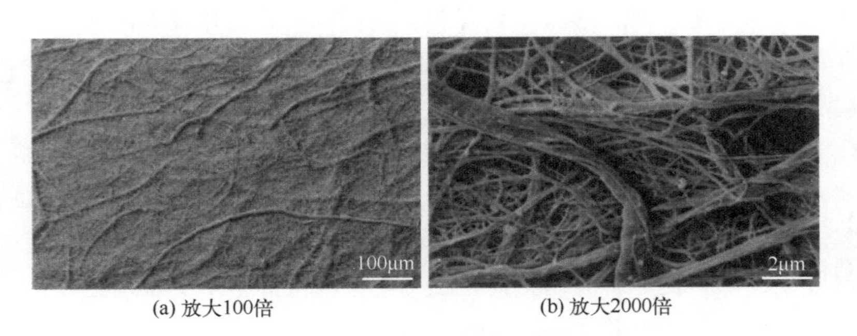

(a) 放大100倍　　(b) 放大2000倍

图 5-15 日本 NKK 公司隔膜产品的 SEM 图

湿法工艺生产的 NKK 电容器隔膜，是由直径为 0.2 ～ 2mm 的纤维交织堆叠而成，每条纤维间存在间隙，这些间隙层层叠加形成了通过离子的孔隙，丰富的孔隙是离子快速通过的基础。图 5-16 是湿法工艺生产的 NKK 电容器隔膜的 SEM 图。

(a) 5μm大小拍摄的NKK TF4030超级电容器隔膜纤维与孔隙结构SEM图

(b) 2μm大小拍摄的NKK TF4030超级电容器隔膜纤维与孔隙结构SEM图

图 5-16　湿法工艺生产的 NKK 电容器隔膜的 SEM 图

近些年，鉴于关键材料、部件供求的紧张国际形势，我国国内对于超级电容器的重视程度愈发高涨，纤维素隔膜的研究呈现较为明显的上涨趋势。中国制浆造纸研究院有限公司是国内知名的纸类产品研究企业，在纤维素隔膜制造和改进工艺上有着实质性进展和研究的产品化，在纤维素隔膜改性、复合等方面，也有着众多研究。

生产纤维素隔膜的方法针对各个生产企业而言存在差异，但是基本都是基于抄纸法的造纸工艺进行的。下面以中轻特种纤维材料有限公司几种有着不同性能隔膜的生产方式为例进行介绍，这几种隔膜的纳米纤维素添加比例不同，基本流程如下：

隔膜产品 1：

浆料 a：用去离子水将纤度 1.5dtex❶、长度 6mm 的原纤化纤维分散配制成浓度为 10.0% 的浆料后通过打浆机分丝帚化，得到打浆度为 80°SR❷，湿重为 2.0g，纤维平均长度为 1.5mm，纤维平均宽度为 30μm。

浆料 b：将丝光浆加去离子水分散打浆处理，得到的打浆度为 30° SR，湿重为 4.0g，纤维平均长度为 1.5mm，纤维平均宽度为 30μm。

浆料 c：对维纶纤维（采用聚烯烃纤维，用量为总的绝干浆量的 3%）加去离子水疏解分散均匀。

浆料 d：对纳米纤维素加去离子水疏解分散均匀。

配比：浆料 a、浆料 b、浆料 c 和浆料 d 按 82∶11∶5∶2 的比例混合搅拌均匀，在混合浆料中加入分散剂聚氧化乙烯（绝干浆质量为 0.7%），混合搅拌均匀，在去离子水中利用圆网纸机对其进行抄造，经过压榨、干燥、修整等工序得到成纸。

隔膜产品 2：

浆料 a：用去离子水将纤度 1.5dtex、长度 6mm 的原纤化纤维分散配制成浓度为 10.0% 的浆料后通过打浆机分丝帚化，得到打浆度为 78°SR，湿重为 1.4g，纤维平均长度为 1.5mm，纤维平均宽度为 25μm。

浆料 b：将丝光浆加去离子水分散打浆处理，得到的打浆度为 28°SR，湿重为 2.5g，纤维平均长度为 1.0mm，纤维平均宽度为 21μm。

---

❶ dtex是分特，指10000米长的纤维束的质量（g）。
❷ °SR为打浆度单位，表示在铜网上抄造纸时，浆料流水快慢的程度，是衡量纸浆质量的指标之一。

浆料 c：对维纶纤维（采用聚酯纤维，用量为总的绝干浆量的 6%）加去离子水疏解分散均匀。

浆料 d：对纳米纤维素加去离子水疏解分散均匀。

配比：浆料 a、浆料 b、浆料 c 和浆料 d 按 90∶3∶6∶1 的比例混合搅拌均匀，在混合浆料中加入分散剂聚丙烯胺（绝干浆质量为 1.5%），混合搅拌均匀，在去离子水中利用圆网纸机对其进行抄造，经过压榨、干燥、修整等工序得到成纸。

隔膜产品 3：

浆料 a：用去离子水将纤度 1.5dtex，长度 6mm 的原纤化纤维分散配制成浓度为 10.0% 的浆料后通过打浆机分丝帚化，得到的打浆度为 75°SR，湿重为 1.0g，纤维平均长度为 0.7mm，纤维平均宽度为 27μm。

浆料 b：将丝光浆加去离子水分散打浆处理，得到的打浆度为 28°SR，湿重为 2.5g，纤维平均长度为 1.0mm，纤维平均宽度为 21μm。

浆料 c：对维纶纤维（采用聚烯烃纤维，用量为总的绝干浆量的 3%）加去离子水疏解分散均匀。

浆料 d：对纳米纤维素加去离子水疏解分散均匀。

配比：浆料 a、浆料 b、浆料 c 和浆料 d 按 85∶10∶4∶1 的比例混合搅拌均匀，在混合浆料中加入分散剂聚氧化乙烯（绝干浆质量为 0.1%），混合搅拌均匀，在去离子水中利用圆网纸机对其进行抄造，经过压榨、干燥、修整等工序得到成纸。

隔膜产品 4：

浆料 a：用去离子水将纤度 1.5dtex、长度 6mm 的原纤化纤维分散配制成浓度为 10.0% 的浆料后通过打浆机分丝帚化，得到的打浆度为 78°SR，湿重为 1.0g，纤维平均长度为 0.7mm，纤维平均宽度为 27μm。

浆料 b：将丝光浆加去离子水分散打浆处理，得到的打浆度为 28°SR，湿重为 2.5g，纤维平均长度为 1.0mm，纤维平均宽度为 21μm。

浆料 c：对维纶纤维（采用聚烯烃纤维，用量为总的绝干浆量的 3%）加去离子水疏解分散均匀。

浆料 d：对纳米纤维素加去离子水疏解分散均匀。

配比：浆料 a、浆料 b、浆料 c 和浆料 d 按 85∶10∶4∶1 的比例混合搅拌均匀，在混合浆料中加入分散剂聚氧化乙烯（绝干浆质量为 0.1%），混合搅拌均匀，在去离子水中利用圆网纸机对其进行抄造，经过压榨、干燥、修整等工序得到成纸。

性能测试：

在温度 23℃、相对湿度 50% 的检测环境下，对隔膜产品的纵向抗张强度、孔隙率、最小孔径、最大孔径以及平均孔径进行测试，测试数据如表 5-5 所示。

表5-5　中轻特种纤维材料有限公司纤维素隔膜纸专利产品性质

技术指标	隔膜纸产品1	隔膜纸产品2	隔膜纸产品3	隔膜纸产品4
拉伸强度/（kN/m）	1.01	1.10	0.72	0.73
孔隙率/%	69	68	69	68
最小孔径/μm	0.57	0.58	0.47	0.41

续表

技术指标	隔膜纸产品1	隔膜纸产品2	隔膜纸产品3	隔膜纸产品4
最大孔径/μm	2.24	1.98	2.52	1.89
平均孔径/μm	0.77	0.71	0.67	0.60
厚度/μm	30.0	30.0	29.8	30.0

浙江凯恩特种纸业有限公司在更高强度隔膜纸的生产上有很好的技术，通过在天丝浆料中加入纤维素纳米纤维实现高强度隔膜抄制。纳米纤维素是从纤维原料中分离出的纳米级纤维素材料，其分离过程可以通过物理、化学或生物处理等方法进行。生产按质量分数计，天丝纤维为 60% ～ 99%，纳米纤维为 1% ～ 40%，通过调整天丝浆料打浆度和与纳米纤维素的配比，获得了具有良好吸收性、较低内阻的纤维素隔膜，同时其强度提高。操作流程可概述如下：

将 80 ～ 99 质量份的天丝浆料加水后制成质量浓度为 2.5% ～ 5.0% 的天丝原浆料，再经盘磨机或打浆机处理获得质量浓度 3.0% ～ 5.0%、打浆度 60 ～ 98°SR、湿重 5.0 ～ 20g 的天丝浆料，然后将分散均匀的 1 ～ 20 质量份的纤维素纳米纤维加入天丝浆料中，进而通过抄纸工艺，即经双圆网复合成型，成型后经过压榨、烘干、卷曲和分切得到隔膜纸。表 5-6 是浙江凯恩特种纸业有限公司纤维素隔膜专利产品的性质，表中样品 1 和样品 2 是未添加纳米纤维素的隔膜。

表5-6　浙江凯恩特种纸业有限公司纤维素隔膜专利产品性质

样品	天丝		纳米纤维素	紧度/（g/cm³）	强度/（kN/m）	容量/F	内阻/Ω	漏电流/mA
	浆度/°SR	配比/%	配比/%					
1	85	100	0	0.51	0.63	8.01	0.86	0.13
2	88	100	0	0.61	0.71	8.04	0.92	0.12
3	85	99	1	0.50	1.09	8.14	0.86	0.09
4	85	97	3	0.51	1.25	8.10	0.94	0.09
5	85	95	5	0.60	1.04	8.04	0.88	0.08
6	85	92	8	0.61	1.28	7.94	0.75	0.10
7	88	99	1	0.55	1.12	7.98	0.81	0.08
8	88	97	3	0.40	1.06	8.16	0.72	0.09
9	88	95	5	0.51	1.19	8.02	0.91	0.06
10	88	92	8	0.45	1.05	7.94	0.74	0.07

纤维素基隔膜的生产工艺基于抄纸法，工艺成熟且存在更大的发展空间，非常多的研究已经在致力于改进纤维素基隔膜性能。中国制浆造纸研究院李会丽对抄纸过程中使用的纤维素浆料种类及配比、打浆度等变量进行了研究，探索了面积电阻随之的变化趋势：对于打浆度而言，针对棉浆、丝光浆、水化纤维素纤维、阔叶木浆、针叶木浆几种浆料的打浆度变化，统计出了图 5-17 的变化趋势；在纤维素浆料种类方面，发现当打浆度相同时，阔叶木浆、棉浆、水化纤维素纤维、丝光浆、针叶木浆制得的隔膜面积电阻依次上升。

武汉纺织大学张宏伟团队研究了以纤维素和 PVA 为基础的复合凝胶，以 5% 纤维素和 95% PVA 组成，应用于超级电容器的隔膜，实现了 1A/g 电流密度下 1500 次循环后 88% 的电容保持率；中国制浆造纸研究院的刘文等将 Lyocell 纤维通过打浆处理进行充分原纤化，与经过丝光化和打浆处理的亚麻浆按比例混合，提出了工艺简单、易操作的纤维素基隔膜抄制工艺，其产品化学纯度高、结构均匀、孔径小、绝缘性和吸收性好；宁波中车新

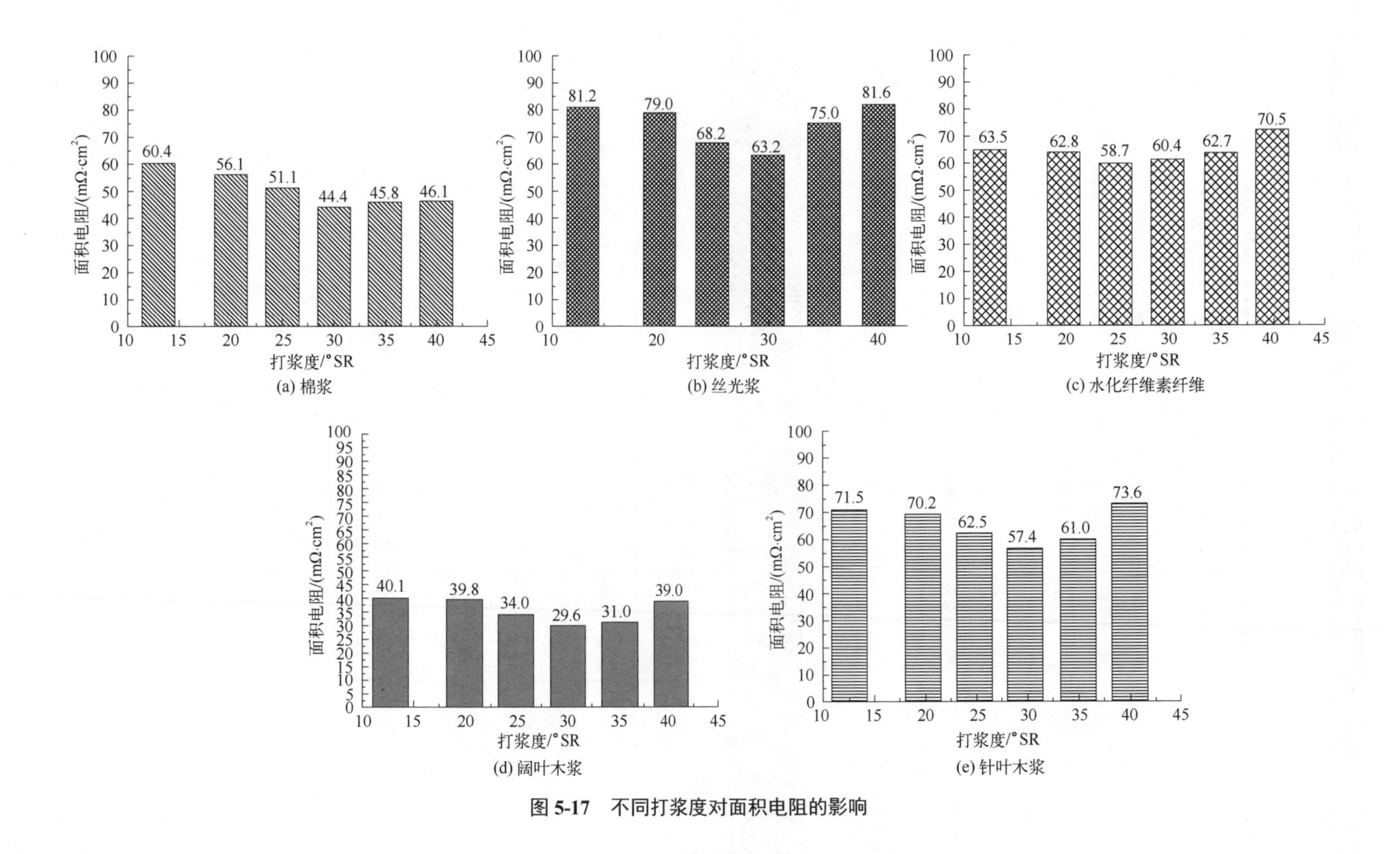

图 5-17　不同打浆度对面积电阻的影响

能源科技有限公司发明了一种通过调控浆液中微细纤维与骨架纤维的比例，并使其均匀共混，实现孔隙梯度分布的纤维素隔膜的制备方法，解决了混合电容功率特性与漏电间的平衡问题；Chun 等在制备纳米纤维素隔膜时，引入纳米纤维素分散剂异丙醇来调节多孔结构，这种隔膜具有高度互连的纳米多孔网络通道和优秀的力学性能；Sheng 等通过简单的乙醇浸泡工艺制备了超轻和超薄的纤维素纳米纤维膜，所得隔膜的质量和厚度仅为传统聚烯烃膜（Celgard2325）的一半，而电化学性能更加出色，获得了更好的循环性能和倍率性能。

在纤维素基隔膜生产工艺的探索中，越来越多新生技术与方案推进了纤维素基隔膜的创新和突破，纤维素基隔膜在超级电容器隔膜领域愈发彰显其优势所在。

5.4.2 PP/PE基隔膜材料的制备工艺

PP/PE 基隔膜的制备方法有干法拉伸工艺、湿法非织造布工艺、干法非织造布工艺和相分离法等。

干法拉伸，又称作熔融拉伸，该方法所制膜孔隙率高达 90%，孔结构为细缝网络型，呈长方形。根据拉伸方向，干法拉伸分为单向拉伸和双向拉伸。二者都是先将聚合物原料加热至熔点，熔融状态的聚合物通过挤出机的作用被挤成无孔聚合物薄膜，将无孔聚合物薄膜进行热退火处理来促进微晶（高度取向的片层晶体）的生成。退火后生成的高结晶度无孔聚合物薄膜通过低温下拉伸诱发微缺陷，高温下拉伸扩大微孔，产生孔隙。干法拉伸工艺简单，且不存在溶剂污染，目前是生产 PP/PE 基隔膜的广泛应用工艺。

如图 5-18 所示，干法单向拉伸工艺主要存在以下几个步骤，首先进行的流延工序是制作隔膜的关键工序，是决定拉伸成孔性能好坏的重要步骤；退火过程目的是移除结晶相中的缺陷，随着退火温度的升高和退火时间的延长，晶体结晶更加完善，熔点升高，弹性回复率增加；拉伸是制造孔隙的直接过程，在外界作用力下片晶间分离，形成大量微孔结构，加热条件下的拉伸过程直接扩大了孔径，不同参数决定了隔膜的孔隙率和透气值等性能；分层工序将多层隔膜分离，制得目标产品层数；时效处理是保证隔膜质量的重要过程，由于退火过程并非完美，为消除内部应力，需要静置等待产品自然回缩，最后达到产品预设尺寸，最后经过分切得到成品。

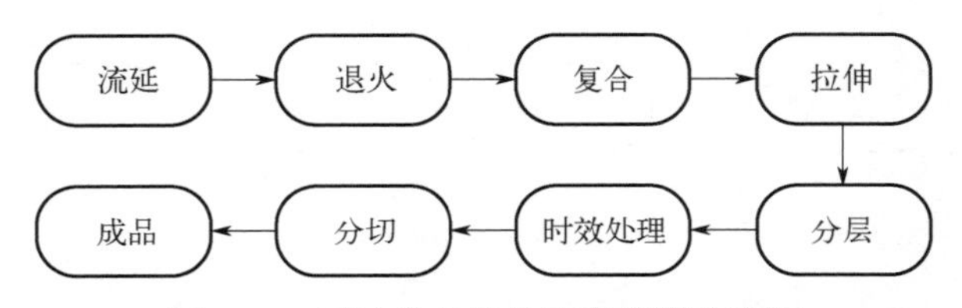

图 5-18　干法单向拉伸工艺简要流程图

目前主流的采用干法单向拉伸工艺生产隔膜的代表公司有 Celgard、UBE，我国生产技术也较为成熟。干法单向拉伸生产成本相对较低，但是生产控制难度大，精度要求高，使用的设备复杂，且存在工艺缺陷。由于没有横向拉伸，致使隔膜孔隙呈狭缝状，使用时容易造成横向开裂。而聚烯烃的玻璃化转变温度低，热稳定性差，PP/PE 基隔膜在工作中难免遇到高温情况，这可能会出现严重的体积收缩导致破损，进一步引发内部短路故障，导致火灾甚至爆炸。图 5-19 是干法单向拉伸隔膜的 SEM 图。

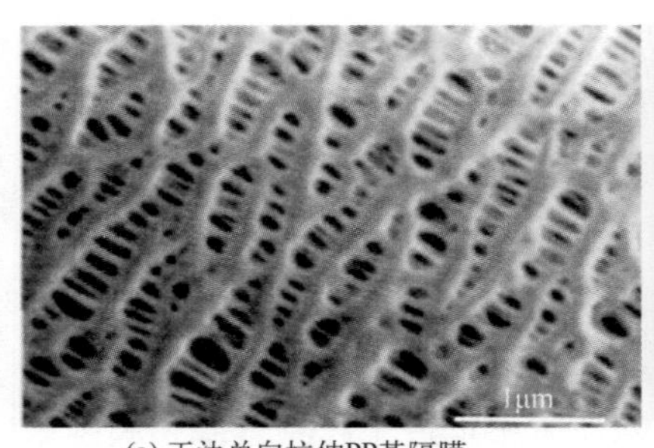
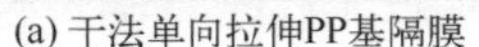
(a) 干法单向拉伸PP基隔膜

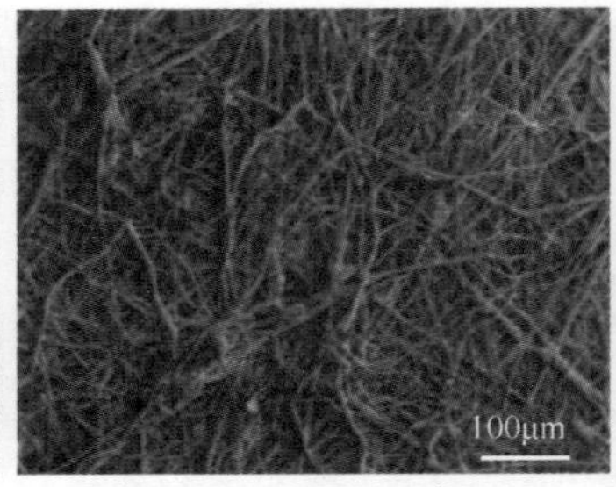
(b) 美国Celgard聚丙烯隔膜(100μm)

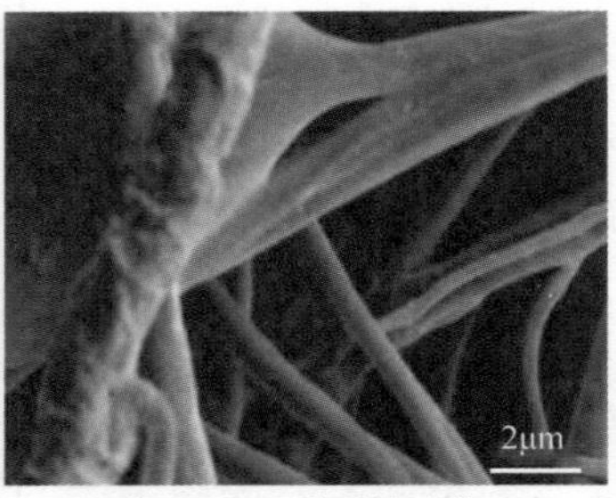
(c) 美国Celgard聚丙烯隔膜(2μm)

图 5-19　干法单向拉伸隔膜的 SEM 图

双向拉伸主要是在聚烯烃中加入成核改性剂，在较低温度下先进行纵向拉伸，然后在较高温度下进行横向拉伸，利用聚烯烃不同相态间的密度差异拉伸产生晶型转变，形成微孔隔膜。干法双向拉伸也是目前制作超级电容器薄膜的主要方法。中国科学院化学研究所拥有干法双向拉伸工艺的自主知识产权，通过在聚丙烯中加入具有成核作用的 β 晶型改进剂，利用聚丙烯不同相态间密度的差异，在拉伸过程中发生晶型转变形成微孔。由北方华锦化学工业集团有限公司生产的 PP 微孔隔膜也采用该技术。该企业将聚丙烯、聚丙烯 β 晶型成核剂共混，流延制得铸片后，用拉伸机双向同步拉伸得到聚丙烯微孔膜。流延的口模温度为 185 ～ 195℃，流延辊的温度为 80 ～ 100℃，拉伸温度为 120 ～ 150℃，拉伸比为 3 ～ 6，拉伸速率为 0.5 ～ 2mm/s。得到的产品拥有良好的韧性与穿刺强度。

湿法非织造布，俗称无纺布，是通过在水中混合纤维和化学助剂于专门的生产设备上制成的纤维网状物，再经过一系列后续处理得到的非织造布。如图 5-20 所示，湿法非织造布从工艺到原理，都与造纸基本相同，可以说造纸工艺是湿法非织造布工艺的基础。常见的通过湿法非织造布工艺制造的隔膜是 PP 基隔膜。由于 PP 纤维亲水性和耐热性缺陷，通常会采用混合天然纤维（棉纤维、天丝纤维等）进行抄造，以提高吸液保液性及热稳定性。

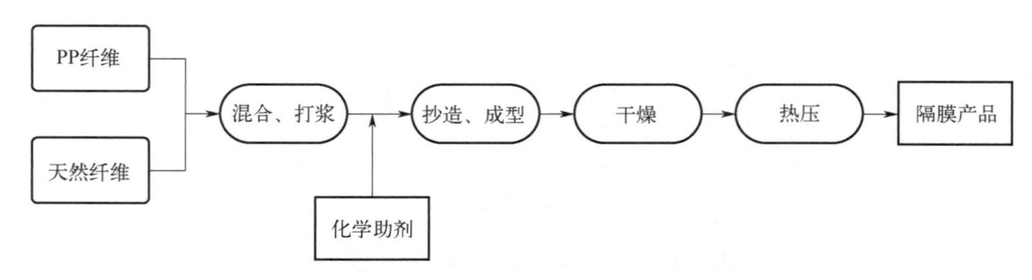

图 5-20　湿法非织造布抄造 PP 基隔膜工艺流程图

长沙理工大学的冯玲等通过将 PP 浸泡在稀硫酸环境中的 $KMnO_4$ 溶液中，干燥处理后浸入二甲苯、蒸馏水、丙烯酸的混合溶液，进一步洗涤干燥等处理后得到氧化包覆的 PP 纤维，然后按一定质量配比与棉纤维混合，添加分散剂和黏结剂搅拌均匀，然后抄造、成型、热压、干燥形成如图 5-21 所示的隔膜。该法得到了抗张强度为 1.6471kN/m，吸液率为 687.3%，孔隙率为 45.45%，电导率为 2.39×10^{-3}S/cm，热收缩率小的良好性能隔膜。

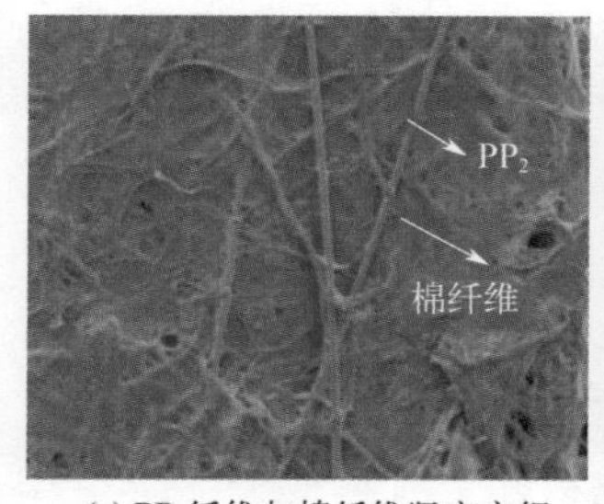

(a) PP_2纤维与棉纤维紧密交织

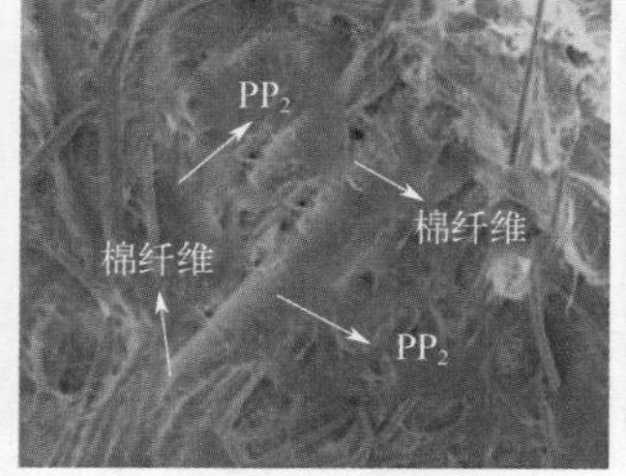

(b) PP_2纤维周围被棉纤维包围

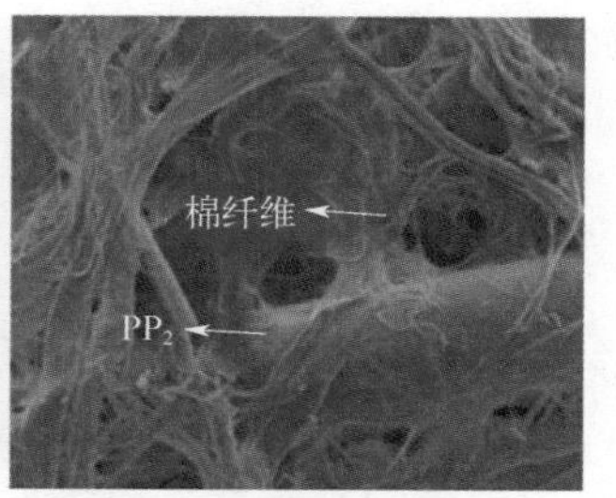

(c) PP_2纤维与棉纤维交织形成大量孔隙

图 5-21　氧化包覆的 PP 纤维与棉纤维混合湿法非织造布抄造的隔膜的 SEM 图

干法非织造布技术，即通过浆粕气流成网法、针刺法或水刺法进行生产。浆粕气流成网法俗称干法造纸。图 5-22 展示了该方法的生产设备及工艺，以气流铺网技术来替代传统的水流铺网方式，将纤维（PP/PE、纤维素等）经过分离机分离成单纤维，然后与黏结剂、添加剂等混合后通过打散机构使纤维混合物呈气体悬浮状态，在风压及梳网帘的负压联合作用下，纤维均匀沉降于梳网帘上形成纤网，再经过热压紧后进行固结和后处理形成浆粕非织造布。通常固结有三种方法：化学黏结（黏结剂）、热黏结（组分物质熔融黏结）、机械加固（氢键结合，多出现于原材料涉及纤维素的产品）。

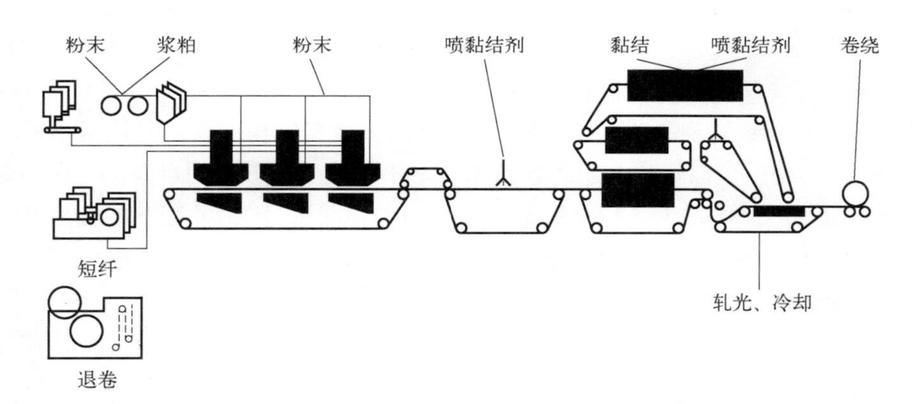

图 5-22　浆粕气流成网法生产设备工作示意图

针刺法和水刺法基本原理相同，通过针刺法或水刺法对非织造布纤维进行机械加固，以增强其结构强度和稳定性。针刺法利用针头穿刺纤维网，将纤维层之间相互连接，形成密实的纤维结构。水刺法（如图 5-23 所示）则是利用高压水流将纤维网冲击在一起，使纤维缠结在一起，通过改变工艺参数，如喷水压力、输送速度、原材料质量和原材料成分组成，生产出不同的水刺非织造结构。无论是针刺法还是水刺法，都是简易且经济的非织造布加工方法。针刺法最早可以追溯到 19 世纪末，水刺法则年代较近，20 世纪 70 年代才由美国杜邦（DuPont）公司和奇考比（Chicopee）公司研究开发，并垄断了长达 15 年的时间。

相分离法，通常指热致相分离法（TIPS）和非溶剂致相分离法（NIPS）。TIPS 通常被用于制备常温下不能被溶剂溶解的聚合物薄膜，广泛应用于 PP、PE 基隔膜生产中。利用聚烯烃在高温至低温过程发生的相变原理制备多孔材料。该工艺是在聚烯烃中加入制孔剂高沸点小分子，经过加热、熔融、降温发生相分离，其本质是液 - 固相分离和液 - 液相分离的一个竞争的过程，拉伸后用有机溶剂萃取出小分子，形成相互贯通的微孔膜，从而制成隔膜产品。

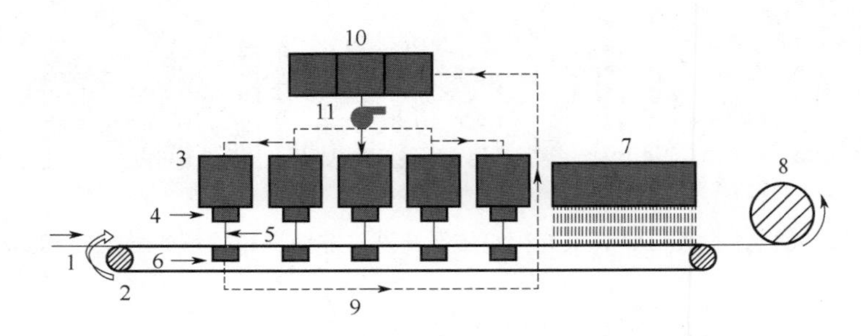

图 5-23　带有烘干和卷绕机构的水刺工艺装置

1—纤维网；2—传送带；3—集合管；4—喷嘴带；5—水针；6—真空泵；7—干燥设备；8—卷取装置；9—滤水器；10—水回收；11—水泵

利用 TIPS 法制备 PP/PE 基隔膜，稀释剂的选择、PP 的分子量及 PE 的密度和萃取剂的种类等都是重要的影响因素。目前，稀释剂的种类已经有了很多的探索，从有机溶剂到天然植物油都可以用于 TIPS 法。针对稀释剂的研究发现，流动性低的稀释剂可带来更小的孔径；在 PP 基隔膜的生产中，PP 的分子量越高，隔膜的孔径越小。在 PE 基隔膜生产中，若采用 LDPE 制膜，根据研究发现：当聚合物质量分数在 10% ～ 30% 之间时，可以形成具有良好连接和均一孔径的蜂窝状孔结构，在 40% ～ 50% 之间时，孔洞相对独立，但仍可观察到明显的球晶，当质量分数达到 50% 以上时，基本上没有微孔结构存在。若选用不同的分子量分布的 HDPE（高密度聚乙烯）制膜，孔隙率基本不受分子量分布的影响，但是随着分子量宽度变宽会导致膜孔径的增大。用萃取剂溶解膜内的稀释剂是 TIPS 工艺的最后一步，无论是 PP 膜还是 PE 膜的生产，使用低沸点、挥发性强的萃取剂容易造成孔的塌陷，造成膜的尺寸收缩，从而影响孔径与孔隙率。

NIPS 法是湿法工艺中很经典的薄膜制备方法，这种工艺的大致流程如下：首先，将聚合物溶解于适当的溶剂中，形成均匀稳定的聚合物溶液；其次，将聚合物溶液倒在洁净的基板上，用刮刀刮涂，然后静置成型；最后，将成型的薄膜浸泡在某种非溶剂中，引发相分离，并经过烘干等步骤，最终获得多孔的隔膜。

这种方法的基本原理是通过引入非溶剂，使原本稳定的聚合物溶液从稳定态转变为非稳定态，发生相分离，而相分离的程度最终影响隔膜的孔隙结构。

PP/PE 基隔膜的发展充分且研究众多，多种多样的制备方法让其有着广阔的应用舞台，但是就其自身性质而言，某些方面又达不到纤维素基隔膜的水平（热稳定性、孔隙率），因此在未来的工艺研究发展中，需要进一步向着更好的安全性和更高的能量密度方向去突破。

参考文献

[1] 林旷野，刘文，陈雪峰. 超级电容器隔膜及其研究进展 [J]. 中国造纸，2018，37（12）：29-34.

[2] 孙现众，张熊，黄博，等. 隔膜对双电层电容器和混合型电池-超级电容器的电化学性能的影响 [J]. 物理化学学报，2014，30（3）：485-491.

[3] Jiang L, Nelson G W, Han S O, et al. Natural cellulose materials for supercapacitors [J]. Electrochimica Acta, 2016, 192: 251-258.
[4] 郝静怡，王习文. 超级电容器纸隔膜的特性和发展趋势 [J]. 中国造纸，2014，33 (11): 62-65.
[5] 张洪锋，井澄妍，王习文，等. 动力锂离子电池隔膜的研究进展 [J]. 中国造纸，2015，34 (2): 55.
[6] 李会丽. 锌银电池隔膜纸面积电阻影响因素的研究 [D]. 北京：中国制浆造纸研究院，2017.
[7] 田中宏典，藤本直树. 电容器用隔膜及电容器：CN105917429A [P]. 2016-08-31.
[8] 佃贵裕，佐藤友洋，绿川正敏. 双电层电容器用隔离件：CN101317240A [P]. 2008-12-03.
[9] 刘文，陈雪峰，许跃，等. 一种超级电容器介电吸收材料及其生产方法：CN105887553A [P]. 2016-08-24.
[10] Miller J R. Engineering electrochemical capacitor applications [J]. Journal of Power Sources, 2016, 326: 726-735.
[11] Huang X. Separator technologies for lithium-ion batteries [J]. Journal of Solid State Electrochemistry, 2011, 15 (4): 649-662.
[12] Mirzaeian M, Abbas Q, Qgwu A, et al. Electrode and electrolyte materials for electrochemical capacitors [J]. International Journal of Hydrogen Energy, 2017, 42 (40): 25565-25587.
[13] Yu H, Tang Q, Wu J, et al. Using eggshell membrane as a separator in supercapacitor [J]. Journal of Power Sources, 2012, 206: 463.
[14] Taer E, Sugianto, Sumantre M A, et al. Eggs shell membrane as natural separator for supercapacitor applications [J]. Advanced Materials Research, 2014, 3030 (896): 66.
[15] 杨惠，张密林，陈野. 超级电容器隔膜材料的制备与研究 [J]. 应用科技，2006，33 (7): 51.
[16] 韩莹，张密林，陈野，等. 琼脂隔膜MnO_2/C超级电容器的研究 [J]. 功能材料与器件学报，2005，11 (1): 63-67.
[17] 刘延波，李辉，杨文秀，等. 静电纺丝法制备PAN/PVDF-HFP超级电容器隔膜及其力学性能分析 [J]. 天津工业大学学报，2015，3: 6-11.
[18] Laforgue A. All-textile flexible supercapacitors using electrospun poly (3,4-ethylenedioxythiophene) nanofibers [J]. Journal of Power Sources, 2011, 196 (1): 559-564.
[19] Cho T H, Tanaka M, Onishi H, et al. Battery performances and thermal stability of polyacrylonitrile nano-fiber-based nonwoven separators for Li-ion battery [J]. Journal of Power Sources, 2008, 181 (1): 155.
[20] 汤雁，苏晓倩，刘浩杰. 锂电池膜测试方法评述 [J]. 信息记录材料，2014，15 (2): 43-50.
[21] 刘为翠. 基于氧化铝纳米纤维复合隔膜的制备及电化学性能研究 [D]. 天津：天津工业大学，2022.
[22] 谭龙利. 锂离子电池组分材料力学性能研究 [D]. 长沙：湖南大学，2022.
[23] 张文阳，吴正文，茆汉军，等. 双向拉伸工艺对UHMWPE隔膜结构与性能的影响 [J]. 上海塑料，2022，50 (03): 1-6.
[24] 赵超. 聚丙烯腈复合压电纤维膜制备及其在自充电体系中性能研究 [D]. 天津：天津工业大学，2022.
[25] Jung B, Lee B, Jeong Y C, et al. Thermally stable non-aqueous ceramic-coated separators with enhanced nail penetration performance [J]. Journal of Power Sources, 2019, 427: 271-282.
[26] 刘邵帅，杨晓砚，陈彤红. 锂离子电池陶瓷隔膜热收缩的影响因素研究 [J]. 信息记录材料，2017，18 (6): 14-19.
[27] 王欣，陈红辉，吴一帆，等. 拉伸率对聚乙烯隔膜性能的影响 [J]. 电池，2021，51 (4): 338-341.
[28] 赵江辉. 新型聚合物电解质在高比能量锂电池中的应用及研究 [D]. 青岛：青岛科技大学，2016.
[29] 胡伟，杨建军，何祥燕，等. 车用动力锂电池三层复合隔膜的制备、成孔及工作机理分析 [J]. 安徽化工，

2019，45（05）：35-37，42.
[30] 胡继文，许凯，沈家瑞．锂离子电池隔膜的研究与开发［J］．高分子材料科学与工程，2003，19（1）：215-219.
[31] Rajagopalan Kannan D R，Terala P，Moss P，et al．Analysis of the separator thickness and porosity on the performance of lithium-ion batteries［J］．International Journal of Electrochemistry，2018，2018：1-7.
[32] 高会普．高性能复合熔喷锂离子电池隔膜的研究［D］．上海：东华大学，2016.
[33] 任丽．化学氧化法聚吡咯复合材料及其作锂二次电池正极的研究［D］．天津：天津大学，2006.
[34] 张音．聚烯烃锂离子电池隔膜的高性能化改性研究［D］．杭州：浙江大学，2019.
[35] 林旷野．超级电容器纸隔膜制备及其性能研究［D］．北京：中国制浆造纸研究院有限公司，2019.
[36] 尹婷，严飞，罗来雁，等．高孔隙率隔膜在超级电容器中的应用研究［J］．电源技术，2017，41（12）：1767-1769，1798.
[37] 刘俊杰，苗红，杜秀，等．一种超级电容器隔膜纸的生产方法：CN110468612A［P］．2019-11-19.
[38] 黄品歌，张艳，孟毅，等．生物质基天然纤维包装材料的研究现状及发展趋势［J］．包装学报，2022，14（05）：66-74.
[39] 左磊刚，陈万平，邵卫勇，等．一种增强型超级电解电容器隔膜纸及其制备方法：CN108172419A［P］．2018-06-15.
[40] Ji Y，Liang N，Xu J，et al．Cellulose and poly (vinyl alcohol) composite gels as separators for quasi-solid-state electric double layer capacitors［J］．Cellulose，2019，26（2）：1055-1065.
[41] 郑超，陈宽，焦旺春，等．一种混合电容器用纤维素隔膜及其制备方法：CN113223867B［P］．2023-07-04.
[42] Chun S J，Choi E S，Lee E H，et al．Eco-friendly cellulose nanofiber paper-derived separator membranes featuring tunable nanoporous network channels for lithium-ion batteries［J］．Journal of Materials Chemistry，2012，22（32）：16618-16626.
[43] Sheng J，Chen T，Wang R，et al．Ultra-light cellulose nanofibril membrane for lithium-ion batteries［J］．Journal of Membrane Science，2020，595：117550.
[44] 林涛，鲁璐璐，蔺家成，等．超级电容器隔膜及其研究进展［J］．化工新型材料，2023，51（8）：29-34.
[45] 郭旭青，杨璐，李振虎，等．锂离子电池隔膜研究进展及市场现状［J］．合成纤维，2022，51（7）：46-49.
[46] Cui C，Li Q，Zhuo Y．The Development of high-power LIBs separators［J］．E3S Web of Conferences，EDP Sciences，2021，308：01012.
[47] 张津辉．干法单向拉伸锂离子电池隔膜的制备及其性能研究［D］．石家庄：河北科技大学，2021.
[48] 刘会会，柳邦威．锂电池隔膜生产技术现状与研究进展［J］．绝缘材料，2014，47（6）：1-5+9.
[49] Chen P，Ren H，Yan L，et al．Metal-organic frameworks enabled high-performance separators for safety-reinforced lithium ion battery［J］．ACS Sustainable Chemistry & Engineering，2019，7（19）：16612-16619.
[50] 符朝贵．PP干法拉伸隔膜中裂纹的尖角效应［J］．塑料包装，2015，25（6）：16-21.
[51] 俞建兵．双向拉伸聚酯薄膜生产技术研究［J］．科学技术创新，2017（24）：24-25.
[52] 周建军，李林．锂离子电池隔膜的国产化现状与发展趋势［J］．新材料产业，2008（4）：33-36.
[53] 朱勇飞，付传玉，郑树松，等．一种聚丙烯微孔膜的制备方法：CN109728227A［P］．2019-05-07.
[54] 冯玲，张雄飞，陈杨杰，等．湿法无纺布型锂离子电池隔膜研究［J］．膜科学与技术，2017，37（4）：64-69.
[55] 严和平．干法造纸技术及其产品应用［J］．非织造布，2000（3）：18-24.
[56] 魏敏．非织造布生产技术与生产状况［J］．纺织机械，2005（4）：20-23.

[57] Olefs G，韩露．干法造纸非织造布——一个正在中国兴起的市场 [J]．产业用纺织品，2002 (1)：34-38.
[58] Ravi Kumar Jain，Sujit Kumar Sinha，et al．Structural investigation of spunlace nonwoven [J]．Research Journal of Textile and Apparel，2018，22 (3)：158-179.
[59] 马咏梅．水刺非织造布的发展现状 [J]．产业用纺织品，2001 (7)：1-9，12.
[60] Gulhane S，Turukmane R，Mahajan C，et al．水刺非织造布的水刺工艺流程及其性能 [J]．国际纺织导报，2019，47 (10)：18，20，25.
[61] 顾旭，郑泓，周持兴，等．热致相分离法UHMWPE/HDPE微孔膜的制备及性能 [J]．高分子材料科学与工程，2012，28 (12)：138-141，146.
[62] 罗本喆，张军，王晓林．热致相分离法制备聚烯烃微孔膜研究进展 [J]．高分子通报，2005 (3)：40-46.
[63] Kim S S，Lim G B A，Alwattari A A，et al．Microporous membrane formation via thermally-induced phase separation. Ⅴ．Effect of diluent mobility and crystallization on the structure of isotactic polypropylene membranes [J]．Journal of Membrane Science，1991，64 (1)：41-53.
[64] Atkinson P M，Lloyd D R．Anisotropic flat sheet membrane formation via TIPS：thermal effects [J]．Journal of Membrane Science，2000，171 (1)：1-18.
[65] Matsuyama H，Kim M，Lloyd D R．Effect of extraction and drying on the structure of microporous polyethylene membranes prepared via thermally induced phase separation [J]．Journal of Membrane Science，2002，204 (1)：413-419.
[66] 刘海翔．非溶剂致相分离法制备新型PVDF/HDPE锂离子电池隔膜及其改性 [D]．长沙：中南大学，2014.

第6章 超级电容器储能的器件工艺

超级电容器的关键技术包括制造工艺、电极材料等。制造工艺主要包括干法制造和湿法制造两种。干法电极的制作采用热压或焊接等，使得干法电极的结构具有高度的稳定性，抗电化学腐蚀能力强，寿命长，且不需要维护保养。但干法工艺也会存在低比容量和电解质选择有限的问题。干法电极具有高密度、低内阻等特点，适用于大功率放电。湿法制备技术在制作电极的过程中，除了活性炭粉和黏合剂外，还需加入液态的溶剂。由于液态溶剂会影响超级电容器的工作性能，因此还需使用烘箱对其进行干化处理，将溶剂从电极中去除。这意味着和干法电极技术相比，湿法电极技术工序更长，而且有额外的生产成本。但湿法电极具有高比表面积、高活性物质利用率等特点，适用于高能量密度应用场景。

6.1 干法工艺

超级电容器的成本和性能在很大程度上取决于电极的制造工艺。目前商用超级电容器的电极制造通常采用湿法涂布工艺，这限制了电极的厚度。干法制造工艺是一种有希望克服这个限制的解决方案。干法工艺不使用溶剂，通过干法均化黏合剂与活性材料和导电剂，可以制造出厚电极而无需担心黏合剂分布不均的问题。增加电极厚度可以显著提高能量密度，并降低制造成本。许多电容器和电池公司已经对干法工艺电极制造方面进行了研究，并有一些成功的商业应用案例。

6.1.1 干法前段工艺

干法前段工艺指极片制作过程，大多数干法工艺电极的制造程序包括三个步骤——干混、干涂层（干沉积）和最后的压制，以达到所需的厚度和致密的电极结构。也可以在干混后直接进行压制。根据干式涂层（沉积）过程的不同，干法工艺可以进一步分为六种不同类型：聚合物纤维化、干喷沉积、气相沉积、热熔和挤压、3D 打印和直接压制。图 6-1 为每种工艺的示意图。表 6-1 比较了这六种不同类型的干法工艺。

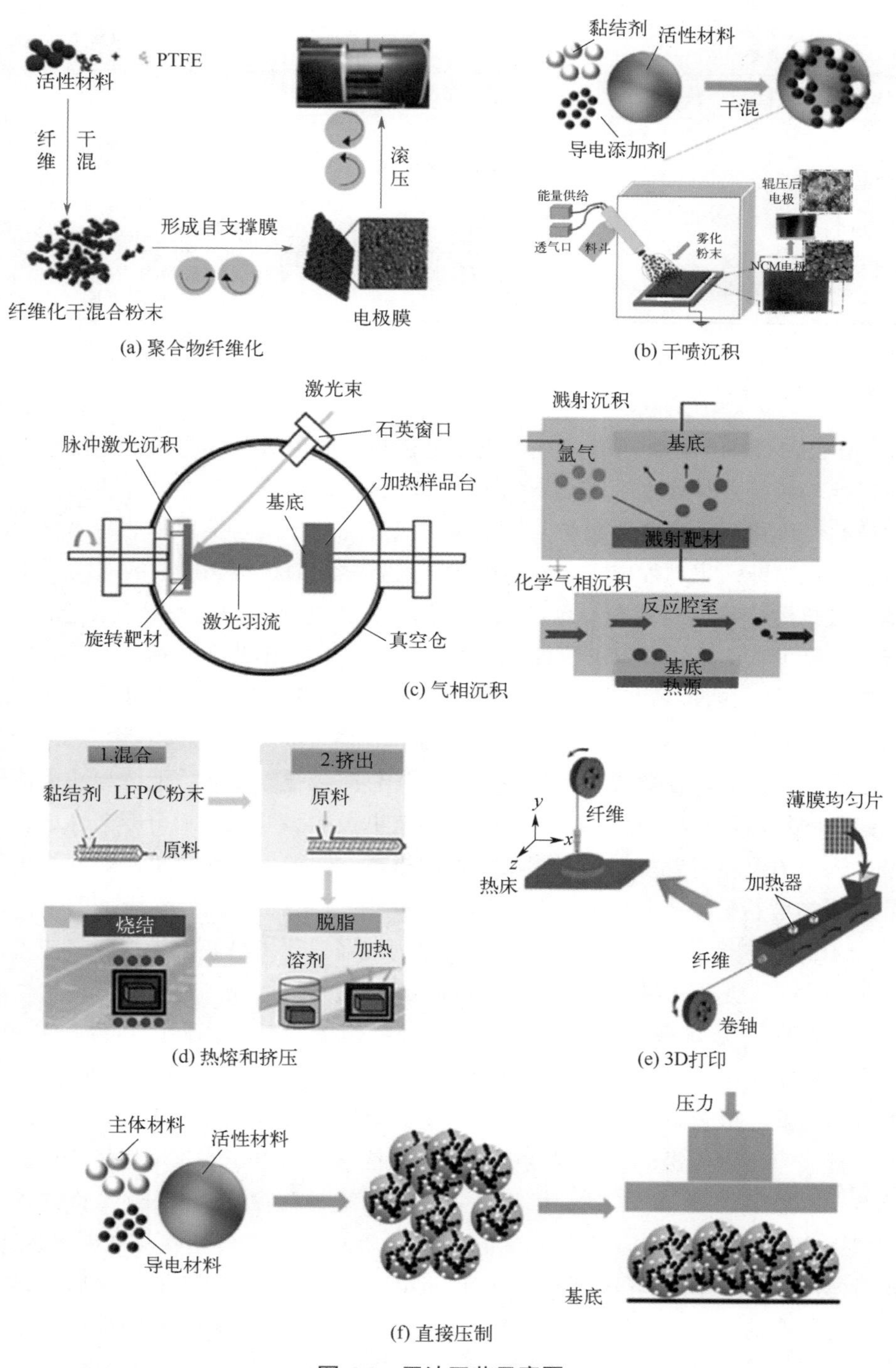

图 6-1　干法工艺示意图

表6-1　六种不同干法工艺对比

干法工艺	优点	缺点	机理
聚合物纤维化	兼容当前线路；具有批量生产的可行性；可制备柔性电极	阳极不稳定；只能使用聚四氟乙烯（PTFE），物料负荷难以控制	PTFE在高剪切力下的纤维化
干喷沉积	电极厚度和密度可控；可制备柔性电极	设备昂贵；严格的操作环境	干粉混合物在高压下沉积
气相沉积	多种气化方法	设备昂贵；生产规模小	材料先气化，后沉积
热熔和挤压	高负载；可塑性	复杂的过程；能耗高；需要牺牲性黏结剂	颗粒混合、挤压、脱脂和烧结
3D打印	定制电极的厚度和形状	设备昂贵；生产规模小；负载量低	含有活性材料和导电添加剂的熔融热塑性聚合物逐层沉积以制造3D电极
直接压制	操作方便；黏结剂使用量少	生产规模小；需要可压缩的主体材料	活性材料为干燥混合可压缩主体材料，直接压缩至电极

（1）聚合物纤维化

Maxwell 公司开发了一种用于超级电容器电极制造的创新聚合物纤维化技术。聚合物纤维化是将活性物质粉末与导电剂混合后加入固体黏结剂，然后对干混合物施加外部的高剪切力，使黏结剂纤维化后黏合电极膜粉末，最终挤压混合物形成自支撑膜后与集流体辊压后制备成电极。聚合物纤维化过程中，主要利用的是固态黏结剂纤维化形成的三维“网状”结构，电极粉体会被这种二维网格结构交联，从而达到黏结的功能，因此黏结剂的选择非常关键，传统的湿法电极工艺所采用 PVDF 黏结剂不可进行纤维化，无法适配这项工艺。由于聚四氟乙烯（PTFE）黏结剂的范德华力较小，堆积松散，在外部剪切力的作用下会从团聚物转变成网状的纤维黏合电极粉末，是适配干法电极技术的理想固态黏结剂。除了黏结剂的选择，纤维化的过程也很重要，在此阶段，如果黏结剂没有充分纤维化，可能会导致无法形成薄膜或由于黏结剂团聚而增加电极膜的阻抗，最终影响电极的强度和超级电容器性能。因此，聚合物纤维化选用的仪器需要提供更强大剪切力的机器，比如气流粉碎机、螺杆挤出机、球磨机、开炼机等物理粉碎设备。Zhou 等成功地将这一技术扩大到试验阶段，用于制造压实密度高达 1.3g/cm^3 的电极［图 6-2（a）］。Zhang 等研究了基于 PTFE 的干法负极与不同碳材料的稳定性，硬 / 软碳负极表现出良好的循环寿命。

聚合物纤维化干法制备工艺不仅适用于超级电容器的制备，同时可推广到锂电池中，Maxwell 公司将基于 PTFE 的干法工艺应用于镍钴锰酸锂和石墨负极的制备［图 6-2（b）］。镍钴锰酸锂 / 石墨电池在高负载的情况下表现出高倍率和良好的循环寿命。增加 PTFE 的纤维化程度是提高自承式电极膜机械强度的最有效方法之一。Zhong 等采用了不同的方法，如高温、化学品和润滑来激活 PTFE，以提高电极膜的机械强度。Hippauf 等将这种可扩展的干法工艺用于全固态电池（all-solid-state batteries，ASSBs）的镍钴锰酸锂电极制造［图 6-2（c）］。器件显示出良好的循环稳定性，在 0.7mA/cm^2 的电流下循环 100 次后，容量保持率为 93.2%。用类似的方法，也制造出了具有代表性的固体电解质膜，在室温下显示出低厚度和高离子传导率［图 6-2（d）］。可扩展性和兼容性使聚合物纤维化技术有希望拓展到赝电容器和锂离子超级电容器工艺中。然而，到目前为止可用黏结剂只有PTFE，非常有必要为不同超级电容系统开发具有广泛电化学窗口的可纤维化黏结剂。

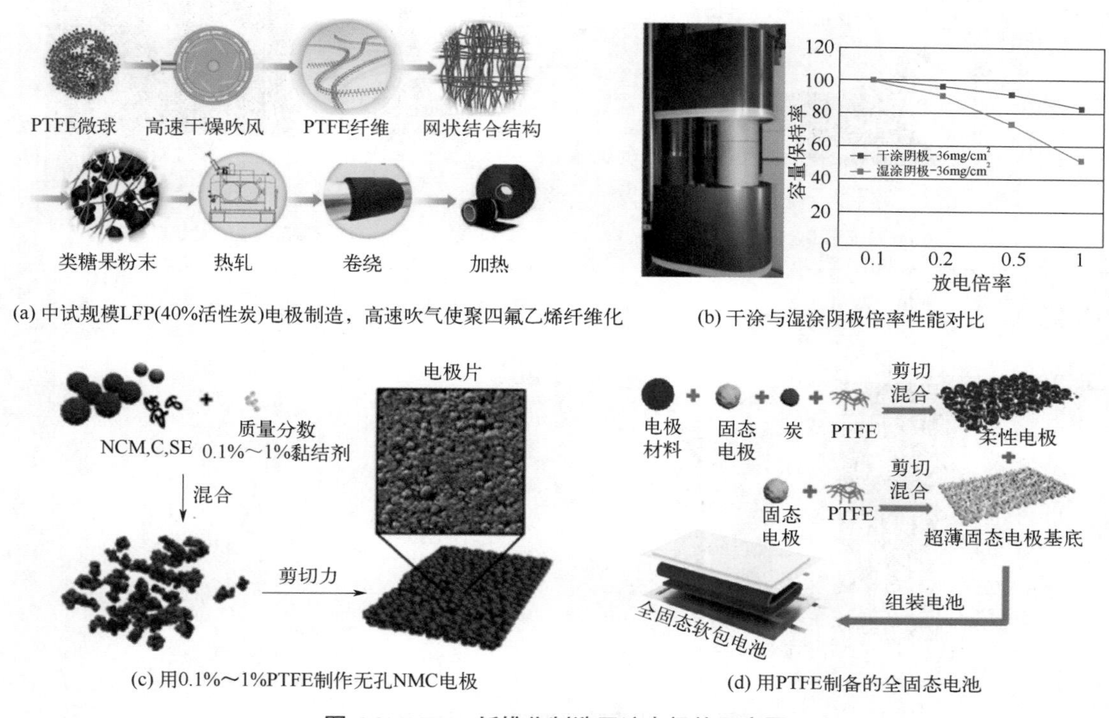

图 6-2　PTFE 纤维化制造干法电极的示意图

（2）干喷沉积

干喷沉积工艺如图6-3（a）所示，喷枪给带电的干颗粒充电，带电颗粒被吸引到集流体上并沉积，最终的电极通过热轧工艺制造而成。这种方法具有良好的灵活性。由于其独特的黏结剂分布，在机械强度和电化学性能方面略优于传统的电极。Kang等利用沉积技术完成了超级电容器电极的设计与制备［图6-3（b）］，将PEDOT：PSS[❶]和还原氧化石墨烯作为活性材料沉积于碳布上，制备了全固态超级电容器。其最大能量密度与功率密度分别可达11.0W·h/kg与4460W/kg。此外，该固态超级电容器具有优异的循环稳定性与柔性，2000次循环后容量保持率高达100%，弯折半径0.5mm时也有大约95%的容量保持率。Wang等探究了PVDF分子量对电极与铝基材的剥离强度的影响，结果表明较高分子量的PVDF所制造的电极具备更优异的倍率性能［图6-3（c）、（d）］。干喷沉积也可用于制造负极，Schälicke等使用不同的氟热塑料制造石墨负极，制造的石墨电极具有与传统涂布制造的电极相媲美的电化学性能。干喷沉积适用于各种常见活性材料颗粒。然而，该技术在大规模生产和控制电极厚度方面存在一些限制，且与当前的生产设备不兼容，其效率较低。目前对干喷沉积的研究仍仅限于实验室。

❶ PEDOT: PSS是一种高分子聚合物的水溶液，PEDOT是EDOT（3,4-乙烯二氧噻吩单体）的聚合物，PSS是聚苯乙烯磺酸盐。

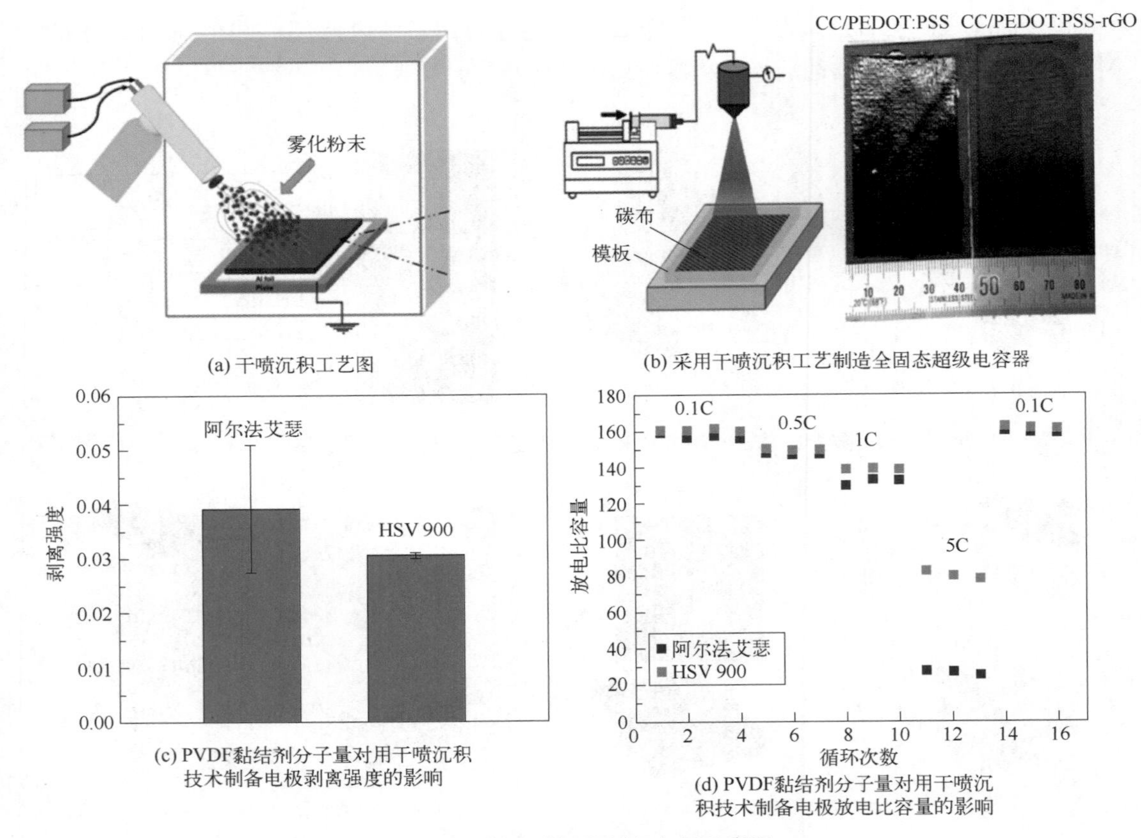

(a) 干喷沉积工艺图

(b) 采用干喷沉积工艺制造全固态超级电容器

(c) PVDF黏结剂分子量对用干喷沉积技术制备电极剥离强度的影响

(d) PVDF黏结剂分子量对用干喷沉积技术制备电极放电比容量的影响

图 6-3　用干喷沉积制备电极示意图

（3）气相沉积

气相沉积工艺是将原材料气化并沉积到基材上，包括磁控溅射、热蒸发、脉冲激光沉积、原子层沉积等方法。Chou 等利用化学气相沉积制备了底层超薄石墨烯薄膜，可实现可拉伸和透明超级电容器的制备。该电容器在 550nm 波长处的透光率达到 72.9%，拉伸率达到 40%。当拉伸应变增加到 40% 时，比电容没有下降，甚至略有增加。此外，超级电容器在拉伸下表现出优异的频率性能和小的时间常数。尽管气相沉积法制备的超级电容器具有良好的性能，但其存在设备复杂、真空环境、规模较小等缺点，仅适用于制造小尺寸的电极。

（4）热熔和挤压

挤压法通常需要较高的聚合物含量，这与电极制造不兼容。为解决这个问题，已经尝试了包括添加溶剂和其他添加剂等多种方法。Sotomayor 等首次将挤压法用作干法技术，通过多次混合和熔融造粒将黏结剂与碳粉末混合，然后通过挤出机制备出各种厚度的极片。通过加热将聚合物从电极上移走，产生内部孔隙，挤压法可以用于制造多孔电极。最后在高温下烧结电极，使剩余颗粒之间形成内聚力。减少黏结剂的使用对于进一步应用于实际电极制造非常重要。Torre-Gamarra 等采用类似的方法制造了约 500μm 厚的无黏结自支撑磷酸铁锂（LFP）电极［图 6-4（a）］。Astafyeva 等以 PPC 作为牺牲黏合剂，制造了活性材料负载率为 90% 的镍钴铝氧化锂（NCA）正极和石墨负极［图 6-4（c）］。挤压法对颗粒大小敏感，需要准确控制温度、剪切力和挤压时间。此外，高消耗的聚合物、烦琐的制造过程以及脱胶和烧结所需的高温处理限制了其在实际电极中的应用。

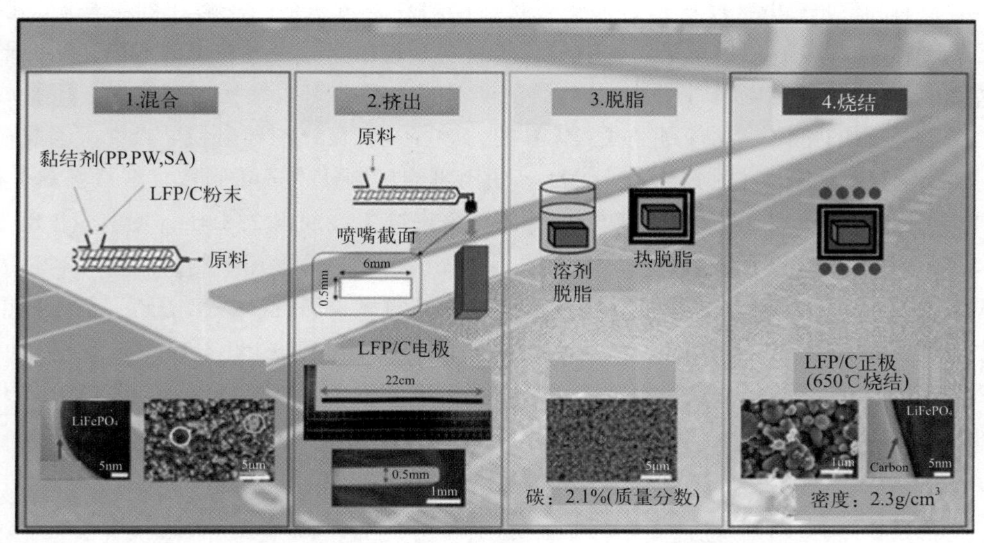

(a) 用PP、PW、SA黏结剂体系通过熔融挤出工艺制造电极的示意图

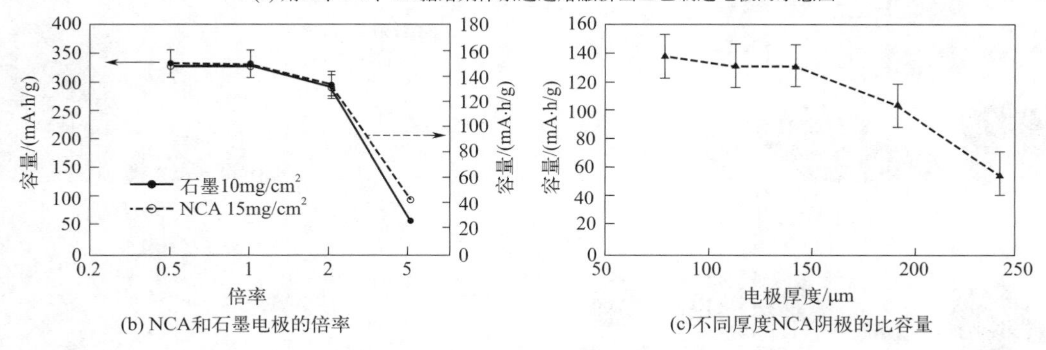

(b) NCA和石墨电极的倍率　　(c)不同厚度NCA阴极的比容量

图 6-4　热熔和挤压制备电极示意图

（5）3D 打印

干法电极使用的 3D 打印为熔融沉积模型（FDM），利用加热来熔化热塑性聚合物。在 FDM 中，含有活性材料和导电添加剂的熔融热塑性聚合物被逐层水平沉积以制造三维电极。Trembacki 等通过模拟研究表明，无论采用何种 3D 打印方法，3D 设计的电极性能都明显优于 2D 颗粒电极，具有更好的能量密度和功率。Areir 等使用 FDM 进行活性炭对称超级电容器打印。该超级电容器在 0.02V/s 下具备 182mF 的比容量，最大能量密度可达 76.29mW · s/g，最大功率密度达 95.36mW/g。由于 FDM 工艺的限制，活性材料的装载量相对较低，从而严重影响了电化学性能，但可通过引入增塑剂来提高负载量。使用 3D 打印技术可以实现电极的准确厚度和形状，以适应特定的应用需求。然而，目前该技术不适合大规模电极制造，而只适用于特定领域，如微电子和可穿戴设备。

（6）直接压制

这种方法将干燥的粉末混合物直接压制成电极。Han 等报告了一种可扩展的孔状石墨烯合成方法，基于孔状石墨烯的超级电容器显示出比普通非孔状石墨烯更好的体积电容[图 6-5(a)]。该研究小组还使用合成的孔状石墨烯作为可压缩的主体和导电基质，以容纳不可压缩的电极粉末。孔状石墨烯的纳米孔隙有利于在压缩时释放被困的气体，从而形成无黏结剂和无溶剂的复合电极［图 6-5(b)]。孔状石墨烯粉末可以轻松地在室温下压制成不同形状的致密坚固的单体，具有高密度、优异的力学强度、良好的导电和导热性，因此在电极制备方面具有巨大潜力［图 6-5(c)]。Jia 等使用直接压制技术成功制备了纸状石墨烯薄膜，薄膜电导率达 3000 ～ 3300S/m，在 0.5A/g 的电流密度下展现出 238.4F/g 的容量，80A/g 下的容量维持率达 67%，且欧姆降仅为 0.16V。该纸状石墨烯薄膜用于制备柔性固态超级电容器展现出 1.7mW · h/cm^3 的体积能量密度以及出色的机械灵活性。直接压制工艺还被用于制造全固态电池的无孔电极。Yubuchi 等使用直接压制制备了由 $LiNi_{0.5}Mn_{1.5}O_4$ 颗粒、$80Li_2S$-$20P_2S_5$ 玻璃陶瓷电解质和乙炔黑组成的正极。需要注意的是，直接压制在以卷绕方式大规模生产上仍然需要进一步完善。

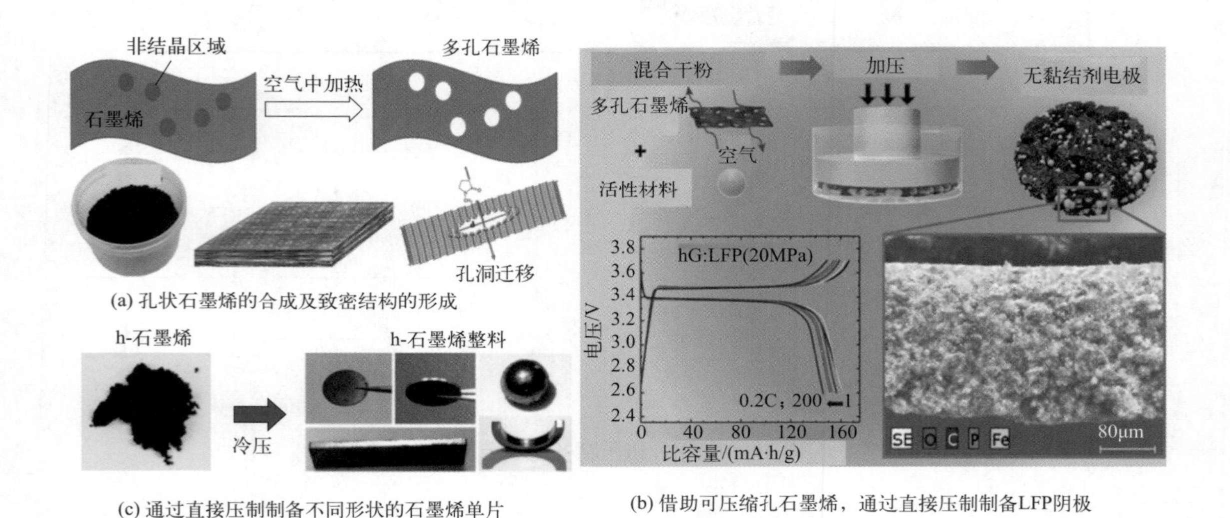

(a) 孔状石墨烯的合成及致密结构的形成

(c) 通过直接压制制备不同形状的石墨烯单片

(b) 借助可压缩孔石墨烯，通过直接压制制备LFP阴极

图 6-5　基于可压缩孔状石墨烯的干法电极制造

6.1.2　干法中段工艺

干法中段工艺主要是指电芯制作工艺，其中包括了卷绕、入壳、注液、封口等关键步骤。下面分别阐述几种工艺。

（1）卷绕

卷绕过程具有很强的集成功能，使器件外观初露雏形，因此卷绕过程充当了超级电容器制造过程枢纽的角色，是超级电容器制造过程的关键工序。卷绕工序生产的卷芯通常被称作裸电芯。图 6-6 是卷芯卷绕过程示意图，卷芯的卷绕过程一般是先用两卷针夹紧两层隔膜进行预卷，然后依次送入正极片或负极片，极片分别夹在两层隔膜之间进行卷绕。在卷芯纵向方向，隔膜超出负极膜片，负极膜片超出正极膜片，防止正、负极片之间接触短路。

卷绕机作为卷芯过程的核心部件，其主要组成部分及功能包括：

① 极片供给系统。

分别将正、负极片沿着导轨输送到两层隔膜的 *A-A* 面和 *B-B* 面之间，实现极片的供给。

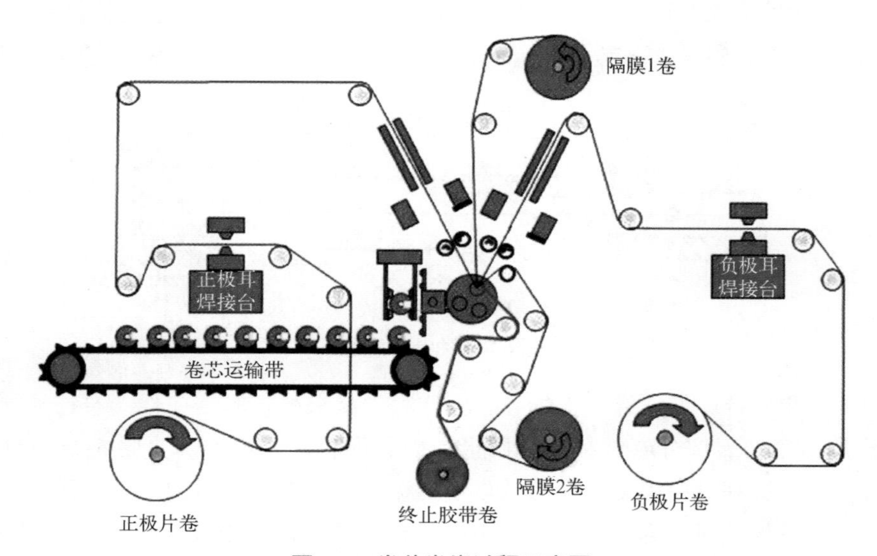

图 6-6　卷芯卷绕过程示意图

② 隔膜放卷系统。

包括上隔膜和下隔膜，实现隔膜到卷针的自动连续供给。

③ 张力控制系统。

实现卷绕过程中隔膜的恒张力控制。

④ 收尾贴胶系统。

对卷绕后的卷芯进行贴胶固定。

⑤ 卸料传输系统。

将卷芯从卷针上自动拆卸，然后掉落到自动传输带上。

⑥ 脚踏开关。

当无任何异常时，踩下脚踏开关控制卷绕正常进行。

⑦ 人机交互界面。

实现参数设定、手动调试、报警提示等功能。

从以上卷绕过程分析可知，电芯卷绕包括两个不可避免的过程：推针和抽针。

推针过程（图 6-7）：两卷针在推针气缸作用下伸出，分别穿过隔膜两侧，然后两卷针组合形成的针头圆柱体正好插入轴套中，卷针合拢夹持隔膜，同时，两卷针合并后形成一个基本对称的规则形状作为卷芯的内核。

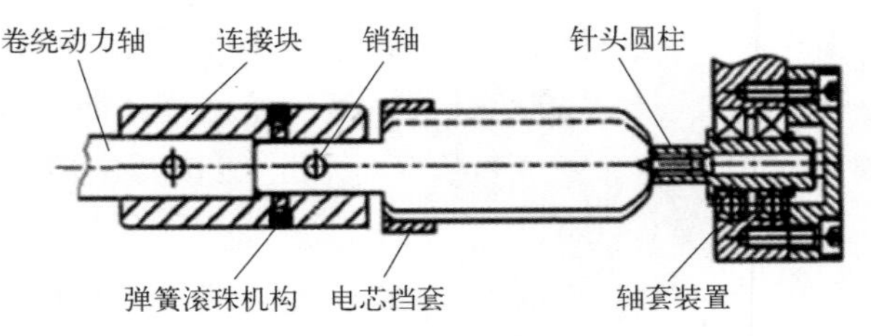

图 6-7 推针示意图

抽针过程（图 6-8）：卷芯卷绕完成后，两卷针在抽针气缸作用下缩回，针头圆柱从轴套中退出，卷针装置中的滚珠在弹簧作用下使卷针闭合，两卷针相向卷绕，卷针的自由端尺寸变小，在卷针和卷芯内表面之间形成一定间隙，随着卷针相对挡套缩进，实现卷针和卷芯的顺利分离。

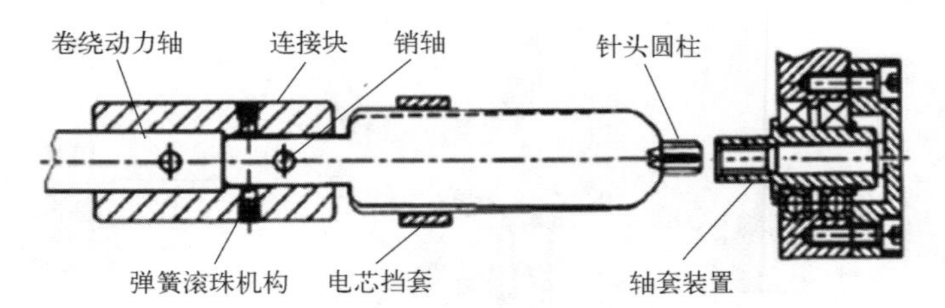

图 6-8 抽针示意图

上述的推针和抽针中的“针”即指卷针，作为卷绕机的核心零部件，卷针影响着卷绕速度和卷芯质量。目前大部分卷绕机采用圆形、椭圆形和扁菱形卷针（图 6-9）。对于圆形和椭圆形卷针，由于存在一定弧度，会造成电芯的极耳变形，在随后的压芯过程中，还容易造成电芯内部起皱变形；对于扁菱形卷针，由于其长轴和短轴尺寸相差较大，极片和隔膜张力变化较大，需要驱动电机变转速卷绕，过程难以控制，卷绕速度一般较慢。

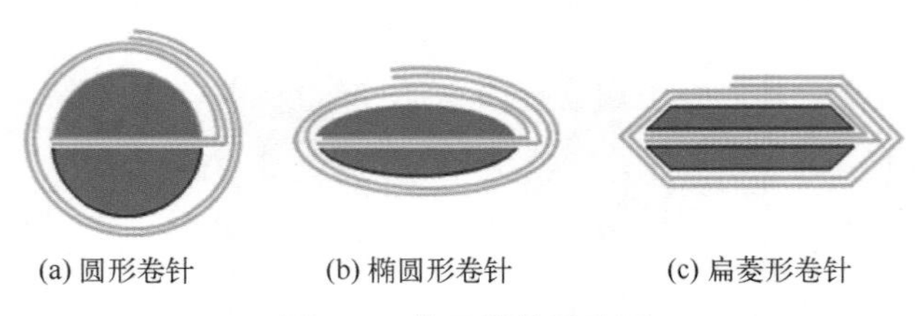

(a) 圆形卷针　(b) 椭圆形卷针　(c) 扁菱形卷针

图 6-9 常见卷针示意图

为了更加直观地表征卷芯缺陷，可以将卷芯浸入 AB 胶环氧树脂中固化，然后切割截面并用砂纸抛光，最好将制备的样品放在显微镜或扫描电镜下观察，从而可以获取卷芯内部的缺陷图谱。除此之外，卷芯内部的缺陷也可以通过无损检测表征，如常用的 X 射线和 CT（计算机断层扫描）检测，下面简单介绍一些常见的卷芯工艺缺陷：

① 极片覆盖不良。

局部地方负极片没有完全包覆住正极片，可能导致器件变形和析锂，产生安全隐患（图 6-10）。

② 极片变形。

极片受到挤压而变形（图 6-11），可能引起内短路，带来严重的安全问题。值得一提的是，2017 年轰动一时的某品牌手机爆炸案调查结果正是电池内部负极片受到了挤压而造成内短路，从而引起了电池爆炸。

图 6-10　极片覆盖不良图

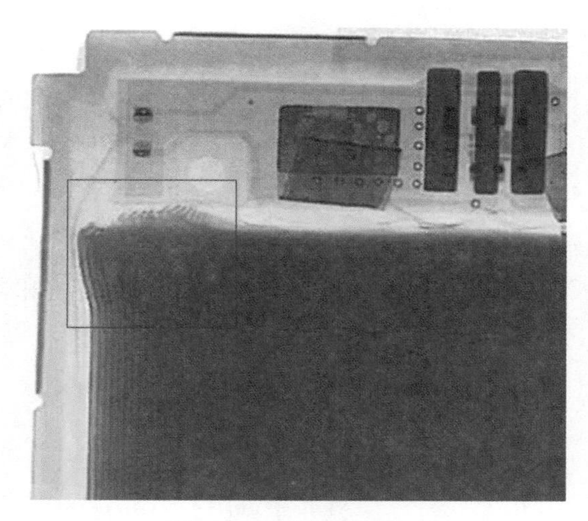

图 6-11　极片变形图

③ 金属异物。

金属异物是器件的性能杀手（图 6-12），可能来源于浆料、设备或环境中，颗粒较大的金属异物可能直接造成物理短路。而当金属异物混入正极后，会被氧化然后沉积在负极表面，刺穿隔膜，最终也会造成短路，带来严重的安全隐患，常见的金属异物有 Fe、Cu、Zn、Sn 等。

（2）入壳

卷芯入壳前需要进行 Hi-Pot 测试（耐压测试，测试电压为 200 ～ 500V，判断是否存在高压短路）、吸尘处理（入壳前进一步控制粉尘）。水分、毛刺、粉尘为三大控制点。前面工序完成后，将下面垫垫入卷芯底部后弯折负极耳，使极耳面正对卷芯卷针孔，最后垂直插入钢壳或铝壳（图 6-13）。卷芯的横截面积＜钢壳内截面积，入壳率在 97% ～ 98.5%，因为要考虑到极片反弹值和后期注液时下液程度。同下面垫工序，将上面垫也装配完成。此车间环境温度≤ 23℃，露点≤ −40℃。

图 6-12　电芯金属异物图

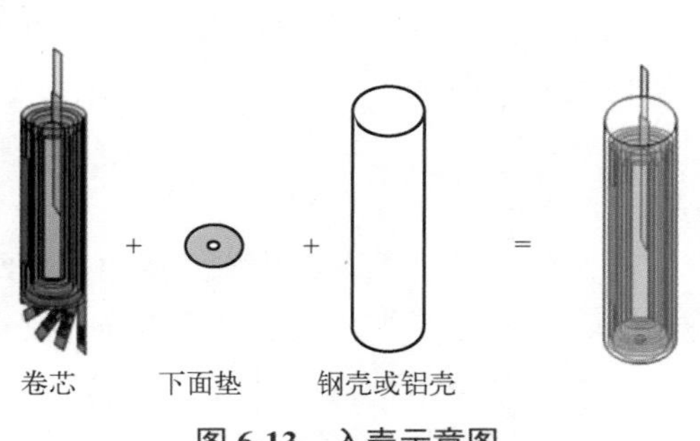

图 6-13　入壳示意图

（3）注液

注液作为超级电容器制程中的一道关键工序，效果的好坏不但影响器件整体性能，并且制约生产效率。注液一般分为两步：

① 注液。将电解液注入超级电容器内部；电解液的作用是在正负极之间导通离子，担当充放电的介质，就如人体的血液。

② 浸润。注入的电解液与电池正负材料和隔膜充分浸润；在注液时，对器件抽真空可以降低空气产生的阻力，而对电解液加压则可以增加液体流动的驱动力。因此，抽真空和加压注液有利于电解液的浸润。

（4）封口及清洗

将钢壳与盖板密封，使壳体内的电芯体处于完全密封的状态，与外界环境隔离，避免物质交换。清洗工序的目的是清除钢壳表面残留的电解液，防止电解液腐蚀钢壳。最后便是套膜，该工序是保证电芯正负极端分开，防止外部电路短路。

6.1.3 干法后段工艺

完成中段工序意味着一颗外形完整的电芯制造已经结束。之后就是后段工序，此工序主要目的是将电芯激活，经过检测、分选、组装，形成超级电容器成品。后段工序主要包括活化、陈化、分选与分容。

（1）活化

电芯套膜之后在恒温环境搁置一段时间，使电解液充分浸润极片和隔膜，防止因电解液浸润不均匀而导致性能恶化。

（2）陈化

将化成后某一荷电状态的电芯在一定温度环境下搁置一段时间，并测试搁置前后电池的电压，根据电压下降情况筛选、分类，排除外界因素的影响，剔除压降大或压降异常的电芯。陈化的影响要素主要有两个，即陈化温度和陈化时刻。除此之外，还有陈化时器件处于封口或是开口的状况也比较重要。对于开口陈化来说，假如厂房可以操控好湿度，可以陈化后再封口。假如选用高温陈化，封口后陈化比较好。对于不同的器件系统，需要依据资料特性及器件特性进行针对性实验。在实验设计中，可以通过器件的容量、内阻、压降特色来确认最佳的陈化准则。

（3）分选与分容

器件分选是指选取合适的变量如电池欧姆内阻、极化内阻、开路电压、额定容量、充放电效率、自放电率等，通过分选将器件进行分类，将参数一致性较好的器件分为同一类。主要是提高器件成组后内部特性一致性，实现提高模组的使用效率和延长其使用寿命的目的。器件分选方法主要有单因素法、多因素法、动态分选法等。

① 单因素法。指通过选取器件的某一种参数作为唯一的分选变量，选取的变量通常有欧姆内阻、极化内阻、充电截止电压、额定容量等。

② 多因素法。指通过选取器件多种代表性参数作为分选变量，常见的分选变量和单参数分选法类似，但是通常会取其中两种以上。

③ 动态分选法。指将器件充放电状态下某些参数作为分选变量，如动态直流内阻、充放电曲线等参数，并以此为依据，对器件进行分选。考虑了器件在充放电状态下内部参数与性能之间的联系，能够较好地反映器件在充放电过程中该分选变量的变化趋势。

分容即分析容量。器件在制造过程中，工艺原因使电池的实际容量不可能完全一致，通过一定的充放电检测，将电池按容量分类的过程称为分容。生产出的电芯是不能马上销售的，应该入库最少保存 15 天，在这期间，有些内在的弊病就表现出来了，比如说自放电过大等，在库里达到保存期限的电芯，在接到订单后，再拿出来检测再次分容，把容量达不到等级或质量出现问题的淘汰，然后以保持 50% 左右的电量交给销售部门。分容有利于缩短分容工序所消耗的时间、降低能耗，可以提高产能。

6.2 湿法工艺

超级电容器主要由电极、电解质和隔膜三部分构成。其中，电极是对超级电容器性能产生影响的核心元件。目前超级电容器的电极材料主要有碳材料、金属氧化物和导电聚合物等几类材料，其中呈粉状的活性炭材料是目前超级电容器市场化应用的主流材料。将粉体电极材料制成电极片的工艺主要分为干法工艺和湿法工艺两种。

干法工艺是把原材料直接以干粉状态混合处理，然后通过压膜机辊压成一定厚度的膜，再把膜与集流体复合在一起形成电极片。干法电极韧性好，密度大，容量高，炭粉不易脱落，循环寿命长，而且在制备过程中不添加任何溶剂，是一种环境友好的绿色工艺。

湿法工艺主要是通过将电极材料粉体与黏结剂、溶剂配成浆料，再涂布到集流体上烘干制成电极。湿法工艺虽然存在一系列问题，比如电极密度低、容量低、厚度薄、极片脆和易脱落等，但是由于湿法工艺成熟、成本低，目前仍然是商业化生产超级电容器的主流方法。

超级电容器的湿法制造工艺主要分为极片制造（前段），电芯制造（中段），检测、封装等（后段）。

6.2.1 湿法前段工艺：极片制造

在湿法工艺中，软包超级电容器与卷绕型超级电容器的前段工艺大致相同，一般都是在磨料后进行真空搅拌制备浆料，再将所得浆料在集流体上涂布、辊压制成极片。

6.2.1.1 浆料制备

理想的电极结构各组分颗粒均匀分散、无团聚，活性颗粒和导电剂、黏结剂充分接触，形成良好的电子导电和离子导电网络，并且厚度均一稳定，要求极片中心的厚度要和边缘处的厚度尽量保持一致。因此，制浆工艺的稳定是获得高质量电极片的关键。在超级电容器湿法极片制备过程中，制浆工艺作为最前端工序，其获得的浆料质量及工艺稳定性对整个生产工艺将产生重大影响。制浆工艺主要目的是将活性物质、导电剂、黏结剂等物质均匀分散，获得均匀、稳定的浆料用于极片涂布工艺。传统超级电容的电极浆料制备工艺是用聚偏氟乙烯（PVDF）、羧甲基纤维素（CMC）和丁苯橡胶（SBR）中的一种或多种混合制成黏结剂，再将黏结剂与一定比例的去离子水进行分散乳化后，与乙炔黑、活性炭粉末充分混合搅拌，制得一定固含量和黏度的浆料。

在湿法工艺的制浆工艺中对超级电容器浆料有以下要求。

（1）分散均匀性

制浆工艺的宏观过程为不同组分的分散与均匀混合，微观过程则涉及制浆过程中颗粒间的相互作用和稳定化网络结构的形成。如果浆料分散不均，有严重的团聚现象，超级电容器的性能将受到影响。在制浆过程中颗粒的分散包括以下三个步骤:

① 粉体颗粒的润湿。

润湿是将粉体缓慢地加入液体体系中，使吸附在粉体表面的空气或其他杂质被液体取代的过程。电极材料表面的润湿主要是由液相表面与颗粒表面的极性差异程度决定，粉体在液相中润湿的好坏是粉体能否均匀分散的重要前提。润湿不好会产生团聚、结块，会影响到后面进一步的分散混合。粉体颗粒与溶剂的润湿性能通常采用润湿角来表征，润湿角与固 - 液界面张力大小有关。如图 6-14 所示，根据润湿角的大小可将粉料与溶剂的润湿性分为四个等级: $\theta = 0°$ 强亲水性; $0° < \theta \leqslant 40°$ 弱亲水性; $40° < \theta \leqslant 90°$ 弱疏水性; $\theta > 90°$ 强疏水性。此外也可采用润湿热来表征润湿性，润湿热越大，粉料与溶剂的润湿性越好。

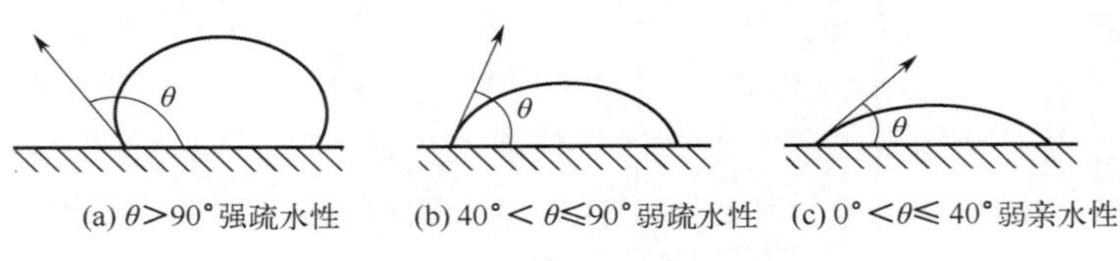

图 6-14　润湿角

② 团聚体解聚。

超级电容器制浆过程中颗粒团聚体在剪切力、离心力、压应力、惯性力等作用下发生解聚分散，初始较大的团聚体破碎、分散形成较小的颗粒。团聚体颗粒的解聚过程可进一步细化为三个阶段: 侵蚀（erosion）、破裂（rupture）、粉碎（shattering）。侵蚀通常发生在低能搅拌阶段，此时细小的颗粒碎片在剪切力作用下从团聚体表面脱落；随着搅拌强度和时间的增加，初始大的团聚体分解为较小的团簇，此阶段为破裂；搅拌强度不断增加，大的团聚体迅速解聚为细小的颗粒聚合体，此过程称为粉碎。根据机械搅拌强度的差异，三个过程可逐步进行，也可能同时进行。

③ 浆料稳定化。

浆料分散后需防止颗粒物质再次团聚，因此制浆过程中保持浆料的分散稳定性至关重要。超级电容器浆料中各组分颗粒间存在多种相互作用力，包括范德华力、静电排斥力、空间位阻力、空位力、水合力等，颗粒间相互作用力的大小决定其是否发生团聚。

1940 ～ 1948 年，Deryagin、Landau、Verwey、Overbeek 建立了胶体粒子相互接近时的能量变化及对胶体稳定性影响的相关理论，简称DLVO理论。该理论主要描述胶体粒子间距与能量变化的关系，此作用能量是胶体双电层重叠的电荷排斥能与范德华力加成下的结果。

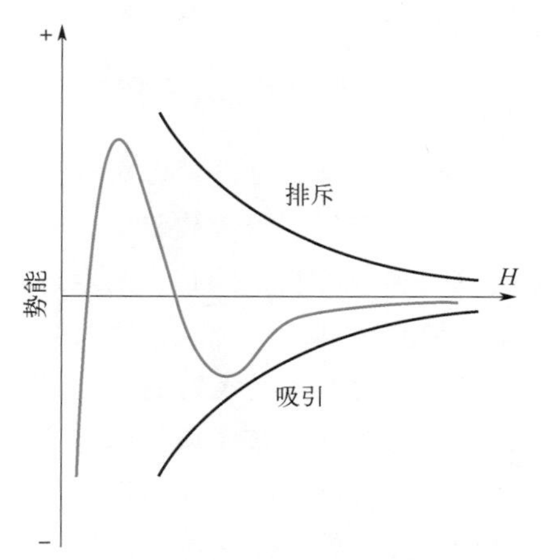

图 6-15　DLVO 理论示意图

（H为粒子表面之间的最小距离）

图 6-15 为 DLVO 理论示意图，表示胶体粒子之间存在吸引力与排斥力，这两种作用力的大小决定胶体溶液的稳定性，粒子间的吸引力起主要作用，则粒子将产生团聚；而排斥力大于吸引力的状态下，则可避免粒子团聚而保持胶体的稳定性。

由图 6-15 可知，当粒子之间的距离越来越短，粒子首先会产生吸引力，若粒子彼此再持续靠近时，则将使得粒子之间产生排斥力，而若粒子越过排斥能障，则会快速发生团聚。因此为了使得胶体内的粒子分散稳定性提高，必须提高粒子间排斥力，以避免粒子间发生团聚。目前关于浆料的分散稳定机制已出现不同的理论模型，主要包括静电稳定机制、空间位阻稳定机制、静电位阻稳定机制，如图 6-16 所示。

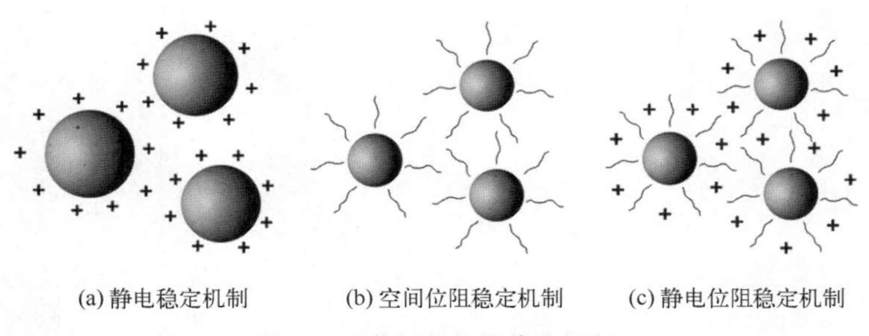
(a) 静电稳定机制　　(b) 空间位阻稳定机制　　(c) 静电位阻稳定机制

图 6-16　浆料的分散稳定机制

静电稳定机制是利用粒子的表面电荷所造成的排斥力，当粒子彼此因吸引力接近时，造成胶体粒子的双电层重叠，由于粒子表面带同性电荷，因此产生排斥力。然而静电稳定机制易受溶液系统中的电解质浓度影响，当溶液内的电解质浓度过高时会造成粒子表面双电层压缩，进而造成粒子的团聚。

空间位阻稳定机制是利用高分子吸附于胶体粒子表面，其作用会产生渗透压效应和空间限制效应提升粒子间的排斥力。渗透压效应是指当两胶体粒子接近时，高分子长链吸附于粒子表面或溶液内的残余高分子会介于粒子之间，此时粒子间的高分子浓度不断提高将引起渗透压的变化，周围介质进入两粒子之间，排开彼此距离，而达到分散稳定的效果。被吸附于粒子表面的高分子具有一定的空间阻碍，当粒子距离缩短，由于高分子无法穿透粒子，高分子将产生压缩，致使弹性自由能上升，因而排开粒子，达到分散的效果。

静电稳定机制极容易受环境影响而失去效果，无法应用于高电解质浓度环境或是有机溶液系统。空间位阻稳定机制对电解质浓度相对不敏感，不论是在水溶液还是在有机溶剂中都具有相等的效率，并且空间位阻稳定机制亦不因胶体固相含量而影响效果。高分子吸附于胶体粒子表面时，即使产生团聚亦为软团聚，可简单地破除团聚，即使胶体粒子经过干燥程序，仍然可以再度分散于溶剂中。

（2）浆料黏度和流变特性

电极浆料需要具有稳定且恰当的黏度，这对极片涂布工序具有至关重要的影响。黏度过高或过低都不利于极片涂布，黏度高的浆料不易沉淀且分散性良好，但是过高的黏度不利于流平效果，不利于涂布；黏度过低时虽然浆料流动性好，但干燥困难，降低了涂布的干燥效率，还会出现涂层龟裂、浆料颗粒团聚、面密度一致性不好等问题。

一般情况下，浆料的固含量越高，浆料黏度越高。固含量越高，浆料搅拌时间越短，所耗溶剂越少，涂布干燥效率越高，节省时间。此外，影响浆料黏度的因素主要还有搅拌浆料的转速、时间控制、配料顺序、环境温湿度等。在搅拌、静置等过程中还会伴随黏结剂分子结构破坏、性状变化等，从而引起浆料黏度的升高或降低。

浆料还需要具有良好的沉降稳定性和流变特性，来满足极片涂布工艺的要求。浆料的流变特性与储存稳定性和涂布性能关系密切。为了满足后续涂布工艺的要求，浆料需要具有以下三个特性:

① 好的流动性。流动性可以通过搅动浆料，让其自然流下，观察其连续性。连续性好、不断断续续则说明流动性好。

② 流平性。浆料的流平性影响的是涂布的平整度和均匀度。

③ 流变性。流变性是指浆料在流动中的形变特征，其性质好坏影响极片质量的优劣。

6.2.1.2 电极涂布

据实际需求以及工艺设备的特点，选择合适的电极制备方法是实现工业化生产首要考虑的因素。合适的制备工艺不仅能实现对人力、物力、财力等资源合理充分的利用，而且有利于降低超级电容器的制造成本。在工业生产中，为了大规模、低成本地制备性能较好、质量均一且稳定可控的电极，我们往往倾向于选择自动化程度高的卷对卷涂布工艺；在实验室中，通常会选择涂布机以流延法进行涂布，当然也会选择一些较为复杂的、高成本的工艺技术，譬如化学气相沉积法、电化学沉积法等。目前，超级电容器电极常用的制备方法主要有滴涂法、涂布法和辊压法等。

（1）滴涂法

滴涂法是较为落后的一种炭膜制备方法。滴涂法是将浆料直接滴涂在集流体上，待溶剂蒸发后得到活性物质薄膜，然后进行辊压处理得到最终电极。这种方法得到的电极质量不可控，厚度不可控，且器件的电化学性能也不是很理想。但是工艺简单，成本极低，是早期实验室制备电极的方法。

（2）涂布法

涂布法是目前制备超级电容器和锂离子电池用电极的一种常见的方法。其优点是工艺简单、自动化程度较高，可较大面积连续化生产厚度较薄的电极。而且，可通过控制浆料的浓度和刮刀的高度来控制电极的质量，但是电极的厚度不能得到很好的控制，通过涂布法制备的电极也往往会出现面密度小、容量不大的情况。

涂布法的大致工艺过程如下：把电极材料和黏结剂按一定的比例配制成合适浓度的浆料，调节涂布厚度和涂布速度等参数，然后将浆料涂敷在金属箔集流体上，再经过烘干、辊压等步骤后制成电极。

超级电容器电极涂布过程具有其自身特点：双面单层依次涂布，双面涂布机也采用两面依次涂布；浆料湿涂层较薄，一般为 25 ～ 140μm；电极涂布精度要求高，涂布公差 ±2μm；涂布基材一般为厚度 9 ～ 30μm 的铝箔或铜箔。目前超级电容器电极涂布的方法有刮涂法、狭缝挤压式涂布技术、卷对卷涂布技术和流延涂布法等。

刮涂法是制备超级电容器电极的一种常见方法。刮涂法中一般采用金属箔作集流体，再将活性材料和黏结剂按一定比例配成的混合物浆料刮涂到金属箔上，干燥后形成预制电极。

狭缝挤压式涂布技术是超级电容器电极的重要生产技术之一，能获得均匀高精度的涂层。狭缝式挤压涂布是浆料在压力作用下经过特殊设计流道的狭缝式模头挤压涂覆在运动的基材上。涂布头外结构比较简单，主要包括上模、下模和垫片三个部分。下模有特殊的型腔，如梯度式、衣架式、单腔式和双腔式等；上模相对比较简单；垫片则位于上下模之间，可根据不同的涂布形式进行选择，如间隔涂、全涂等。

卷对卷（roll-to-roll，RTR）涂布技术是指涂布通过成卷连续的方式进行印刷的工艺技术。采用 RTR 生产工艺，不仅能提高生产率，更重要的是能提高自动化程度。这种高自动化的生产明显地减少了人为操作和管理因素，受温度、湿度洁净度等环境条件影响小，所制备的电极性能更均一，质量更稳定可靠。

Li 等使用了一种卷对卷涂布装置（图 6-17）并利用涂布转移法，首先将浆料涂布在铝箔上，再通过涂布转移法（图 6-18）将活性物质转移至泡沫镍上，实现了大规模制备高质量的超级电容器电极。

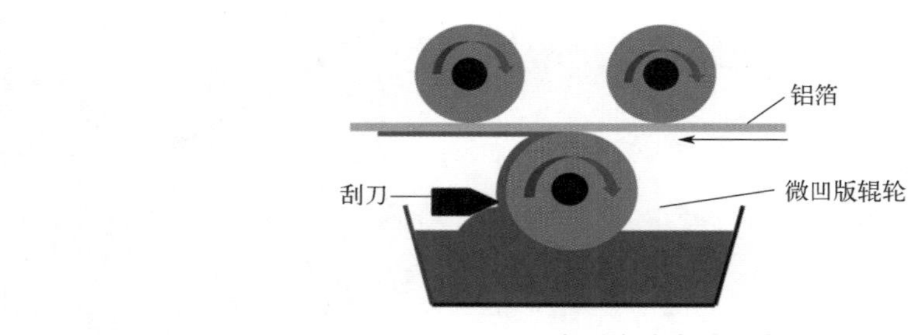

图 6-17 卷对卷涂布法示意图

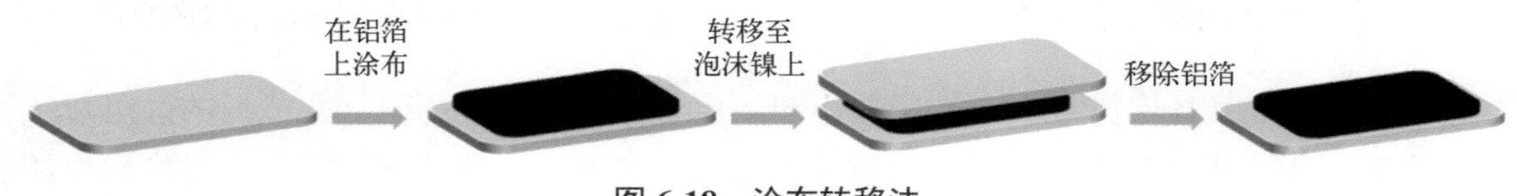

图 6-18 涂布转移法

流延涂布法的基本原理是通过涂布头空腔的压力注入黏结剂，涂布头的顶端是一个可调大小的细缝，涂布时随着底纸的运行，黏结剂均匀地从涂布头的细缝中流出并涂布在底纸表面。流延涂布技术制备超级电容器时可采用价廉的粉状活性炭作原料，从而大大提高电极膜片的制造效率，适合于大规模工业化生产，提高产品的一致性和成品率，降低制造成本。但其最大的缺点是，要选择合适的黏结剂、溶剂，同时要严格控制工艺参数。

6.2.1.3 烘干与辊压

超级电容器的电极经过湿法涂布后需要进行烘干并进行辊压以提高材料的压实密度。典型的极片烘干工艺是在涂布后先进行鼓风干燥，组装电芯后再进行真空干燥。由于活性炭电极的多孔结构，其孔内的残余水分彻底去除较为困难，因此，充分有效的烘干是发挥超级电容器性能的关键。

在极片烘干后，一般还要进行辊压，从而控制电极的压实密度，即压实比。超级电容器的容量发挥率和循环稳定性随着压实密度的增加呈现先增加后下降的趋势。压实密度较小时，活性物质颗粒之间的接触不是很充分，随着压实密度从 5% 逐渐增加至 15%，内阻逐渐减小。但当压实密度大于 15% 时，超级电容器的内阻随压实密度的增加而增加，主要的原因是极片过度受压，导致电极材料与集流体之间的应力加大，电极材料与集流体出现微观分层现象，从而导致极片接触电阻增大，如图 6-19 所示。过大的压实密度不利于获得优异的超级电容器电性能。在实际的生产制造过程中，一般通过控制辊压的压力来实现对极片压实密度的控制。

随着压实密度的增加，极片的吸液能力下降，如图 6-20 所示。这与碳材料的孔隙率以及电解液进入孔隙的能力有关，通过辊压后的不同压实密度的极片，改变了电极粉体颗粒之间的相对位置，同时，储存能量的碳材料的孔隙在较大的压力情况下也可能发生压塌现象，粉体颗粒之间的孔隙减少，粉体颗粒之间容易形成紧密接触，从而造成孔隙有效体积减小。

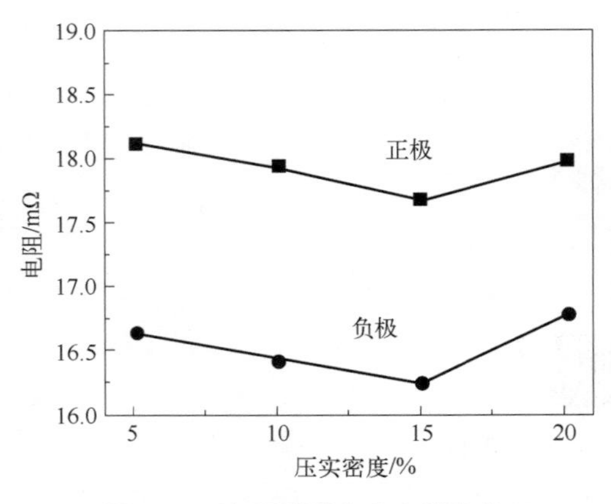

图 6-19 内阻随压实密度的变化

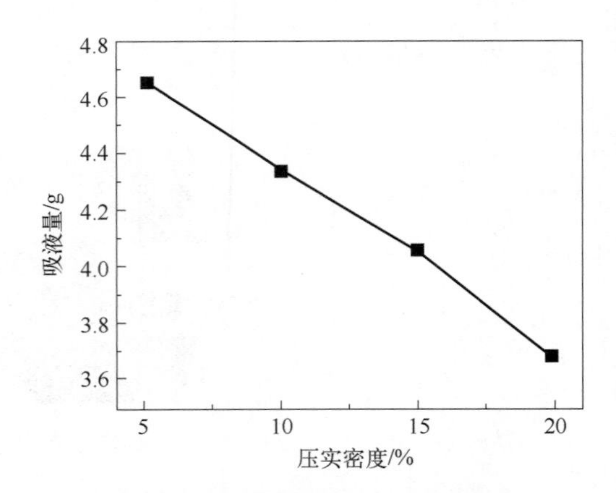

图 6-20 电极吸液量随压实密度的变化

总体上增加极片压实密度，有利于减小超级电容器注液后的内阻、化成后的内阻以及循环后的内阻，压实密度增大，电极材料颗粒之间的距离减小，接触面积增大，导电网络和通道增多，电容内阻减少。但当压实密度过大时，电容器的内阻也会出现较大的增加，过大的压实密度不利于获得优异的超级电容器电性能。

此外，热辊的温度越高，极片和电极材料的可塑性越高，相比于冷辊能够减小极片反弹，减少电池极片黏结剂微裂纹，提高黏结剂性能，延长电池循环寿命，克服冷辊摩擦升温造成的极片厚度不一致性。

6.2.1.4 分切

电极经过涂布及辊压后，需极片切割才能达到所需的设计结构和尺寸。软包型超级电容器主要是通过模切机进行切片，卷绕型超级电容器则是使用分条机对电极进行分条。极片分切过程中，极片裁切边缘的质量对电池性能和品质具有重要的影响，比如毛刺和杂质，会造成超级电容器内短路，引起自放电甚至热失控；尺寸精度差则无法保证负极完全包裹正极，或者隔膜完全隔离两极片，引起安全问题；材料热损伤、涂层脱落等则会造成材料失去活性，无法发挥作用；切边不平整会引起极片充放电过程的不均匀性。因此，极片分切工艺需要避免这些问题出现，提高工艺品质。分切过程应当尽量保证电极片边缘整齐，涂层面平整；同时极片边缘的毛刺应尽量小。

极片切割主要有三种方式：圆盘分切、模具冲压、激光切割。

（1）圆盘分切

圆盘分切和模具冲压都是使用刀具或模具，利用材料受力后的塑性变形，产生裂缝后相互分离的原理来裁切极片。圆盘分切主要有上、下圆盘刀，装在分切机的刀轴上，利用滚剪原理来分切成卷的极片。

（2）模具冲压

模具冲压是利用冲头和下刀模极小的间隙对极片进行裁切。冲压过程中，塑性较好的材料剪切时裂纹会出现得较迟，材料被剪切的深度较大，所得断面光亮带所占的比例就大；而塑性差的材料，在同样的参数条件下则容易发生断裂，断面的撕裂带所占的比例就会偏大，光亮带较小。刀具侧向压力是影响分切质量的关键因素之一。剪切时，断裂面上下裂纹是否重合、剪切力的应力应变状态都与侧向压力的大小密切相关。侧向压力太小时，极片分切可能出现分切断面不齐整、掉料等缺陷，而压力太大，刀具更容易磨损，寿命更短。冲切间隙和模具刃口的磨损情况对冲切过程也有重要影响，随着模具的磨损，冲切间隙增加，模具刃口圆角增大，冲切件的断面质量也会发生改变。

（3）激光切割

激光切割的基本原理是利用高功率密度激光束照射被切割的极片，使极片很快被加热至很高的温度，迅速熔化、汽化、烧蚀或达到燃点而形成孔洞，随着光束在极片上移动，孔洞连续形成宽度很窄的切缝，完成对极片的切割。激光能量和切割移动速度是两个主要的工艺参数，当激光功率太低或者移动速度太快时，极片不能完全切开，而当功率太高或移动速度太慢时，激光对材料作用区域变大，切缝尺寸更大。当采用激光切割时，需要根据活性物质材料和金属箔材的特性，优化合适的工艺参数，才能既完全切割极片，又形成良好的切边质量，不产生金属切屑杂质残留。

在圆盘切割和模具冲压工艺中，对刀具或模具在强度、刚度以及精度方面有高要求，并且切割后形成的切口一般会出现毛刺或挂渣等问题影响工艺质量，并且由于刀具和模具的磨损，需要时常进行更换。而激光切割由于没有加工应力，毛刺边缘极小且不会引起掉粉脱落，相比于圆盘裁切和模具冲压，激光切割具有生产效率高、工艺稳定性好的特点。但是激光切割的设备较为昂贵，需要一次性投入大量资金。三者的优缺点对比见表 6-2。

表6-2 圆盘分切、模具冲压、激光切割的优缺点对比

项目	圆盘分切	模具冲压	激光切割
极片质量	低	低	较高
工艺稳定性	较差	较差	高
投入成本	持续较低投入	持续较低投入	一次性高投入

6.2.2 湿法中段工艺：电芯制造

在湿法工艺的中段工艺中，主要进行电芯的组装和封装。制作软包型超级电容器和卷绕型超级电容器的工艺流程的区别主要在辊压之后，软包型超级电容器的极片要先进行模切然后叠片再焊接极耳；卷绕型超级电容器则是先对电极进行分条，焊接极耳最后卷绕。组装成电芯后一般要对电芯进行热压整形，然后进行注液、封装等工序。

（1）极耳焊接

无论是卷绕还是叠片方式，都需要进行极耳与集流体的焊接。将正负极极耳焊接在集流体位置处，要保证焊接的强度，防止极耳脱落。

极耳焊接方式一般选用超声焊接方式，其原理是在辅助加压的情况下，通过焊头、焊座将高频振动波传递到两个待焊接的物体，两个待焊接接触面相互摩擦，分子相互扩散从而熔合焊接到一起。超声焊接强度受焊接压力、振幅、频率、时间、焊机稳定性、焊头质量、工装、材料硬度等影响。

此外，激光焊接法也是许多厂家的选择。激光焊接设备大大提升了极耳焊接效率，并且拥有设备占地面积小、产生粉尘少和噪声轻微、耗电率低等众多优点。激光焊接能根据需求精准调整焊接速度、焊接深度、焊接宽度等，适应不同材质及产品的焊接，实现精准焊接，质量更可靠，外观更整洁。

（2）叠片与卷绕

叠片式是将正负极极片、隔膜裁成规定尺寸的大小，随后将正极极片、隔膜、负极极片叠合成小电芯单体，然后将小电芯单体叠放并联起来组成一个大电芯；卷绕式是将分条后的极片固定在卷针上随着卷针转动将正极极片、负极极片以及隔膜卷成电芯的工艺方式。

卷绕生产效率高，成本低且设备占地更小，生产工艺成熟稳定。但是由于“C 角”问题，卷绕超级电容器的结构稳定性和空间利用率低，如图 6-21 所示。在卷绕式电极的弯折处容易出现毛刺、隔膜拉伸、电极片形变等问题。并且由于在循环后期易变形，卷绕式超级电容器的循环寿命短于叠片式超级电容器。

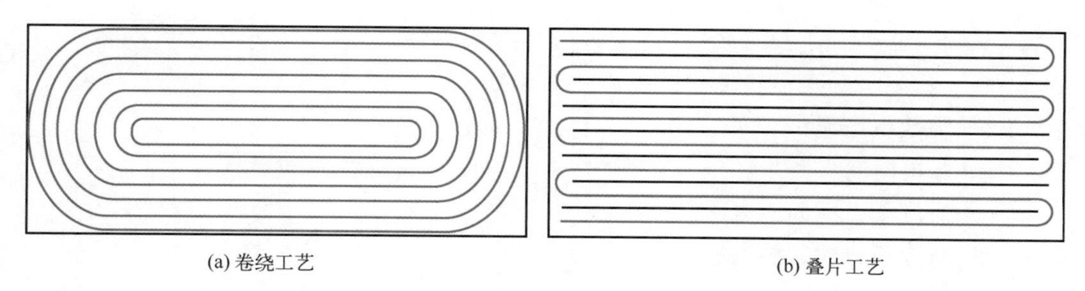

图 6-21　卷绕工艺与叠片工艺

叠片机是将模切后的极片分别堆垛在一起，通过机械手抓取极片定位，然后逐层叠加在隔膜上方，效率较低，成本较高。叠片式电容器需要对极片进行数次切断，形成的断面尺寸比卷绕结构长，毛刺风险增加，良率（合格率）降低。但是叠片式超级电容器的空间利用率高，并且没有卷绕产生的形变应力问题，其相较于卷绕式超级电容器具有更低的内阻、更大的能量和功率密度、更良好的循环性能。

（3）注液与封装

对极片、隔膜进行卷绕或叠片后，一般要先使用热封装机进行顶侧封袋，然后对器件进行注液，之后完成真空封装，随后经过切边、折边、烫边等工序完成整个器件的封装。

超级电容器的封装是将具有一定功能的核心部分封装于相应的壳体内，它一方面需要为核心部分提供保护作用，保障能量正常地存储与释放；另一方面还需要保障电容器在充放电时产生的热量能顺利地传输到外部环境中以确保其稳定可靠运行。

6.2.3　湿法后段工艺：检测

超级电容器的检测工艺主要包括容值检测、内阻检测、能量密度检测、质量检测、等效电阻检测、安全性和抗跌落性检测等。

目前已经开发出多种超级电容器检测仪器，例如电容器冲击放电试验台、电容器破坏性试验台、电容器脉冲电压试验装置以及电容器耐久性试验装置等，可以进行超级电容器的破坏性试验、防爆试验、耐压测试、自燃试验、耐久性试验等测试。测试内容涉及超级电容器的电容值、内阻、能量密度、耐压耐温性、寿命与老化以及一系列安全性能和重要参数。

（1）电容值

相对于其他类型的电容器，超级电容器拥有非常大的电容值，一般的电容器测试设备不能直接测量。测试超级电容器的电容值常用方法是充电和放电法。测量的具体步骤如下：

① 在额定电压下给超级电容器充电 30min；

② 通过恒流负载将超级电容器放电；

③ 测量 V_1 和 V_2 之间的电压降；

④ 量度 V_1 和 V_2 之间的放电时间 t，并根据下式计算电容（C）。

$$C = \frac{It}{V_1 - V_2} \tag{6-1}$$

式中　I——充放电电流；

t——放电时间；

V_1——对应于 t_1 时间的电压；

V_2——对应于 t_2 时间的电压。

（2）内阻测试

超级电容器的内阻只受欧姆内阻的影响，内阻是超级电容器的重要性能参数，内阻测试的精准度是评定测试电容器的一个重要指标。直流内阻法通过元件强制进行直流脉冲放电，测量此时元件两端的电压变化值计算得出当前元件的内阻，此方法的优点是测量精度较高，误差可控制在0.1%以内，缺点是瞬间脉冲电流会对元件内部造成一定损伤，并且会造成元件内部的电极发生极化。

超级电容器的直流内阻测量方法如下：

① 电容器使用直流电源在恒定电流 I 下充电至额定电压 U_R，记录时间为 t_0；

② 电容器以恒定电流 I 放电至最小电压 U_{min}，记录 t_0+30ms 时的电压 U_i；

③ 重复上述两个步骤三次，得到 U_1、U_2、U_3；

④ 按照式（6-2）计算内阻 R。

$$R = \frac{(U_R - U_1) + (U_R - U_2) + (U_R - U_3)}{3I} \tag{6-2}$$

采用直流内阻法测量超级电容器的欧姆内阻包括了超级电容器的充电内阻因素，也包括了超级电容器的放电内阻因素，较全面地反映了超级电容器的内阻特性。

（3）储存能量

提高超级电容器的能量密度是当前研究的热点之一，超级电容器的储存能量和能量密度测试方法如下：

① 将超级电容器以恒定电流 I 充电至额定电压 U_R；

② 恒压保持 30min；

③ 静置 5s 后，以恒定电流 I 放电到最低工作电压 U_{min}；实时记录电容器的电压 U 关于时间 t 的波形，重复①～③步骤 3 次，按照以下公式计算超级电容器储存能量 W。

$$W = \frac{I \times \int U \mathrm{d}t}{t} \tag{6-3}$$

④ 质量能量密度 E_m 和体积能量密度 E_V 分别按以下公式计算：

$$E_m = \frac{W}{m} \tag{6-4}$$

$$E_V = \frac{W}{V} \tag{6-5}$$

式中　m——超级电容器的质量，kg；

V——超级电容器的体积，m^3。

（4）耐压性

超级电容器具有一个推荐的工作电压或者最佳工作电压，这个值是根据电容器在最高设定温度下最长工作时间来确定的。如果应用电压高于推荐电压，将缩短电容器的寿命，如果过压比较长的时间，电容器内部的电解液将会分解形成气体，当气体的压力逐渐增强时，电容器的安全孔将会破裂或者被冲破。

超级电容器的耐压性检测方法为：将超级电容器充电达到额定电压后继续充电，并达到大于额定电压的某一标准值后保持一定时间。试验时和试验后，超级电容器应不爆炸、不起火、不漏液。

（5）耐温性

超级电容器的正常操作温度是 −40 ～ 70℃，温度与电压的结合是影响超级电容器寿命的重要因素。通常情况下，温度每升高 10℃，超级电容器的寿命就将降低 30% ～ 50%。在尽可能低的温度下超级电容器可以降低电容的衰减与内阻的升高。如果在低于室温的条件下使用超级电容器，那么可以使超级电容器工作电压高于指定的电压，而不会加快超级电容器内部的退化并影响超级电容器的寿命，在低温下提高超级电容器的工作电压，可有效地抵消超级电容器低温下内阻的升高。在高温情况下由于电解液的分解，电容器内阻会升高且不可逆转，在低温下，电容器内阻的升高是由于电解液黏度升高，降低离子运动速度的暂时现象。

一般情况下，超级电容器的耐温性指标测试试验分别为高温特性试验和低温特性试验。高温或低温特性试验是指将超级电容器置于某一高温或低温条件下，测试其电容、储存能量和内阻，测试值应符合相关标准。

（6）寿命与老化

超级电容器的储能基于静电存储原理，且碳电极电化学性质与结构均非常稳定，因此超级电容器寿命远超蓄电池。但老化可从物理与化学性质上改变电极、电解液与其他超级电容器部件，造成一系列不可逆的性能衰减。

超级电容器的老化因素主要包括壳体损坏、电极劣化、电解液分解、自放电等。

① 壳体损坏。

在超级电容器的封闭壳体内部，可能由水分解产生气体积聚导致内部压力剧增，低沸点的电解液在高温下也将加速挥发。这些因素可能导致超级电容器壳体结构损坏，从而严重影响超级电容器的性能与安全。

② 电极劣化。

超级电容器性能衰减的主要原因是多孔活性炭电极的劣化。首先，电极随充放电过程会产生不可逆的机械应力造成电极损伤；然后，超级电容器碳电极表面还会发生氧化使活性炭结构部分损坏；另外，电极表面的杂质沉积，也会导致几乎全部的孔被如乙腈聚合物等副产物堵塞。劣化后的电极分析发现不对称劣化与原子异构现象，其中阳极存在更严重的无序结构，其孔尺寸与表面积均大幅下降，器件表现为等效容值的显著衰减。

③ 电解液分解。

电解液不可逆分解是超级电容器寿命老化的另一主要原因。在施加电压的过程中，电解液会随氧化还原反应生成 CO_2 或 H_2 等气体，增加电容器内部压力。电解液分解产生的杂质还会降低离子对孔的可达能力，从而造成内阻上升，并造成活性炭电极表面劣化导致等效容值下降。部分杂质还会通过电解液扩散到超级电容器各部件，例如隔膜从白色变成深黄，甚至变为褐色，沉积包括氟酸衍生物与聚合物，且面向阳极侧该现象更明显，这会妨碍电极与电解液的电气连接，造成阻抗上升。

④ 自放电。

由超级电容器自放电产生的毫安级漏电流（代表通过电极的漏电荷）同样很大程度地缩短超级电容器寿命与降低可靠性。该电流产生于被氧化的官能团，而官能团本身由电极表面电化学反应生成，其也会加速器件老化。

超级电容器寿命测试分别基于恒定负载、变负载和循环负载，前者评价漏电流对寿命的作用，而后两者则分析充放电电流变化产生的影响。对应不同负载，存在两种研究超级电容器老化的方法：日历寿命测试和循环寿命测试（功率循环测试）。

日历寿命测试又被称为极小电流等级的耐久试验，是一种源于蓄电池寿命检测用以评估正常使用条件下寿命老化的方法。日历寿命测试通过在不同温度下对多节超级电容器施加不同浮充电压，从而量化偏置电压、工作温度等因素对老化的影响。

循环寿命测试是基于周期性充放电脉冲电流波形，记录参数随充放电次数的变化趋势，从而量化初始稳定温升、放电深度等因素的影响。

（7）其他安全测试

由于超级电容器工作环境的复杂性，有必要对超级电容器在复杂情况下的安全性能提出更高要求。因此，超级电容器的安全合格检验测试还应当包括短路放电试验、过充电和过放电试验、跌落试验、穿刺试验、挤压试验、阻燃试验和海水浸泡试验等相关测试。

超级电容器在进行相关安全测试时和测试后应当符合不爆炸、不起火、不漏液等相关安全规范标准。

6.3 超级电容器模组与管理

6.3.1 超级电容器模组

超级电容器虽在诸多领域有着巨大的应用前景，但作为新型储能器件，同样存在一些不足。因此，随着超级电容器市场的逐渐扩大，其可靠性成为实际应用中最关注的问题。目前，在不同应用场合中，为满足实际需求，通常需要将超级电容单体以串联、并联形式成组使用，称为超容模组，其实物图如图 6-22 所示。

然而，在制造和使用过程中，由于制造工艺的差异，使不同超级电容器单体出厂时，在初始容量、超容等效内阻、自放电率及漏电流等各方面不能达到完全一致，这便导致超级电容器在成组使用时，各个单体充放电程度不一致，某些单体存在过充或者过放，最终使各单体以不同的速率老化。并且随着不断地循环使用，充放电次数的增加，这种差会不断累积，逐渐放大，使过充或过放的单体电容器总是处在不正常的工作状态，从而加剧了超级电容器的不一致性，由此产生“木桶效应”。即超容模组的整体性能受某些异常单体的影响较大，从而缩短超容模组的循环使用次数，甚至对整体造成损坏，产生安全隐患。为解决上述问题，超级电容器管理系统应运而生。超级电容器管理系统的主要功能是对超级电容器进行实时监测、维护与管理，保证其可靠性与稳定性。管理系统功能的优劣是制约超级电容器优化使用的关键部分。

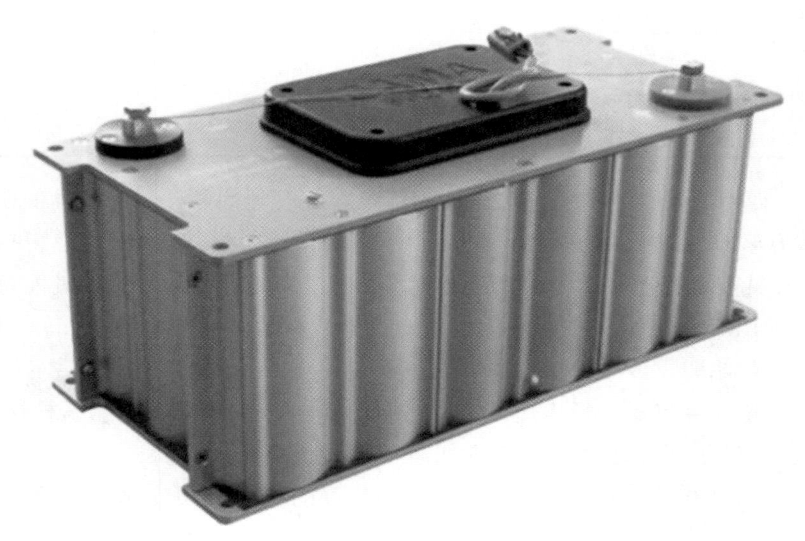

图 6-22　超级电容模组实物图

德国 Mentzer Electronic GmbH 公司早在 1991 年就开始设计 BADICHEQ 电池管理系统，并在次年装车运行；随后德国 Werner Retzlaff 公司又对其进行改进，创新性地将各个电池单元分为诸多模块，之后仅采用一根信号线将数据传递至处理器，并且可通过 2 根 PWM 信号线控制充电电流大小；德国 B. Hauck 设计的 BATTMAN 电池管理系统更注重电池的兼容性，该系统可将不同型号的动力电池组装在一个系统内；德国西门子研发的电池管理系统可以实时更新电池的充放电特性，并根据特性优化充电方法。

日本本田汽车电池管理系统包括管理控制模块、车载充电模块及高压安全检测模块等，当检测到车体发生碰撞或其他安全事故时，系统将自动断开电源，保证人身安全。韩国三星也推出 SDI 电池管理系统。

国内随着国家政策的支持，大批的新能源公司、车企、电池厂商及高校都在研发自己的 BMS 或者 CMS。新能源车企中如北汽、蔚来、小鹏、吉利等车厂已具备超级电容器管理系统。电池厂商中如宁德时代、天津力神等，并且宁德时代作为优秀电池供应商，全球约 75% 的电动汽车动力电池皆为宁德时代供应，其电池管理系统也接近国际先进水平。新能源公司如杭州科工电子、西安诺万电子、西安冠通数源电子、上海磁骋等，这些公司设计的 CMS 大多采用高集成的电源管理芯片，并且均有基于单体电压采集的 CMS 方案，在市场上已有成功应用案例，不同厂家超级电容器管理系统参数对比如表 6-3 所示。

表6-3 不同厂家超级电容管理系统参数对比

项目	杭州科工电子	西安诺万电子	西安冠通数源电子	上海磁骋
CMS供电电压	9～36V	9～36V	9～36V	9～36V
电流采集方式	霍尔/分流器	霍尔/分流器	霍尔/分流器	霍尔/分流器
单体电压采样精度	1%	0.5%	1%	1%
单体电压采样串数	16、24、30、48	18、24、36、55	24、48、60	32、42
温度采样精度	±1℃	±2℃	±2℃	±1℃
DI、DO	各4路	3路DO，4路DI	各3路	3路DO，1路DI
SOC估算精度	＜5%	＜5%	＜8%	＜5%
均衡功能	主动均衡 被动均衡	主动均衡 被动均衡	被动均衡	主动均衡 被动均衡
通信接口	CAN、RS485 以太网	CAN、RS485 以太网	CAN、RS485	CAN、RS485

高校方面，西南交通大学对有轨电车的超级电容热管理问题做了系统性的研究；北京理工大学针对北方客车 BFC100EV 设计了电池管理系统；浙江大学为锂电池和超级电容的混合动力汽车设计其能量管理系统；北京交通大学针对动车组动力电源设计其能量管理系统。

随着国内外 BMS 与 CMS 的快速发展，一部分全球顶尖的半导体公司从中也发现了巨大的商机，逐渐开始研发专业的电源管理芯片，这些高度集成的芯片通常可以对十多个单体电池或者单体超级电容器进行电压采样，并且具备极高的采样精度和采样速率，为 BMS 与 CMS 的研发提供了诸多选择。目前主要有亚德诺生产的 LTC68xx 系列、恩智浦生产的 MC3377x 系列、德州仪器生产的 BQ 系列及美信生产的 MAX1785x 等。

6.3.2 超级电容器模组的管控技术

6.3.2.1 超级电容器电压均衡拓扑

电压均衡是超级电容器管理系统的重要功能之一。由于受生产工艺影响，每个超级电容器出厂时在等效内阻、自放电率等各方面存在差异，导致运行时不同单体充放电程度不一致，从而使各单体能量不一致，最终影响超级电容器的可靠性。超级电容器电压均衡的核心就是减小模组内各单体间的能量差异，提高各单体能量一致性。

超级电容器的电压均衡拓扑结构总体上可以分为两大类，分别是能量消耗型和能量转移型。能量消耗型又称为被动均衡，本质上该方法是以热能或其他能量的形式消耗高压单体超级电容器的能量，从而使其电压下降，达到电压均衡的目的。能量转移型又称为主动均衡，本质上是对模组内各单体超级电容器间的偏差能量进行转移，使各单体电压趋于一致。

目前常用的能量消耗型均压方法有并联电阻法、并联稳压管法、开关电阻法。并联电阻法原理如图 6-23（a）所示。给每一个超级电容器并联均压电阻，电路工作时，高压超级电容器通过该电阻释放能量，使电压下降，该方法中均压电阻的选取与超级电容器的额定电压、充电电流等因素有关。稳压管法原理如图 6-23（b）所示。对各个超级电容器反向并联上齐纳二极管（稳压二极管），在充电过程中，若超级电容器的电压上升到齐纳二极管的击穿电压时，齐纳二极管被反向击穿，充电电流经过齐纳二极管的支路流向其他的超级电容器，使该超级电容器的电压不会升高，该方法中稳压管参数的选取与超级电容器额定电压有关。开关电阻法原理如图 6-23（c）所示。每个超级电容器并联一个由均压电阻和开关串联而成的支路，在充电过程中，当超级电容器达到额定电压时，对应的开关合上，充电电流分流至支路，电能被旁路电阻消耗，使超级电容器上的电压不会升高或升高速率显著降低。

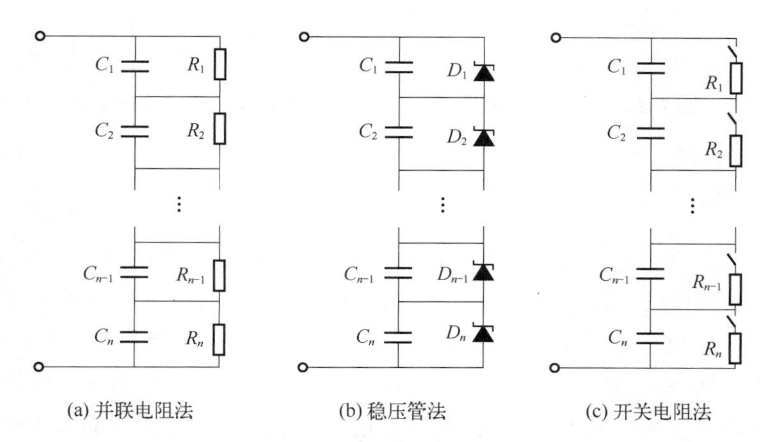

图 6-23　能量消耗型均压方法

目前，虽然能量消耗型均压方法会造成大量的能量浪费，但由于其具备设计简单、电路体积小、易于控制且成本低的优点，已经成为最流行的均衡方法之一。各大半导体公司研发的电源管理专用芯片均自带能量消耗型均压功能。

能量转移型均压方法通过储能元件完成电容器或电池之间的能量转移。当前相对主流的能量转移型均压拓扑有开关电容法、开关电感法、DC/DC 变换器法。

（1）开关电容法

单开关电容法通过控制开关通断，使能量在多个超级电容器与一个中间电容器间转移。其实质是利用电容器存储能量的特点，实现电能的转移，当某个超级电容器电压较高时，对应的开关闭合，使该超级电容器的能量转移至中间电容器，电压下降，并将中间电容器的能量输送至电压较低的超级电容器，使其电压升高。单开关电容法原理如图 6-24 所示。

单开关电容法实现简单、效果较好、不需要电压检测电路，但一次只可以对一个超级电容器进行电压均衡，整体均衡效率不高，并且当各超级电容器电压差较小时，均衡速度较慢，因此主要应用于均衡速度较慢、精度要求较低的场合。

基于上述方法原理，单开关电容法又衍生出诸多方法，如多开关电容法。多开关电容法改用多个容量较小的普通电容器作为中间电容器存储能量。该方法在充放电下均可工作，成本较低，但能量只能在相邻超级电容器间转移，均衡速度慢，适用于小功率应用场合。多开关电容法原理如图 6-25 所示。

针对开关电容法均衡速度慢的缺点，国内外学者做了进一步改进，如直接改变开关电容法电路结构，这种方法提高了均衡速度，但同时使电路成本升高，体积增大。

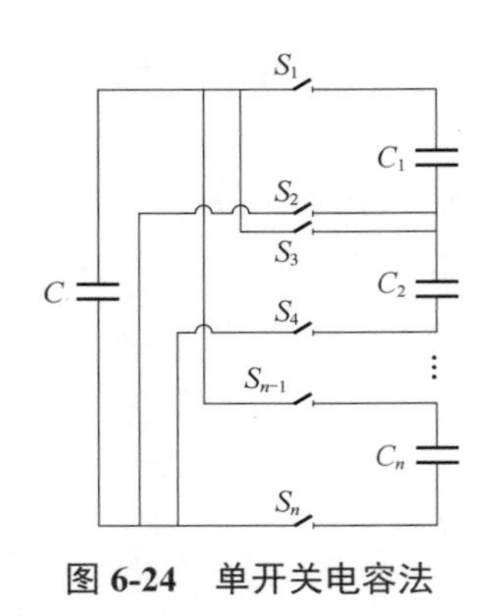

图 6-24　单开关电容法

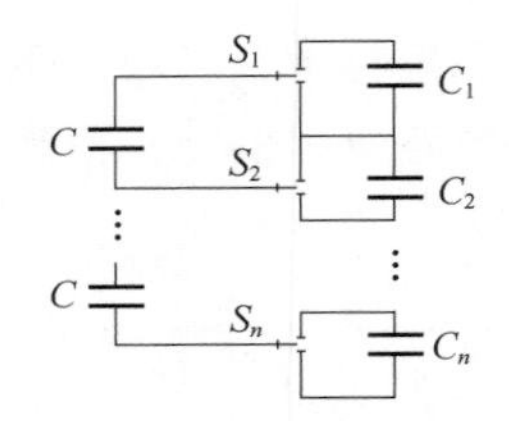

图 6-25　多开关电容法

（2）开关电感法

开关电感法是指当各超级电容器单体之间存在电压差时，通过开关使电感与单体相连，利用电感电流不能突变的特点，将电感作为中间储能器件，使电压较高的超级电容器的能量通过中间电感传递至电压较低的超级电容器上，从而实现各个超级电容器之间的能量转移。开关电感法能量消耗小、效率高，相邻单体间的电压差较小时，也能够实现均衡，但由于该结构的均衡速度随着单体数量增加而下降，因此只适合在单体数量少且均衡速度要求不高的场合使用。

与开关电容法类似，根据使用电感数量的多少，开关电感法可以分为单开关电感法与多开关电感法。

单开关电感法如图 6-26 所示。该方法均衡速度和均衡效率随着超级电容器单体数量增加逐渐下降。

多开关电感法如图 6-27 所示。由该结构可知，当距离较远的超级电容器进行能量传递时，需经过较长的传输路径，因此能量传递较慢，均衡速度同样随着超级电容器单体数量增加而降低。该方法仅适用于均衡速度要求较低、单体数量较少的场合。

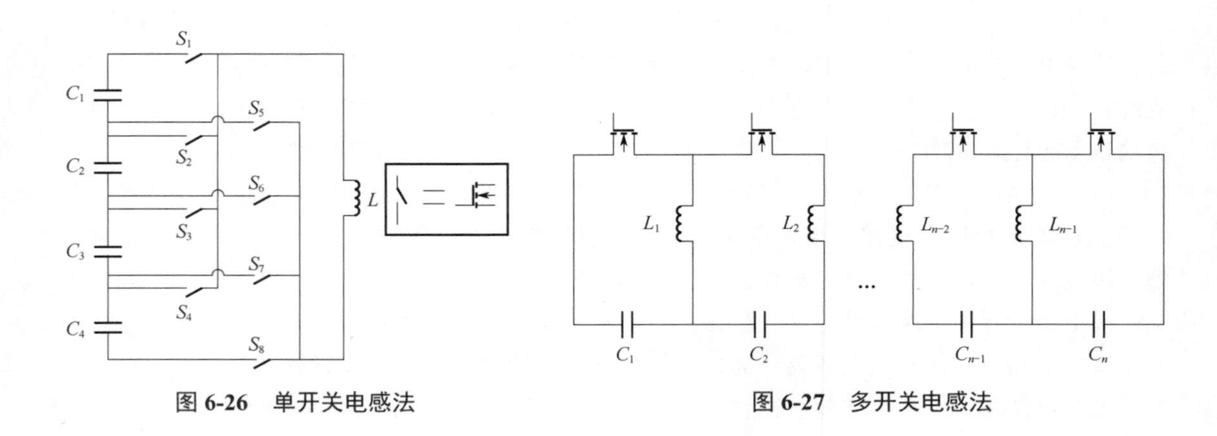

图 6-26　单开关电感法

图 6-27　多开关电感法

（3）DC/DC 变换器法

DC/DC 变换器法本质上是运用电力电子技术，通过 DC/DC 变换器，将能量从电压高的超级电容器，转移到电压低的超级电容器。根据 DC/DC 变换器的特点，可分为非隔离型和隔离型。

非隔离型主要包括 Cuk 变换器法、Buck/Boost 变换器法。

Cuk 变换器法如图 6-28 所示。将两个连接的超级电容器中间加上一个 Cuk 变换器，实现相邻单体间能量转移。该方法具有能量损耗低、电流纹波小的优点，但仅能实现相邻单体能量转移，且使用元件多，成本较高，因此不适用于规模较大的应用场合。

Buck/Boost 变换器法如图 6-29 所示。将一个 Buck/Boost 变换器连接在两个相邻的超级电容器之间，通过控制开关的通断，可以实现相邻超级电容器之间的能量传递，从而实现电压均衡。该方法能量损耗低，均衡速度随单体增加而下降，且需要实时检测各单体电压，成本较高，控制复杂。

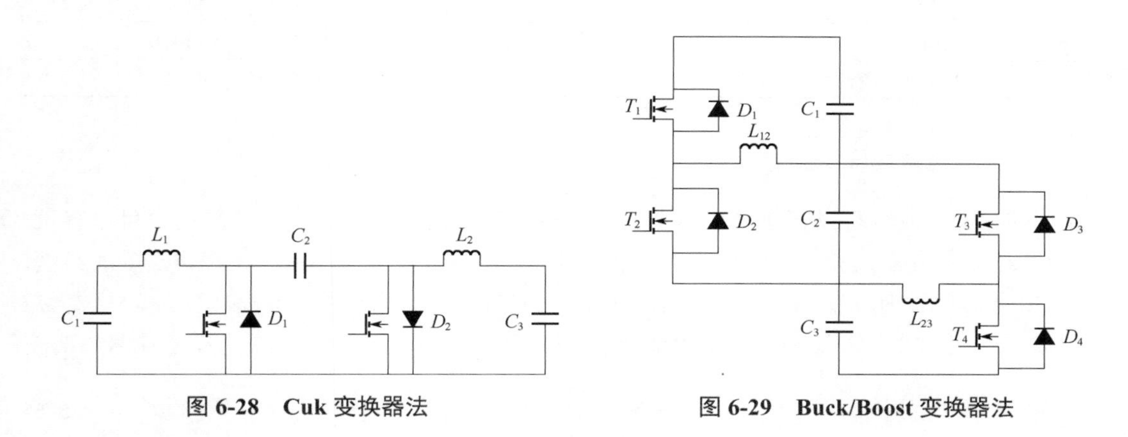

图 6-28　Cuk 变换器法　　　　**图 6-29　Buck/Boost 变换器法**

针对上述方法的缺点，现已有学者提出复合型均衡方法，将 Buck/Boost 变换器与 Cuk 变换器组合，该方法在一定程度上提高了均衡速度，且降低了电路元件数量，减少了成本。

隔离型主要包括正激式变换器法、反激式变换器法。通过设置变换器变比与控制开关通断，完成单体间的能量转移，使各单体电压逐渐趋近于模组的平均电压。该方法均衡速度较快、开关数量少。但磁路复杂，绕组不易扩充，维修成本高，适用于中等功率的场合。目前，如亚德诺公司开发出的 LT8584、LTC3300 等均压芯片，均基于上述隔离型均压方法。隔离型变换器法原理如图 6-30 所示。

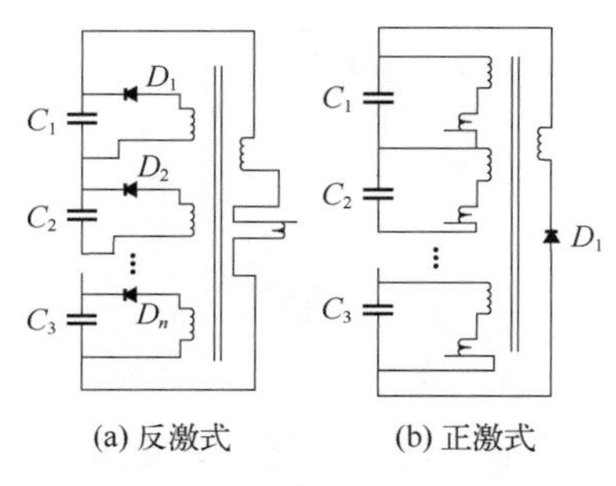

(a) 反激式　　(b) 正激式

图 6-30　隔离型变换器法

上述电压均衡方法优缺点如表 6-4 所示。

表6-4　电压均衡方法对比

均压方法	优点	缺点
并联电阻法	设计简单、成本低廉、实现难度小	均衡速率低、造成能量浪费、需热管理
稳压管法	设计简单、成本低廉、实现难度小	造成能量浪费、需热管理
开关电阻法	设计简单、成本较低、实现难度小	造成能量浪费、需热管理
单开关电容法	易于实现、成本较低、节省能量、均衡方法一致性好	一次只允许对一对单体进行均衡、均衡速率较低、开关较多
多开关电容法	易于拓展、成本较低、节省能量、均衡方法一致性好	能量只能在相邻超级电容器间转移、均衡速率很低、控制复杂
单开关电感法	均衡速率较高、效率较高、节省能量	控制方法不易实现、开关较多、成本较高
多开关电感法	均衡速率较高、效率较高、节省能量、易于拓展	控制方法不易实现、开关数量多、成本较高
非隔离型方法	均衡速率高、效率高、节省能量、易于拓展	成本较高、控制复杂、难以实现
隔离型方法	均衡速率高、效率较高	磁路复杂、不易拓展、成本较高

6.3.2.2　超级电容器SOC估算策略

准确的 SOC 估算可以使超级电容器管理系统能够实时了解超级电容器的剩余可用容量，从而预防超级电容器过充和过放的发生。但由于在实际应用中 SOC 常常表现为高度非线性，且超级电容器在长时间使用后会造成不同程度的容量衰减，因此准确估算 SOC 具有较大难度。SOC 一般被定义为超级电容器剩余容量与相同条件下最大容量的比值，如式 (6-6) 所示:

$$\mathrm{SOC}=\frac{Q_{\mathrm{t}}}{Q}\times 100\% \tag{6-6}$$

式中　Q_{t}——超级电容器剩余容量，F;

Q——超级电容器最大容量，F。

目前主流的 SOC 估算方法主要包含以下四类: 安时积分法、开路电压法、卡尔曼滤波法、数据驱动法。

(1) 安时积分法

安时积分 (Ampere-hour integration，AHI) 法是最易实现的 SOC 估算方法之一。通过电量的定义，首先对一段时间内的充放电电流进行积分，得到这段时间减少或增加的能量，接着将其除以最大容量，得到能量所表示的 SOC，最后再与初始 SOC 做差，如式(6-7)所示:

$$\mathrm{SOC}=\mathrm{SOC}_0-\frac{1}{Q}\int_0^{t}\eta I\mathrm{d}t \tag{6-7}$$

式中　SOC_0——初始SOC;

η——充放电效率。

安时积分法是一种开环估算方法，往往不具备对初始值误差的校正能力和对由噪声、测量偏差导致的误差的调整能力。虽然算法简单，易于实现，但随着时间的增长，电流积分会积累一定的误差，从而影响估算的准确性，并且初始 SOC 往往不易计算，因此安时积分法通常不独立使用，可以配合其他估算方法一同使用，增加 SOC 估算的准确性。

(2) 开路电压法

开路电压（open circuit voltage，OCV）是指外电路处于静态，没有电流流过，且超级电容器处于平衡状态下两极的电势差。由超级电容器模型的工作特性可知，超级电容器的开路电压与其 SOC 往往存在一定关系，因而可以由开路电压估算 SOC。此法虽然简洁，但由于超级电容器极化内阻的存在，在每次充放电完成后，都需要较长时间静置，才能恢复到开路电压，所以一般只能将超级电容器充分静置后才能估算得到 SOC 的近似测量值。

(3) 卡尔曼滤波法

卡尔曼滤波（Kalman filter，KF）法是一种利用线性系统状态方程，通过系统输入、输出观测数据，对系统状态进行最优估计的算法，通过将 SOC 代入递归线性方程进行反复求解，从而得到 SOC 的最优估算。首先在确立等效模型的基础上，令 SOC 为状态变量，接着在状态方程中用上一时刻的状态变量进行计算，得到下一时刻的状态变量，最后再与观测变量相比，得到最优的观测值。式(6-8)称为状态方程；式(6-9)称为量测方程：

$$x_k = \int\left(x_{k-1}, u_{k-1}, w_{k-1}\right) \tag{6-8}$$

$$y_k = h\left(x_k, v_k\right) \tag{6-9}$$

式中 u_{k-1}——输入变量；

y_k——观测变量；

x_k——状态变量；

w_{k-1}——过程激励噪声；

v_k——观测噪声；

$k-1$——k 时刻之前的时刻。

卡尔曼滤波法的优势在于克服了安时积分法对 SOC 初始值的依赖，能够通过降噪处理不断修正误差，从而提升估算精度。劣势则在于，仅适于对线性系统进行估算，同时计算量庞大，并且依赖模型的选择与模型精度，由于在实际应用中模型参数会随着超级电容器的老化而改变，所以随时间变化需要对模型参数不断修正，才能保证估算精度。因此需要实时对模型参数进行辨识，以保证 SOC 估算的准确性和可靠性，常用的在线辨识模型参数方法有遗传算法、递推最小二乘法等。

由于传统卡尔曼滤波法使用的局限性，当系统的状态方程和量测方程是非线性时，需要在滤波过程中增加线性化步骤以减少误差。通常有扩展卡尔曼滤波（EKF）、无迹卡尔曼滤波（UKF）、容积卡尔曼滤波（CKF）等。上述方法将非线性方程进行了线性化处理，减小了算法难度，同时也提高了 SOC 估算的准确性。

目前，因卡尔曼滤波法及其拓展算法具有较为优异的自修正能力，且估算精度高，故而成为使用最广的 SOC 估算算法之一。

(4) 数据驱动法

数据驱动法是一种无须考虑系统内部实际情况，仅依靠输入与输出间的映射关系即可建立预测模型，具有很强的非线性映射能力的方法。目前常用的方法包括人工神经网络（artificial neural network，ANN）、支持向量机（support vector machine，SVM）。

其中ANN主要是通过模拟人体大脑神经元的结构，对各类数据与问题进行处理。其结构由大量基本神经元相互连接，一般ANN至少包含三层，输入层、隐藏层及输出层。输入层一般是影响SOC的因素，如温度、电压和电流等；隐藏层的层数与各层神经元个数取决于估算精度；输出层为SOC。ANN能在非线性条件下运作，SOC的估算精度往往与选择的输入因素和训练方法有关，且通常需要对大量丰富的样本数据进行训练，因此对系统的运算能力、存储空间及运行速度有较高的要求。

SVM通常运用回归算法，将简单的低维度模型转变为复杂的高维度模型，主要用于解决非线性高维度模式下的各类问题。其核心思想是将输入向量映射到高维空间，从而获得最优解，具有更好的泛化能力。

各SOC估算方法的对比如表6-5所示。

表6-5　各SOC估算方法的对比

估算方法	优点	缺点
安时积分法	在线估算、操作方便	存在累计误差
开路电压法	容易实现、操作简洁	需充分静置后得到近似测量值
卡尔曼滤波法	可矫正误差、估算准确	依赖电池模型、计算量大
数据驱动法	可处理复杂非线性问题	需大量训练数据

6.3.2.3　超级电容器热管理方案

目前，针对超级电容器管理系统的主流散热方法有三种：风冷式散热、液冷式散热、热管散热。

（1）风冷式散热

图6-31（a）为串行通风方式，温度较低的气体从超级电容器模组的一侧进入，从另一侧流出，气体在流动过程中温度上升，从而带走模组中的热量，降低超级电容器温度。但由于气体在出风口处温度一般高于进风口处，所以该种方式往往不利于出风口处超级电容器散热。图6-31（b）为并行通风方式，该种方式空气上下流动，气体能够平行地进出，从而使超级电容器模组内各处都能充分散热，达到整体温度一致。

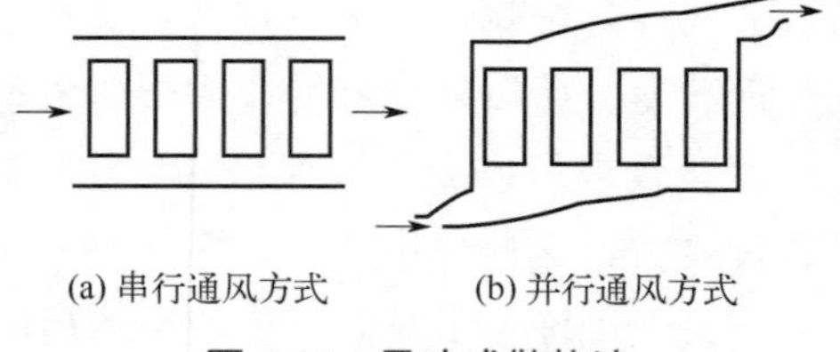

(a) 串行通风方式　　(b) 并行通风方式

图6-31　风冷式散热法

风冷散热以气固传热理论为基础，具有成本低、易实现等优点。一般将空气作为热交换介质，因此不会对超级电容器造成腐蚀，也不会对超级电容器内部的电化学反应产生影响，但散热效率较低。目前超级电容器风冷散热系统的研究主要集中于进风位置、风道、风速或风量等因素对系统热管理能力的影响。针对原有公交客车风冷散热系统散热效果不明显，并且在车辆制动时，电容舱的热风反灌回车厢内的情况，增加了远离风机侧电容箱的进风截面积、模块上下的进风量以及相邻两列单体电容器的距离和进风量，同时改变了电容舱的通风方式，并且为了防止风反灌车厢在出风口处增加了挡板。采用同型号样车对上述改动进行了试验，结果证明有效解决了所提出的问题。除了改变进风位置，还可以改变内部风流动的通道来改善风冷散热的效果。针对以往的串行通风的缺点，提出采用并行通风，通过下集流板在底部形成气流通道。针对传统混合动力公交车的隔热措施不适应后置超级电容舱隔热的需求，提出在地板和超级电容器间增加隔热材料，并在隔热材料中添加反射屏隔热结构，使超级电容器与地板间保持一定高度来对发动机舱高温辐射热和太阳辐射车体产生的较高积温进行散热，并通过试验和仿真验证了其有效性。风冷与散热翅片结合能够更有效地增大散热面积，即增加与空气的接触面，提高换热效率。在模组上下盖板上安装散热翅片，验证了即使进风量相比未加散热翅片前减少一半，仍可将超级电容器单体的平均温升降低 40%，表明了安装散热翅片可以充分利用强制风冷的优势，在降低进风量的前提下提高散热效率。

（2）液冷式散热

液冷式散热分为直接接触式与间接接触式。直接接触式通常是超级电容器模组与冷却液直接接触，通过冷却液将超级电容器产生的热量散发到外界。间接接触式通常将冷却液体注入管道，再将管道穿插着放置在超级电容器之间，冷却液带走热量后，再由其他介质与冷却液接触，将热量进行两次传递，从而降低超级电容器模组的温度。该方法散热效率较高，但需要确保液体材质不易导电，对超级电容器没有腐蚀，且不易发生堵塞，设计复杂，成本较高。直接接触式即单元或模块直接浸入冷却液中，一般冷却液选取电绝缘且热导率高的液体，比如硅基油、矿物油，但是油的黏度大，流速不高，需要较高的泵送效率，且控制精确性差，密封要求严格。间接接触式中，冷却液体在管道中流动，通过冷板、翅片或导热片、热沉等介质与单元间接接触将热量带走，冷板、翅片和导热片由传热能力高的铝板或铜板制成，这就在电池组件到冷板中的冷却液体之间提供了一条热阻尽可能小的热流通路。因此没有流速限制，可以选择热导率高的液体，散热的效果也更好。比如对于叠片式超级电容器，其形状规则，表面平整，可以在相邻单元之间插入冷板进行散热。高效的冷板液冷系统，通过在板材内部焊接各种形状的通道，使液体在通道内流过，也可以直接采用将管道压平的扁平管结构。在 COMSOL 中采用与冷却通道有高表面接触的冷却板对 2300F 的锂离子电容器模块散热，升温速率得到了很好的控制，同时降低了温度梯度，使锂离子电容器温度总体保持在制冷剂温度附近，但是由于安装 13 个金属冷却装置，会增加电池组的总重量，对于轨道交通的应用来说这是明显的缺陷。

（3）热管散热

热管具有良好导热性能，其工作原理如图 6-32 所示。热管工作时，蒸发段吸收超级电容器产生的热量，管内液体受热蒸发流向冷凝段，当蒸汽把热量传给冷凝段后，蒸汽冷凝成液体，在自身重力作用下重新返回到蒸发段，如此重复上述循环过程，不断地带走超级电容器产生的热量。

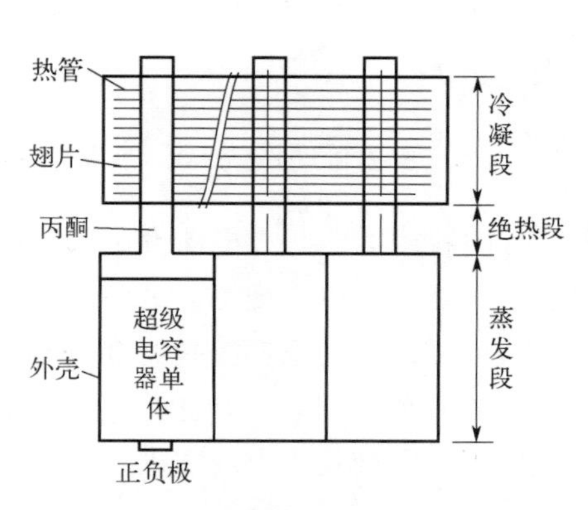

图 6-32 热管散热工作原理

热管冷却方式具有很好的散热效果，在小规模领域应用较广，但成本较高，不易实现，且无法有效控制温度均匀性。各种散热方法优缺点如表6-6所示。

表6-6 各种散热方法优缺点对比

散热方法	优点	缺点
风冷式散热	成本低廉、易于实现、不影响超级电容器内部电化学反应	散热效率不高，散热效率受进风速大小、进风量等因素影响
液冷式散热	散热效率较高	设计复杂、成本较高、需考虑液体材质对超级电容器的影响
热管散热	散热效果好、适用于小规模场合	成本较高、无法有效控制温度均匀性

6.3.3 发展趋势展望

超级电容器模组及其管理是电力存储和能源管理的重要领域，它们提供了一种高效、高功率、长寿命的电能存储解决方案。以下对超级电容器模组及其管理进行了展望，超级电容器模组与管理的未来发展方向可以分为以下几个方面：

（1）提高能量密度

目前，超级电容器的能量密度相对较低，限制了它们在一些高能量需求场合中的应用。研究人员正在不断寻求新的材料和技术，以提高超级电容器的能量密度，从而扩大其应用范围。

（2）集成和模块化设计

超级电容器模组的设计将更加集成和模块化，以提供更大的灵活性和可扩展性。这有助于满足各种不同应用的需求。

（3）温度范围扩展

研究人员将致力于改进超级电容器的低温性能，并使其更适合极端环境下的应用，如航空航天、极地科学和深海探测。

（4）绿色生产和可持续性

超级电容器的制造将越来越注重绿色和可持续性，减少环境影响，并在生产过程中降低碳足迹。

（5）智能管理系统

随着智能电网、电动汽车和可再生能源的快速发展，超级电容器模组的管理系统将变得更加智能化，以实现更高效的能量存储和释放，同时延长系统寿命。

总之，超级电容器模组在高功率应用和能量需要快速存储和释放的领域有广阔的前景。未来的发展趋势将主要集中在提高能量密度、改进温度性能、可持续性和智能管理系统上，以满足不断增长的市场需求。

参考文献

[1] Hippauf F, Schumm B, Doerfler S, et al. Overcoming binder limitations of sheet-type solid-state cathodes using a solvent-free dry-film approach [J]. Energy Storage Materials, 2019, 21: 390-398.

[2] Al-Shroofy M, Zhang Q L, Xu J G, et al. Solvent-free dry powder coating process for low-cost manufacturing of $LiNi_{1/3}Mn_{1/3}Co_{1/3}O_2$ cathodes in lithium-ion batteries [J]. Journal of Power Sources, 2017, 352: 187-193.

[3] Subramanyam G, Cole M W, Sun N X, et al. Challenges and opportunities for multi-functional oxide thin films for voltage tunable radio frequency/microwave components [J]. Journal of Applied Physics, 2013, 114 (19): 191301.

[4] de La Torre-Gamarra C, Sotomayor M E, Sanchez J Y, et al. High mass loading additive-free $LiFePO_4$ cathodes with 500μm thickness for high areal capacity Li-ion batteries [J]. Journal of Power Sources, 2020, 458: 228033.

[5] Maurel A, Courty M, Fleutot B, et al. Highly loaded graphite-polylactic acid composite-based filaments for Lithium-ion battery three-dimensional printing [J]. Chemistry of Materials, 2018, 30 (21): 7484-7493.

[6] Mitchell P, Zhong L D, Xi X M. Recyclable dry particle based adhesive electrode and methods of making same, US7342770B2 [P]. 2008-03-11.

[7] Zou B, Zhong L, Mitchell P, et al. Dry-particle packaging systems and methods of making same: US20060137158A1 [P]. 2007-08-16.

[8] Mitchell P, Xi X, Zhong L, et al. Dry-particle based adhesive and dry film and methods of making same: US2007122698A1 [P]. 2007-05-31.

[9] Zhou H T, Liu M H, Gao H Q, et al. Dense integration of solvent-free electrodes for Li-ion supercabattery with boosted low temperature performance [J]. Journal of Power Sources, 2020, 473: 228553.

[10] Zhang Y, Huld F, Lu S, et al. Revisiting polytetrafluorethylene binder for solvent-free Lithium-Ion battery anode fabrication [J]. Batteries-Basel, 2022, 8 (6): 57.

[11] Duong H, Shin J, Yudi Y. Dry electrode coating technology [C]. 48th Power Sources Conference, 2018.

[12] Zhong L, Qiu K, Zea M, et al. Dry electrode manufacture by temperature activation method: EP3748736A1 [P]. 2020-12-09.

[13] Wang C H, Yu R Z, Duan H, et al. Solvent-free approach for interweaving freestanding and ultrathin inorganic solid electrolyte membranes [J]. ACS Energy Letters, 2022, 7 (1): 410-416.

[14] Kumar N, Ginting R T, Kang J W. Flexible, large-area, all-solid-state supercapacitors using spray deposited PEDOT: PSS/reduced-graphene oxide [J]. Electrochimica Acta, 2018, 270: 37-47.

[15] Wang M, Hu J Z, Wang Y K, et al. The Influence of polyvinylidene fluoride (PVDF) binder properties on $LiNi_{0.33}Co_{0.33}Mn_{0.33}O_2$ (NMC) electrodes made by a dry-powder-coating process [J]. Journal of the Electrochemical Society, 2019, 166 (10): A2151-A2157.

[16] Schälicke G, Landwehr I, Dinter A, et al. Solvent-free manufacturing of electrodes for Lithium-ion batteries via electrostatic coating [J]. Energy Technology, 2020, 8 (2): 1900309.

[17] Xu P, Kang J, Choi J B, et al. Laminated ultrathin chemical vapor deposition graphene films based stretchable and transparent high-rate supercapacitor [J]. ACS nano, 2014, 8 (9): 9437-9445.

[18] Khakani S E, Verdier N, Lepage D, et al. Melt-processed electrode for lithium ion battery [J]. Journal of Power Sources, 2020, 454: 227884.

[19] Astafyeva K，Dousset C，Bureau Y，et al．High energy li-ion electrodes prepared via a solventless melt process ［J］．Batteries & Supercaps，2020，3（4）：341-343.

[20] Trembacki B，Duoss E，Oxberry G，et al．Mesoscale electrochemical performance simulation of 3d interpenetrating lithium-ion battery electrodes ［J］．Journal of the Electrochemical Society，2019，166（6）：A923-A934.

[21] Tanwilaisiri A，Xu Y，Zhang R，et al．Design and fabrication of modular supercapacitors using 3D printing ［J］．Journal of Energy Storage，2018，16：1-7.

[22] Han X G，Funk M R，Shen F，et al．Scalable holey graphene synthesis and dense electrode fabrication toward high-performance ultracapacitors ［J］．ACS Nano，2014，8（8）：8255-8265.

[23] Kirsch D J，Lacey S D，Kuang Y D，et al．Scalable dry processing of binder-free lithium-ion battery electrodes enabled by holey graphene ［J］．ACS Applied Energy Materials，2019，2（5）：2990-2997.

[24] Han X G，Yang Z，Zhao B，et al．Compressible，dense，three-dimensional holey graphene monolithic architecture ［J］．ACS Nano，2017，11（3）：3189-3197.

[25] Ye X，Zhu Y，Jiang H，et al．A rapid heat pressing strategy to prepare fluffy reduced graphene oxide films with meso/macropores for high-performance supercapacitors ［J］．Chemical Engineering Journal，2019，361：1437-1450.

[26] Yubuchi S，Ito Y，Matsuyama T，et al．5 V class $LiNi_{0.5}Mn_{1.5}O_4$ positive electrode coated with Li_3PO_4 thin film for all-solid-state batteries using sulfide solid electrolyte ［J］．Solid State Ionics，2016，285：79-82.

[27] 刘凤丹，薛龙均．成型工艺对超级电容器活性炭电极性能的影响［J］．电子元件与材料．2017，36（2）：25-28.

[28] Kraytsberg A，Ein-eli Y．Conveying advanced li-ion battery materials into practice the impact of electrode slurry preparation skills ［J］．Advanced Energy Materials，2016，6（21）：1600655.

[29] 魏丹．表面功能化聚合物胶体颗粒在静态条件下的稳定性及团聚行为研究［D］．广州：华南理工大学，2012.

[30] 苏蓓．湿法涂布及集流体对超级电容器性能的影响［J］．电源技术，2022，46（2）：173-176.

[31] 黄庆福，黄梓涵．超级电容器电极狭缝挤压式涂布质量缺陷分析［J］．现代制造技术与装备，2020，56（7）：158-159.

[32] 曾毓群，李宝华，周鹏伟，等．流延涂布法制备活性炭电极膜片的超级电容器［J］．新型炭材料，2005，20（4）：299-304.

[33] 郭辉．基于印刷技术制备超级电容器炭电极［D］．长沙：湖南大学，2017.

[34] Li H Y，Guo H，Tong S C，et al．High-performance supercapacitor carbon electrode fabricated by large-scale roll-to-roll micro-gravure printing ［J］．Journal of Physics D—Applied Physics，2019，52（11）：115501.

[35] 朱归胜，付振晓，沓世我，等．极片压实比对碳基超级电容器的性能影响［J］．电子元件与材料，2017，36（6）：48-52.

[36] 顾帅，韦莉，张逸成，等．超级电容器老化特征与寿命测试研究展望［J］．中国电机工程学报，2013，（21）：145-153.

[37] Hoque M M，Hannan M A，Mohamed A，et al．Battery charge equalization controller in electric vehicle applications：A review ［J］．Renewable & Sustainable Energy Reviews，2017，75：1363-1385.

[38] Cao J，Schofield N，Emadi A．Battery balancing methods：A comprehensive review ［C］．2008 IEEE Vehicle Power and Propulsion Conference，2008.

[39] Carter J，Fan Z，Cao J．Cell equalisation circuits：A review ［J］．Journal of Power Sources，2020，448：227489.

[40] 崔相雨．基于嵌入式MCU的车载动力锂电池管理系统关键技术研究［D］．长沙：湖南大学，2018.

[41] 谭泽富，孙荣利，杨芮，等．电池管理系统发展综述［J］．重庆理工大学学报（自然科学版），2019，33（9）：40-45.

[42] 王建南．电动汽车电池管理系统研究［D］．淮南：安徽理工大学，2018.

[43] 李关艳．动力锂电池组均衡技术的研究与实现［D］．武汉：武汉理工大学，2015.

[44] 陈化博．有轨电车用超级电容热管理研究［D］．成都：西南交通大学，2019.

[45] 韩凯．基于锂电池与超级电容的电动汽车混合动力系统能量管理研究［D］．杭州：浙江大学，2019.

[46] 袁月．自导向列车牵引系统能量管理控制技术研究［D］．北京：北京交通大学，2020.

[47] Freudiger D，D'Arpino M，Canova M．A generalized equivalent circuit model for design exploration of li-ion battery packs using data analytics［J］．IFAC-PapersOnLine，2019，52（5）：568-573.

[48] 周荔丹，蔡东鹏，姚钢，等．电池管理系统关键技术综述［J］．电池，2019，49（4）：338-341.

[49] Lai J S，Levy S，Rose M F．High energy density double-layer capacitors for energy storage applications［J］．IEEE Aerospace and Electronic Systems Magazine，1992，7（4）：14-19.

[50] Xu J，Mei X，Wang J．A high power low-cost balancing system for battery strings［J］．Energy Procedia，2019，158：2948-2953.

[51] Ren G Z，Ma G Q，Cong N．Review of electrical energy storage system for vehicular applications［J］．Renewable & Sustainable Energy Reviews，2015，41：225-236.

[52] 蔡敏怡，张娥，林靖，等．串联锂离子电池组均衡拓扑综述［J］．中国电机工程学报，2021，41（15）：5294-5310.

[53] 刘雪冰，程明，丁石川．超级电容器均压技术综述［J］．电气应用，2012，（5）：26-33+41.

[54] Abronzini U，Di Monaco M，Porpora F，et al．Thermal management optimization of a passive bms for automotive applications［C］．2019 AEIT International Conference of Electrical and Electronic Technologies for Automotive（AEIT AUTOMOTIVE），2019.

[55] Zhang Z，Cuk S．A high efficiency 1.8 kW battery equalizer［C］．Proceedings Eighth Annual Applied Power Electronics Conference and Exposition，1993.

[56] Gallardo-Lozano J，Romero-Cadaval E，Milanes-Montero M I，et al．Battery equalization active methods［J］．Journal of Power Sources，2014，246：934-949.

[57] 邓欢欢，张丹丹．串联超级电容器组开关电感通断法均衡研究［J］．高压电器，2013，49（12）：64-68.

[58] Lee Y S，Chen G T．ZCS bi-directional DC-to-DC converter application in battery equalization for electric vehicles［C］．2004 IEEE 35th Annual Power Electronics Specialists Conference，2004.

[59] 邓欢欢，张丹丹．串联超级电容器组动态电压均衡试验研究［J］．电力电容器与无功补偿，2012，33（5）：64-68.

[60] Daowd M，Antoine M，Omar N，et al．Single switched capacitor battery balancing system enhancements［J］．Energies，2013，6（4）：2149-2174.

[61] Pascual C，Krein P T．Switched capacitor system for automatic series battery equalization［C］．Proceedings of APEC 97-Applied Power Electronics Conference，1997.

[62] Ye Y，Cheng K W E．Modeling and analysis of series-parallel switched-capacitor voltage equalizer for battery/supercapacitor strings［J］．IEEE Journal of Emerging and Selected Topics in Power Electronics，2015，3（4）：977-983.

[63] Vardhan R K，Selvathai T，Reginald R，et al．Modeling of single inductor based battery balancing circuit for hybrid electric vehicles［C］．IECON 2017-43rd Annual Conference of the IEEE Industrial Electronics Society，2017.

[64] Zheng X, Liu X, He Y, et al. Active vehicle battery equalization scheme in the condition of constant-voltage/current charging and discharging [J]. IEEE Transactions on Vehicular Technology, 2017, 66 (5): 3714-3723.

[65] Ling R, Dan Q, Wang L, et al. Energy bus-based equalization scheme with bi-directional isolated Cuk equalizer for series connected battery strings [C]. 2015 IEEE Applied Power Electronics Conference and Exposition (APEC), 2015.

[66] Phung T H, Crebier J C, Chureau A, et al. Optimized structure for next-to-next balancing of series-connected lithium-ion cells [C]. 2011 Twenty-Sixth Annual IEEE Applied Power Electronics Conference and Exposition (APEC), 2011.

[67] Lu X, Qian W, Peng F Z. Modularized buck-boost + Cuk converter for high voltage series connected battery cells [C]. 2012 Twenty-Seventh Annual IEEE Applied Power Electronics Conference and Exposition (APEC), 2012.

[68] Li S, Mi C C, Zhang M. A high-efficiency active battery-balancing circuit using multiwinding transformer [J]. IEEE Transactions on Industry Applications, 2013, 49 (1): 198-207.

[69] 张方华，严仰光. 变压器匝比不同的正反激组合式双向DC-DC变换器 [J]. 中国电机工程学报，2005，25 (14): 57-61.

[70] 洪志湖，朱亚男，韩莹，等. 基于SOC滞环控制的燃料电池混合动力系统 [J]. 太阳能学报，2019，40 (1): 268-276.

[71] Ng K S, Moo C S, Chen Y P, et al. Enhanced coulomb counting method for estimating state-of-charge and state-of-health of lithium-ion batteries [J]. Applied Energy, 2009, 86 (9): 1506-1511.

[72] Xing Y J, He W, Pecht M, et al. State of charge estimation of lithium-ion batteries using the open-circuit voltage at various ambient temperatures [J]. Applied Energy, 2014, 113: 106-115.

[73] 赵佳美. 基于二阶EKF的锂离子电池SOC估计的建模与仿真 [D]. 西安：西安科技大学，2018.

[74] Afshar S, Morris K, Khajepour A. State-of-charge estimation using an ekf-based adaptive observer [J]. IEEE Transactions on Control Systems Technology, 2019, 27 (5): 1907-1923.

[75] Zahid T, Xu K, Li W M, et al. State of charge estimation for electric vehicle power battery using advanced machine learning algorithm under diversified drive cycles [J]. Energy, 2018, 162: 871-882.

[76] 左瑞琳. 一种可实时监测的锂电池管理系统的研究与设计 [D]. 西安：西安电子科技大学，2020.

[77] 王顺利，于春梅，毕效辉，等. 新能源技术与电源管理 [M]. 北京：机械工业出版社，2019.

[78] 王涛. 遗传算法及其应用 [J]. 新乡学院学报（自然科学版），2008，25 (1): 56-58.

[79] Li X Y, Wang Z P, Zhang L. Co-estimation of capacity and state-of-charge for lithium-ion batteries in electric vehicles [J]. Energy, 2019, 174: 33-44.

[80] Bucy R S, Joseph P D. Filtering for stochastic processes with applications to guidance [J]. IEEE Transaction on Automatic Control, 1972, 17 (1): 184-185.

[81] Guo X, Xu X, Geng J, et al. SOC estimation with an adaptive unscented Kalman filter based on model parameter optimization [J]. 2019, 9 (19): 4177.

[82] Luo J Y, Peng J K, He H W. Lithium-ion battery SOC estimation study based on Cubature Kalman filter [J]. 2019, 158: 3421-3426.

[83] Liu F, Liu T, Fu Y. An improved SOC estimation algorithm based on artificial neural network [C]. 2015 8th International Symposium on Computational Intelligence and Design (ISCID), 2015.

[84] 骆秀江，张兵，黄细霞，等. 基于SVM的锂电池SOC估算 [J]. 电源技术，2016，40 (2): 287-290.

[85] Hannan M A，Lipu M S H，Hussain A，et al. Neural network approach for estimating state of charge of lithium-ion battery using backtracking search algorithm [J]. IEEE Access，2018，6：10069-10079.
[86] 洪思慧，张新强，汪双凤，等. 基于热管技术的锂离子动力电池热管理系统研究进展 [J]. 化工进展，2014，(11)：2923-2940.
[87] Jaguemont J，Omar N，van den Bossche P，et al. Optimized passive thermal management for battery module [C]. 2017 20th International Conference on Electrical Machines and Systems (ICEMS)，2017.

第 7 章

超级电容器的性能与分析

超级电容器主要性能指标包括比电容、能量密度与功率密度、内阻和循环稳定性、工作电压、最大电流等。通常采用电化学工作站对其各项性能进行测试，下面逐一进行介绍。

7.1 比电容

7.1.1 测试方法

比电容分为两种，一种为质量比电容，即单位质量的电容值；另一种为体积比电容，即单位体积的电容值。测试方法主要有循环伏安法（CV）和恒电流充放电法（GCD）。循环伏安法是电化学研究领域一种重要的实验方法。循环伏安法的基本原理是将三角波形的脉冲电压作用于工作电极和对电极形成的闭合回路，以一定速率改变工作电极 / 电解液界面上的电位，迫使工作电极上的活性物质发生氧化 / 还原反应，从而获得电极上发生电化学反应时的响应电流大小。记录该过程中的电极电势和响应电流大小，即得到对应的电流 - 电压曲线，如图 7-1（a）所示。若扫描电压仅仅从起始电位 U_1 沿某一方向扫描至终止电压 U_2，得到的

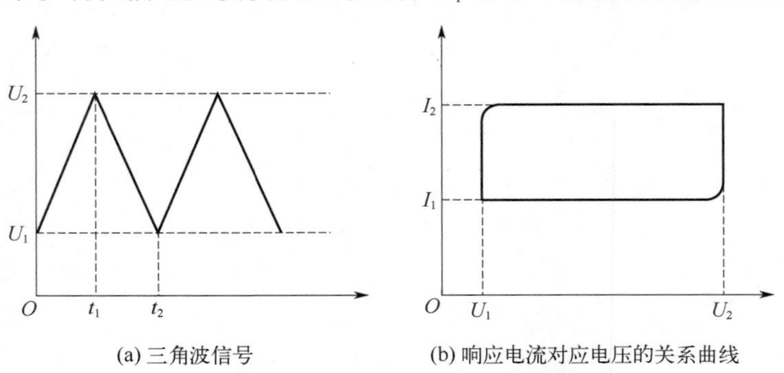

(a) 三角波信号　(b) 响应电流对应电压的关系曲线

图 7-1　双电层电容器典型的电容测试曲线

电流 - 电压曲线称为线性伏安扫描曲线；如电压继续按同样的速度反向扫描至起始电压 U_1，完成一次循环，得到的电流 - 电压曲线则称为循环伏安曲线［图 7-1 (b)］。同样地，根据实际需要还可以进行连续多次循环扫描，通过对样品进行外加电压的三角波循环扫描，观察电流随时间的变化，从而得到响应电流对应电压的关系曲线。

7.1.2 分析方法

值得注意的是，大多数循环伏安曲线中，随着扫描电位的改变，循环伏安曲线在不同的电位出现了响应电流变化的峰（图 7-2）。那么，这些峰是如何产生的呢？各个峰又有什么具体的含义呢？

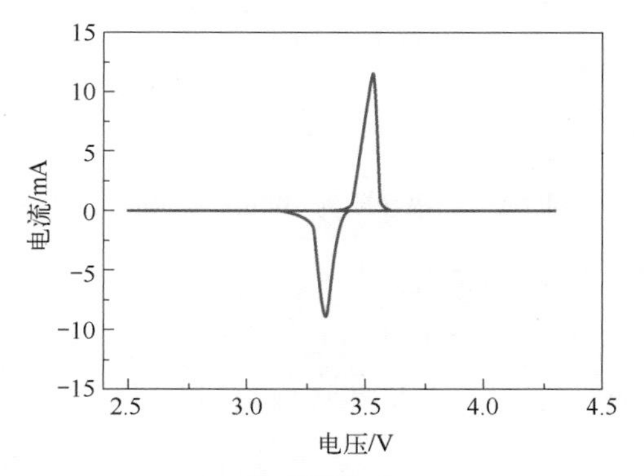

图 7-2 赝电容器典型的循环伏安曲线

这里我们把一个电化学体系尽量简化：假设初始体系中最初只有一种氧化态物质 O，在工作电极上只存在一种氧化还原反应：$O+e^- \rightleftharpoons R$（R 为还原态产物）。那么在理想状态下，当工作电极电势降低至 $O \rightleftharpoons R$ 反应的标准电极电势时，O 会在电极上得到电子，发生还原反应，生成 R，于是在测量回路中形成电流。由于电极上反应速率强烈依赖于电极电势，而反应电流密度则取决于反应速率和反应物浓度，因此随着电压不断降低，测量回路中电流增大。继续降低电压，反应物 O 在体系中的浓度降低，因此反应电流又逐步降低，当 O 完全转换成 R 时，由于 R 不能继续被氧化，即使改变电压也不能迫使 R 发生转化，因此测量回路中电流又趋近于 0mA。也就是说，在发生电化学反应的电压区间，电流是先增大后减小的，最终形成了“峰”。反之，当逆向扫描时，电压升高至 $O \rightleftharpoons R$ 反应的标准电极电势附近，电极上产生的还原态活性物质 R 又发生氧化反应失去电子，产生氧化峰。因此，循环伏安测试时不同电压范围产生的氧化 / 还原峰，实质上代表了该电位下电极表面发生的电化学反应。对于某些复杂的电化学反应，其循环伏安曲线上可能存在多个峰，这就表明其电化学过程中反应物可能存在多种相变。

循环伏安法有如下作用：

① 可逆性的判断。从循环伏安图的阴极和阳极两个方向所得的氧化波和还原波的峰高和对称性可判断电活性物质在电极表面反应的可逆程度。若反应是可逆的，则曲线上下对称；若反应不可逆，则氧化波与还原波的高度就不同，曲线的对称性也较差。

② 定性或半定量研究。可从循环伏安图不同电压区间分析电极表面发生反应的过程，如双电层区域或氧化还原区域。

③ 不同扫描速率下进行动力学分析，还可联合其他原位技术研究机理。

④ 选择工作电压区间。如图 7-3 所示，二维材料小片层麦克烯（MXene）与多孔石墨烯（HG）复合物 S-MXene/$HG_{0.05}$、S-MXene/$HG_{0.10}$ 电极材料在高电势下存在部分极化，而大片层麦克烯与多孔石墨烯复合物 L-MXene/$HG_{0.05}$、L-MXene/$HG_{0.10}$ 电极材料的极化现象不明显。因此，可根据循环伏安图中不同区间的电极极化程度选择电极材料的合适工作电压区间。

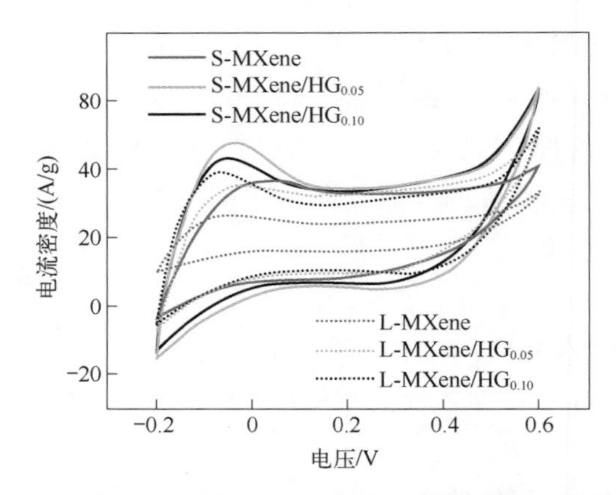

图 7-3 扫描速率为 200mV/s 下不同尺寸的 MXene 材料及其与多孔石墨烯复合材料的循环伏安曲线

又如图 7-4（a），麦克烯与抗氧化剂谷胱甘肽复合后其氧化还原峰有一定偏移，其峰面积也有所增加，表明电化学容量的提升。图 7-4（b）展示了聚苯胺在不同扫描速率下的循环伏安曲线，其氧化还原峰都有小幅移动，可研究不同扫描速率下电极材料中离子迁移特性。

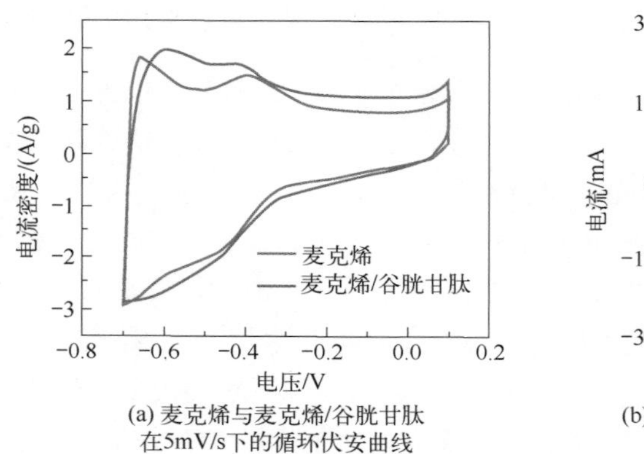

(a) 麦克烯与麦克烯/谷胱甘肽在5mV/s下的循环伏安曲线

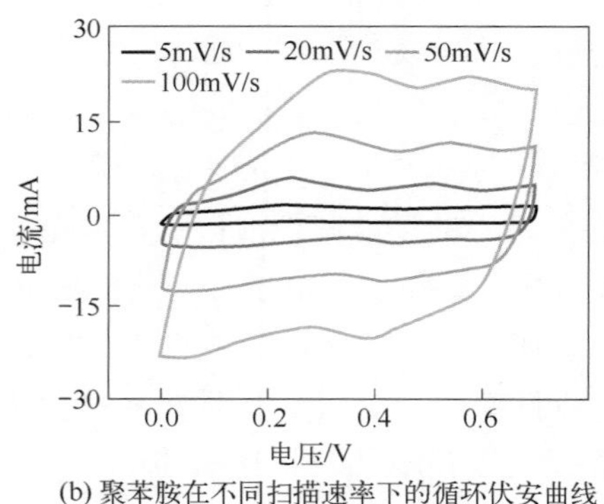

(b) 聚苯胺在不同扫描速率下的循环伏安曲线

图 7-4 麦克烯与聚苯胺的循环伏安曲线

总之，通过对超级电容器的电极材料进行循环伏安测试，可以获得的信息有：可以比较直观地显示出充放电过程中电极表面的电化学行为，反映出电极反应的难易程度、可逆性、析氧特性、充放电效率以及电极表面的吸 / 脱附特征；可以了解电极在工作电压范围内是否表现出理想的电容行为，是否具有稳定的工作电位，便于探讨电化学能量存储的主要方式；多次进行循环伏安测试可以探测电容器的循环性能。

对于一个给定的电极，电压随时间的变化如同一个三角波，如果电压的扫描速率 v 为一定值。根据公式电容 $C = \mathrm{d}Q / \mathrm{d}U$、电流 $i = \mathrm{d}Q / \mathrm{d}t$ 和电压的扫描速率 $v = \mathrm{d}U / \mathrm{d}t$，可得式（7-1）：

$$C = \frac{\mathrm{d}Q}{\mathrm{d}U} = \frac{i\mathrm{d}t}{\mathrm{d}U} = i / v \tag{7-1}$$

式中 i——电流，A；

$\mathrm{d}Q$——电量的微分，C；

$\mathrm{d}t$——时间的微分，s；

dU——电位的微分，V；

v——扫描速度，V/s。

然后按照电极上活性物质的质量就可以求算出这种电极材料的比电容。

$$C_m = \frac{C}{m} = \frac{i}{mv} \tag{7-2}$$

式中　m——电极上活性物质的质量，g；

C_m——电极材料的质量比电容，F/g。

对于一个理想的双电层电容器来说，充电状态下，通过电容器的电流是一个恒定的正值，而放电状态下的电流则为一个恒定的负值，在循环伏安曲线上就表现为一个理想的矩形。通过曲线纵坐标上电流的变化，就可以计算出电极电容量的情况。而实际上，由于界面可能会发生氧化还原反应，实际电容器的循环伏安曲线总是会略微偏离矩形。而对于法拉第准电容器，其循环伏安曲线会出现两个明显的氧化还原峰，两个氧化还原峰的位置对称的话，表明充放电氧化还原反应过程是可逆的。

因此，循环伏安曲线的形状可以反映所制备材料的电容性能。对于双电层电容器，循环伏安曲线越接近矩形，说明电容性能越理想；而对于法拉第准电容器，从循环伏安曲线所表现出的氧化还原峰的位置，可以判断体系中发生哪些氧化还原反应。多次循环伏安测试后，如果循环伏安曲线的矩形度和形状基本保持不变，说明电容的循环性能良好。对于非理想矩形的循环伏安曲线，可以从矩形的面积来计算电容量，此时的电容量可用公式

$$C_m = \frac{\int i(U)\mathrm{d}U}{2m\Delta U v} \tag{7-3}$$

式中　C_m——电极材料的质量比电容，F/g。

因此，通过循环伏安曲线的面积，我们可以求出电容量的大小。而实际上，电容器由于电极、电解质等材料存在一定的内阻，其充放电状态之间相互转化时，存在着一个弛豫时间。考虑到内阻的电容为：

$$C_m = \frac{\int i(U)\mathrm{d}U}{2m\Delta U v\left(1 - e^{\frac{-1}{RC}}\right)} \tag{7-4}$$

式中　R——超级电容器的内阻，Ω。

从式（7-4）中可以看出，在电容器电容不变的情况下，电流随着扫描速度增大而成比例增大，但过渡时间却不能随扫描速度发生变化，所以当纵坐标为比电容时，扫描速度越快，曲线偏离矩形就越远。因此可以在比较大的扫描速度下研究电极的电容响应性能。如果在较大的扫描速度下，曲线仍呈现较好的矩形，说明电极的过渡时间小，也就是说电极的内阻小，比较适合大电流工作。反之，电极不适合大电流工作，这种电极材料不能作为电化学电容器的活性材料。

另外一种是恒电流充放电法，这是研究电极和电容器的电化学性能常用的一种方法。它的基本原理是：使处于特定充/放电状态下的被测电极或电容器在恒电流条件下充放电，同时考察其电位随时间的变化，从而研究电极或者电容器的性能。通过对电极材料进行恒流充放测试，可以获得的参数有比电容、体系的等效串联电阻、功率密度、能量密度和循环性能

等。典型的几种超级电容器恒流充放电曲线如图 7-5 所示。

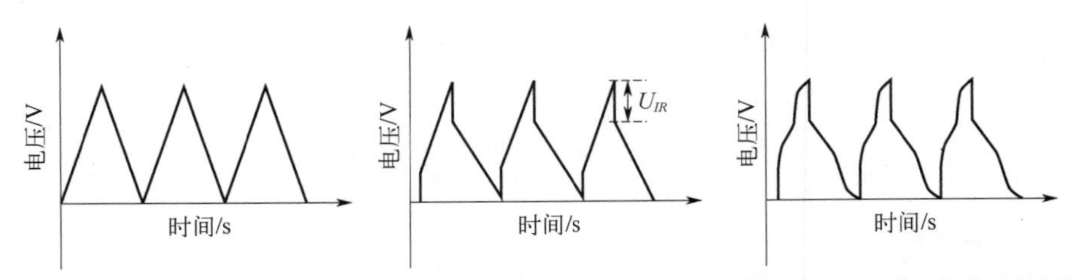

(a) 理想的双电层超级电容器 (b) 存在内阻的双电层超级电容器 (c) 存在内阻的法拉第赝电容器

图 7-5 典型超级电容器的恒流充放电曲线

恒电流充放电测试中一个很重要的参数是设置充放电的电流密度。一般根据电极活性材料的质量，以及循环伏安曲线中所得到的电流值来设置充放电电流。对于理想的超级电容器来说，在恒定电流下进行充放电时，如果电容量 C 为恒定值，那么电位随时间会呈现出线性变化。也就是说，理想电容器的恒流充放电曲线是一个对称的三角形，如图 7-6（a）所示。利用恒电流充放电曲线可以计算电极活性物质的比电容：

$$C_m = \frac{i\mathrm{d}t}{m\mathrm{d}U} \tag{7-5}$$

但在实际情况中，由于电极材料和组装好的电容器都存在一定的内阻（如材料的接触电阻、孔电阻、电解质电阻等），充放电曲线转换的瞬间会有一个电位突变，如图 7-6（b）所示。根据电压 U 的变化我们可以计算电容器的等效串联电阻（equivalent series resistance，ESR）的大小：

$$\mathrm{ESR} = U_{IR}/(2i) \tag{7-6}$$

式中 ESR——等效串联电阻，Ω；

U_{IR}——由内阻引起的电压降，V。

等效串联电阻是影响电容器功率特性最直接的因素之一，也是评价电容器大电流充放电性能的一个直接指标。通常，在所制备的电容器中，应当尽量减小 ESR，以减小充放电之间的弛豫时间。

法拉第赝电容由于发生了氧化还原反应，其充放电曲线不再是条直线，而会有一定的弯曲，如图 7-6（c）所示。不同的电极材料恒电流充放电也有较大区别。赝电容电极材料由于在充放电过程中会伴随电荷转移，因此恒流充放电过程中在发生明显的电荷转移的电极电势附近电压的下降趋势会减缓，导致充放电曲线中表现出相对平缓的“平台”区域。这种“平台”区域相对可充电电池的恒电流充放电曲线有所不同，其充电和放电“平台”电压差往往很小，几乎呈现出对称的曲线形状，而且其“平台”区域相对于体相离子插层的可充电电池材料而言［图 7-6（c）］，持续的时间较短，这是因为赝电容电极材料在较宽的电压区间都可以发生电荷转移。相应地，这种“平台”效应，在循环伏安曲线中表现出“峰”。赝电容材料的特征是很小的阴极和阳极峰值电位分离，表明在峰值电位下具有明显的准平衡的高度可逆氧化还原过程，对于在每个电位下处处发生氧化还原反应的 MnO_2 电极材料而言，其循环伏安曲线呈现近矩形形状［图 7-6（d）］。这与通常伴随相变转换的可充电电池的循环伏安曲线有较大区别，可充电电池的 ΔE_p 通常较大，而且氧化还原峰比较尖锐［图 7-6（e）、(f)］。

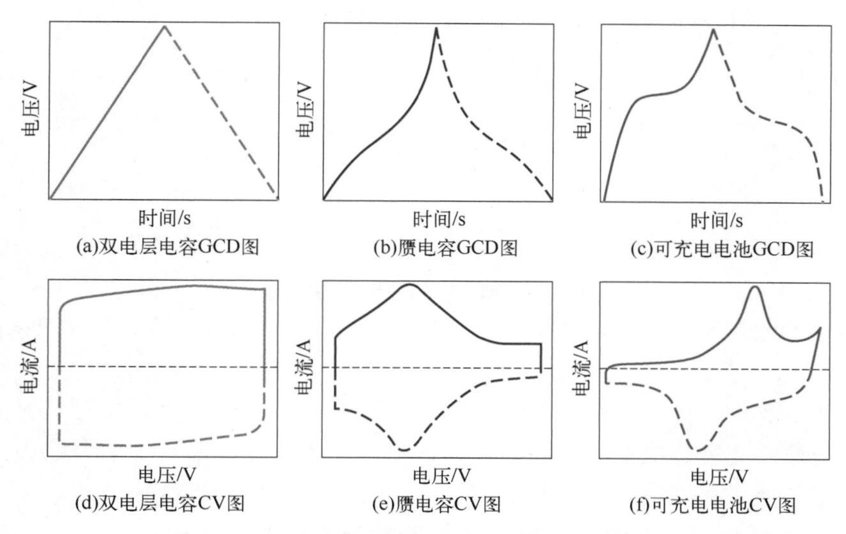

图 7-6　不同类型储能装置的 GCD 和 CV 曲线对比图

对于典型的麦克烯超级电容器，如图 7-7（a）所示，在 1A/g 电流强度下有轻微的“平台”区域，高放电速率下变得不明显；图 7-7（b）中聚苯胺在 1A/g 电流密度下有约 0.1V 的电压降，这通常是由电极材料内阻较大所致；图 7-7 (c) 展示了聚苯胺在不同电压区间下，1A/g 下的恒流充放电曲线，发现电压越高，电极材料有充电缓慢的情况，表明特定材料的电压区间往往是特定的，测试中需要不断测试摸索出材料的最佳工作电压区间。

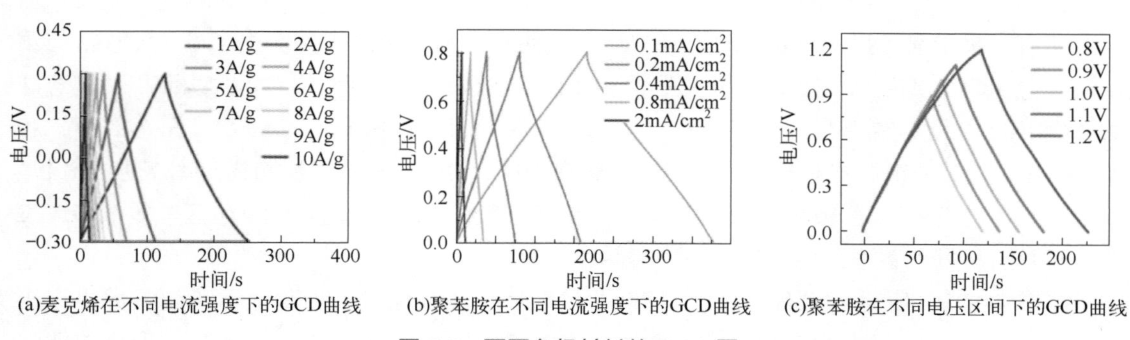

图 7-7　不同负极材料的 GCD 图

又如，在 0.1mol/L K_2SO_4 的电解质中，MnO_2 电极的循环伏安曲线表明其在各个电位下均可实现连续的表面氧化还原反应，如图 7-8 所示。

由于电极材料和组装好的电容器都存在一定的内阻，因此在不同的电流密度下所得到的电容是不同的。实验中通常采取不同大小的充放电电流对电极进行充放电性能测试，研究其功率特性。如果大电流充放电条件下，电压和时间的曲线仍为线性关系，且计算出的比电容衰减不大的话，表明制备的电极具有较好的功率特性，适合用于大电流充放电。反之，则功率特性较差。

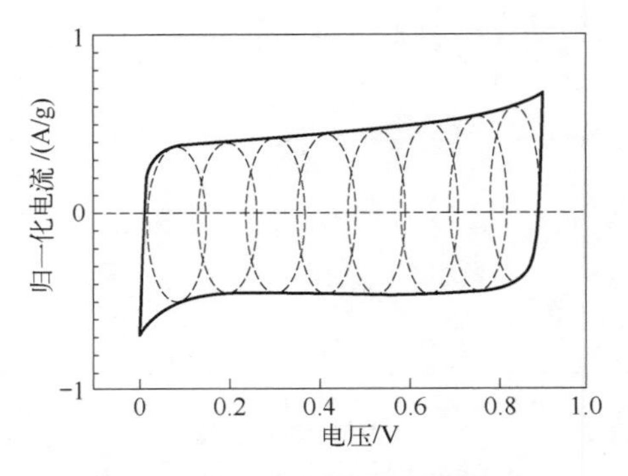

图 7-8 MnO_2 的循环伏安曲线

零电流线段上半部分与 Mn（Ⅲ）氧化为 Mn（Ⅳ）有关，零电流线段上半部分与 Mn（Ⅳ）还原为 Mn（Ⅲ）有关

活性炭的比电容一般为 100 ～ 400F/g，其多孔结构和表面化学性质对其比电容等影响很大，特别是最佳孔径是决定其在超级电容器中的电容性能的最有影响力的因素，可以通过比电容的循环伏安和充放电测试加以证明。Ghosh 等利用生物废料合成了活性炭，作为超级电容器电极材料。以 KOH、$ZnCl_2$ 和 H_3PO_4 为活化剂（使用这三种活化剂获得的电极材料分别命名为：ACSF-K，ACSF-Z，ACSF-H），在 N_2 气氛中，通过化学活化工艺，在 700℃下进行热处理，合成了活性炭。理化分析表明，所获得的活性炭具有石墨性质，并且活性炭的无序程度随着活性剂的加入而变化。从 ACSF-K 制备的活性炭电极在 2A/g 电流密度下表现出约 610F/g 的比电容，在相同电流密度下高于 ACSF-Z（560F/g）和 ACSF-H（470F/g）。合成的活性炭也表现出良好的倍率性能和作为超级电容器电极的高电化学稳定性。

图 7-9(a) 为三种电极材料在 0 ～ 0.4V 工作电势范围内扫描速率为 30mV/s 时的 CV 曲线。所有电极都显示出一对宽的氧化还原峰，表明在电荷存储过程中发生了电子转移法拉第反应。与 ACSF-Z 和 ACSF-H 电极相比，ACSF-K 电极覆盖了更大的 CV 曲线面积，这意味着 ACSF-K 电极具有更高的储能能力。对 ACSF-K［图 7-9(b)］、ACSF-Z［图 7-9(c)］和 ACSF-H［图 7-9(d)］电极的进一步 CV 曲线在 10 ～ 100mV/s 的可变扫描速率下进行分析。研究发现，随着扫描速率的增加，氧化还原峰电流增加，峰位置向正负电位区轻微偏移，表明电极具有良好的倍率性能和较快的电荷转移性能。

如图 7-10(a) 所示，所有电极的 GCD 曲线在充电和放电过程中都显示出明显的电压平台，这表明了法拉第电荷存储过程。ACSF-K 电极的较高电容主要归因于高度无序的活性炭的存在，促进了大量电化学反应位点的出现。倍率性能是任何超级电容器电极材料的一个重要特性。为了测量 ACSF-K［图 7-10(b)］和 ACSF-Z［图 7-10(c)］电极的倍率性能，在 2 ～ 10A/g 可变电流密度下进行 GCD 测试。对于活性炭而言，活化剂（KOH）浓度对 ACSF-K 电极电化学性能也有较大影响，浓度较高或较低可能会使离子扩散 / 吸附过程恶化，从而降低电化学活性位点。

因此，要实现电极材料的商业化，需要获得稳定的材料表面，提高其循环性能，具体表现为 CV 和 GCD 曲线的稳定性，高扫描速率或高倍率的容量保持率，并从中推断氧化还原电压及过程等来指导工艺的生产。

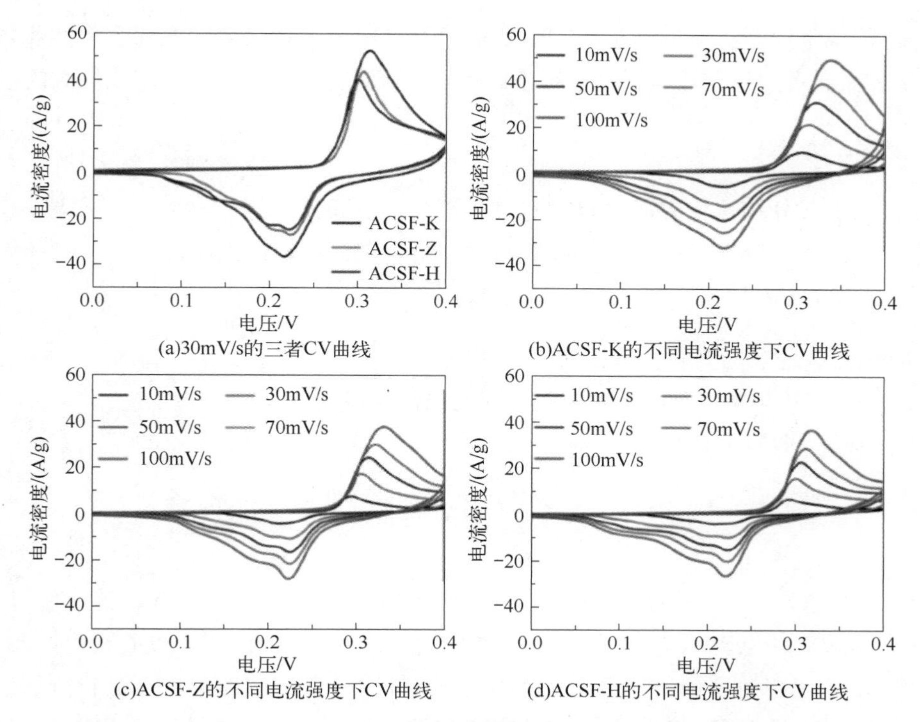

(a)30mV/s的三者CV曲线　(b)ACSF-K的不同电流强度下CV曲线

(c)ACSF-Z的不同电流强度下CV曲线　(d)ACSF-H的不同电流强度下CV曲线

图 7-9　ACSF-K、ACSF-Z 和 ACSF-H 在 10 ～ 100mV/s 下的 CV 曲线

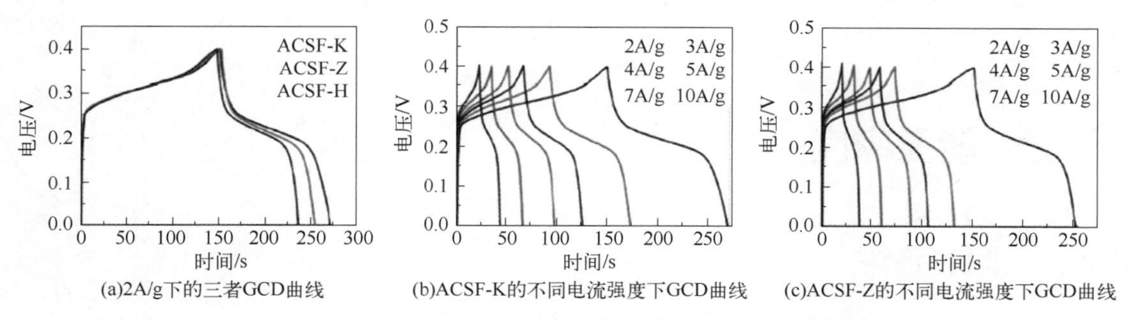

(a)2A/g下的三者GCD曲线　(b)ACSF-K的不同电流强度下GCD曲线　(c)ACSF-Z的不同电流强度下GCD曲线

图 7-10　ACSF-K、ACSF-Z 和 ACSF-H 的 GCD 曲线

7.1.3　电容类型分析方法

（1）b 值分析法

将一个电极材料进行不同扫描速率的 CV 测试，提取获得的一组 CV 数据中的最大电流（i）和对应的扫描速率（v），通过 i 和 v 的关系［式(7-7)］，可以分析电极的表面控制过程和扩散控制过程。

$$i = av^b \tag{7-7}$$

式中，a 和 b 是与储能机理相关的可调参数。

在扫描速率对扫描电流响应的影响下，通过绘制 lg v 与 lg i 的曲线获得可调参数 a 和 b。对于扩散控制过程，电流响应与扫描速率的平方根成比例（b = 0.5），容量完全来自法拉第插层，这通常是电池型材料的特征。对于非扩散控制电容过程（包括电双层电容和表面赝电容），由于表面原子的快速法拉第电荷转移过程，电流响应与扫描速率接近线性比例（$b=1$）。

（2）电容占比分析

为了进一步区分和量化表面电容对整体电流响应的贡献，通过一组 CV 数据，使用以下关系式进一步量化表面电容效应和扩散控制过程电容在总电容中的贡献。

$$i(V)=k_1 v+k_2 v^{1/2} \tag{7-8}$$

式中 $i(V)$——给定电位下的电流。

k_1，k_2——表面电容效应和扩散控制过程的电流贡献。

上式方程可以改写为：

$$\frac{i(V)}{v^{\frac{1}{2}}}=k_1 v^{1/2}+k_2 \tag{7-9}$$

因此，可以通过不同扫描速率下 $i(V)/v^{1/2}$ 与 $v^{1/2}$ 的斜率来推导出 k_1 和 k_2 值。使用式（7-9）分离表面电容效应（电流 i 与 v 成比例）和扩散控制过程（电流 i 与 $v^{1/2}$ 成比例），来求得在某个电位下不同扫描速率的电容贡献的响应电流 $k_1 v$。对所有的选取电压进行分析，可以得到不同扫描速率下的电容贡献及其与整体电容的比值。需要指出的是，对于类似电池的扩散控制的电极材料而言，扫描速率不宜过大，一般不超过 5mV/s，否则由于过大的极化导致拟合误差偏大。

7.2 能量密度

7.2.1 测试与分析

根据下面公式计算超级电容器的质量能量密度 E_m：

$$E_m=\frac{1}{2\times 3.6}C_m\times(\Delta V)^2 \tag{7-10}$$

式中 E_m——质量能量密度，W·h/kg；

C_m——质量比电容，F/g；

ΔV——工作电势窗口，V。

类似地，按下式计算器件的面积能量密度 E_A(W · h/cm^2)

$$E_A=\frac{1}{2\times 3600}C_A\times(\Delta V)^2 \tag{7-11}$$

式中 E_A——面积能量密度，W·h/cm^2；

C_A——面积比电容，F/cm^2。

超级电容器的最大输出功率取决于其等效串联电阻 ESR，计算公式如下：

$$P_{max} = \frac{V^2}{4 \times ESR} \tag{7-12}$$

式中　P_{max}——最大输出功率，kW。

7.2.2　能量密度受限的原理与改善策略

理论上能通过增加电极材料比电容同幅度增大能量密度，但是超级电容器实际能量密度却增长缓慢。这是因为对于超级电容器目前常用的电解质，其可提供的离子数目有限，与大容量的电极材料的离子浓度需求不匹配。但在评估超级电容器能量密度时，研究者往往只考虑了电极材料比电容，却没有考虑电解质离子浓度的影响。根据电解质和电极材料对消耗电解质型对称超级电容器能量密度的限制，基于电极材料的比电容、电解质离子浓度和工作电压的超级电容器能量密度计算公式为:

$$E = \frac{1}{8} C_m V^2 \frac{1}{1 + \frac{C_m V}{4\alpha c_0 F}} \tag{7-13}$$

式中　C_m——电极材料的比电容，F/g;

V——电容器的工作电压，V ;

c_0——电解质的盐浓度，mol/L ;

F——法拉第常数，数值为 96485C/mol ;

α——非单位常数并且小于1。

因此，超级电容器能量密度不仅取决于比电容，还取决于盐浓度。进一步分析可知：当电极材料的容量在 100F/g 以上时，超级电容器的能量密度主要受限于电解液的浓度，单纯提升电极的容量对器件的能量密度影响不大。

那么超级电容器能量密度提升的方法主要有以下几种。

（1）提高电极比电容

提高电极比电容可以增加器件比电容，从而提高能量密度。超级电容器的电容一方面可以从电极材料的电容提升，包括对现有材料的表面改性、掺杂和研发新型电极材料等方法。值得注意的是，碳材料器件的电容受电极材料孔径和电解质离子形状及尺寸匹配的影响，假设多孔碳的孔形状为圆柱形，现有提出的带电双层柱电容器模型和电线芯圆柱电容器模型，这两种模型分别适用于介孔和微孔结构的双电层，能很好地描述真实多孔碳 / 电解液界面双电层结构（图 7-11）。

图 7-12 展示了孔径尺寸和离子尺寸不同配比下器件比电容的变化。孔径大于 1.3nm 能产生较大比电容，并且较小尺寸的离子相对于较大尺寸的离子能产生更大比电容（M30、SC10、Super 30、CWH30 和 E-Supra 是五种市售的碳材料；Et_4N^+、$TFSI^-$、Pyr_{14}^+、Azp_{14}^+、BF_4^- 分别是四乙基铵根、双（三氟甲烷）磺酰亚胺根、*N*- 甲基 -*N*- 丁基吡咯烷鎓根、*N*- 甲基 *N*- 丁基氮杂苯根、四氟硼酸根）。但是，比电容最大值不是通过最大孔径和最小离子尺寸组合得到，而是在孔径尺寸大于 1.3nm 和离子尺寸约 1.1nm 时得到。因此，构建超级电容

器器件，要合理选择电极材料和电解质离子的协同配比。一般来说，减少电极材料尺寸来增大反应面积可以提高比容量。此外，可以使用双电层电容器材料和赝电容器材料构建非对称超级电容器，来提升器件比电容。

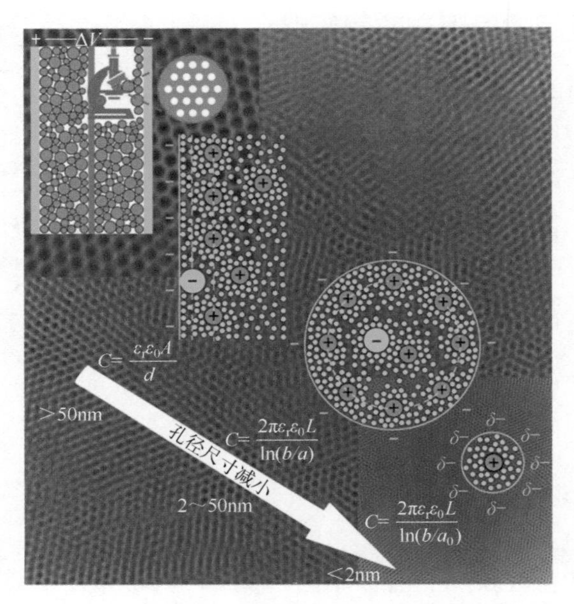

图 7-11 多种孔隙纳米碳超级电容器的通用模型

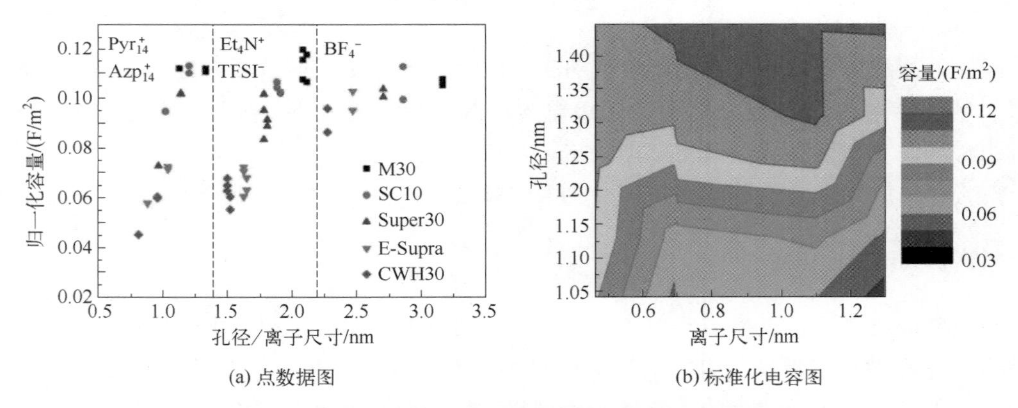

(a) 点数据图 (b) 标准化电容图

图 7-12 归一化电容与孔径尺寸和离子尺寸比例的关系

（2）选用电解质

开发利用高电化学稳定性的电解质，可扩宽器件的工作电压范围，进一步提升其能量密度。通常，离子液体的稳定电位区间最高，有机系电解质其次，而水系电解质的稳定电位区间最低。计算机分析技术也被应用于电解质开发。这种方法可以避免耗时的“试错”实验，有助于合理快速地研发高电化学稳定性的电解质。

（3）优化超级电容器结构

超级电容器使用的电解质存在分解电压，在电极电位超出稳定电位窗口界限后，会发生电解质溶剂分子分解等副反应，因此限制了器件的工作电压。由于超级电容器正负极副反应机理不同，因此稳定电位窗口的上下电位界限相对于超级电容器开路电压是非对称的，实际充放电中存在没有利用的稳定电位区间。如图 7-13 所示，C 和 Q 是每个电极的电容和通过电极的电荷；U 是电极电势的窗口；v 是受控电极电压或响应电极电势的变化率；下标“P”和“N”分别表示正极和负极。通过正负极容量的配比等改变电极电位变化过程，拓展利用负极未利用的电位区间，可将水系超级电容器工作电压提升至 1.9V，能量密度提升了 38%，并且 10000 圈循环后容量保持率超过 85%。

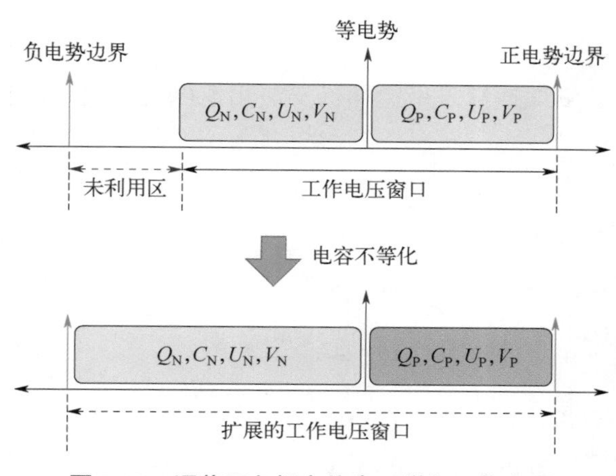

图 7-13　调节正负极电位窗口增加工作电压

（4）减少器件对电解液的消耗

目前，超级电容器能量密度主要受电解质的限制。原因是在充电和放电过程中需要消耗电解质。因此，研究低电解质消耗或无电解质消耗的超级电容器，可以突破电解质的限制并大幅度增加能量密度。对电池 / 双电层电容器（负极为预嵌锂电池型材料，正极为双电层电容器材料）通过正极开路电位控制，预嵌锂可补偿电解液的消耗。此外，锂离子超级电容器是一种基于传统的锂离子有机电解液，正极采用活性炭电极，负极采用石墨电极的新型超级电容器。在充放电过程中，电池电极（石墨）发生法拉第反应，Li^+ 嵌入和脱出；电容电极（活性炭）发生非法拉第反应，离子在电极表面进行吸附 / 脱附。由于正负电极采用不同材料，造成了两者电压窗口完全不同，其中负极的工作电位基本上维持在 0.1V（相对于 Li/Li^+）左右，正极的工作电位随着时间呈线性变化，这种正负极工作电压区间的不对称性使得锂离子超级电容器本身具有更加宽的电压窗口，从而大幅度提升了能量密度。

7.3 功率密度

超级电容器的功率密度是其最为突出的特点之一。功率密度是指单位体积内的能量输出速率，也就是单位时间内能够输出的最大功率。超级电容器的功率密度可以达到几千瓦每千克，甚至高达数十千瓦每千克。这意味着超级电容器可以在极短的时间内释放出大量能量，因此在需要高功率输出的场合有着广泛的应用前景。

超级电容器的高功率密度主要来源于其特殊的结构和材料。超级电容器的电极通常采用高比表面积的活性材料，如活性炭、氧化钌等，这些材料能够充分利用电化学反应的表面效应。此外，超级电容器的电解质通常采用高离子导率的液态或固态电解质，能够提高电容器的电导率和电荷传输效率。超级电容器的高功率密度为其在许多领域的应用提供了广泛的可能性。例如，在汽车领域，超级电容器可以实现高功率瞬间加速、回收制动能量等功能，同时可以减轻电池组的负担，延长电池的使用寿命。

7.3.1 测试方法

超级电容器功率密度测试通常采用循环伏安法和恒电流充放电法测量出比电容后再代入相应公式计算。

7.3.2 分析方法

根据下面公式计算超级电容器的质量功率密度 P_m：

$$P_m = \frac{3600E_g}{t} \tag{7-14}$$

式中　P_m——质量功率密度，kW/kg。

类似地，按下式计算器件的面积功率密度：

$$P_A = \frac{3600E_A}{t} \tag{7-15}$$

式中　P_A——面积功率密度，kW/cm^2。

7.4 工作电压

超级电容器具有一个推荐的工作电压或者最佳工作电压，这个值是根据电容器在最高设定温度下最长工作时间来确定的。如果应用电压高于推荐电压，将缩短电容器的寿命，如果过压比较长的时间，电容器内部的电解液将会分解形成气体，当气体的压力逐渐增大时，电容器的安全孔将会破裂或者冲破。而短时间的过压对电容器而言是可以容忍的。

作为主要参数之一，工作电压在很大程度上直接影响超级电容器的能量密度。因此，通常需要对超级电容器进行电化学稳定窗口（electrochemical stabilized potential window, ESW）测试。在超级电容器装置中，影响 ESW 的是体系中的反应，这个反应可能是由杂质、电极材料或电解液本身的分解造成的。从本质上讲，可容忍的极化程度的确定，是判断设备寿命和性能能否满足商业应用的标准。

不同的电解液对器件的工作电压有很大影响。测试电解液的正、负稳定极限电压（SPL）的标准方法，通常是在三电极体系中，采用线性扫描伏安法（LSV），使用惰性的工作电极如铂电极等，通过设置一个任意的电流密度截止点，来确定电位极限。一般来说，工作电极的材料对观察到的分解动力学有显著影响，对 LSV 确定的稳定极限电压也有显著影响。离子液体（ILs）在玻碳电极上的分解起始电位与铂电极的电位不同，但在这两种材料中却观察不到较高或较低稳定极限电压的明显趋势。同一种电解液在Au、Pt和玻碳电极上也存在差异。造成这些差异的原因是工作电极材料的催化作用高度依赖于电解液。一般的集流体如不锈钢本身就比较活泼，其自身也可能会发生反应，这就意味着在不同的工作电极上测定的极限电压是不能进行比较的。在实际应用中，大比表面积的多孔碳电极材料体系的ESW比上述集流体体系小，因此，集流体的影响可忽略，只需测出体系电流在较高和较低电位下的极化阈值即可。同时，许多副反应都是短暂的，因此在测试时建议使用循环伏安法。若要考虑集电极的稳定性，则建议进行更精确的测量，如计时电流测量等。

另外，在同一种电解液中，同样的电极材料在正、负电位范围也会表现出不同的容量，原因在于电解液中阴、阳离子的尺寸不同，导致孔内的离子数不同。可以对超级电容器的电极进行预充电，改变电极表面的电荷密度，以达到利用体系的理论工作电压的目的。与质量匹配相比，预充电策略可以在窗口最大化的同时，将容量最大化，从而获得更高的能量密度。但电极的自放电效应，使得预充电的程度无法精确控制，导致工业化困难。这些方法本质上都是使正、负极同时达到各自的极限电位，以避免一极先达到极限电位后极化而浪费另一极的可用电位，使正、负电位的电势都得以充分利用。

7.5 最大电流

超级电容器的最大电流指的是超级电容器在充放电过程中的最大电流值。在实际应用中，超级电容器常常需要在短时间内提供大电流，例如启动电动机、瞬态负载平衡等。这就要求超级电容器具备较高的峰值电流承受能力。

超级电容器的峰值电流与其内部电阻密切相关。内部电阻越小，超级电容器的峰值电流就越大。内部电阻包括电极材料的电阻、电解质的电阻以及接触电阻等。峰值电流计算公式为:

$$I_{max} = V / (5R_{DC}) \tag{7-16}$$

式中 I_{max}——推荐的最大充电电流（峰值电流），A；

V——充电电压，V；

R_{DC}——超级电容器的直流内阻，Ω。

需要注意的是，超级电容器持续采用大电流或者过压充电会引起电容器发热，过热会导致电容器内阻增加、电解液分解产生气体、缩短寿命、漏电流增加或者电容器破裂。

为了提高超级电容器的峰值电流，可以从以下几个方面进行优化:

① 选择合适的电极材料是提高超级电容器峰值电流的关键。常见的电极材料有活性炭、镍氢化物等。这些材料具有较高的比表面积和导电性能，能够提供更多的电荷传输通道，从而降低电阻，增加超级电容器的峰值电流承受能力。

② 优化电解质溶液的组成对于提高超级电容器峰值电流也非常重要。电解质溶液的离子浓度和电导率直接影响了电荷传输速率，从而影响了超级电容器的峰值电流。通过增加电

解质浓度或添加导电盐等方式，可以提高溶液中离子的浓度和电导率，进而提高超级电容器的峰值电流。

③ 减小电容器的接触电阻也能够有效提高超级电容器的峰值电流。在超级电容器的电极与电解质之间存在接触电阻，会降低电荷的传输速率。通过优化电极材料的表面处理、增加电解质的浸润性等方式，可以降低接触电阻，提高超级电容器的峰值电流。

超级电容器的峰值电流作为评估其性能的重要指标之一。通过优化电极材料、优化电解质溶液的组成和减小接触电阻等方式，可以提高超级电容器的峰值电流承受能力，从而满足各种瞬态应用的需求。未来随着超级电容器技术的不断发展，相信其峰值电流将得到进一步提升，为各个领域的应用带来更多可能性。

7.6 自放电

自放电是指超级电容器在不对外做功的情况下，能量自行消耗的现象。当超级电容器处于放置状态时，此时并不是一个稳定状态，而是在自发地发生物理和化学变化，从而表现出内部电量的损失。超级电容器自放电的原因，主可以归结为以下几点:

① 当超级电容器充电后，如果电极 / 电解液界面的电压高于电解液的分解电压，那么就会发生氧化还原反应，此时会产生一个由电压控制的法拉第阻抗所引起的自放电。此时的自放电率与氧化还原反应速率有关。

② 当电解液中存在缺陷、杂质时，此时电解液中的离子浓度分布不均匀，靠近电极部分的电解液离子浓度偏高，当超级电容器停止充电时，靠近电极部分区域的离子一部分向电解液中扩散，使其浓度区域均匀；另一部分则会扩散到电极表面并带走一部分电荷。宏观表现为电压降低，产生自放电。温度和初始电势对这一过程的影响很大。

③ 由于超级电容器自身存在欧姆自放电电阻，从而导致自放电。

超级电容器自放电的驱动力可以简单地总结为：充电的超级电容器相对于放电状态处于高能量状态，由于有着从高能态向低能态转化的趋势，所以此时的超级电容器存在着自放电的驱动力，将荷电态的超级电容器放置一段时间，自放电具体表现为电压或存储能量的降低。

超级电容器的自放电现象会导致动力电容器或储能电容器在现场运行过程中存在安全性隐患，这一问题在高温环境下变得尤为突出；自放电导致电容器组的单体存在差别，成为电容器组寿命缩短的主因，因此需要采用各种均衡方法来设计电容器管理系统；电容器组在运输、备用保存期需补电，也跟自放电息息相关。因此，自放电是超级电容器十分重要的一个性能指标，也成为商业化超级电容器性能优劣评价的关键性参数。因此，本节将重点阐述超级电容器自放电的机理及其抑制自放电的策略。

7.6.1 自放电的测试与计算

将超级电容器完全放电 2h，然后对其充电 30min，使超级电容器的电压达到额定电压的 95% 后（$0.95U_R$），继续充电 8h，达到 U_R 并保压，之后断开电源，测量 24h 或 168h 后的剩余电压（U_S）。得到的自放电（self-discharging）曲线如图 7-14 所示。由此可以计算得到自放电率：

$$SD = \frac{U_R - U_S}{U_R} \times 100\% \tag{7-17}$$

式中 SD——自放电率；

U_R——额定电压，V；

U_S——剩余电压，V。

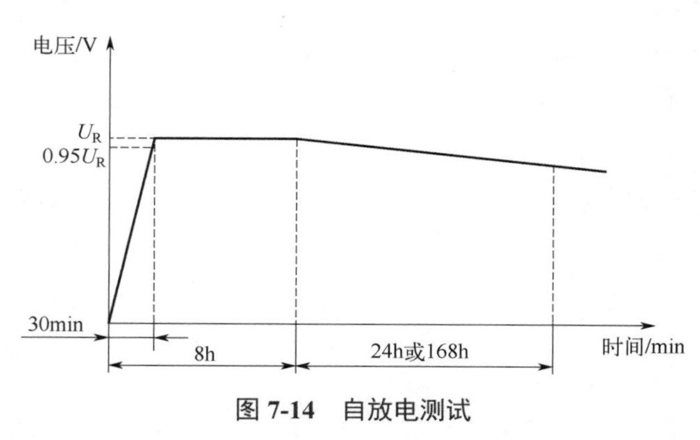

图 7-14 自放电测试

7.6.2 自放电机理

尽管自放电的测试方法很简单，但是导致其产生的机理却是较为复杂的。关于自放电机理的研究颇受关注。在早期的研究中，B. E. Conway 系统性地总结了超级电容器的三种自放电机理：

① 超级电容器过充带来过电势（η）。停止充电后，由于此时超级电容器处于高能状态，有向低能量状态转换的趋势，所以会自发将过电势降低为 0。此时自放电过程符合与电势相关的感应电流电荷传输反应，属于活化控制的法拉第过程。

② 由杂质离子的“穿梭效应”带来的自放电，具体表现为扩散控制的法拉第过程。

③ 内部欧姆泄漏。对于内部欧姆泄漏所引起的自放电，可以用下面的公式来描述：

$$U = U_0 \exp\left(-\frac{t}{RC}\right) \tag{7-18}$$

式中 U——实时电势，V；

U_0——器件的初始电势，V；

t——自放电测试时间，s；

C——电容，F。

对于法拉第氧化还原过程控制的自放电行为，可以分为活化控制的法拉第过程和扩散控制的法拉第过程。活化控制的法拉第过程是由于杂质离子的“穿梭效应”。而对于扩散控制的法拉第过程理论推导，可以用以下公式来表示：

$$U = U_0 - kt^{\frac{1}{2}} \tag{7-19}$$

式中，k 为扩散系数，$V/s^{0.5}$，描述了离子在电极表面附近的扩散能力。

除此之外，基于 Bultler-Volmer 方程，法拉第反应引起的电压变化可以描述为：

$$U = U_0 - \frac{RT}{\alpha F}\ln\frac{\alpha F i_0}{RTC} - \frac{RT}{\alpha F}\ln\left(t + \frac{CK}{i_0}\right) \tag{7-20}$$

式中　α——电荷转移系数；

T——温度，K；

R——理想气体常数，8.314J/（mol·K）；

F——法拉第常数，96485C/mol；

i_0——交换电流密度，A/m^2；

K——积分常数。

结合超级电容器三种自放电机理，可以通过以下函数关系$U = f(t)$来模拟自放电过程中电势 U 随时间的变化：

$$U = U_0 \exp\left(-\frac{t}{RC}\right) - \mathrm{k}\sqrt{t} - m - n\ln\left(t + \frac{CK}{i_0}\right) \tag{7-21}$$

式中，m、n 为与法拉第过程有关的常数。

随后，在研究高比表面积多孔碳布的自放电时，B. E. Conway 提出了第四种自放电机理——电荷再分布。这种自放电主要是由碳电极中孔尺寸的不均匀性引起，但是这种自放电在较短的时间内（100s）就可以消除。在之后的研究中，Jennifer 等通过传输线模型等效电路详细地分析了电荷再分布机理，并对之前的理论进行了部分修正：①电荷再分布所引起的自放电时间并不会短时间内消除，而是会持续很长的一段时间，大约为 50h；②电荷再分布所引起的自放电同活化控制的自放电一样，都会导致相同的电压衰减，因此对于多孔电极自放电行为机理的剖析要注意区分这两种不同的放电机理。H. A. Andreas 进一步从不同的孔尺寸详细描述了这两种自放电机理，多孔碳电极的自放电可以分为三个过程：自放电初始阶段，主要表现为活化控制的自放电（对应于孔口）；自放电中期，主要表现为活化控制的自放电和电荷再分布引起的自放电的共同作用；自放电的后期则由电荷再分布机理主导（对应于孔底）。以上四种自放电机理总结归纳于图 7-15 中。

超级电容器自放电行为的理论研究停留在电势驱动和离子浓度梯度驱动导致吉布斯自由能降低这一层面。通常来讲，超级电容器具有较高的零电位，则吉布斯自由能这一驱动力较小，自放电率较慢；反之，低的零电位对应大的驱动力，自放电率更高。但是，对于这一现象的具体影响原因则缺乏相应的认识。为探究这一问题，采用生物热处理有效去除 MXene 电极材料表面的低功函官能团，结合密度泛函理论计算、开尔文探针力显微镜和同步辐射 X 射线吸收精细结构分析表明低功函官能团的去除引起表面电子结构的变化。MXene 电极材料表面电子结构的有效调控显著降低了超级电容器的自放电率（降幅 ＞ 20%）。进一步解释了自放电率下降的机理：源于电极表面的羟基被去除后更高的功函数导致更高的零电荷电位，以及增强的表面偶极矩导致更高的表面自由能，从而有效地限域电解液离子，显著抑制激活控制的自放电过程。从而建立了表面电子结构 - 零电势 - 自放电行为的构效关系。此外，我们的研究发现 MXene 赝电容器的自放电过程由混合电势所驱动，自放电曲线存在一个明显的转折点，其源于电极对电解液离子绑定作用由松散键合（loose-bonding）转为紧密键合（tight-bonding），进而提出了自放电行为的离子强绑定模型，并总结出电势驱动自放电行为的理论方程。

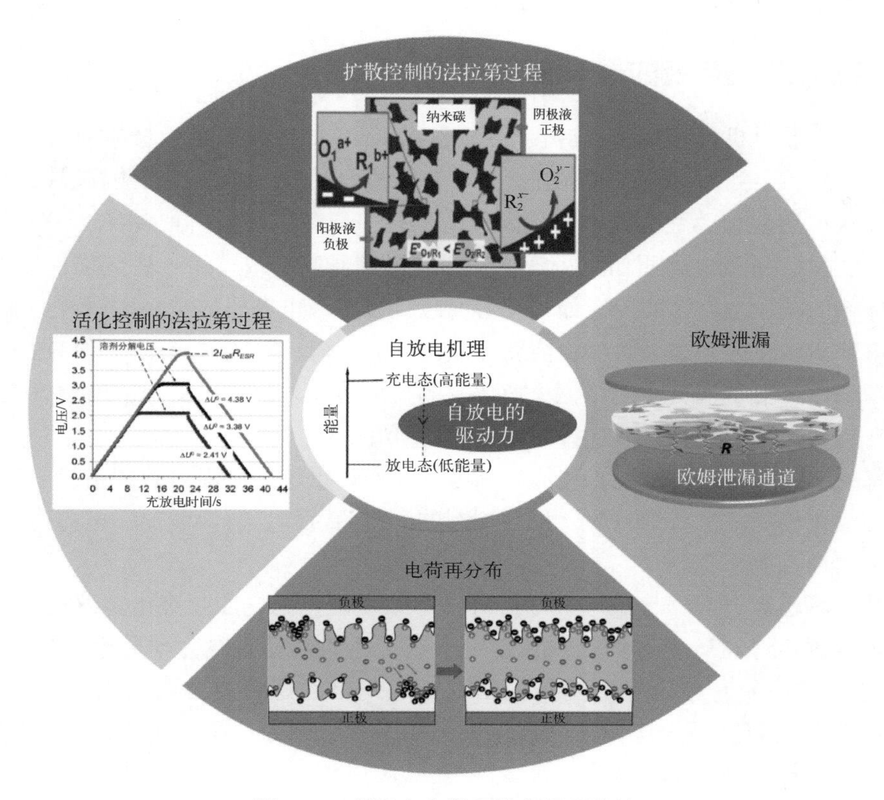

图 7-15　超级电容器自放电机理总结

对于高比表面积的多孔碳电极，通常容易吸附痕量的金属杂质（如 Fe），这样会导致由杂质离子在正负电极间的“穿梭效应”带来的自放电。而且，高比表面积的多孔碳材料存在大量的自由基和边缘结构，这些缺陷态与碳晶格相比更容易发生电化学法拉第反应，从而导致自放电。因此，当多孔碳作为电极时，此时超级电容器的自放电机理将会更加复杂，通常存在着多种自放电机理。如石墨烯电极在水系电解液下表现为碳氧化和电荷再分布共同作用，导致自放电；一般来说，由 Fe^{2+}/Fe^{3+} 离子对“穿梭效应”引起的自放电行为是不可避免的，因为只要多孔碳电极材料中的 Fe 含量超过某一临界值后（正极＞ 10^{-5}mol/L，负极＞ 10^{-3}mol/L），就会存在“穿梭效应”。而且在实际应用中，超级电容器不可逆的焦耳热效应也将进一步影响其自放电行为，超级电容器在充放电过程中，其内部温度会发生极大变化，比如在 40A 恒定电流下进行 12min 的充电 / 放电过程后，商用超级电容器（电容为 350F）的发热会导致温度从 20℃升高到 65℃，这种热效应会对超级电容器的实际应用产生一系列的不利影响，例如电解液的蒸发，固体电解质的熔化，隔膜层的热膨胀等，这些都有可能提高超级电容器的自放电率。

上述研究表明充电状态的超级电容器处于高自由能态，如果存在某种能够使自由能自发降低的机理，即实质上的放电驱动力，自放电就会发生。魏等人从离子浓度梯度和电势梯度这两种驱动力讨论了多孔活化碳布的放电机理，并且总结出以下规律：自放电的初始阶段，主要由电势驱动力主导，随着自放电的进一步发展，离子浓度梯度开始在自放电过程中占主导地位，但是由浓度驱动的自放电速率很小，仅仅占前者的20%～30%。

7.6.3 自放电机理研究的局限性

目前关于自放电机理研究都针对传统超级电容器，如关注的电极材料多为多孔碳材料，电解液体系为水系（如 H_2SO_4）或者有机系（如碳酸丙烯酯＋四乙基四氟硼酸铵）。近些年，一些新型超级电容器如柔性全固态器件、微型器件，新型电极材料如 MXene 和 Nb_2O_5 等赝电容为主的材料，新型电解质如离子液体和固态电解质等均取得了一些突破性成果。但是，关于这些体系的自放电行为的研究却较少。而且，当超级电容器的电极材料转变为赝电容机理为主、电解质转化为固态以及器件演变为柔性或微型时，可能具有不同的自放电机理。比如在固态超级电容器中，离子的传输由液体中的扩散转变为固体中的运输问题。这些新问题和可能的新机理都需要我们对其进行细致详尽的研究。

之前有关超级电容器自放电机理的研究中，我们可以总结得出：碳基超级电容器的自放电机理包括活化控制的法拉第过程、扩散控制的法拉第过程、欧姆泄漏、电荷再分布诱导自放电这四种主导机理。

通过对碳基超级电容器自放电机理的分析总结发现：充电的超级电容器处于高能状态，相比于放电状态会存在一个电势差，并且由于这个电势差没有热力学因素和动力学因素使其稳定，这个电势差有趋于零的趋势，也就是说充电的超级电容器有自放电的趋势。因此，这个电势差很容易被一些偶然的极化过程所干扰，例如由杂质离子或者电极表面产生的氧化还原作用带来的电偶。超级电容器在实际应用中，为了维持其处于满荷状态，我们需要在电荷储存体系上施加小幅度的电流来平衡自放电速率。但是这样又伴随产生了一个新的问题，那就是增加了工艺和器件的复杂性，因此使超级电容器内在自放电速率最小化成为努力的目标。

7.6.4 超级电容器自放电行为的抑制策略

前文述及超级电容器自放电行为的影响因素颇多，比如电极材料、电解液的种类、隔膜等。因此，抑制超级电容器自放电行为通常就从电极材料、电解液和隔膜这三个方面入手。鉴于此，研究人员通过一些手段来抑制超级电容器的自放电行为，比如①电极材料的改性；②电解液改性；③对隔膜层进行改性处理。部分研究成果归纳于图 7-16。

（1）电极改性

其中电极材料的改性主要从表面修饰 / 钝化和在电极材料表面引入界面阻隔层这两方面入手。2014 年，P. G. Campbell 等通过共价或非共价结合将氧化还原介质与电极材料相结合，最简单的方法就是将电极材料浸泡在含有氧化还原介质的溶液中，利用 π-π 和静电相互作用，成功将蒽醌、茜素甚至于一些金属配合物如 $K_3Fe(CN)_6$ 等有机溶剂吸附到碳孔中。除此

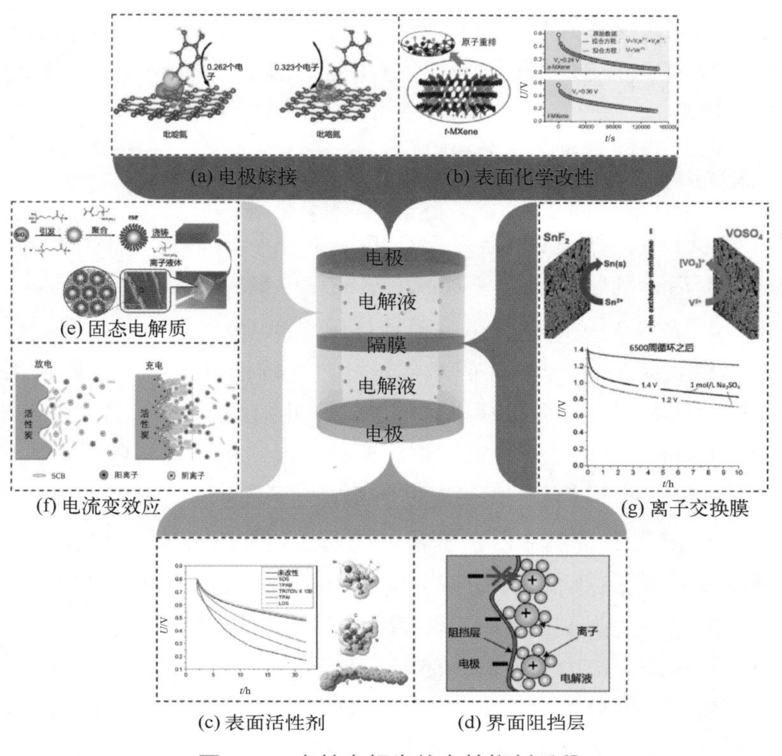

图 7-16　自放电行为的有效抑制手段

(a) ～ (d) 碳材料电极表面修饰 / 钝化方法;

(e) ～ (f) 电解液中引入添加剂或固态化设计; (g) 隔膜层改性的思路

之外，也可以通过一定的手段使金属氧化物团簇与电极材料复合，如磷钨酸盐和磷钼酸盐，可以与石墨烯和聚合物材料通过混合和超声处理结合在一起。2016 年，Boota 利用 2,5- 二甲氧基 -1,4- 苯醌（DMQ）在石墨烯上的非共价功能化产生了氧化还原活性干凝胶，该干凝胶具有高电容性和优异的循环性能。由于甲氧基的存在，2,5- 二甲氧基 -1,4- 苯醌在石墨烯表面呈现出较大的电荷分布，阻碍了 DMQ 的寄生反应，赋予了较长的循环寿命。Pognon 等使用邻苯二酚、蒽醌、苯二酚基团等修饰碳电极材料，通过亲电取代反应嫁接到碳材料上，此时固定在电极表面的氧化还原基团会发生氧化还原反应，极大地增加了电容，但是此时的氧化还原基团不能在两个电极之间穿梭，从而抑制了由于法拉第反应导致的自放电。在 H_2SO_4 电解液中，蒽醌修饰碳电极器件的自放电率远远低于普通电容器。这是因为蒽醌接枝于碳表面时，氧化还原反应仅仅发生在负极，因此自放电得到有效抑制。Wei 等利用化学表面改性对单壁纳米管中官能团的含量进行了精准调控，消除部分氧官能团，从而增强了碳纳米管与电解液离子间的相互作用力，防止离子从外亥姆霍兹层中扩散，达到降低自放电率的目的。在分析碳材料氧化过程时，研究者发现在释放 CO_2 的同时会在碳电极表面形成 C—O 官能团，然后随着自放电的不断发展，C—O 官能团会逐渐演变为 C═O 官能团，Andreas 通过电化学氧化多孔碳电极形成 C═O 官能团，耗尽多孔碳电极的活性点位起到钝化作用从而来降低超级电容器的自放电率。除此之外，Takshi 等提出了一种引入电极界面阻挡层的方法：在活性炭电极表面引入厚度为 1.5nm 的聚苯醚层，由于电子在穿过电极 / 电解液界面时存在隧穿能垒，可以减缓反应速率，从而使得自放电率降低10.5%（测试时间为1h）。通过表面改性的方法，对MXene材料表面—F、—OH官能团进行有效调控，显著降低了MXene超级电容器的自放电率。

（2）电解液改性

电解液改性降低自放电的核心思想是在电场驱动下让（含有添加剂的）电解液，如$CuSO_4$电解液、表面活性剂和液晶分子修饰电解液在电极界面形成一层电解不溶物。$CuSO_4$电解液利用的是Cu^{2+}在0.34V的电位下会被还原成单质Cu，附着在活性印记上，从而降低电解液离子的“穿梭效应”。离子液体固态化是针对电解液设计的一种新策略，固态电解质可以有效防止电解液的泄漏，从而提高电容器的安全性。

2016年，M. Eléonore报道了通过调控电解质离子尺寸可以抑制自放电的方法，由于电解质活性离子的巨大体积，阻碍了活性离子通过多孔碳电极的扩散，从而减慢了自放电速率。

2017年，S. J. Yoo报道了溴化四丁基铵可以通过诱导Br^-/Br^{3-}氧化还原对的可逆转化，有效地在碳电极的孔隙中储存活性溴和扩散溴，有效抑制氧化还原介质的穿梭效应，从而抑制超级电容器的自放电，达到低自放电率和高循环稳定性的目的。该方法避免了使用昂贵的离子选择膜，解决了实际应用中的障碍，使得商业化和低成本的生产变得可能。

离子插层黏土基固态电解质利用黏土分子的限域效应有效地抑制了杂质铁离子的穿梭效应；黏土中的氢与离子液体的阳离子进行交换，实现选择性地抑制正负离子由静电作用导致的快速解吸；离子插层黏土基固态电解质相比液态电解液与隔膜体系具有更高的内阻，抑制了欧姆泄漏导致的自放电行为。因此，这种“离子限域效应”的固态电解质从多种途径上抑制了自放电行为，显著降低了碳基超级电容器的自放电率。而且，由于其优异的热稳定性，结合离子液体链延长策略，我们实现了碳基超级电容器在70℃高温下的低自放电率和良好循环稳定性。70℃高温下，固态超级电容器在98h后的自放电率为48%；循环10000周后，容量保持率约为90%。

（3）隔膜层改性

其中对隔膜层的处理措施主要是利用离子交换膜的选择透过性，2004年K. A. Mauritz提出通过使用一种离子交换膜来抑制超级电容器中氧化还原介质的通过，这种离子交换膜只允许阴离子或阳离子的通过，从而抑制氧化还原介质的穿梭所带来的自放电。使用离子选择性膜作为超级电容器的隔膜虽然有效地抑制了氧化还原介质的穿梭效应，但是对氧化还原的影响是有限的，具有很大的缺点。因为离子交换膜是一种表面带有离子交换官能团的高分子材料，电荷载流子可以通过离子交换膜。这一机制极大地限制了离子交换膜的应用，除此之外，离子交换膜对电解质的pH极其敏感，化学稳定性差，成本高，也在一定程度上限制其应用。活性电解质增强超级电容器相比于传统双电层超级电容器具有更高的能量密度和比电容，但是也具有极高的自放电率，为了解决这一问题，L. B. Chen在2014年提出使用Nafion®作为活性电解质增强超级电容器的隔膜层，实验结果表明Nafion®隔膜可以成功阻止活性电解质的迁移并抑制自放电过程。

7.7 内阻

超级电容器的内阻指的是正极电容与负极电容间的串联电阻，它与电极材料、电解液、隔膜和组装方式等都有很大关系。一般来说，较小的内阻对于超级电容器性能的提升是有利的。电极厚度越大，内阻越高，一般电极厚度小于150μm。而且材料的孔径不应过小，一般在1.5nm以上，以方便电解液中的离子进入并充分浸润，形成双电层，避免内阻变大。

电解液的电阻也是影响超级电容器内阻的主要因素，对于水系电解液来说，离子的直径很小，迁移率高，而且能够轻易通过隔膜，也能轻易进入电极的孔隙内，所以内阻很小。而对于有机系电解液来说，溶质一般为有机高分子，直径都很大，迁移过程中被阻碍的概率就大得多，而且难以进入电极的孔隙中，内阻相对较大。

7.7.1 测试方法

超级电容器内阻的测试方法主要采用EIS（电化学阻抗谱）测试，可以获得电极的阻抗实部和虚部随频率变化的数据，由阻抗实部作为横坐标和虚部作为纵坐标所绘制的EIS被称为奈奎斯特（Nyquist）图。另一种曲线描述阻抗的相位角随频率的变换关系，被称为波德（Bode）相位图。一般测量时同时给出模量图和相位图。除此之外，还包括介电系数谱和介电模量谱。交流阻抗技术常用的是正弦波交流阻抗技术。控制电极电流（或电极电势）按正弦波规律随时间小幅度变化，同时测量作为其响应的电极电势（或电流）随时间的变化规律。这一响应经常以直接测得的电极系统的交流阻抗 Z 或导纳 Y 来代替。电极阻抗一般用复数表示，即虚部常是电容性的，因此前用负号。测量电极阻抗的方法总是围绕着测量实部和虚部或模和相位角，其结果可用式（7-22）表示：

$$Z = R + \mathrm{j}\left(\omega L - \frac{1}{\omega C}\right) \tag{7-22}$$

式中 Z——交流阻抗，Ω；

ω——角频率，Hz；

L——电感，H；

ωL——感抗，Ω；

$\frac{1}{\omega C}$——容抗，Ω；

j——虚数单位。

利用电化学阻抗谱测量时有三个前提条件。

① 因果条件：测定的响应信号是由输入的扰动信号引起的。

② 线性条件：对体系的扰动与体系的响应呈线性关系，通常情况下，该线性条件只能近似地满足。

③ 稳定性条件：在测量过程中电极体系是稳定的，扰动停止后体系恢复到原先的状态，一个可逆电极的电极系统在受到扰动时，由于内部结构没有产生大的变化，受到小振幅的扰动后很容易回到原先的状态，一个不可逆的电极过程只能近似地满足稳定性条件。

④ 有限性条件：整个频率范围测定的阻抗或导纳值是有限的。

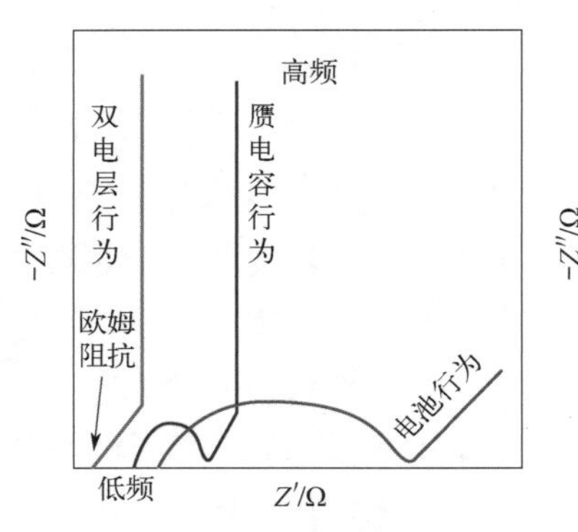

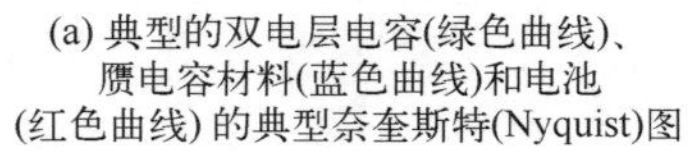
(a) 典型的双电层电容(绿色曲线)、赝电容材料(蓝色曲线)和电池(红色曲线) 的典型奈奎斯特(Nyquist)图

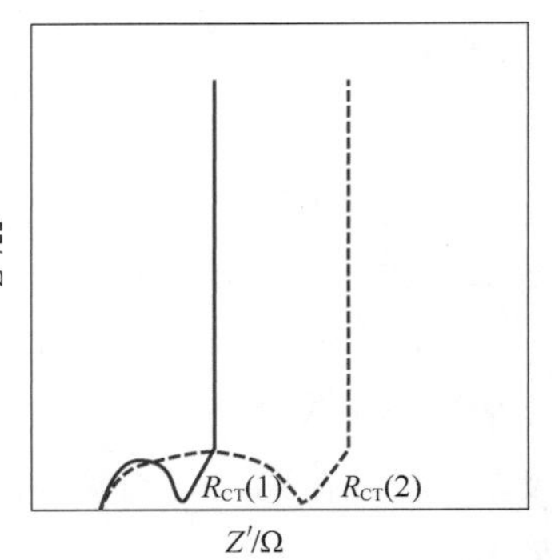

(b) 通过在两种不同电位下进行EIS测试来确定电荷转移电阻 (R_{CT}) 的示例谱

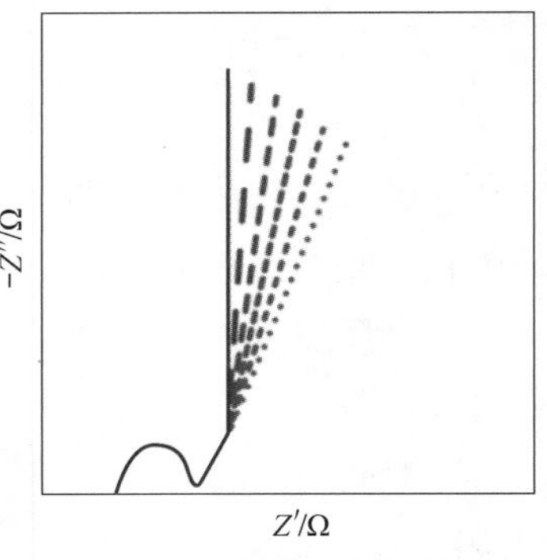

(c) 界面阻抗导致在所有电位下恒定的R_{CT}

图 7-17　不同类型电容器的典型 EIS 曲线

图 7-17（a）展示了双电层电容器、赝电容器和可充电电池典型的 Nyquist 对比图。Nyquist 图中在高频区域与阻抗实轴（x 轴）相交的点显示出所研究体系的等效串联电阻（ESR），随后相对于实轴的半圆——一个接近 90° 线区域或一个接近 45° 角线区域为阻抗的典型特征，可用于分析电极材料的电荷存储机制、反应动力学等特征。ESR 对应于器件的欧姆阻抗，来自电池的总内部电阻（由电池元件和电解质的叠加效应产生）。ESR 的大小限制了电化学电池的总功率性能和能源效率。从高频到中频的半圆代表器件的电荷转移电阻和在电流集 / 电极界面处发生的界面阻抗，电荷转移电阻的变化通常涉及不同电位下的电荷转移。另外，在固体电极的 EIS 测试中，曲线在一定程度上会偏离半圆轨迹，这种现象被称为“弥散效应”。产生弥散的原因还不十分清楚，一般认为主要由同电极表面的不均匀性，电极表面的吸附层及溶液导电性差异引起。这与界面阻抗不同，界面阻抗在所有测试电位中都是恒定的［图 7-17（b）］。阻抗谱中唯一显著的变化出现在低频区域［图 7-17（c）］。因此，在双电层电容器中，一般不会出现半圆，而是直接一个从 ESR 立即开始的位于中低频的个 45° 线，这个 45° 线对应于离子扩散电阻。除了电荷转移电阻之外，电路中又引入一个由扩散过程引起的阻抗，用 Z_w 表示，被称为韦伯阻抗（Warburg resistance）。韦伯阻抗可以看作是一个扩散电阻 R_w 和一个假（扩散）电容 C_w 串联而成。此时电极过程由电荷转移过程和扩散共同控制，电化学极化和浓差极化同时存在。在低频区域有一个与虚阻抗轴（y 轴）平行或接近平行的 90° 垂直线［图 7-17（a）中的绿线和蓝线］，这对应由表面控制的双电层和赝电容器件的电容特征。赝电容材料将表现出最小的扩散限制行为（意味着相对于电池几乎没有扩散限制）。相比之下，如图 7-18（a），电池在低频区对应于接近 45° 线，这是扩散控制的典型特征。因此，平板电极上，电极过程由电荷转移和扩散过程共同控制时，在整个频率域内，其 Nyquist 图是由高频区的一个半圆和低频区的一条 45° 的直线构成。高频区为电极反应动力学（电荷转移过程）控制，低频区由电极反应的反应物或产物的扩散控制。此外，如图 7-18（b），聚苯胺超级电容器在循环前后的 EIS 曲线也有所不同，循环后低频区更加垂直，这主要是电极反应后更多的活性位点活化缘故。从图中可以求得体系的欧姆电阻、电荷转移电阻、电极界面双电层电容以及韦伯参数 σ。其中，σ 与扩散系数有关，利用它可以估算扩散系数 D。另外，可充电电池在高频区的半圆通常比较大，这主要是由于其缓慢的扩散控制反应，导致其具有大的电荷转移电阻。

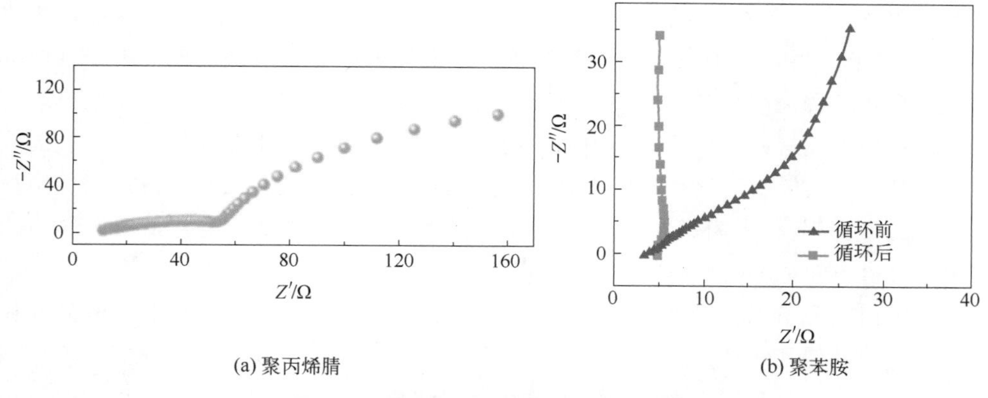

(a) 聚丙烯腈　　(b) 聚苯胺

图 7-18　聚丙烯腈和聚苯胺的 EIS 曲线

电化学交流阻抗测量有几点注意事项:

① 要尽量减小测量连接线长度，来减少杂散电容、电感的影响。

② 频率范围要足够宽，一般频率范围 $10^5\sim10^{-3}$Hz，保证一次就能获得足够的高频和低频信息，特别要注意低频段的扫描。如反应的中间产物和成膜过程只有在低频时才能表现出来。但低频测量时间很长，电极表面状态可能发生变化，故需视具体情况而定。

③ 阻抗谱图必须指定电极电位，电极电位直接影响电极反应的活化能。电极所处的电位不同，测得的阻抗谱必然不同。因此，阻抗谱与电位（平衡电位、腐蚀电位）必须一一对应。

7.7.2　分析方法

理想的超级电容器可以等效为电容（C）和电阻（R）的并联，阻抗 $\boldsymbol{Z}$ 为矢量，并且是频率 ω 的函数，因此 $\boldsymbol{Z}$ 可以表示为:

$$\boldsymbol{Z}(c)=\frac{1}{\mathrm{j}\omega C} \tag{7-23}$$

$$\boldsymbol{Z}(R)=R \tag{7-24}$$

$$\frac{1}{\boldsymbol{Z}}=\frac{1}{\boldsymbol{Z}(C)}+\frac{1}{\boldsymbol{Z}(R)} \tag{7-25}$$

$$\boldsymbol{Z}=-\frac{\mathrm{j}\omega R^2C}{\omega^2R^2C^2+1}+\frac{R}{\omega^2R^2C^2+1}=\boldsymbol{Z}'+\boldsymbol{Z}'' \tag{7-26}$$

$$\boldsymbol{Z}''=-\frac{\mathrm{j}\omega R^2C}{\omega^2R^2C^2+1} \tag{7-27}$$

$$\boldsymbol{Z}'=\frac{R}{\omega^2R^2C^2+1} \tag{7-28}$$

$$(\boldsymbol{Z}'')^2+\left(\boldsymbol{Z}'-\frac{R}{2}\right)^2=\left(\frac{R}{2}\right)^2 \tag{7-29}$$

式中　$\boldsymbol{Z}'$——电阻的实部，Ω;

　　　$\boldsymbol{Z}''$——电阻的虚部，Ω。

若以 $-Z''$ 表示矢量 Z 的虚部，Z' 表示矢量 Z 的实部，则由上述公式可得到阻抗的复平面图即 Nyquist 图，由上述可知它是由高频区的半圆和低频区的斜线构成，再根据曲线特性分析电极材料的各种电阻。总之，EIS 曲线在高频区与实轴的截距是电化学测试体系的等效串联电阻，它是电极材料内部的本征电阻、电解质的欧姆电阻、电极材料和电解质的接触电阻之和。高频区半圆的直径表征了在电极材料与电解质界面处发生法拉第反应时的电荷转移电阻 R 即 R_{et}，电荷转移电阻越小表示电极与电解液反应效率越高，而且低频区斜线的斜率越大表示电极材料的电容特性越好。

近年来，提取和分析超级电容器中的时间尺度信息将为研究离子导电、电荷转移、扩散、界面演变和其他未知动力学过程等动力学问题提供见解。在这方面，时间尺度识别是一种重要的方法，可以与长度尺度的无损阻抗特征相结合，用于在线监测。这里简单介绍弛豫时间分布（DRT）的概念。时间尺度表征将成为各种电池和电容器系统数据提取和数据集构建的强大工具，可以实现退役超级电容器快速排序和超级电容器状态估计等实际应用情况下的数据驱动机器学习建模。

时间尺度效应主要来源于四个基本物理过程：电解质或电极材料中的双电层、局部电荷浓度、电荷平衡和浓度梯度。外部刺激（如电流或电压）可以诱导不同物理情况下的弛豫过程。松弛是指外部干扰后的恢复过程，这是一个孤立系统的固有特性。因此，不同的弛豫性质可以用来区分电容器中的动力学过程，区分电解液离子在界面上的传导、吸附和释放。这个时间尺度是一种新兴的强有力的策略，可以定量研究电容器 / 电池系统中的动力学，这也是传统 EIS 测试的延伸。因此，准确定义所有时间常数是先决条件，这就需要识别电化学系统中的弛豫时间分布技术（DRT）。

DRT 的目标是在时间上进行基于频率的时间尺度特征的 EIS 变换。将电化学系统的收敛阻抗模拟为欧姆阻抗（R_0）与极化阻抗［R_{pol}，$Z_{pol}(f)$］的串联是一个有效的假设；$Z_{pol}(f)$ 被分解为 RC 并联电路的连续串联，以表示 DRT 方法中进化的电化学和物理过程，因此可以避免 ECM 的预建模。考虑到电感（L_0）的存在，总电路显示为：

$$Z(f)=R_0+i2\pi fL_0+Z_{pol}(f) \tag{7-30}$$

一个典型的 RC 并联电路满足 $RC=\tau^*$ 的关系，其中 τ^* 表示该 RC 并联电路的时间常数。每个典型 RC 并联电路的阻抗计算为 $\frac{R_x}{1+j\omega\tau}$。如果每个 R_x 由时间尺度上时间常数为 τ_x 的弛豫分布函数 $g(\tau_x)$ 来描述，则在提取极化阻抗 R_p 之后，频域 $Z(f)$ 和时域 $g(\tau_x)$ 之间的转换关系显示为：

$$Z(f)=R_0+i2\pi fL_0+R_p\int_0^{\infty}\frac{g(\tau)}{1+i2\pi f\tau}d\tau \tag{7-31}$$

$$\int_0^{\infty}g(\tau)d\tau=1 \tag{7-32}$$

其中电感可以作为传统的 DRT 方程来消除：

$$Z(f)=R_0+R_p\int_0^{\infty}\frac{g(\tau)}{1+i2\pi f\tau}d\tau \tag{7-33}$$

实际上，EIS 频率通常是以对数方式测量和显示的。因此，时间常数也以对数坐标显示，可以写成：

$$Z(f)=R_0+R_p\int_0^{\infty}\frac{r(ln^{\tau})}{1+i2\pi f\tau}\mathrm{d}ln\tau \tag{7-34}$$

$$r(\tau)=\tau g(\tau) \tag{7-35}$$

$g(\tau)$是数值计算的，其中方程中的积分类型可以写成有限和：

$$Z(f)=R_0+R_p\sum_{k=1}^{n}\frac{g(\tau_k)}{1+i2\pi f\tau_k} \tag{7-36}$$

$$\sum_{k=1}^{n}g(\tau_k)=1 \tag{7-37}$$

这些方程是DRT方法的基础，DRT可以通过傅里叶变换、蒙特卡罗采样、最大熵、分数代数识别等对不同体系加以优化。总之，在时间尺度上解释电化学过程通过DRT方法区分时间尺度峰值，代表不同电化学过程的时间常数。因此，确定不同时间常数的物理意义是DRT分析的核心问题。通过DRT解耦后，可以通过多数据方法直接分析超级电容器状态。时间尺度数据可以直接指出动力学问题，并有助于构建多个模型以展示客观规律。在采用先进的三电极测试、快速多正弦EIS技术等之后，通过机器学习训练的大量精确的时间尺度数据集有望建立模型，DRT可以从实验室水平推广到工业应用。

7.8 循环稳定性

循环稳定性是指超级电容器在多次充放电后保持电学性能的能力，主要表现在多次充放电后电容值的衰减程度是否过大。超级电容器的循环稳定性是指在标准合理的测试条件下，经过一定的工作时间或一定数量的充放电循环后，比电容的保持率。

7.8.1 测试方法

根据不同电极材料的储能机理，超级电容器的循环稳定性类型可分为三类。

第一类是电极材料经过长循环后，电容保持率仍为100%。具有双电层电容行为的碳基材料大多都属于此类。这是由于电极材料在充电和放电过程中没有发生化学电荷转移反应和相变。通过电极/电解质界面上离子的可逆吸附和解吸的物理过程来实现电荷存储。因此，电容在长周期内几乎不会衰减。

第二类是在循环稳定性测试的前期，由于材料的自激活作用，比电容较初始值有明显增加，保持率高于100%。在自激活阶段之后，电容保持率逐渐下降到100%，甚至小于100%。自激活是材料自身从一种平衡态变为另一种新的平衡态的过程，在这个过程中，受激发材料的活性增强。电池型和赝电容型电极材料（如金属氮化物、金属氧化物/氢氧化物和金属碳化物等）的循环稳定性主要属于第二类，这是由于与之相关的电极材料的电荷存储机理受控于表面法拉第氧化还原反应。

第三类是电容保持率小于100%。导电聚合物的循环稳定性主要为第三类，这是由于在充电和放电过程中导电聚合物体积的膨胀/收缩，使电极材料的结构发生崩塌，从而使循环稳定性下降，电容保持率小于 100%。

由于电解液对电极材料有一定的侵蚀，尤其是法拉第赝电容器，使得其电容值存在一定的衰减。尽管如此，超级电容器的循环寿命仍然遥遥领先于蓄电池，这也是超级电容器的一大优势。一般使用 CV、GCD 进行循环充放电或者恒压荷载的方法测试其电容量的衰减情况来评估循环稳定性。测试条件对循环稳定性有非常重要的影响。在其他测试条件适当的情况下，用于测试循环稳定性的电流密度 / 扫描速率应尽可能接近获得最大比电容的电流密度 / 扫描速率；电位窗口应与测试其他电化学性能的一致。通过正确评估储能材料类型，可以采用不同的方法来提高其循环稳定性。例如，构建微观结构和形貌，通过包覆不同的材料进行封装，以及在材料中引入杂质原子、离子或粒子等。

商用评估是在温度 20 ～ 30℃，相对湿度在 25% ～ 85%，大气压力在 86 ～ 106kPa 下，一般应先以制造方规定的电流对电容器进行恒流放电直至其最低工作电压，并在上述环境条件下放置 24h，然后测试电容器的性能，以作为该产品试验后的对比依据。

① 用恒定电流对电容器单体充电到额定电压 U_R，静置 5s。

② 以恒定电流对电容器单体放电到最低工作电压 U_{min}，静置 5s。

③ 重复步骤①～② 2000 次。

④ 静置 12h。

⑤ 检测电容器电容和内阻，若满足：

混合型超级电容器电容大于初始值的 80%，且内阻小于初始值的 2 倍；

双电层超级电容器电容大于初始值的 90%，且内阻小于初始值的 1.5 倍；

无电解液泄漏。则跳转下一步，否则判定为不合格并结束试验。

⑥ 重复步骤①～⑤ n 次：混合型超级电容器 $n = 5$，双电层超级电容器 $n = 10$。

7.8.2 分析方法

循环稳定性以超级电容器循环充放电数次后电容值衰减程度标定，一次循环所测电容值为初始值，数千次充放电循环后器件的电容值为最终值，初始值与最终值之间每隔数百次记录一次电容值即可绘制超级电容器电容量随充放电次数变化曲线。将初始值与最终值进行比较即可得到超级电容器的电容保持率。

参考文献

[1] 李荻．电化学原理［M］．3版．北京：北京航空航天大学出版社，2008.

[2] 毛喜玲．高比容电极材料及微型超级电容器特性研究［D］．成都：电子科技大学，2019.

[3] Cai Z，Ma Y F，Wang M，et al．Engineering of electrolyte ion channels in MXene/holey graphene electrodes for superior supercapacitive performances［J］．Rare Metals，2022，41（6）：2084-2093.

[4] Zhang H，He H，Huang Y，et al．Simultaneously addressing self-stacking and oxidative degradation issues of $Ti_3C_2T_x$ MXene through biothermochemistry induced 3D crosslinking［J］．Applied Surface Sciences，2023，639：158183.

[5] Wang Y，Chu X，Zhang H，et al．Hyper-conjugated polyaniline delivering extraordinary electrical and electrochemical properties in supercapacitors［J］．Applied Surface Sciences，2023，628：157350.

[6] 黄海富. 超级电容器用3D石墨烯材料设计、制备和电化学性能研究［D］. 南京：南京大学. 2015.

[7] Mathis T S, Kurra N, Wang X, et al. Energy storage data reporting in perspective—guidelines for interpreting the performance of electrochemical energy storage systems [J]. Advanced Energy Materials, 2019, 9 (39): 1902007.

[8] Chen N, Zhou Y, Zhang S, et al, Tailoring Ti_3CNT_x MXene via an acid molecular scissor [J]. Nano Energy, 2021, 85: 106007.

[9] Chu X, Zhao X, Zhou Y, et al. An ultrathin robust polymer membrane for wearable solid-state electrochemical energy storage [J]. Nano Energy, 2020, 76: 105179.

[10] Jiang X, Chu X, Zhang X, et al. Surplus charge injection enables high-cell-potential stable 2D polyaniline supercapacitors [J]. Electrochimica Acta, 2023, 445: 142052.

[11] Simon P, Gogotsi Y, Materials for electrochemical capacitors [J]. Nature Materials, 2008, 11 (7): 845-854.

[12] Ghosh S. Synthesis of activated carbon from a bio waste (flower of shorea robusta) using different activating agents and its application as supercapacitor electrode [J]. Composite Research, 2022, 35 (1): 1-7.

[13] Fang Y, Hu R, Liu B, et al. MXene-derived TiO_2/reduced graphene oxide composite with an enhanced capacitive capacity for Li-ion and K-ion batteries [J]. Journal of Materials Chemistry A, 2019, 7 (10): 5363-5372.

[14] Fang Y, Zhang Y, Miao C, et al. MXene-derived defect-rich TiO_2@rGO as figh-rate anodes for full Na ion batteries and capacitors [J]. Nano-Micro Letters, 2020, 12 (1): 128.

[15] Huang J, Sumpter B G, Meunier V. A universal model for nanoporous carbon supercapacitors applicable to diverse pore regimes, carbon materials and electrolytes [J]. Chemistry—A European Journal, 2008, 14 (22): 6614-6626.

[16] Pohlmann S, Ramirez-Castro C, Balducci A. The influence of conductive salt ion selection on EDLC electrolyte characteristics and carbon-electrolyte interaction [J]. Journal of Electrochemical Society, 2015, 162 (5): A5020-A5030.

[17] Chae J H, Chen G Z. 1.9 V aqueous carbon-carbon supercapacitors with unequal electrode capacitances [J]. Electrochimica Acta, 2012, 86: 248-254.

[18] Conway B E, Pell W G, Liu T C. Diagnostic analyses for mechanisms of self-discharge of electrochemical capacitors and batteries [J]. Journal of Power Sources, 1997, 65 (1-2): 53-59.

[19] Ike I S, Sigalas I, Iyuke S. Understanding performance limitation and suppression of leakage current or self-discharge in electrochemical capacitors: a review [J]. Physical Chemistry Chemical Physics, 2016, 18 (2): 661-680.

[20] Andrzej Lewandowski. Self-discharge of electrochemical double layer capacitors [J]. Physical Chemistry Chemical Physics, 2013, 15: 8692-8699.

[21] Wei X, Li Y, Gao S. Biomass-derived interconnected carbon nanoring electrochemical capacitors with high performance in both strongly acidic and alkaline electrolytes [J]. Journal of Materials Chemistry A, 2017, 5 (1): 181-188.

[22] Ricketts B W, Ton-That C. Self-discharge of carbon-based supercapacitors with organic electrolytes [J]. Journal of Power Sources, 2000, 89 (1): 64-69.

[23] Niu J J, Conway B E, Pell W G. Comparative studies of self-discharge by potential decay and float-current measurements at C double-layer capacitor and battery electrodes [J]. Journal of Power Sources, 2004, 135 (1-2): 332-343.

[24] Gu B, Su H, Chu X, et al. Rationally assembled porous carbon superstructures for advanced supercapacitors [J]. Chemical Engineering Journal, 2019, 361: 1296-1303.

[25] Black J, Andreas H. A Effects of charge redistribution on self-discharge of electrochemical capacitors [J].

Electrochimica Acta，2009，54（13）：3568-3574.

[26] Black J，Andreas H. Prediction of the self-discharge profile of an electrochemical capacitor electrode in the presence of both activation-controlled discharge and charge redistribution [J]. Journal of Power Sources，2010，195（3）：929-935.

[27] Pu S，Wang Z，Xie Y，et al. Origin and regulation of self-discharge in MXene supercapacitors [J]. Advanced Functional Materials，2023，33（8）：2208715.

[28] Wang Z，Xu Z，Huang H，et al. Unraveling and regulating self-discharge behavior of $Ti_3C_2T_x$ MXene-based supercapacitors [J]. ACS Nano，2020，14（4）：4916-4924.

[29] Davis M A，Andreas H A. Identification and isolation of carbon oxidation and charge redistribution as self-discharge mechanisms in reduced graphene oxide electrochemical capacitor electrodes [J]. Carbon，2018，139：299-308.

[30] Andreas H A，Lussier K，Oickle A M. Effect of Fe-contamination on rate of self-discharge in carbon-based aqueous electrochemical capacitors [J]. Journal of Power Sources，2009，187（1）：275-283.

[31] Shul G，Belanger D. Self-discharge of electrochemical capacitors based on soluble or grafted quinone [J]. Physical Chemistry Chemical Physics，2016，18（28）：19137-19145.

[32] Bo Z，Wu S，Qian J，et al. Interfacial charge transport behavior and thermal profiles of vertically oriented graphene-bridged supercapacitors [J]. Physica Status Solidi B-Basic Solid State Physics，2017，254（6）：1600804.

[33] Zhang Q，Rong J，Ma D，et al. The governing self-discharge processes in activated carbon fabric-based supercapacitors with different organic electrolytes [J]. Energy & Environmental Science，2011，4（6）：2152-2159.

[34] Huang J，Lu X，Sun T，et al. Boosting high-voltage dynamics towards high-energy-density lithium-ion capacitors [J]. Energy & Environmental Materials，2023，6（4）：12505.

[35] Jiang X，Wu X，Xie Y，et al. Additive engineering enables ionic-liquid electrolyte-based supercapacitors to deliver simultaneously high energy and power density [J]. ACS Sustainable Chemistry Engineering，2023，11（14）：5685-5695.

[36] Wang Z，Su H，Liu F，et al. Establishing highly-efficient surface faradaic reaction in flower-like $NiCo_2O_4$ nano-/micro-structures for next-generation supercapacitors [J]. Electrochimica Acta，2019，307：302-309.

[37] Zhang H，Su H，Zhang L，et al. Flexible supercapacitors with high areal capacitance based on hierarchical carbon tubular nanostructures [J]. Journal of Power Sources，2016，331：332-339.

[38] Chu X，Zhang H，Su H，et al. A novel stretchable supercapacitor electrode with high linear capacitance [J]. Chemical Engineering Journal，2018，349：168-175.

[39] Xie Y，Zhang H，Huang H，et al. High-voltage asymmetric MXene-based on-chip micro-supercapacitors [J]. Nano Energy，2020，74：104928.

[40] Campbell P G，Merrill M D，Wood B C，et al. Battery/supercapacitor hybrid via non-covalent functionalization of graphene macro-assemblies [J]. Journal of Materials Chemistry A，2014，2（42）：17764-17770.

[41] An N，An Y，Hu Z，et al. Graphene hydrogels non-covalently functionalized with alizarin：an ideal electrode material for symmetric supercapacitors [J]. Journal of Materials Chemistry A，2015，3（44）：22239-22246.

[42] Sheng L，Jiang L，Wei T，et al. Spatial charge storage within honeycomb-carbon frameworks for ultrafast supercapacitors with high energy and power densities [J]. Advanced Energy Materials，2017，7（19）：1700668.

[43] Dubal D P，Chodankar N R，Vinu A，et al. Asymmetric supercapacitors based on reduced graphene oxide with different polyoxometalates as positive and negative electrodes [J]. ChemSusChem，2017，10（13）：2742-2750.

[44] Dong Y，Chen L，Chen W，et al. rGO functionalized with a highly electronegative keplerate-type polyoxometalate for high-

energy-density aqueous asymmetric supercapacitors [J]. Chemistry—An Asian Journal, 2018, 13 (21): 3304-3313.

[45] Dubal D P, Ballesteros B, Mohite A A, et al. Functionalization of polypyrrole nanopipes with redox-active polyoxometalates for high energy density supercapacitors [J]. ChemSusChem, 2017, 10 (4): 731-737.

[46] Boota M, Chen C, Becuwe M, et al. Pseudocapacitance and excellent cyclability of 2, 5-dimethoxy-1, 4-benzoquinone on graphene [J]. Energy & Environmental Science, 2016, 9 (8): 2586-2594.

[47] Pognon G, Cougnon C, Mayilukila D, et al. Catechol-modified activated carbon prepared by the diazonium chemistry for aplication as ative eectrode mterial in eectrochemical cacitor [J]. ACS Applied Materials Interfaces, 2012, 4 (8): 3788-3796.

[48] Isikli S, Lecea M, Ribagorda M, et al. Influence of quinone grafting via Friedel-Crafts reaction on carbon porous structure and supercapacitor performance [J]. Carbon, 2014, 66: 654-661.

[49] Zhang Q, Cai C, Qin J, et al. Tunable self-discharge process of carbon nanotube based supercapacitors [J]. Nano Energy, 2014, 4: 14-22.

[50] Oickle A M, Tom J, Andreas H A, et al. Carbon oxidation and its influence on self-discharge in aqueous electrochemical capacitors [J]. Carbon, 2016, 110: 232-242.

[51] Chen L, Bai H, Huang Z, et al. Mechanism investigation and suppression of self-discharge in active electrolyte enhanced supercapacitors [J]. Energy & Environmental Science, 2014, 7 (5): 1750-1759.

[52] Tevi T, Yaghoubi H, Wang J, et al. Application of poly (*p*-phenylene oxide) as blocking layer to reduce self-discharge in supercapacitors [J]. Journal of Power Sources, 2013, 241: 589-596.

[53] Xia M, Nie J, Zhang Z, et al. Suppressing self-discharge of supercapacitors via electrorheological effect of liquid crystals [J]. Nano Energy, 2018, 47: 43-50.

[54] Mourad E, Coustan L, Lannelongue P, et al. Biredox ionic liquids with solid-like redox density in the liquid state for high-energy supercapacitors [J]. Nature Materials, 2017, 16 (4): 446.

[55] Wang Z, Chu X, Xu Z, et al. Extremely low self-discharge solid-state supercapacitors via the confinement effect of ion transfer [J]. Journal of Materials Chemistry A, 2019, 7 (14): 8633-8640.

[56] Zhao H, Zhang H, Wang Z, et al. Chain-elongated ionic liquid electrolytes for low self-discharge all-solid-state supercapacitors at high temperature [J]. ChemSusChem, 2021, 14 (18): 3895-3903.

[57] Mauritz K A, Moore R B. State of understanding of nafion [J]. Chemical Reviews 2004, 104 (10): 4535-4585.

[58] Soavi F, Arbizzani C, Mastragostino M. Leakage currents and self-discharge of ionic liquid-based supercapacitors [J]. Journal of Applied Electrochemistry, 2014, 44 (4): 491-496.

[59] Peng H, Xu Z, Zhou Y, et al. Extremely stable Li-metal battery enabled by piezoelectric polyacrylonitrile quasi-solid-state electrolytes [J]. Journal of Materiomics, 2023. DOI: https: //doi.org/10.1016/j.jmat.2023.04.011.

[60] Wang Y, Chu X, Zhu Z, et al. Dynamically evolving 2D supramolecular polyaniline nanosheets for long-stability flexible supercapacitors [J]. Chemical Engineering Journal, 2021, 423: 130203.

[61] Zhai S, Wang C, Karahan H E, et al. Nano-RuO_2-decorated holey graphene composite fibers for micro-supercapacitors with ultrahigh energy density [J]. Small, 2018, 14 (29): 1800582.

[62] Lu Y, Zhao C Z, Huang J Q, et al. The timescale identification decoupling complicated kinetic processes in lithium batteries [J]. Joule, 2022, 6 (6): 1172-1198.

[63] Wu Q, He T, Zhang Y, et al. Cyclic stability of supercapacitors: materials, energy storage mechanism, test methods, and device [J]. Journal of Materials Chemistry A, 2021, 9 (43): 24094-24147.

第8章 超级电容器的应用

近年来，天然化石燃料资源的枯竭及其不确定的未来成本促使人们寻找解决能源问题的方法，全球对清洁、可再生能源以及高效储能和转换系统相关的新技术的需求不断增长。在这种情况下，电池和超级电容器等电化学储能器件因其高能量和功率密度而大有可为。经过科技人员不断尝试和改进，超级电容器的研究已取得长足的进步，与传统电池相比，超级电容器作为一种新型储能元件，因具有高功率密度、长循环寿命、低内阻等众多优点，在工业仪器仪表、消费电子等众多领域都得到了广泛应用。如用作存储器、电梯和仪器仪表的备用电源；用作电动玩具车、无人机玩具主电源、辅助电源；满足起重机等大功率需求。图 8-1 为超级电容器的应用示例。

图 8-2 为 2012 ～ 2021 年中国超级电容器市场规模及增速情况。2018 年以前，由于超级电容器被提升至国家战略层面，曾迎来一段高速发展期，但在 2018 年增长有所放缓，2022 年全球超级电容器行业市场规模达 18.18 亿美元。近年来，由于超级电容器下游在新能源、轨道交通以及工业等领域应用场景被不断挖掘，行业空间被进一步拉大，行业重回高速增长期。

图 8-1　超级电容器的应用示例

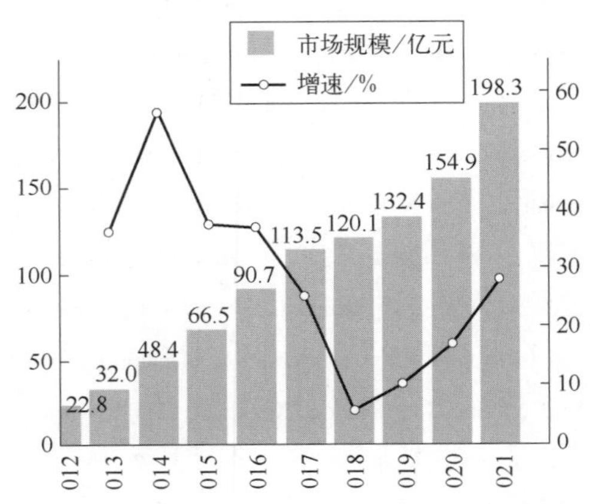

图 8-2　2012 ～ 2021 年中国超级电容器市场规模及增速情况

如图 8-3 所示，从下游应用领域分布来看，新能源成为第一大应用领域，占比 41.3%。超级电容器在公交车、风电变桨等领域替代传统电池，在轨道交通领域负责回收大型机车制动所释放的能量。目前下游工程机械、电网调频、智能电表、不间断电源等应用不断涌现，预计市场格局仍存在进一步变化的空间。

图 8-4 为中国超级电容器市场占有情况，国内超级电容器市场集中度较高，2020 年国内超级电容器市场格局中，美国龙头企业 Maxwell 约占 29%，宁波中车占 22%，上海奥威和江海分别占 9% 和 8%。国内宁波中车和上海奥威的业务都主要集中在轨道交通和电动大巴市场，Maxwell 在风电变桨领域占据垄断地位，2019 年 Maxwell 被特斯拉收购，给国内超级电容器厂家带来了国产替代的机遇。国内超级电容器厂商主要有锦州凯美能源、北京集星联合电子、深圳今朝时代、上海奥威、江海股份等。其中锦州凯美能源是国内最大的超级电容器专业生产厂，主要生产纽扣型和卷绕型超级电容器，其部分产品出口至欧美、日韩等多个国家和地区。

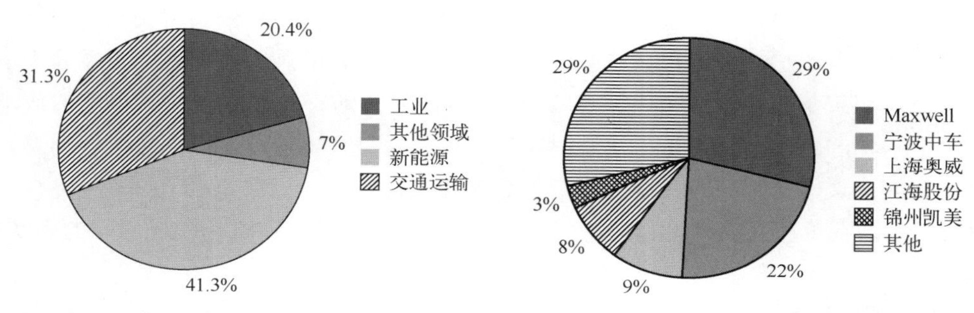

图 8-3　中国超级电容器下游应用领域分布　　**图 8-4　中国超级电容器市场占有情况**

8.1 超级电容器在工业电子领域的应用

8.1.1 智能三表

超级电容器主要用于智能电表备用电源，在停电状态下，充当智能电表几个小时到几天的工作电源，为电表提供电能，节省电池的能量损耗，甚至在某种程度上取代电池，原理图如图 8-5 所示。时钟准确性作为评估电表性能的重要指标之一，关系到冻结电量数据的准确性，在电表中应用超级电容器后，可以使表计停电时可靠运行，确保表计时钟误差可控。

在智能电表处于上电状态时，外部电源通过 R_1 和 D_2 对超级电容器 C_1 进行充电，充电电压高于电池 B_1 的端电压。当外部电源无法供电时，智能电表处于停电状态，超级电容器首先供电，只有当超级电容器端电压低于电池端电压时，电池才开始供电。

传统的智能水表通常使用内置锂电池来控制水阀的开启和关闭，锂电池的优点是重量轻、能量密度高、自放电率低等。然而，锂电池很可能出现电量不足的问题，在使用一段时间后需要更换电池。如果不能准确和及时地监测电池电量，就无法可靠地关闭水阀，从而导致无法计费和水资源浪费等问题。内置锂电池智能水表这一个致命缺点，也直接影响了其推广和使用。如图 8-6 所示，使用超级电容器来替代锂电池可以解决这个问题。

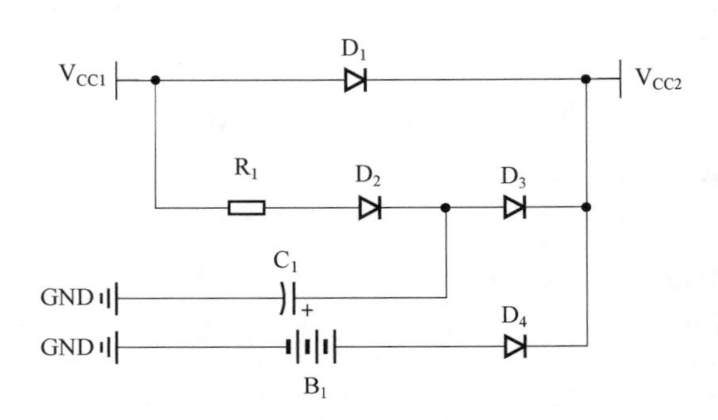

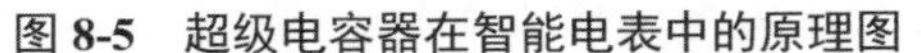
图 8-5　超级电容器在智能电表中的原理图

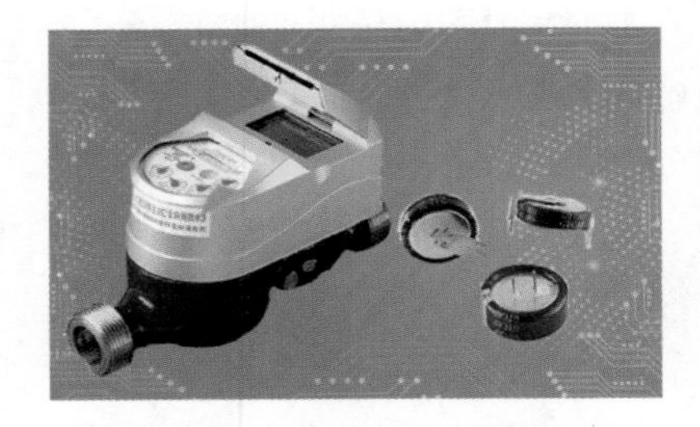
图 8-6　配备超级电容器的智能水表

超级电容器是一种无源器件，介于电池和普通电容器之间，具有大电流快速充放电的特性，同时也具备储能的特性。超级电容器在智能水表、燃气表中主要实现关阀的功能，在水表中一般会选用电池与超级电容器并联使用，因为水表在开关阀的瞬间往往需要较大的瞬间启动电流，家用智能水表在 150mA 上下。使用电池时，随着时间的推移，电池的放电能力下降，对于这样的瞬间电流往往无法及时响应，电池通过把电能存储到超级电容器，通过超级电容器实现该瞬间电流功率支撑，达到可靠关阀的目的。

超级电容器在智能三表（智能电表、智能水表、智能气表）中被用作电磁阀的启动电源，具有以下功能：

① 功率峰值补偿。

智能三表中的电表、水表和气表在某些瞬时负载较大的情况下会出现功率峰值，超级电容器可以用作功率峰值补偿装置。通过在峰值负载期间释放存储的能量，超级电容器可以提供所需的高功率输出，减少对电网或供应系统的额外需求。

② 数据存储和传输。

超级电容器可以作为临时的电源供应装置，用于存储和传输智能三表中收集到的数据。当主电源中断时，超级电容器可以提供短时间的备份电力，以确保数据的传输和存储不受干扰。

③ 快速响应和故障检测。

超级电容器的快速充放电特性使其适用于智能三表中的快速响应和故障检测。例如，在电力系统中，超级电容器可以在网络故障发生时提供临时的备用能源，以确保连续的数据记录和通信。

④ 节能优化。

超级电容器可以用作能量存储装置，帮助智能三表实现能量的节约和优化。通过储存低负载期间收集到的多余能量，并在高负载期间释放，可以减少对主电力供应的需求，提高能源利用效率。

8.1.2　不间断电源

当某些因素导致外部电源无法提供稳定电能时，仪器中的电机工作状态会受到很大影响，因此，在一些对电源可靠性要求很高的领域，如核磁共振仪、扫描电镜等均需采用不间断电源（uninterruptible power supply，UPS）装置来克服供电电网出现的断电、频率振荡、电压波动等故障。若因主电源接触不良或中断等因素而导致系统电压降低，则超级电容器将起后备补充的作用，以防止仪器因突然断电而受到损坏。

不间断电源能在断电的几秒到几分钟内提供备用电能，铅酸蓄电池、飞轮储能和燃料电池等通常被用作UPS装置中的储能部件，然而在电源出现故障的一瞬间，这些储能装置中只有电池可以实现瞬时放电的功能，其他储能装置需要长达1min的启动才可达到正常的输出功率，为系统供电。因蓄电池充电时间长、循环寿命短，在UPS运行时需要时刻检测蓄电池的状态，并且需要定期维护和更换蓄电池。在数据保护的备份系统中，需UPS提供电能的时间相对很短，而蓄电池的大部分能量并未被充分利用，小容量蓄电池的放电能力又不足。超级电容器因具有功率高、充放电速度快、寿命长和免维护的特点，可以在很短的时间内实现能量存储，可以满足几分钟的供电需求，因此可以代替蓄电池应用在UPS中。此外，也可以与蓄电池组成复合不间断电源，优势互补，起到更大的作用。

UPS包括储能单元、功率变换器以及用于保护敏感负载的自动转换开关，UPS的储能部件可以是电池组、飞轮、燃料电池或其他可独立应用的电源。以飞轮为例，模块单元以额定功率输出至少15s，为关键设备提供平均功率。在电源中断事件发生时，如电网电压瞬间跌落、短期中断或较长期的功率损耗，UPS能迅速地将关键负载从电网切换到备用储能。在许多关键应用场合，UPS短时支持负载的过程中，启动备用发电机，发电机启动后，代替UPS向关键负载供电，并保持规定的功率水平直至电网恢复正常供电。

基于双电层电容器（EDLC）的直流UPS系统，其主要由电源切换电路、逆变电路、蓄能控制电路（充放电电路）、超级电容器模组、嵌入式处理器测控电路等共同组成，其逻辑组成方案如图8-7所示。对于双电层电容器组的充电控制，采用先恒流后恒压的充电策略，当双电层电容器未达到额定电压值前，采用恒流充电方式；而当电容器充电达到额定电压值后，则改为恒压浮充方式，这样可以有效防止电容器模组中的单个双电层电容器因出现过充而造成整个损坏，同时可以补偿由电容器等效并联电阻引起的运行能量损耗。

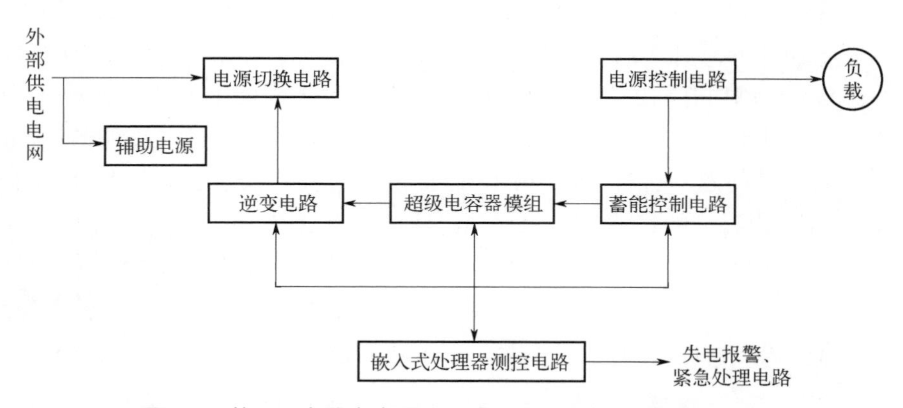

图8-7　基于双电层电容器的直流UPS不间断电源系统方案

当外部供电电网出现突然断电或电压低于设定运行范围值时，则要求UPS电源向特殊负载恒压放电提供直流电能资源，即双电层电容器组通过放电电路对负载进行恒压放电。由测试结果可知，双电层电容器不仅可以进行能量储存和在断电或电压瞬降时提供直流能量，还可以平滑UPS的输出电压，使得输出电压始终稳定在一定范围内，确保直流系统运行的可靠性和稳定性。

在计算机与内存的使用过程中，为防止突然掉电对数据、系统或者硬件产生不利影响，通常在硬件上采用备用电源来进行缓冲。与电池相比，超级电容器具有充电时间短、循环寿命长、响应速度快等优势，在计算机存储等领域的断电保护中得到了广泛应用。以固态硬盘（solid state drive，SSD）为例（图8-8），当主机需要存储数据到SSD中时，首先会将存储单元中的数据删除，之后将数据存储到缓存中，SSD控制器再将缓存中的数据写入闪存中。如果在数据存储过程中发生突然断电，轻则丢失数据，重则导致SSD文件系统崩溃，导致主机无法识别。采用了超级电容器作备用电源可以在短时间内作出响应，在SSD突然断电之后，由超级电容器对其进行供电，给SSD控制器足够的时间将缓存的数据写入闪存中，进而解决因突然断电导致的数据丢失和文件系统崩溃问题。

图8-8　固态硬盘中使用的断电保护电容

尽管太阳能、风能等可再生能源不会造成任何严重的环境问题，但是它们的不稳定和不可靠性可能使它们在未来几年内无法作为工业应用中的主要能源。对于需要瞬时高电流的应用来说，在电池中临时存储能量并不是有效的解决方案。电池由于其有限的循环和使用寿命以及处置问题，使它们在许多可再生应用中受到较大的限制，引入超级电容器作为短期储能设备是克服上述问题的可行解决方案。超级电容器辅助低压差稳压器（supercapacitor assisted low dropout regulator，SCALDO）是一种极低频DC-DC转换器（图8-9），具有较高的端到端效率。在这种混合DC-DC转换器中，开关模式SC辅助输入级减少了SCALDO的整体开关数量，这有助于在非常高的输入输出电压比下降低开关损耗。输入回路中引入串联超级电容器，变压器提供隔离，SC充当电子减震器，SC系列还充当电源转换器的短期DC-UPS。

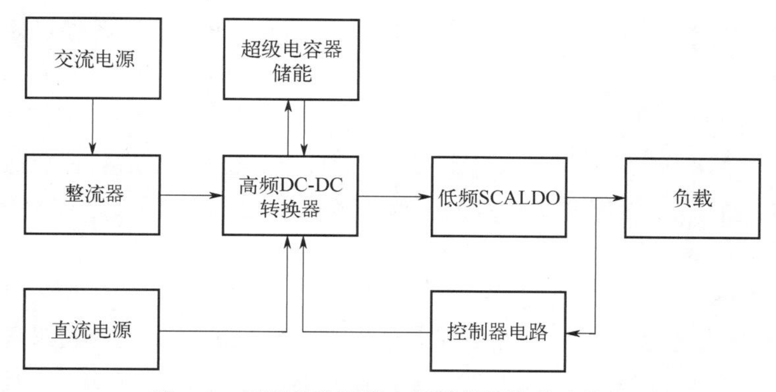

图 8-9　低压差稳压器电源转换器的基本构件

气候变化造成的自然灾害日益增多，需要可移动自供电的备用电源解决方案来救援和生存。然而，现有的便携式太阳能系统存储方式比较单一，在紧急情况和长时间阴天期间暂停工作的风险很高。现在研发了一种便携式太阳能双存储系统，该系统使负载在任何天气情况下都能连续运行。该系统与超级电容器一起工作，以缓冲不同模式下波动的太阳能，电池-超级电容器集成系统在离网模式下可实现低负载使用，以及用于先进的模式选择控制器来进行能源管理。该系统标志着用户手动模式选择的可能性，以及当电池完全放电或故障时自动切换到直接模式的能力，以实现负载的连续运行。便携式太阳能双电池超级电容器存储系统（portable solar-powered dual battery-supercapacitor storage system，PSDBS）如图8-10所示。

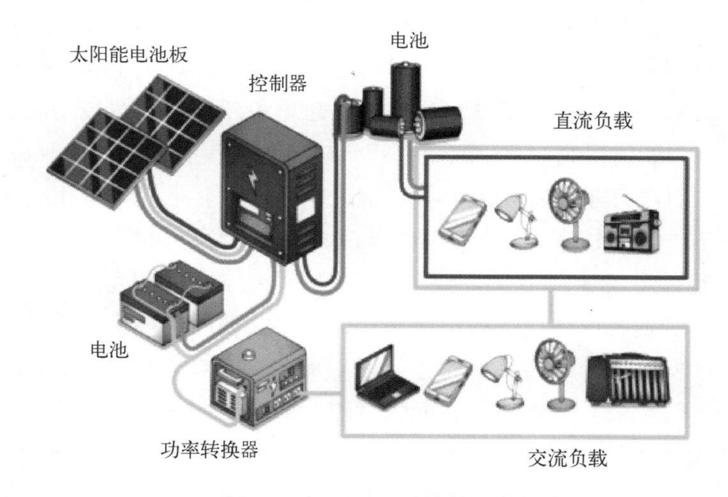

图 8-10　PSDBS 系统的示意图

将太阳能电池板、电池、超级电容器、控制器和不同类型的负载集成在一起。每条线代表一种操作模式：直接、离网和混合。这种便携式太阳能供电系统可用于各种场景，并为照明、通信等基本电器提供清洁的太阳能，应用超级电容器后可以更好地进行能量储存，从而增加紧急情况下的生存机会。

超级电容器应用在不间断电源中具有以下功能：

① 瞬时功率支持。

超级电容器可以用作 UPS 的瞬时能量存储装置，以应对电网故障或突发的电力波动。

当主电源中断时，超级电容器能够迅速释放储存的电能，为电子设备提供短时间的备份功率，保证设备持续运行。

② 响应时间缩短。

普通的电池在 UPS 中用于提供长时间备用电力，但其反应速度较慢。超级电容器具有快速充电和放电的特性，能够在毫秒级的时间内响应电力需求，缩短 UPS 系统从主电源故障到切换备用电源的时间，减少设备的停机时间。

③ 循环寿命提升。

传统 UPS 系统中的电池寿命通常受到充放电循环次数的限制，而超级电容器具有较长的循环寿命和高充放电效率，可以在 UPS 系统中代替电池作为后备功率，提升系统的可靠性和使用寿命。

④ 节能优化。

超级电容器具有较高的充电效率，释放过程也没有容量衰减，因此相较于传统的电池备份，其能量损耗更少。通过采用超级电容器作为 UPS 的备份能源，可以降低能源消耗，实现能量的更有效利用。

8.1.3 电梯能量回收

在电梯的运行过程中，为了克服曳引机产生的能量，传统电梯都会采用制动电阻，将该能量转化为热量，并将其消耗掉。一般来讲，在大多数情况下，电梯所消耗的电能，其中有 1/3 是以此形式间接地浪费掉。同时热量的存在，也会给电梯正常运行带来安全隐患。在电梯节能技术方面，我国采用自主知识产权技术将超级电容器应用于电梯节能中，使用超级电容器回收、利用电梯制动电能。随着新材料电池、超导和超级电容器技术的发展，储能技术在电梯节能上应用成为新的研究热点。其中，超级电容器因具有循环寿命长、充放电速率快、高低温性能好、能量管理简单和环境友好等优点，在新能源、电力系统和电动汽车等领域已经得到了应用。为进一步促进我国电梯节能技术的发展，提高电梯节能降耗水平，国内多个团队设计并研制了超级电容器节能型电梯，并对超级电容器储能装置参数选择进行了研究，通过超级电容器储能装置将电梯回馈的电能储存，并在需要时向电梯及其辅助装置供电。一方面实现回馈电能的实时循环利用，同时也可以平衡功率、减少对电网的冲击，避免回馈能量冲击电网、污染电网质量，达到洁净节能的目的；另一方面，超级电容器储能装置可以作为 UPS 使用，在突然断电的情况下为电梯提供必要电能使其就近停靠，实现有效的紧急救援。

现代电梯广泛采用曳引驱动方式，曳引机作为驱动机构，钢丝绳挂在曳引机的绳轮上：一端悬吊轿厢，另一端悬吊对重装置。曳引机转动时，由钢丝绳与绳轮之间的摩擦力产生曳引力来驱使轿厢上下运动。在牵引过程中，负载功率较大，电网压力较大，超级电容器引入电梯装置后可以达到节能的目的。超级电容器通过双向 DC-DC 连接到直流母线进而吸收回馈能量，如图 8-11 所示。在牵引电机处于电动状态时，超级电容器可以快速恒流放电以减少电网压力。当牵引电机处于发电机状态时，超级电容器则通过恒压充电快速吸收电梯回馈能量。超级电容器电压和直流母线电压在某一范围内波动。当直流母线电压发生变化时，超级电容器的电压变化不大，串联单体的数量有限，从而降低了成本。

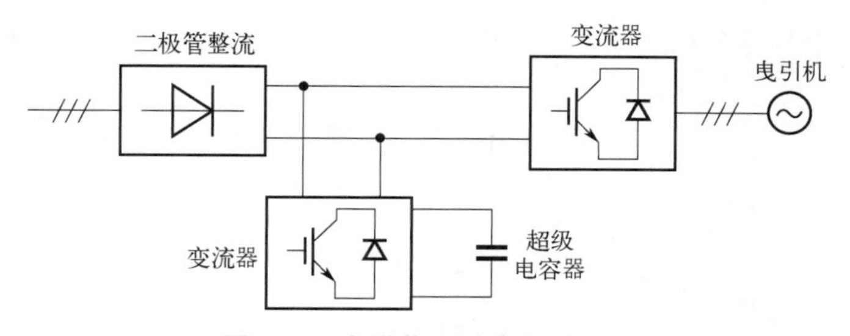

图 8-11　电梯节能系统典型结构

电梯能耗测量具体的试验方案为，在不同的载荷条件下（空载、25% 额定载荷、50% 额定载荷、75% 额定载荷、满载），让电梯上下运行 10 次，只在第 1 站和终点站各开关门一次，共运行 20min。分别计算有 / 无超级电容器储能装置的情况下电梯的能耗情况。对比结果如表 8-1 所示。

表8-1　电梯能耗及节能情况

电梯载荷条件	是否装载了超级电容器储能装置	功耗/（W·h）	能源节省情况/%
空载	是	800	36.0
	否	1250	
25%额定载荷	是	550	8.3
	否	600	
50%额定载荷	是	600	14.2
	否	700	
75%额定载荷	是	750	37.5
	否	1200	
满载	是	1450	21.6
	否	1850	

电梯在负载过程中，能够达到的最佳节能的状态为 75% 额定载荷，此时能够节省 37.5% 的能量；而电梯节能最少的情况为 25% 额定载荷，仅能节约 8.3% 的能量。采用了超级电容器后，与未安装超级电容器相比，电梯的综合节能情况可以达到 25.9%。采用超级电容器储能装置的电梯可以有效地利用电梯的反馈能量，实现局部可再生能源的再利用，避免了反馈电量对电网造成负面影响。然而，超级电容器用于电梯节能的成本回收预计在 4 ～ 5 年之间，较长的成本回收周期在很大程度上限制了其广泛化使用。

8.1.4　其他消费电子

在汽车正常行驶的过程中，发动机能够运转保持正常工作状态，并且连续不断地给汽车蓄电池充电，电压和汽车音响也保持正常工作。当汽车处于停止行驶状态时，发动机停止工作，不再给汽车蓄电池充电，蓄电池的电压陡然下降。汽车蓄电池瞬间的低电压使得外围电路的电容快速释放电力，电路无法继续开展正常的工作，汽车音响受到影响。因此，当汽车处于停止状态或正好启动的节点时，汽车音响设备的音频功率放大器会发出杂音和噪声，甚至会停止声音的继续输出。针对汽车蓄电池瞬间低电压时无法及时供给电力，造成功率放大器的运作效率下降、声音品质连带减损这一问题，在蓄电池与汽车音响之间并联加上一超级电容器后，可以得到有效解决，示意图如图 8-12 所示。

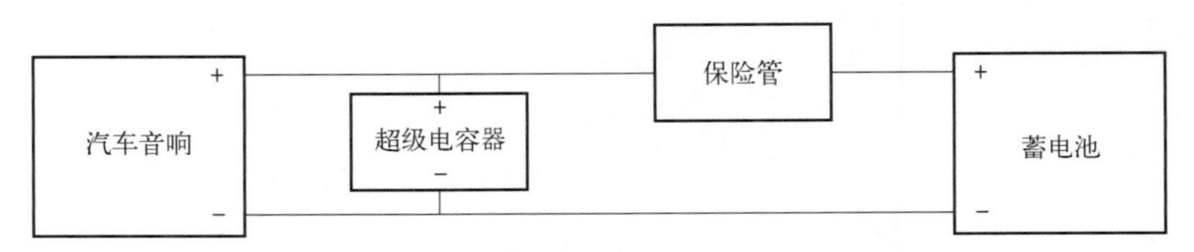

图 8-12　汽车音响超级电容器的示意图

超级电容器有大功率和快速充放电的特性，加装超级电容器之后，在功率放大器需要瞬间大电流时，便能在发电机与蓄电池来不及供电的那一刻，为功率放大器维持稳定的电力供给。然后再迅速由发电机端充满电，为下一次功率放大器的大功率输出做准备，这有利于大幅提升音响系统的稳定性。确保功率放大器有更充裕的电力供应，对于声音的瞬间反应、低音饱和度、速度感，也有相当的改善效果。同时，超级电容器具有电容特性和可滤波性，从而帮助消减或消除电气系统所带来的噪声干扰。

超级电容器充放电速度快、瞬时功率大的特点，在起重机主电路控制系统的应用中得到了体现，加装超级电容器之后可以实现回收、存储和释放制动能量，节约能源。如图 8-13 所示，电网的三相交流电经过交流变频器的整流装置转化成直流电，然后通过交流变频器的逆变装置，将直流电转换成电压和频率可控的交流电，用于驱动起重机的大车、小车和起升等运行机构。超级电容器电池组通过 DC-DC 并联在变频器的直流母线侧。起重设备工作时所产生的能量经过直流母线进行快速高效地回收。当重物下降时，对定子线圈励磁，使励磁磁场的旋转速度小于电机转子的旋转速度，电机处在异步发电状态，将电能回收到超级电容器内。大、小车的运行电机和回转机构的运行电机在制动时处于回馈制动状态，将这部分电能也回收到超级电容器。当提升重物时，电机处于电动状态，超级电容器将存储的电能回馈到母线上，可增大启动电流，改善电机的启动性能。由柴油发动机发电机和超级电容器组成的混合能源系统，以提高轮胎式龙门起重机（rubber tyred gantry crane，RTGC）的性能。

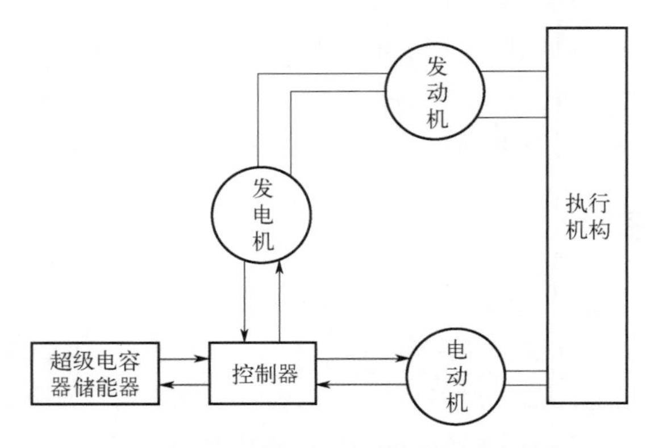

图 8-13　轮胎式龙门起重机系统能量流向图

以 25t 轮式起重机为基础，提出了一种基于超级电容器和系统设计节能节油要点的混合动力系统方案，设计了系统主电路，并设计了机电系统控制策略，进行了系统实验和能耗比较。结果表明，设计的混合动力轮式起重机可节省30%以上的电力。该起重机用于装卸集装箱船，电容器系统在降低负载期间捕获并存储再生能量，然后用于帮助提高下一个负载，从而提高效率并大大减少空气排放。超级电容器有助于提升制动过程中的能量回收效率和RTGC拉升过程中的能源使用效率。此外，大型发电机被小得多的发电机所取代，因为超级电容器减少了高功率需求。对于超级电容器和直流母线之间的功率转换，使用三桥臂双向DC-DC转换器，其结构与市售的三相逆变器相同，这种系统可降低35%的油耗和40%以上的发动机排放。

对于许多消费电子设备，如笔记本电脑、相机和移动电话，当外部电源发生改变时，更小型的电化学电容器提供备用能源来进行存储（图8-14），使得日期和时间等基本信息被存储。微型电化学电容器在这一领域的广泛使用表明它们是提供这种服务的一种经济有效的方式。超级电容器的可重复循环寿命超过1000万次，可以用作台式计算机的备用电源。超级电容器的充放电特性表明，超级电容器可以在非常高的电流下充电，但不应超过最大额定电压。电压的变化在恒定电流下是瞬态的，充电时间取决于电流，电流越高意味着充电时间越短，反之亦然。

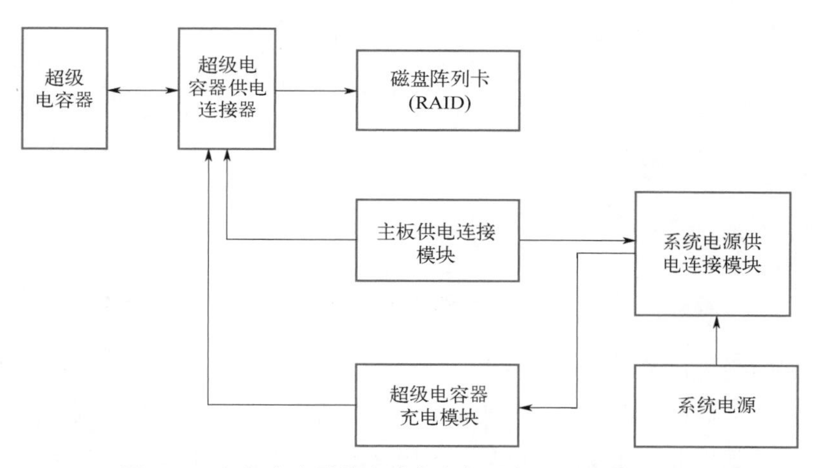

图8-14　超级电容器作为储存卡备用电源的供电装置图

目前一个较新的市场是使用电化学电容器进行能量存储的无线手动工具，与电池相比，这些工具的体积较小，储存的能量少，但具有更长的使用寿命，更小的温度依赖性，以及更短的充电时间。螺丝刀、管钳和手电筒是比较常见的，但更多的能源密集型工具，如钻头等要求锂离子电池来提供能量需求。最近推出了一种可以在90s内充满电的无线电动螺丝刀，产品选用的是电化学电容器，因为电化学电容器的供电性能、循环寿命和快速充电能力大大超过电池。虽然电池可以储存比电容器多得多的能量，但它们通常充电/放电时间太长，因此只有电容器的一小部分储存的能量可以被有效利用。即使是当今最先进的锂离子电池通常需要10min或更长的充电时间。另一种利用电化学电容器功率性能的无线工具是Superior Tool公司生产的用于切割铜管的动力油管切割器。它将超级电容器与可充电电池并联，以提高效率，这种配置最有助于为切割所需的2～4s操作供电，使得每次充电可切断的管的数量大大增加。

一些故障安全执行器使用电化学电容器为执行器供电，在发生电源故障时使其到达预先确定的安全位置。它不再需要克服弹簧的力，这个过程使用储存在电容器中的能量而不是弹簧中的能量，执行器电机的容量减小。EDLC 经过循环性能测试得出结论：设备在数十万次循环中都是可靠的。它们的坚固的设计和较长的循环寿命使得设备需要很少的维护，并且它们的重量比电池轻得多。因此，EDLC 被用作集成电源紧急舱门和滑梯管理系统。

在正常钻井过程中，需要保证转盘处于恒转速运转状态，但转盘扭矩会因井底地层不断发生变化，在跳钻时的变化会更为明显，这直接导致输入功率的波动。功率处于波动的状态时，当扭矩增大，消耗功率大；当扭矩减小，消耗功率相应变小。此时，多出的部分能量被能耗电阻消耗，转变成热能被浪费，油井设备在起下钻过程中所损耗的能量相当巨大。在钻井系统中使用超级电容器回收能量（图 8-15），将下钻过程被浪费的动力能源及时储存回收应用，在下次扭矩增大时使用，可以直接降低柴油的消耗，减少排放，提高能源利用率。据中车株机公司发布的消息，2016 年 1 月，其研发的国内首台石油钻井机超级电容器储能系统投入应用，该钻井机配备有 1280 只中车株机公司研发的 9500F 超级电容器单体，总功率最大可达 600kW，日均节省柴油 500L。

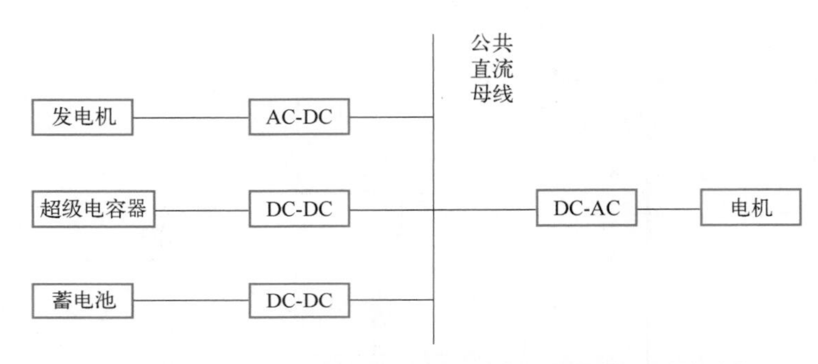

图 8-15　基于超级电容器的钻井机放电时能源管理系统结构

可穿戴电子设备的快速发展正在医疗保健、健康监测、柔性可穿戴电子产品和人工智能等方面提高人们的生活质量。稳定的自供电设备是可穿戴电子设备面临的主要挑战，储能器件作为自供电器件不可缺少的一部分，可以有效解决太阳能电池上光强变化受昼夜、天气和季节影响导致设备供电不可持续和不稳定的问题。考虑到可穿戴电子设备储能器件的安全性和灵活性要求，常规储能器件重量大、体积大、刚性大等，难以满足可穿戴电子设备快速充电的要求。人们对轻、薄、柔性和小尺寸智能电子产品日益增长的需求已经产生了一个新的市场，具有性能高、灵活性强、集成度高等特点的平面微储能装置需求量较大。二氧化锰基微型超级电容器通过电沉积在商用聚对苯二甲酸乙二醇酯上成功制备。基于 MnO_2 的微型超级电容器具有较大的比表面积、大量的活性位点、优异的体积比电容以及超高的体积功率密度和能量密度。

超级电容器也可应用在无人机中，如图 8-16 所示。无人机的主电源是质子交换膜燃料电池（proton exchange membrane fuel cell，PEMFC），辅助电源是超级电容器。超级电容器是直流（direct current，DC）的首选，采用超级电容器作辅助电源有利于总线电压稳定，避免最大功率点过充，并防止高瞬时电流缩短 PEMFC 的使用寿命。

由于 PEMFC 的高能量密度和超级电容器的高功率密度，混合电源系统可以更好地发挥出两者的优势。由于无人机在高海拔地区所需的功率不是线性的，且空气密度、气压和温度等大气条件随高度而降低，高度是燃料电池动力飞行器性能的显著影响因素。在较高的高度，由于空气密度相对较小，只能通过增加螺旋桨速度来维持所需的推力。此外，气压和温度也会随着海拔高度的升高而降低，从而降低PEMFC的最大可用功率，空气压缩机消耗的功率也会增大以稳定气压。因此，为了提高飞行性能和可靠性，必须采取一些预防措施。将SC作为辅助高功率密度电源，设计采用最大功率点跟踪的PEMFC/超级电容器混合动力系统，使得无人机的续航时间提升到8000s。

图 8-16　基于超级电容器的无人机

8.2 超级电容器在电网领域的应用

8.2.1 储能电站

中国于2020年9月在联合国大会上提出了“碳达峰、碳中和”目标，以解决气候变化和环境污染所带来的挑战。该目标旨在于2030年前达到二氧化碳排放峰值，并努力在2060年前实现碳中和。为实现这一目标，国家发展和改革委员会强调了推动可再生能源建设的重要性，尤其是风电和光伏能源。这将构建一个高比例可再生能源接入的新型电力系统，并逐步增加电能在能源消费中的占比，以成为主要能源。根据相关机构的预测，到2025年后，电能将逐步替代煤炭成为终端能源消费的主导角色，占比有望超过50%。可再生能源在能源消费中的比重将不断增大，加速替代化石能源，预计到2060年，新能源发电装机比重有望超过70%，发电量比重超过60%，进一步形成以可再生能源为主体的电力系统。

然而，随着大规模可再生能源的接入，电网的稳定运行面临新的挑战。储能的广泛应用被视为实现供需功率快速平衡的重要方式。通过合理配置储能容量，确保电网运行的稳定性，同时合理安排储能系统的充放电次数，以提高使用寿命和运行经济性。储能电站被视为集中并网使用的电力系统，主要用于辅助提升灵活性机组的经济运行。研究表明，储能技术在经济性和灵活性方面具有显著的优势，因此被广泛应用于电源侧和负荷侧等各个环节。储能电站对电网建设与发展具有重要意义，目前正处于示范探索阶段。储能电站的调节能力取决于合理的优化配置，主要是确定储能容量和安装位置，并根据电网调节需求调整自身的充放电功率，从而提高电网对可再生能源的接纳能力。为了充分发挥储能系统的调节效果，需要进行优化配置。

储能在电力系统中的优选与优化配置是储能应用的前提和关键。从整个电力系统的角度来看，储能应用场景可以划分为发电侧储能、输配侧储能和用户侧储能。储能在这些场景中发挥关键作用，包括：

① 在发电侧，储能可用于调峰调频、提供辅助服务、削峰填谷、平抑可再生能源波动、减少弃风弃电、提高可再生能源消纳与并网使用。

② 在分布式和微网方面，储能主要用于稳定系统输出、作为备用电源并提高系统调度的灵活性。

③ 在输配侧，储能可参与输配电网调频、延缓输配电网络扩建、提供无功支持等。

④ 在用户侧，储能可平滑负荷曲线，削峰填谷，进行需求侧响应、需量控制，充当后备电源，等等。

然而，储能技术众多且需求场景复杂多变，单一储能技术无法同时满足上述灵活性调节需求与经济环境效益的最优化。因此，在实际应用中，需要根据各个灵活性需求场景的特点，匹配技术属性与环境属性最为合适的混合储能应用方案，以此为构建灵活、可靠、高效的新型电力系统奠定基础。

目前，电池储能被认为是最基本的储能方式。随着电池技术的创新突破，其存储容量已经达到数兆瓦时，往返储能效率在 60% ～ 80% 之间。蓄电池是应用较为广泛的电化学储能技术，其能量密度已经提高数倍，具备快速充放电响应的能力。然而，蓄电池的寿命损耗速度仍然受充放电深度的限制。此外，部分蓄电池在全寿命周期内的应用过程中可能对环境造成一定程度的污染，而且电池储能的经济成本依然相对较高，缺乏较高的竞争力。

超级电容器储能是目前广泛应用于电力系统的储能设备。超级电容器采用独特的充放电原理，通过电极上的导电离子吸附和脱附来产生电流。超级电容器在充放电过程中无需介质参与，在不同充放电模式下，电荷可以自发地在电极和电解质之间形成阴阳离子界面，因此对环境温度要求较低，放电效率也优于传统电容器和蓄电池。此外，超级电容器可以进行快速且多次的充放电，对环境的影响较小。然而，超级电容器成本较高，这是大规模推广应用的主要障碍，因此可以将其与其他储能方式进行联合使用，完成特定功率的调节任务。超级电容器混合储能系统是将超级电容器和电池组等不同类型的储能装置组合在一起，利用各自的优点进行混合储能，以提高储能系统的能量密度和延长能量储存时间，同时减少装置的体积和重量。2023 年 4 月 17 日，华能罗源发电厂成功完成世界最大容量的 5MW 超级电容器储能系统与电网的调度联合调试。这个系统采用了“5MW 超级电容器 + 15MW 锂电池”的混合储能模式，兼具超级电容器储能速度快和锂电池储能时间长的特点。该系统储存的电量相当于 21.17 万个 10000mA · h 的普通充电宝的容量总和，可以同时满足超过 1119 户居民家庭 1 天的可靠用电需求。这也是首次将长寿命、高安全性的超级电容器储能技术应用在火电调频领域，成功解决了大容量超级电容器储能技术与调频应用的难题，同时填补了我国在超级电容器储能领域的技术空白。

在系统参与调频时，超级电容器起到主导作用，锂电池则作为辅助响应。具体表现为，以秒为计时单位的小指令完全由超级电容器参与响应，而分钟级的大指令则由超级电容器全功率响应，锂电池则作为额外补充响应。这种运行方式显著提升了现有储能调频系统的综合性能。系统投入运行后，华能罗源发电厂机组的调频响应时间将大大缩短，调节速率将提升超过 4 倍，调节精度将提升超过 3 倍，整体调节性能得到了显著提升。

8.2.2 分布式微电网系统

传统电力系统存在的灵活性差、局部事故易扩散等问题，推动了智能电网的发展。智能电网结合大电网与分布式发电，能够提高电力系统的稳定性和灵活性并有效降低投资、能耗，分布式发电系统结构如图 8-17 所示，各种发电设备通过相应的功率变换器以直流的形式输出，并汇流到系统的直流母线。直流母线可以通过 DC-AC 变换器给交流负载供电、

DC-DC 变换器给直流负载供电、双向 DC-DC 变换器与储能单元之间进行能量交换，还可以通过双向 DC-AC 变换器与公用电网 / 配电网之间进行能量交换。

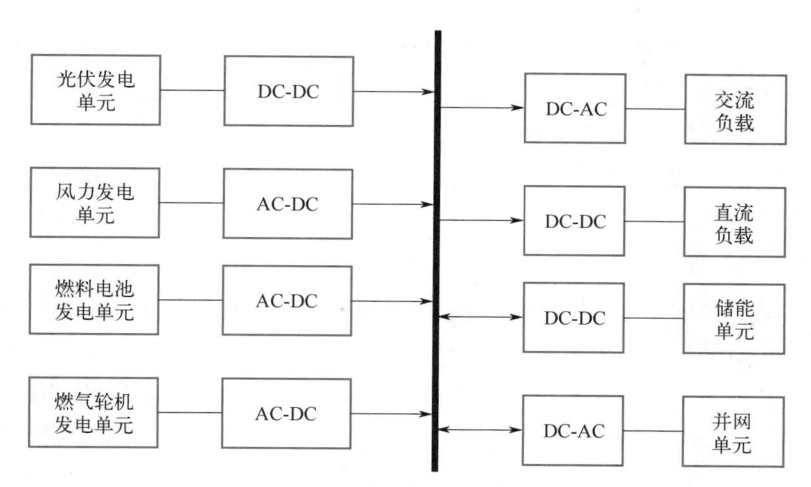

图 8-17　分布式发电系统结构示意图

作为智能电网中的关键技术之一，以风能、太阳能等可再生资源为基础的分布式发电在大规模并网运行时存在分散性、波动性大的特点，导致新能源发电不稳定，大规模接入电网对电网冲击性大，对电网的电能质量损害大。而分布式直流微电网以局部接入的方式，自发自用，余电上网，可以减少从电网取电送电的频率，也减少对电网的冲击。另外，新能源发电大都是直流电，少部分新能源发电为交流电，但需要整流成直流电才能被利用，直流电的稳定性和可控性高，可以实现“柔性”，减少对电网和负荷的冲击。因此，提出了微电网这一概念以提高分布式发电的效率。

2011 年，美国北卡罗来纳大学提出了“The Future Renewable Electric Energy Delivery and Management（FREEDM）”系统结构，用于构建自动灵活的配电网络。分布式微电网是指由分布式电源、储能装置、能量转换装置、负荷、监控和保护装置等组成的小型发配电系统，图 8-18 展示了简单的微电网控制系统。该系统既可以并网运行又可以离网孤岛运行，能够为无法使用主电网的偏远地区供给电能。因此，开发和研究分布式微电网有利于分布式电源和可再生能源的大规模接入，对改变和完善供电结构有着重要作用。储能装置是微电网的重要组成部分，对微电网中储能装置的研究不可忽视。

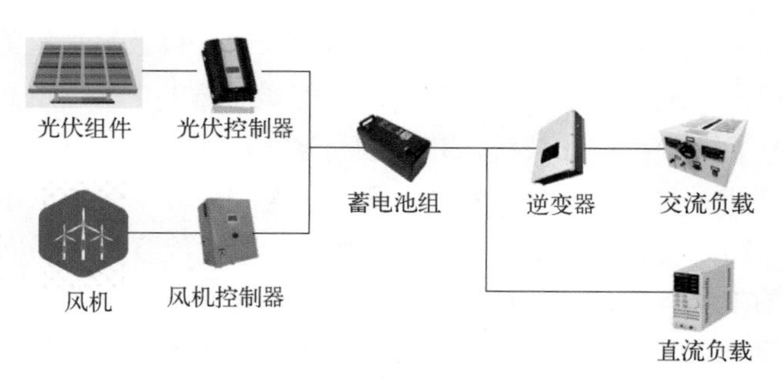

图 8-18　微电网控制系统

与其他储能设备相比，超级电容器由于其功率密度大、充放电速度快，因此能够为微电网提供短时供电。超级电容器的储能系统在微电网中应用的优点主要有以下四个方面：

① 短期功率补给微电网有两种运行模式——并网模式和孤岛模式。

在正常情况下，微电网和传统的配电网一样运行，称为并网模式；当检测到大电网故障或者对电能质量的要求不能被满足时，微电网及时与大电网断开连接，转变成独立运行，也称为孤岛模式。由于微电网经常需要部分来自大电网的能量，所以再由并网模式向孤岛模式转变的时候必然会有一定的能量差额，安装储能设备的目的就是帮助微电网在两种模式之间进行平稳过渡。

② 作为能量缓冲设备。

微电网由于其规模小，所以惯性也很小，由负荷产生的波动就很严重，它将影响电网的平稳运行。我们总是期待在微电网中发电设备具有高性能。希望其能工作在额定容量以下，然而，微电网的负荷容量每天总是在变化的，同时，它也随着天气的变化而变动。为了满足峰值负荷的功率供应，调峰发电厂必须添加燃料和气体来调整峰值负荷，不幸的是，这种方法由于燃料的价格很高，成本也就很高。超级电容器储能系统可以有效地解决上述问题。当负荷很低时，它能够存储多余的电能，而在峰值负荷时，将存储的能量释放给微电网来满足功率需求。储能系统作为一种必要的能量缓冲手段显得越来越重要。它能够不通过安装发电单元就能满足峰值负荷的需求，同时避免了低负荷时的能量浪费。超级电容器由于其高功率密度和能量密度的性能成为处理峰值负荷时的最优选择，而且它只需要在低负荷时尽可能多地储存能量就好。尽管蓄电池已经被作为储能单元广泛应用，但是频繁快速的充放电会导致其使用寿命的衰减。微电网通过配置超级电容器储能系统可以减少由于恶性负荷的动力传动系统对其造成的负面影响，例如电梯、起重机和地铁站等。电动机或者传动装置的突然启动需要一个很大的瞬时电流，这时，如果能量供应不充足，电压就会立即下降，控制电流就会产生误操作；在正常工作的情况下没有大电流，增加功率密度显然是种浪费。然而，添加了高功率密度的超级电容器的系统可以使用容量较小的能量源驱动较大的负荷。

③ 提高电能质量。

人们现在越来越关注电能质量的问题。一方面，微电网应该满足负荷对供电质量的需求，保证电网频率的波动，电压幅值和波形的畸变率，以及电网每年故障的频率在很小的一个范围内；另一方面，大电网对微电网并网提出了严格的要求，例如限制其负载功率因数、电流波形畸变率以及最大功率等。储能系统在提高微电网的电能质量中扮演着重要的角色，通过逆变器控制单元，微电网可以控制超级电容器储能系统调整输送给用户的有功和无功功率，从而提高电能质量。作为超级电容器可以快速地吸收和释放高功率的电能，非常适合于解决系统中的一些瞬态问题。例如系统故障所引起的瞬时电力中断，电压的突然变化和电压下降等。这时为了平稳和平滑电压波动，超级电容器可以用来吸收或者补偿电力短缺。基于超级电容器的静止同步补偿器（STATCOM）可以用来改善微电网的电压质量，因此它将逐渐取代功率等级在 300 ～ 500kW 的超导磁储能系统。在经济方面，相同容量下超级电容器的储能设备所花费的成本不比超导磁储能设备的成本更高或更少。但是对于前者，几乎没有运行成本，而后者用于冷却上的花费是很大的。对于那些无法控制的微电源，如风力发电和太阳能光伏发电，发电机输出造成的波动会降低电能质量。将微电源与储能设备相结合是一种解决动态电能质量问题的有效手段，例如电压下降、涌流、瞬时功率中断等。

④ 优化操作微电源。

绿色能源例如太阳能和风能，其固有的性质决定了其发出的电能不均匀、变化性强的特点。随着风速和阳光强度的变化，绿色能源输出的功率也会相应地变化，这就需要一个缓冲设备来存储能量。由于功率输出可能无法满足峰值功率的需求，储能设备就需要在很短的一段时间内可以用来提供峰值功率，直到发电机发出的电能增加或者负荷需求减少。当分布式发电单元不正常运行时，适当的储能起到过渡的作用。如果太阳能发电是在晚上工作，风力发电是在没有风的情况下工作，或者是其他的分布式发电单元在维修期间，这时储能系统就起到过渡的作用。储能需要多大的容量很大程度上取决于负荷需要多少能量。

此外，将超级电容器与其他二次电池联合应用于微电网具有良好前景。比如超级电容器和锂离子电池相结合的储能系统，不仅具备超级电容器超高功率密度和快速吸收释放大功率电能的优点，还表现出锂离子电池超高的能量密度。2015 年，德国可再生能源系统开发商和分销商 FREQCON 开发出一套利用 Maxwell 超级电容器和锂离子电池的储能系统，并为住宅电网和工业电网供电。

8.2.3 新能源及其并网

不同于用户侧小规模地点上自行发电的离散的分布式发电，并网发电是指将电力输送到公共电网中的发电方式。它通常是由大型发电站产生的，例如光伏发电站、水力发电厂、风力发电站、核电站等。下面以风力发电为例，介绍超级电容器在新能源并网中的应用。

随着对储能研究的不断深入，储能技术已被越来越多地应用到风电各个领域中，尤其在维持风电稳定运行、可靠并网以及促进大规模风电产业化发展等方面存在明显的优势。在风电系统中配置一定容量的储能系统，不仅能够平滑风电输出的随机性、波动性，而且能够改善电能质量、提高电网供电可靠性，使风电并网功率在某种程度上增强可控性，从而缓解对电网的冲击作用。同时根据发电及消纳计划进行削峰填谷，使得大规模风电场具有良好的经济效益和应用价值。

将超级电容器用于风力发电系统，近年来受到了国内外学者的广泛关注。目前主要研究利用超级电容器储能平滑风电场的功率波动；还有部分文献介绍超级电容器参与系统无功调节进而实现调节公共接入点的电压；而作为短时电力储能元件，通过在并网变流器中加入超级电容器储能，也特别适合应用于风电机组的低电压穿越。但目前涉及利用超级电容器实现低电压穿越的研究还不多，且主要针对电网对称故障情况下的低电压穿越。在实际运行中，由于电网故障以不对称情况居多，因而风电机组不对称故障穿越的研究具有重要的实际意义。电网不对称故障情况下，直驱风电机组除要面临与电网对称故障时相同的功率不平衡问题外，由于电网电压不对称将导致并网电流含有负序分量、变流器直流母线电压含有二倍工频波动等问题。

关于风电系统的功率平滑策略有很多研究，其中采用储能装置具有非常好的效果。超级电容器是目前最热门的储能装置之一，关于风电系统的低电压穿越有很多的研究。随着电力电子技术的发展，永磁直驱风电系统逐渐成为研究的重点，其系统结构简单，可靠性强，发电效率高，并且具有很好的故障穿越能力。

超级电容器在风力机叶片俯仰中的应用越来越广泛［图 8-19(a)］，为系统提供应急备用电源和峰值电源，向桨叶俯仰电机提供能量，这不仅能提高风力涡轮机的效率，在安全方面也起着至关重要的作用，叶片倾斜可以减少高风速带来的有关伤害。涡轮机由于维修和更换成本增加，低维护组件是海上风电设计的关键考虑因素。由于没有移动部件，超级电容器提供了一种简单、固态、高度可靠的解决方案，以缓冲可用功率和所需功率之间的短期不匹配。当采用系统方法进行适当设计时，它们具有优异的性能，宽工作温度范围，长寿命，管理灵活，减小系统尺寸，并且具有成本效益和高度可靠性，一体化驱动器整体结构图如图 8-19(b)所示。

(a) 风力发电机的变桨和转子的局部图

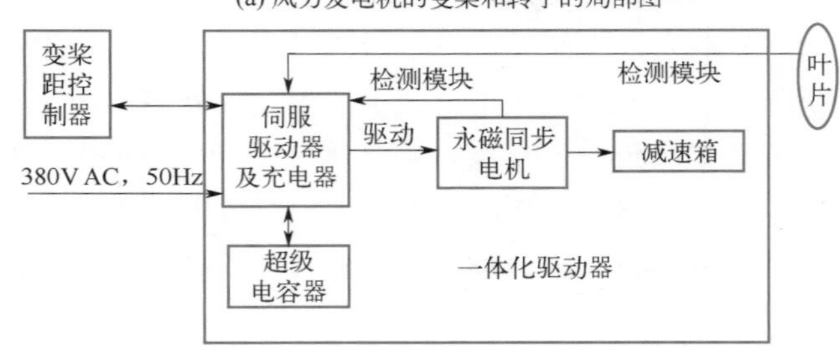

(b) 一体化驱动器整体结构图

图 8-19　超级电容器用于风力发电变桨系统

图 8-20 是带有超级电容器储能装置的永磁直驱风电系统结构图，风力机与永磁同步电机转子直接连接。电机定子通过全功率变换器与电网相连，超级电容器通过双向 DC-DC 变换器并在直流母线侧。由功率平衡原理可知 $P_w = P_g + P_{sc}$，其中 P_w 为风机输出功率，P_g 为向电网输送功率，P_{sc} 为超级电容器储能装置吸收功率。对直驱风电系统来说，在正常工作时，风机输出功率通过平滑处理向电网输出平滑的功率，其剩余的波动功率由超级电容器储能装置吸收，可以大大减少对电网的危害。

图 8-21 所示为超级电容器储能装置控制框图，该控制系统为电压电流双闭环控制系统，内环为电流环，外环为电压环，采用此双环控制相对于电压单环增加了电压的带宽，提高了系统的性能。在控制过程中，根据超级电容器两端电压 U_{sc} 的实际幅值以及超级电容器的功率范围，限制电流给定值 i_{Lr} 的幅值，以满足超级电容器功率的限制。最终不仅维持了直流

母线电压的恒定，还满足了超级电容器的功率限制。

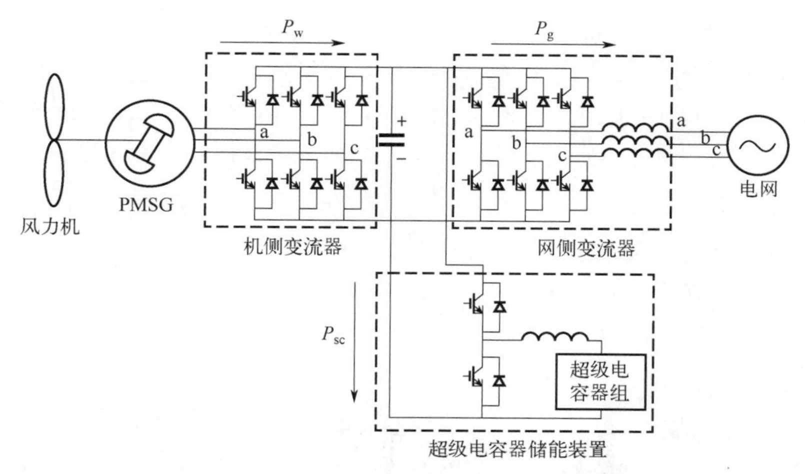

图 8-20　基于超级电容器储能的永磁直驱风电系统

PMSG—永磁同步发电机

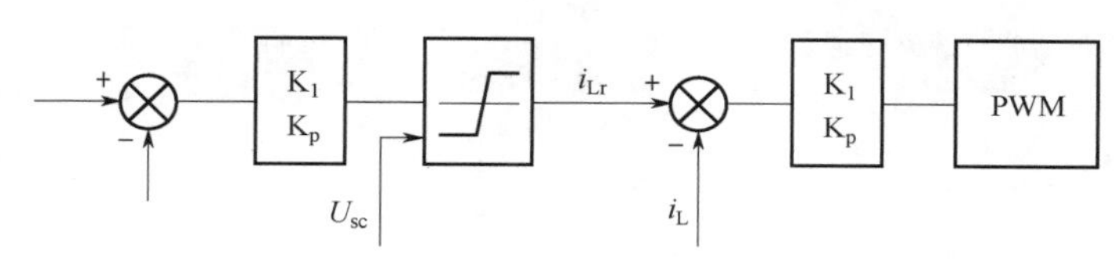

图 8-21　超级电容器储能装置控制框图

PWM—脉冲宽度调制

随着风电装机容量在电网中所占比例的增大，新的电网规则要求风电场具有更好的并网性能。永磁直驱风电系统直流侧并入超级电容器储能装置，通过仿真验证，该装置使风机并网功率变得平滑，极大地提高风电系统的低电压穿越能力。即使在电压跌落较严重的情况下，仍能保持并网和正常运行，还可以为电网提供一定的无功支撑，从而为电力系统的总体调度做出贡献，说明基于超级电容器储能的永磁直驱风电系统具有很好的并网性能。但是关于此方面的研究还有很多值得深入的地方：风电系统中长期的并网平滑策略需要进一步研究，以提高并网性能，方便电力系统的调度；超级电容器容量的选取需要进一步研究，既要提高风电系统的并网性能，又要考虑经济性；在电网电压跌落时，虽然基于超级电容器储能的直驱风电系统可以为电网提供一定的无功支撑，但是此无功支撑的能力有限，并且电压跌落程度越深无功支撑的能力越差，所以风电系统对电网电压跌落期间的无功支撑还需进一步研究。

8.3 超级电容器在交通领域的应用

8.3.1 工程机械

工程机械是装备工业的重要组成部分。概括地说，凡土石方施工工程、路面建设与养护、流动式起重装卸作业和各种建筑工程所需的综合性机械化施工工程所必需的机械装备，称为工程机械，常见的工程机械如图 8-22 所示。它们主要用于国防建设工程、交通运输建设、能源工业建设和生产、矿山等原材料工业建设和生产、农林水利建设、工业与民用建筑、城市建设、环境保护等领域。随着全球气候变暖和能源危机日趋严重，工程机械的排放法规也越来越严格，自 19 世纪 90 年代以来，美国和欧洲等先进国家和地区已经制定了挖掘机、装载机、叉车、火车和船舶等非道路工业设备的排放法规。在不牺牲工作性能、可控性、安全性和可靠性的前提下，工程机械在工作中仍会因负载波动而产生高油耗和高污染。超级电容器模块可用在工程机械内实现能源回收和峰值功率辅助，有望解决这一问题。下面以大型港口设备和混合动力工程机械为例，讲述超级电容器在工程机械中的应用。

图 8-22　工程机械

（1）大型港口设备

超级电容器港口设备，是由超级电容器提供能源的港口设备，集充电、放电于一体，其功率密度高、寿命长、性能稳定可靠，特别适用于港口大型机械设备的使用，如装卸桥、卸船机等。由于超级电容器自身具有充电快、放电时间长的特点，因此超级电容器港口设备在港口装卸作业中有巨大的优势。超级电容器港口设备作为一种高效节能的新型环保电气设备，在港口应用中，不仅可减少电能消耗、改善作业环境、提高工作效率和降低成本，而且可保护港口作业环境。根据港口生产作业要求及作业环境的不同，可选择不同型号的超级电容器港口设备。

混合动力门式起重机是将柴油发动机产生的交流电整流成直流电，接入直流母线，并在其上安装双向 DC-DC 变换器及超级电容器组，起重机各运行机构串联逆变装置并入母线，同时母线上设有安全电阻可保证系统安全。当载荷上升时，超级电容器与柴油机联合功能；当载荷下降时，重力势能转化为电能给超级电容器充电，使系统中能量得到充分利用，同时减少环境污染。图 8-23（a）为混合式起重机系统配置图，图 8-23（b）为系统能量流动过程。

（2）混合动力工程机械

电动技术和混合动力总成技术是节能减排的两大有效技术，在汽车领域取得了巨大成功。然而，由于重载、低速和周期性的工作模式，电动技术无法直接应用于工程机械。因此，为了降低工程机械的高燃油消耗率，混合动力总成技术受到了广泛关注。日立公司于

2003 年成功推出了世界上第一台混合动力装载机，小松公司于 2008 年开发出世界上第一台商用混合动力挖掘机。随着混合动力工程机械（hybrid construction machinery）受到越来越多的关注，许多学者对混合动力工程机械的动力总成配置、能量管理策略和储能装置进行了介绍。

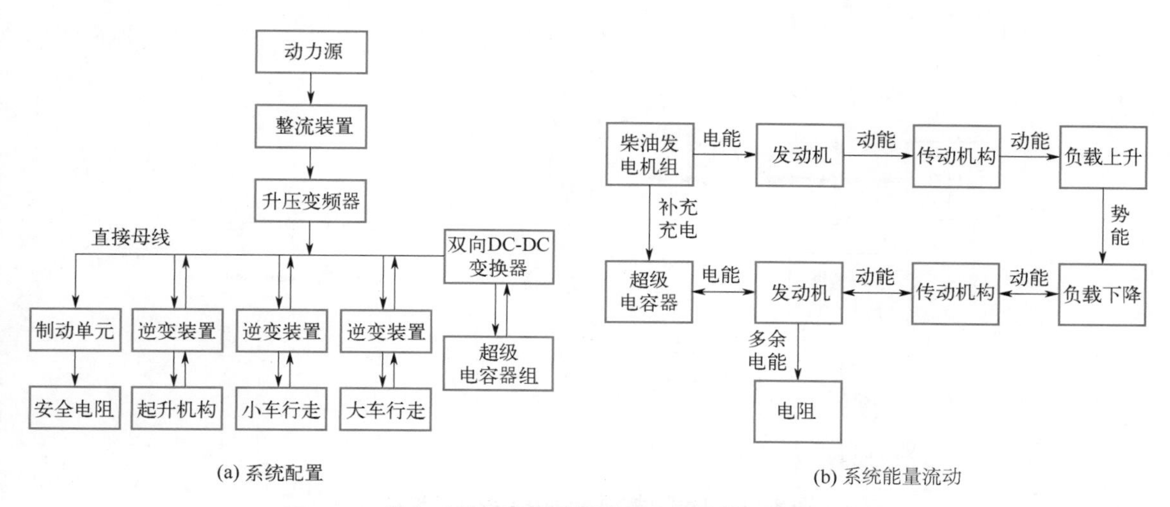

图 8-23 混合动力起重机系统配置和系统能量流动示意图

混合动力总成技术是一种使用发动机和电动机两种动力源的方法，除了发动机之外，主要策略是利用电池或超级电容器回收在旋转或行驶中产生的再生制动能量。它是一种环保、高效的技术，通过优化动力分配实现节能和减少废气排放。它可分为串联式、并联式以及串联式与并联式相结合的功率分配方式，如图 8-24 所示。混合动力技术解决了负荷波动对发动机效率的影响，能效提高了 10% ～ 30%。根据现有研究，工程机械的混合动力系统（hybrid power system）主要采用串联和并联结构，因为这两种结构相对简单、紧凑，且达到良好的节能效果。

目前，混合动力工程机械主要使用电池、超级电容器、液压蓄能器和飞轮作为储能装置。超级电容器被认为是混合动力总成系统的合适储能设备，与传统电容器相比，它可以节省大量能源，同时，它可以发出比电池高得多的输出功率，形成具有中等比能量的快速充电储能设备。超级电容器具有快速充放电能力的优点，因此可快速回收势能或再生制动能量，并提供更大的加速度。同时，超级电容器具有高功率密度，可提供超过 1000W/kg 的脉冲功率，循环寿命可达 500000 次以上。但是，超级电容器的能量密度较低，通常为 5W · h/kg，这导致其能量存储有限，难以为混合动力挖掘机提供足够的能量密度。电池、液压蓄能器和飞轮作为储能装置时也存在较大的缺陷，使用单一的储能设备很难满足混合动力工程机械的各种要求，因此将两种或两种以上的储能装置组合或集成为混合储能系统，使每一种储能装置都能发挥其优势，弥补使用其他储能装置的不足。Ehsani 等提出了一种由蓄电池和超级电容器组成的混合储能系统。随后，Lajunen 和 Suomela 等进一步将混合储能系统应用于混合动力矿用装载机中。总体来说，混合储能系统使每一种储能装置都能发挥其优势，弥补其他储能装置的不足，蓄电池和超级电容器组成的混合储能系统有望成为混合动力工程机械储能系统的新发展趋势。

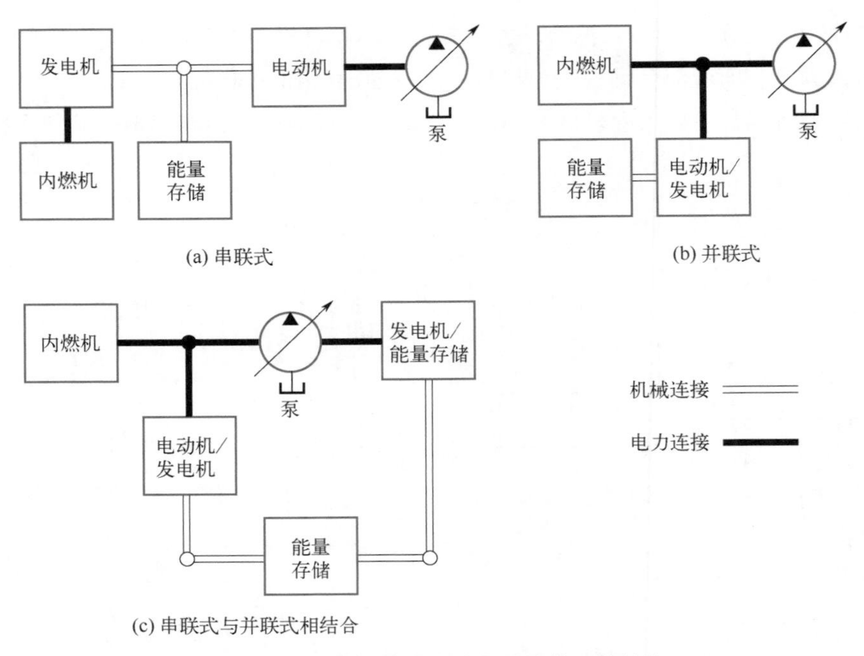

图 8-24　工程机械混合动力系统的三种结构

8.3.2　轨道交通

近年来，我国经济由高速增长向高质量发展转变，大力进行城市化建设的发展，伴随而来的是交通堵塞、能源紧张、噪声污染、环境变差等一系列的社会问题。以地铁、轻轨、磁悬浮以及现代有轨电车为代表的轨道交通应运而生，其具有运行速度快、舒适性强、载客量大、准时准点、安全性高的优点，极大地方便了人们的通勤。1969 年，我国首条地铁线路在北京率先建设完成，并成功通车，这标志着我国现代轨道交通建设的开始。然而，由于第二次世界大战对我国经济实力和技术水平的严重影响，我国的轨道交通起步较为缓慢。改革开放后，我国掀起了一股建设热潮，许多发展迅速的中大型城市崛起，人口和物资流动量大幅增加。然而，道路基础建设相对欠缺，交通运行能力低下，这妨碍了城市经济的发展。为了缓解交通拥堵，加快城市发展速度，我国政府着力兴建城市公共交通基础设施，强调城市轨道交通在解决交通压力、环境污染和城市发展方面问题的重要作用。

2000 年后我国的城市轨道交通建设处于飞速发展时期，截至 2023 年，全国轨道交通总里程数为 10869km，图 8-25 展示了近 10 年来我国城轨运输总里程及同比增长率。截至 2023 年底，中国大陆地区共有 55 个城市开通城市轨道交通运营线路 306 条，其中，地铁运营线路 8008.17km，占比 77.84%；其他制式城轨交通运营线路 2279.28km，占比 22.16%。2023 年全年共完成投资 5444 亿元，在建线路线总长 6350.55km，其中，市域快轨线路占比明显增加。预计“十四五”末城轨交通运营线路规模将接近 13000km，运营城市有望超过 60 座。

针对运行能力、车辆特性和技术手段的不同，城市轨道交通大致有九种模式。其中，地铁 8008.2km，占比 77.80%；轻轨 219.8km，占比 2.14%；跨座式单轨 144.7km，占比

1.41%；市域快轨 1223.5km，占比 11.89%；有轨电车 564.8km，占比 5.49%；磁浮交通 57.9km，占比 0.56%；自导向轨道系统 10.2km，占比 0.10%；电子导向胶轮系统 34.7km，占比 0.34%；导轨式胶轮系统 23.9km，占比 0.23%。运营线路模式分布情况见图 8-26。

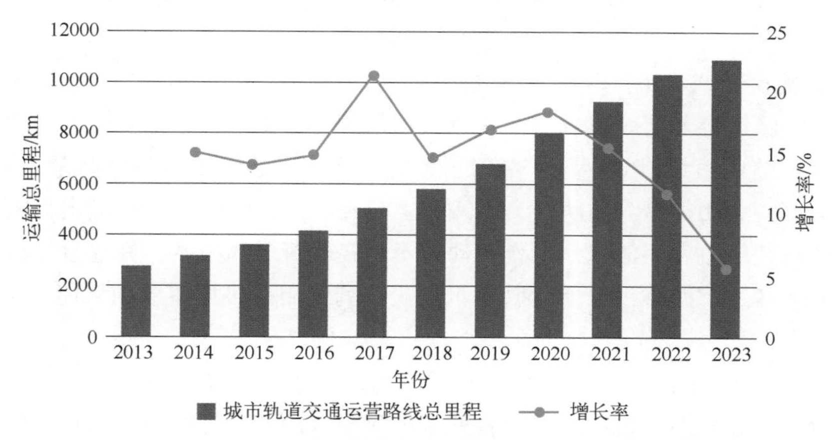

图 8-25　近十年来我国城轨运输总里程及同比增长率

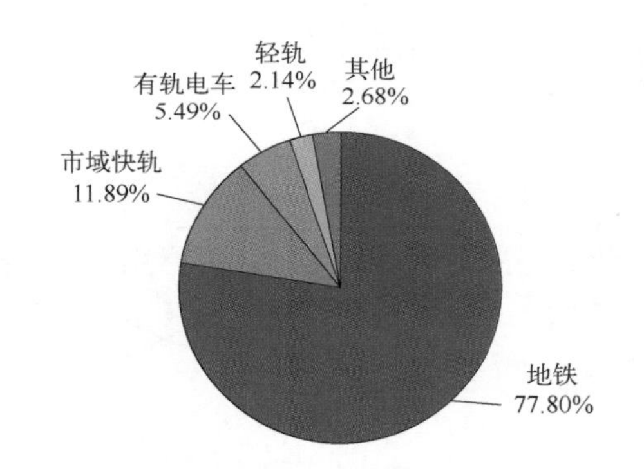

图 8-26　2022 年中国城市轨道交通运营路线制式结构的占比情况

城市轨道交通系统具有发车间隔短、站间距离近和客运量大的特点。由于频繁制动或减速，列车产生的能量十分庞大。城轨列车通常采用两种制动方式：空气制动和电气制动。空气制动依靠摩擦来停车，是一种纯能量消耗的方式。电气制动主要是再生制动，可以二次回收能量。在列车制动或减速时，再生制动将动能转化为电能，这部分电能可以被相邻列车或其他负荷使用。空气制动会导致环境污染、站内温度升高和车辆磨损等问题，增加建设、维修费用和电能损耗。因此，城轨列车通常使用主要为再生制动、辅助为空气制动的制动模式。城轨列车具有庞大的再生制动能量，占牵引能量的 30% ～ 50%。如果能够循环利用这部分能量，不仅可以节约资源、提高能量利用率，还可以减弱直流牵引网母线电压波动，确保列车平稳运行。因此，对城轨列车制动能量的研究具有重要的现实意义，不仅可以确保城市轨道交通的持续发展，还有利于城市化建设和国民经济的稳定推进。

城轨列车在制动或减速时产生的再生能量通常通过三种方式进行回收利用：电阻发热消耗、逆变器返还到交流电网和储能元件回收。储能元件回收方式是将储能设备安装在城轨列车或牵引变电所内，当直流牵引网电压发生波动时，储能元件可以维持牵引网电压的稳定。它能吸收列车制动或减速时产生的能量，并在列车启动或加速时释放能量，实现能量的高效利用，保证列车的平稳运行。因此，城轨列车再生制动能量的储能回收研究是当前的研究热点，具有重要的研究意义。目前能量存储型装置主要分为三类，蓄电池储能型、飞轮储能型和超级电容器储能型。超级电容器储能型再生制动装置是被看好取代蓄电池的装置之一。

2001 年，德国首次在列车上安装了超级电容器储能系统；2002 年，西班牙马德里地铁安装了地面式超级电容器储能装置；2003 年，在德国曼海姆的轻轨上安装了稳定运行的列车载式超级电容器储能系统；2011 年，西门子公司的地面式超级电容器储能系统分别在德国、西班牙、中国、荷兰和加拿大的轨道交通线路上得到应用；2012 年，株洲电力机车有限公司成功研发了利用超级电容器储能系统作为动力牵引轻轨行驶的技术，并建设了试验线路进行列车试验；2014 年，广州珠海开始运营了世界上首列采用超级电容器的储能式 100% 低地板有轨电车。

图 8-27 展示了一种运用 1500V 供电制式的超级电容器储能方案，实现城市轨道交通列车再生制动能量吸收利用的目的。其中将列车的牵引、制动特性曲线分为自然特性区（固有机械特性）、恒功率区和恒转矩区 3 个区域，以该城市轨道交通直流牵引供电系统为基础建立仿真模型，并以某城市 1 号线的数据进行仿真。数据证明这种使用超级电容储能型再生制动能量吸收装置的列车可满足中国轨道交通技术发展的需要和国家节能减排的要求。

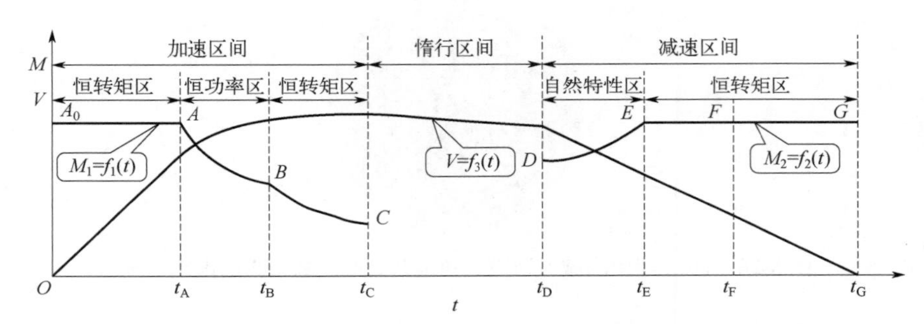

图 8-27　列车时间与速度、转矩曲线图

M—转矩；*V*—速度；*t*—时间

超级电容储能型再生制动能量吸收装置的原理如图 8-28 所示，由双向 DC-DC 变换器和超级电容器组构成。在列车启动阶段，牵引网电压会下降，超级电容器通过放电来补偿下降的牵引网电压；在列车再生制动阶段，牵引网电压会上升，超级电容器通过充电来吸收并储存再生制动产生的能量。超级电容储能型再生制动能量吸收装置的主要作用是抑制牵引网电压的波动，防止过高或过低的牵引网电压，从而避免再生制动失效并吸收再生制动产生的能量。近几年来，超级电容器储能型再生制动能量吸收装置得到了飞速发展。国内主要由高等院校和研究设计院进行超级电容器的研究。预计随着电力电子器件的迅速进步，超级电容器在将来将广泛应用于轨道交通。然而，超级电容器也存在一些需改进的缺陷，包括低能量密度、串并联均压问题以及端电压波动范围大。随着电力电子器件的迅速发展和生产技术的不断进步，这些缺陷将逐渐减少甚至被克服。

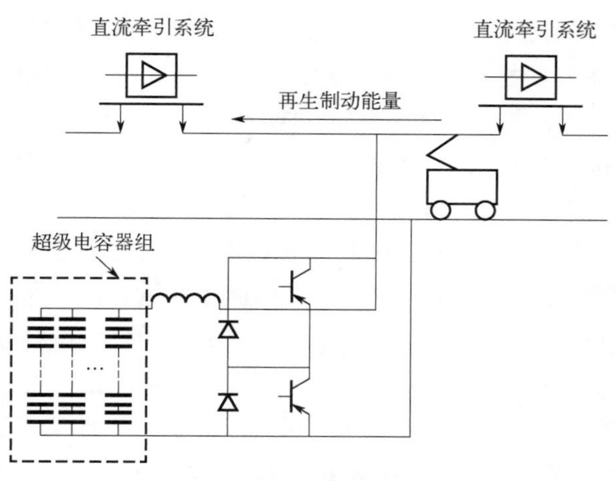

图 8-28　超级电容储能型再生制动能量吸收装置

8.3.3　新能源汽车

纯电动汽车（electric vehicle）、混合动力电动汽车（hybrid electric vehicle）和燃料电池电动汽车（fuel cell electric vehicle，FCEV）三种类型统称新能源车辆。新能源汽车集光、机、电、化多学科领域最新技术于一体，是汽车、新能源、新材料、电力拖动、功率电子、智能控制、化学电源和计算机软硬件等工程技术中最新成果的集成产物。电动车辆与传统汽车在外形上并无差异，区别在于动力驱动系统。

基于双电层原理的电容器实施、发展始于20世纪60年代，初始仅作为低能量、低功率、长寿命的新储能电子器件。90年代混合型电动车辆兴起，由于能瞬间实现能量的储存和释放，更因能回收制动时获得的能量，使之再利用于车辆的加速启动并支持加速的过程，超级电容器被作为大功率物理二次电源得到深入应用。作为无源器件的电容器，像微处理器和数字信号处理器一样，需要能耐受足够高的工作电压且有充分宽的使用温度范围、极强的抗震性能、超低的损耗、足够长的有效工作寿命和高可靠性，以保证在其所服务的汽车中稳定可靠地应用。超级电容器用作车辆启动电源时，其启动效率和可靠性都高于传统的蓄电池，可全部或部分替代传统的蓄电池，应用在新能源车辆中。超级电容器在新能源汽车中的应用模式主要有以下两种：

（1）纯电动力模式

该模式策略以超级电容器电源电机为主，电机在汽车行驶时驱动车辆，在制动时则转化为发动机回收能量。该模式的汽车就是仅通过电力来进行驱动的，因此这种电动车的原理相对简单且能够实现零排放。但是由于这种模式的新能源汽车续驶能力较差，充满电可以行驶的距离比较短，适用于在城市中作为代步工具。相对而言，公交线路站点固定不变，超级电容器的充电在1min之内即可完成，极为短暂，正可以利用公交车进站的时间充电，并不耽误乘客乘车。城市市区运行的公交车，其运行线路在20km以内，以超级电容器为唯一能源的电动汽车，一次充电续驶里程可达20km以上，在城市公交线路上有广阔的应用前景。超级电容器作为储能的动力源，为车用电动机驱动系统提供电能，驱动车辆前进，其容量、能量密度、功率密度、整车动力性能、能量消耗和续驶里程等性能参数都适合作为城市公交车辆。

图 8-29（a）是上海最新的超级电容公交车。2006 年 8 月，超级电容公交车的能量密度只有 15W·h/kg，2012 年，这一数字提高到 68W·h/kg，现在已经提升到 100W·h/kg，达到国际领先水平。一辆车的储电量，从 2014 年前的 5kW·h，增长到现在的 40kW·h，续驶里程提高近 10 倍。同时如图 8-29（b）所示，新一代超级电容公交车采用顶置设备替换以往车尾的布置方式，使得车内载客空间得以最大程度释放，增加了常用座椅数量，为乘客提供更舒适的乘坐环境。在首末站建设充电弓，首末站就和充电站合二为一，不需要再建充电场所。基本工作原理示意见图 8-29（c），快速充电候车站使用电力电网提供的电源，经过降压（或升压）、整流后，为电容公交车供应超级电容器储存电能所需的直流电源。超级电容公交车辆基本工作原理与无轨电车相似，没有尾气排放，是零污染的客运交通工具。可应用于城市固定线路，短途、大客流的公共交通客运和机场、码头、展览中心等专线客运系统。

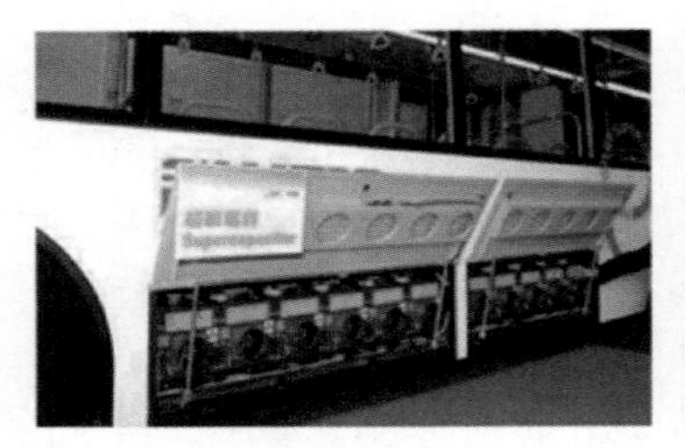

(a) 超级电容公交车

(b) 超级电容公交车充电桩

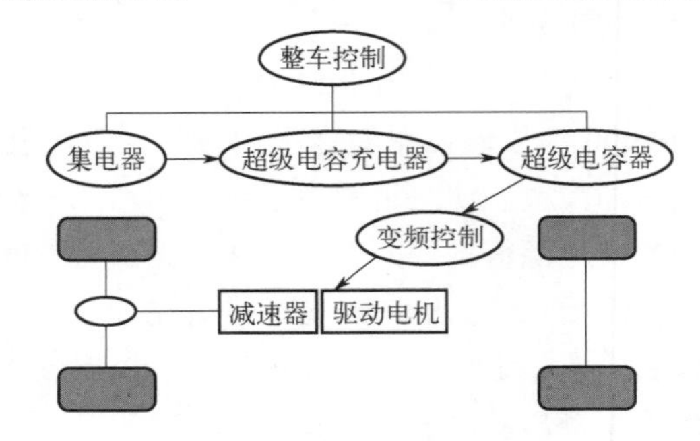

(c) 超级电容公交车的工作原理图

图 8-29　采用超级电容器作为动力电源的公交车

（2）电动汽车常规动力装置由蓄电池提供系统所需的全部能量，并且在制动时可以回馈能量

这种常规的储能系统存在以下弊端：当汽车处于加速或者需要瞬时大功率时，蓄电池需要提供较大的供电电压，会对供电系统造成损害；当处于制动工况时，功率变换器存在一定的变压比，大大降低了能量的回收效率。

在传统车辆架构中，发动机是提供推进功率的主要动力装置，通过自动变速器传输到动力传动系统。考虑到变速器和液力变矩器产生的损失，大量的推进功率或者动力传动系统的输入功率，可用于终端驱动器，然后传送到从动车轮如图 8-30（a）所示。混合动力车辆推进结构如图 8-30（b）所示，功率逆变器接收发动机驱动型发电机的直流电和储能系统的补充电功率。车载系统控制装置的作用是使发动机驱动型发电机和牵引力电动发电机在转矩控制之下，以满足车辆运行的功率要求。混合动力意味着在发动机和从动轮之间无机械连接。推进功率流依靠牵引力电动发电机，混合动力的优势在于，发动机驱动型发电机可以优化到低排放高效率点，而且当储能系统可以独自满足功率需求时，它可以停止工作。

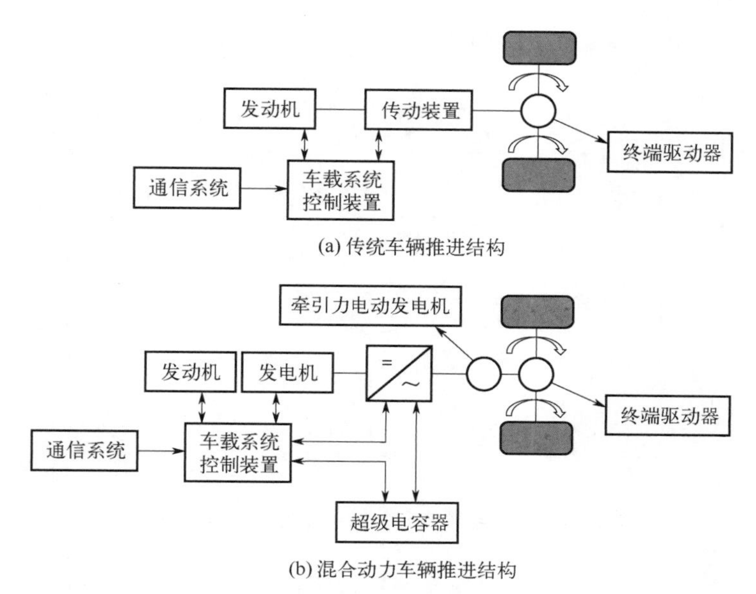

(a) 传统车辆推进结构

(b) 混合动力车辆推进结构

图 8-30　两种车辆推进结构示意

想要在新能源汽车领域得到广泛的应用和发挥，相应的技术还需要更进一步发展。从当前来看，超级电容器的应用还止步于辅助功能，电池才是主动力，包括燃料电池汽车和混合动力汽车在内，用于能量储存的设备还是电池，超级电容器则是作为其补充和辅助。在使用过程中起到缓冲的作用，同时帮助延长电池寿命，增强充放电效果。虽然超级电容器在能量领域的发展潜力已经得到了众多汽车制造商的普遍认可，但是就当前而言，还是不能摆脱对于锂电池和镍氢电池的依赖，因为超级电容器有两个不可忽视的缺点：造价高和能量密度低。

在电动汽车内部，借助经济有效的混合储能系统，几种可再生能源可集成在一起，进而提高效率。对于超级电容器而言，优秀的功率特性是其最大的特色之一，也是其应用于电动汽车行业的最大优势，但是其自身的短板也不容忽视，其功率和能量密度都存在着明显的欠缺，还有着非常大的提升空间，除了性能短板，在价格方面也不具有足够的竞争力。在未来，随着相关技术的深入研究和发展，超级电容器的性能将得到进一步提升并在未来电动汽车发展中占据重要的地位。

8.4 超级电容器在航空航天领域的应用

随着科技水平的不断进步和人类对能源存储需求的日益增长，超级电容器作为一种突破性的能量储存技术，正逐渐崭露头角，成为航空航天与国防军工领域的一颗璀璨明星。其卓越的功率密度、高效的能量释放速率以及出色的循环寿命（图 8-31），为这两大领域带来了革新。超级电容器的应用不仅限于储能，更融合了材料科学、电化学、电力电子等多个学科，为航空航天与国防军工领域的技术发展带来了全新的动力。本节将结合大量实例，分析超级电容器在实际项目中的应用，从而说明其在航空航天与国防军工领域的重要价值。

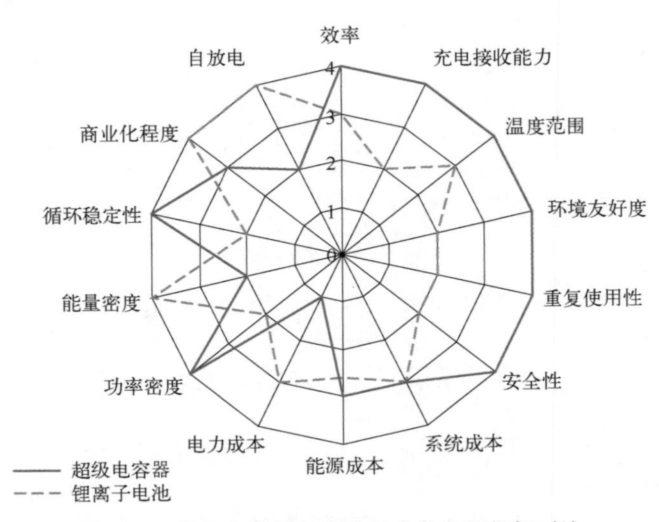

图 8-31　超级电容器与锂离子电池各项指标对比

自 2000 年初以来，超级电容器已经受到广泛关注，被认为是较理想的高功率电源解决方案。实际上，超级电容器在各个领域中已被视为一种可靠的能量存储技术，尤其在满足多种空间应用的峰值功率需求方面具有独特优势。因此，按照峰值功率不同可以对应用于太空环境中的超级电容器进行功率等级划分，如图 8-32 所示。

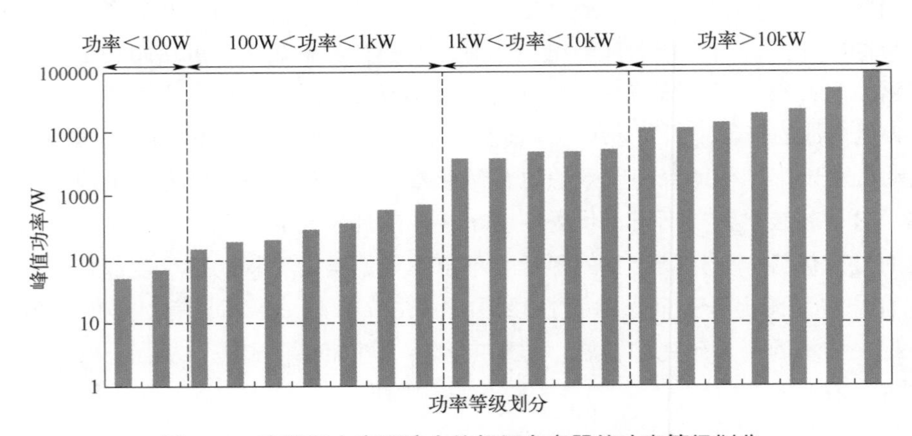

图 8-32　应用于太空环境中的超级电容器的功率等级划分

① 当峰值功率需求较低时，如小型机器人设备、机载计算机以及雷达的发射和接收模块（transmit and receive modules，TRM），超级电容器通过其高功率放电特性，为这些设备提供持续而可靠的能量储备。这种应用场景下，超级电容器峰值功率＜ 100W 即可满足要求。

② 峰值功率范围在 100W ～ 1kW 的情况下，例如航天器的姿态控制器、火箭的点火系统、雷达以及激光雷达等装置，超级电容器在提供高峰值功率的同时，还能确保稳定的电压输出。此类应用领域中，超级电容器的能量密度和放电速率使其成为一种较理想的能量供应器件。

③ 在峰值功率要求超过10kW的高功率应用中，例如未来雷达、地球同步轨道（geo synchronous orbit，GEO）卫星的滤波总线以及火箭机电推力矢量控制（electromechanical thrust vector control，EMTVC）系统，超级电容器能够以其出色的峰值功率特性，满足这些设备对峰值高功率的需求。

在过去的几十年中，超级电容器在通信卫星、飞行控制系统和电力推进技术等领域已经展现出巨大的应用潜力。这些应用的主要目标在于充分利用超级电容器在提供高峰值功率方面的优势，以优化整体能量存储系统的性能和质量。超级电容器在航空航天领域的应用是充满潜力的，其优势在于高功率放电、快速响应和可靠性。随着航空航天技术的不断发展，超级电容器有望在更多领域发挥作用，推动航空航天领域的技术创新和进步。图8-33为应用于航空航天领域的超级电容器模组。

图8-33　应用于航空航天领域的超级电容器模组

以下列出一些超级电容器在航空航天领域的具体应用实例:

① 对地静止地球轨道子系统。

在这个领域中，超级电容器的应用目标之一是平稳卫星电源，以防止卫星负载变化时的电源波动。这对于维持电力推进器的启动、日食过渡等操作至关重要。此外，超级电容器还可以为卫星释放机构提供能量，用于展开太阳能电池板等部件。

② 高功率雷达电源用于小卫星观测任务。

在这个领域中，超级电容器被用来为高功率雷达提供所需的能量，同时最大限度地减轻负载的重量。

③ 飞行控制系统，包括运载火箭的驱动系统。

超级电容器可以提供所需的高功率密度和能量储存。一个典型的例子是飞行控制增强系统（flight control actuation systems，FCAS），其需要高功率输出操控，同时还需要保持足够的能量密度。为了满足这些要求，一种获得美国专利的模块化电力系统（modular electric power systems，MEPSTM），采用了并联电池组和超级电容器的混合结构，这种结构能够保证稳定的性能输出，同时减轻系统重量和延长电池寿命。

④ 超级电容器与锂离子电池组合，应用于火箭的推力矢量控制（thrust vector control，TVC）系统和发射器。

在这个领域中，使用超级电容器可以减少电池组数量及电池的电力负荷，延长整个储能系统的使用寿命。对于编队飞行等应用，电推力矢量控制需要在短时间内提供紧急避碰，而推进器也需要高功率峰值的支持。

⑤ 电力推进。

超级电容器在这个领域中可以取代传统冷气体（氙气和氪气）的电阻式喷射推进器，从而显著提高比冲，达到高达 28% 的提升。此外，超级电容器还可以优化发射阶段火工分离装置的电源，减少电池系统的使用。

⑥ 火星探测任务。

为了降低电池加热需求，采用多孔碳气凝胶和先进制造技术制造的超低温超级电容器已被确定为潜在的电源选项。这些电容器在极端温度条件下（工作温度为 −70℃）仍能正常工作，有望为探测任务提供可靠的能源供应。

然而，尽管超级电容器在高功率峰值需求方面表现出色，但其当前的高功率能力仍不足以完全支撑航天领域的需求。在优化航天器和火箭的电气架构和储能系统时，仍需要考虑许多其他关键参数。因此，在将超级电容器应用于航天领域之前，仍需要进一步地提高其各项性能，以确保其在极端环境下的稳定性和可靠性。因此，针对航天领域开发具有更广泛应用范围的超级电容器，以下几个关键参数需要考虑：

① 能量范围。

由于具体应用目标的不同，导致能量范围非常广泛，从用于火控功能或激光成像探测与测距（laser imaging detection and ranging，LIDAR）所需要的几焦耳，到用于新型火箭的大型 EMTVC 系统供电所需要的数百千焦耳。因此，用相同功率的储能系统来满足如此大范围的能量需求似乎并不可行。在特定的情况下，需通过定制化设计并行化大功率存储单元来满足能量需求。

② 工作电压范围。

航天器平台的工作电压范围为 28 ～ 100V，未来火箭的 EMTVC 电压最高可达 400V，目前最先进的储能解决方案均采用大功率储能器件串联的方法。考虑到锂离子电池单体的最大工作电压为 4.1V，碳 / 碳超级电容器单体的最大工作电压为 2.85V，因此在设计和确定由多个大功率器件串联的“大功率”存储系统的规模时，应考虑储能器件单体承受的应力分布。而且，在存储系统寿命周期内，应避免单体器件过充或过放现象。

③ 温度范围。

工作温度要求在 −50℃～ +70℃，对于任何电化学电源来说，工作温度对电化学系统性能的影响均十分显著。

④ 任务持续时间范围。

由于应用场景不同，器件的服役时间从几小时到几年不等，通信卫星最长的服役时间为 20 年，观测卫星的服役时间在 17 年左右。可以预见，未来的飞行任务持续时间会呈增长趋势，这意味着高功率存储电源系统的服役寿命必须与之相匹配。服役时间的延长也对高功率存储电源系统的服役寿命提出了更高的要求。

⑤ 循环次数范围。

针对不同的应用场景，有从几次循环到几百万次循环（滤波或供电）不等的要求。因此，循环寿命是选择大功率存储电源的关键因素之一。超级电容器存储与传输电荷的储能机制，更适合高次数循环应用场景，但目前仅能在能量需求较低的场景下替代电池。

除了在火箭发射系统中实现应用外，近年来，随着质量在 100 ～ 500kg 的小型卫星发射需求逐渐增加（图 8-34），面对卫星搭载电池体积的限制，超级电容器应用于太空出现了新的机遇。如采用超级电容器替代电池作为储能器件，能有效提高卫星的功率性能；或者采用超级电容器和锂电池作为复合电源，提升供能系统的低温性能。

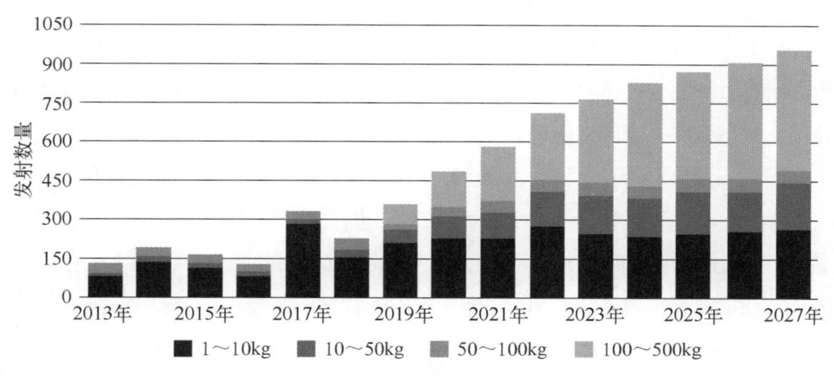

图 8-34　全球小型卫星发射需求统计

① 高功率能力。

萨里大学的研究人员进行了一项研究，以确定使用超级电容器作为电力系统的可行性和有效性，图 8-35 为搭载超级电容器的小型卫星验证模型。

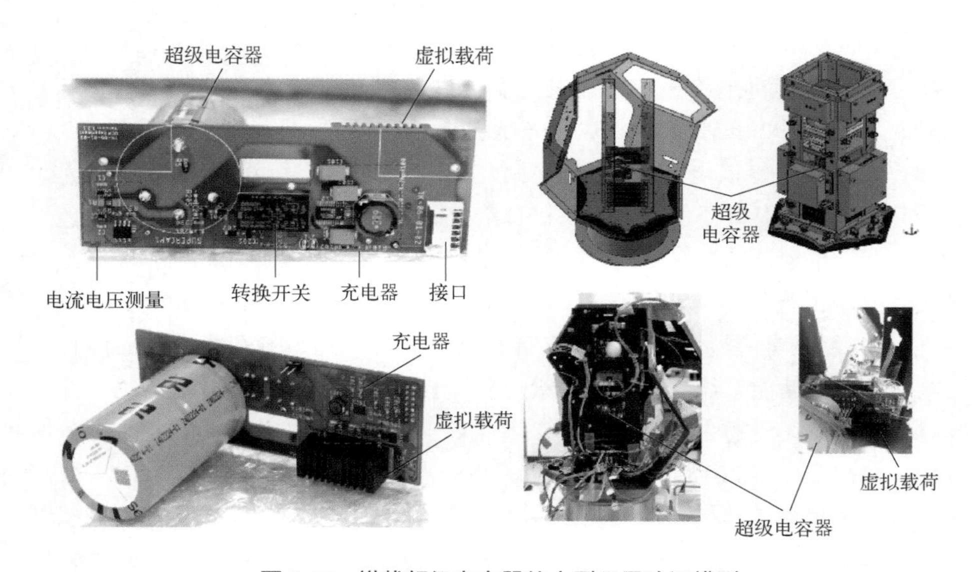

图 8-35　搭载超级电容器的小型卫星验证模型

研究人员提出了基本操作方法和几种拓扑结构，并就结果进行仿真验证与分析。此外，还得出了一个简单易用的放电效率估算公式，通过交叉检验，验证了仿真结果和公式的正确性。结果表明，超级电容器可以替代机载电池，为小型卫星提供高功率输出。然而，由于比能量密度较低，目前的超级电容器技术实际上无法一次性存储卫星在整个轨道的平均有效载荷功率。目前，商用现成品（commercial-of-the-shelf，COTS）中，具有极低等效串联电阻的双电层电容器，有望用于补充电池，以便在很短的时间内以高能效提供非常高的功率。然而，在高能量密度需求方面，锂离子电池具有更大的优势。事实上，提供这种高功率能力将大大拓宽小型卫星应用的范围，使其能够达到 1kW 峰值功率输出能力，突破当前小型卫星最高仅 200W 峰值功率限制。

② 混合电源。

2013 年在喷气推进实验室开展的一项由美国国家航空航天局资助的工作中，评估了由低温锂离子电池（26650 型锂离子电池单体，2.3A・h）和超级电容器组（310F，Maxwell 技术公司）组成的混合能源存储系统在高功率和低温下的性能提升情况，以用于未来的深空立方体卫星应用（CSUN 立方体卫星）。虽然与立方体卫星聚合物电池相比，混合动力系统在储能性能方面没有明显改善，但在大电流（15A）脉冲测试中，混合动力系统的功率有了大幅提高。在初始充电状态为 50% 时，最低放电电压比独立的锂离子电池高出约 2.0V。另一个优点是混合动力系统的低阻抗，这也是观察到的性能提升的原因，在 −40℃工作温度下，该系统的阻抗约为 5mΩ，大大低于立方体卫星聚合物电池（约 1000mΩ）的阻抗。

③ 1U 立方体卫星电力系统（electric power systems，EPS）。

如图 8-36 所示。这项研究开发了一种基于 EDLC 的新型 EPS 电路板，并对其在空间环境（包括发射环境和热环境）中的电气性能和稳定性进行了测试。

图 8-36　搭载超级电容器的立方体卫星

EDLC 的总电容为 1600F，EPS 的体积为 90m×87.3m×64.6mm。根据实际轨道周期，设定卫星从国际空间站（international space station，ISS）释放，并设定实际的功率、电压和电流曲线，对电路板的功能进行了测试，立方体卫星的功耗曲线为 920mW ～ 2.67W，光伏发电输出的峰值为 2.93W。经验证，该电路板能够承受太空环境，并能为在轨运行的立方体卫星提供电力，在日食结束时剩余能量为 52%。

④ COTS 超级电容器的在轨演示。

在这项研究中，选择了一个市售（COTS）超级电容器（由 PowerStor/Eaton 公司制造的 XV 系列 400F 超级电容器电池）用于 Ten-Koh 航天器的有效载荷供电，而没有将其应用于航天器电力系统的储能系统。这样，超级电容器也被视为航天器有效载荷的一部分。由于超级电容器不作为航天器的主要供能器件，因此对于可能出现的故障，在整个任务期间都是可以接受的。Ten-Koh 于 2018 年 10 月发射，并一直运行到 2019 年 3 月中旬。为探究超级电容器在小型航天器中应用的可行性，此次发射任务主要验证两个目标：a. 验证超级电容器能够在整个发射任务过程中，没有遭受任何破坏，能够完整保存；b. 验证在低地球轨道（low earth orbit，LEO）上对超级电容器进行充放电是可行的。在发射后的五个月时间里，记录超级电容器在 LEO 上的三次充放电循环，并与地面结果进行了比较。根据计算，在轨两天的自放电率低于 2.5%。这些结果表明：COTS 超级电容器能够承受发射和太空环境，电容损耗低于1%，因此超级电容器可应用于低地轨道卫星。不过，超级电容器在轨道上长时间停留和反复循环后的性能衰减问题仍有待进一步研究。

除了应用于太空的航天领域外，在航空工业领域，超级电容器由于功率密度高、快速充放电能力以及与传统电池相比具有更长的使用寿命，具有广泛的应用前景，从为航空电子设备和照明系统供电到为应急系统提供备用电源等。在航空工业中使用超级电容器的主要优点之一是它们能够提供快速高效的电力传输，这对于需要高能量输出的系统尤其重要。例如启动发动机、驱动液压系统或为电动机供电。超级电容器可以快速存储能量并快速释放能量，使其成为此类应用的理想选择。

① 超级电容器用于需要频繁充电和放电循环的应用，例如飞机起落架系统。在这些系统中，超级电容器可以提供可靠的电源，比传统电池可以充电更多次，从而减少电池更换的需要并降低总体拥有成本。

② 在航空领域使用超级电容器的另一个优点是它们能够在极端温度下运行。飞机可能需要在恶劣的环境下运行，例如在高海拔或极端天气条件下，而超级电容器比传统电池受温度变化的影响更小。

③ 超级电容器用作关键系统的备用电源，例如应急照明、航空电子设备、飞行数据记录仪（飞行事故记录器，图8-37）和通信系统。如果发生断电或其他中断，超级电容器可以作为可靠的备用电源，确保关键系统保持运行，直到主电源恢复。

图8-37　搭载超级电容器的飞行数据记录仪

总体而言，超级电容器为航空应用提供了可靠、高效的储能解决方案。它们可以帮助确保飞机系统即使在危急情况下也能可靠、安全运行，并且可以减少电池更换的需要并降低总体拥有成本。通过在航空领域使用超级电容器，制造商可以让飞行员、机组人员和乘客高枕无忧，因为他们知道他们的飞机系统将在最需要的时候可以有效、安全地运行。

8.5 微型电容器在智能传感领域的应用

近年来，微型超级电容器（micro-supercapacitor，MSC）由于体积小、功率密度高、循环寿命长、充电速率快等优点而备受关注。传统电容器需要隔膜以避免电极之间短路，微型超级电容器通常呈现平面结构，两个电极在平面上分开，无需额外的隔膜。微型超级电容器的窄电极间隙，允许电解质离子在电极之间快速传输，由于扩散距离短，在充放电过程中电荷易于积累和释放，使得微型超级电容器具有超高的功率密度。此外，微型超级电容器的平面特性有助于实现薄型集成器件，仅有平方厘米、平方毫米甚至平方微米尺度的面积，可以组装在便携式电子设备里，在智能传感领域有巨大的发展潜力。一般情况下，当微型超级电容器的放电电压高于或等于传感器的工作电压时，可以与光电探测器、气体传感器、温度传感器等耗能传感器集成，实现多功能集成器件。

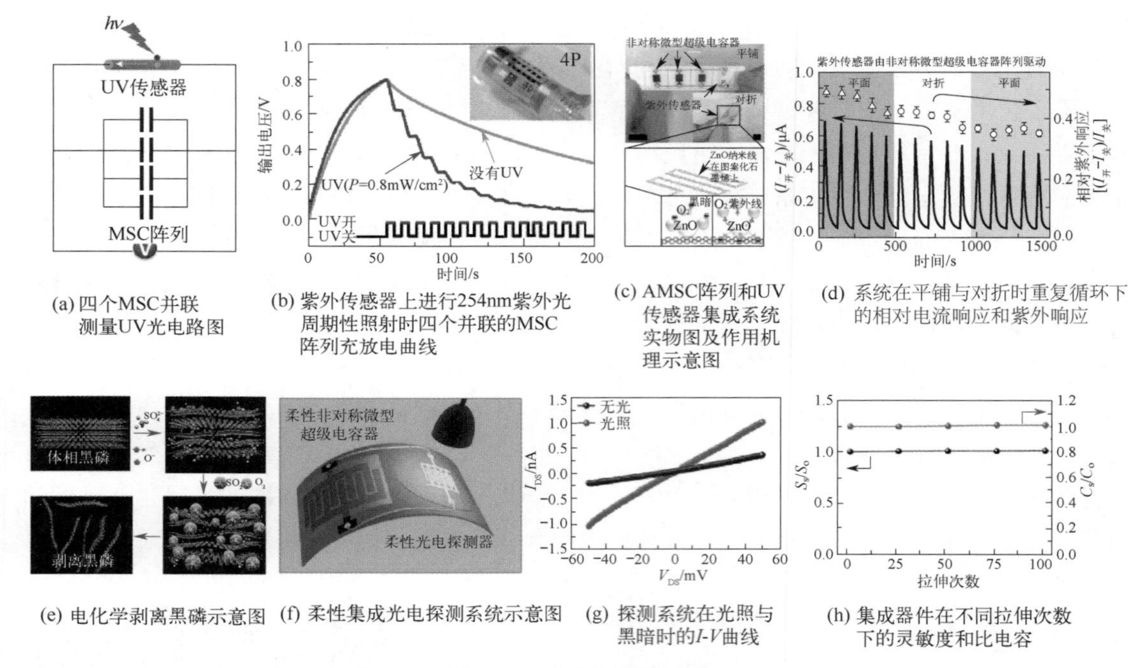

(a) 四个MSC并联测量UV光电路图

(b) 紫外传感器上进行254nm紫外光周期性照射时四个并联的MSC阵列充放电曲线

(c) AMSC阵列和UV传感器集成系统实物图及作用机理示意图

(d) 系统在平铺与对折时重复循环下的相对电流响应和紫外响应

(e) 电化学剥离黑磷示意图

(f) 柔性集成光电探测系统示意图

(g) 探测系统在光照与黑暗时的I-V曲线

(h) 集成器件在不同拉伸次数下的灵敏度和比电容

图 8-38 光电探测器集成

① 光电探测器集成。

光电探测器是柔性电子器件的重要组成部分，它们将光转换为电信号，在信息交换和环境监测中发挥着至关重要的作用。通过电线将光电探测器与MSC集成是一种制造集成电路的简单方法，使设备具有光检测能力。Kim等构建了具有多壁碳纳米管（MWNT）/V_2O_5纳米线（NW）复合材料的MSC，并将MSC与SnO_2 NW紫外（UV）传感器结合起来[图8-38（a）、（b）]。制造的MSC阵列可以为UV传感器供电130s，显示出可持续的能源供应。尽管MSC可以提供能量来驱动光电探测器运行一段时间，但对称MSC的电容仍需要提高，从而为光电探测器提供更充足的动力以供进一步应用。为此，采用MnO_2纳米球沉积的MWNT和V_2O_5包裹的MWNT作为非对称微型超级电容器（AMSC）的正极和负极。该AMSC具有高达1.6V的高电压窗口和更高的能量密度，可为光电探测器提供更多能量[图8-38（c）]。由ZnO NW和图案化石墨烯制成的光电探测器可以由AMSC供电1500s，如图8-38（d）所示，这表明AMSC具有极好的能量密度以及与探测器的集成性。

为了更好地将AMSC与光电探测器集成，Yang等使用独立式黑磷（BP）薄膜，在柔性基板制备了电化学剥离的基于BP纳米片的准固态微型超级电容器（QMSC-EE）和光电探测器[图8-38（e）]。由QMSC-EE供电的光电探测器在开灯或关灯时表现出明显的光电流振动[图8-38（f）、（g）]，QMSC呈现出稳定的供电能力。为了避免MSC和光电探测器集成过程中连接接头的能量损失，Chen等直接将TiO_2纳米颗粒（NPs）涂覆在弯曲的SWCNT微电极上，并将UV探测器与MSC一体化。该一体化系统在拉伸100次的过程中表现出快速的光电流响应，表明UV探测器和MSC之间的良好契合性[图8-38（h）]。

② 气体传感器集成。气体传感器是与MSC结合用于监测环境空气的主要元器件，这两部分的集成技术与光电探测器和MSC的结合方式类似。Li等报道了一种同心圆形的基

于 MWCNT/ 聚苯胺（PANI）的乙醇气体传感器，该传感器由基于电沉积聚吡咯（PPy）的 MSC 阵列提供动力，用于实时检测［图 8-39（a）］。检测系统包含乙醇气体传感器、MSC 阵列和印制电路板（PCB）。当 C_2H_5OH 和 O_2 反应生成 CO_2 和 H_2 时，气敏元件的电阻会增加。反应释放电子与 MWCNT 的空穴连接，将 PANI 转化为翠绿亚胺盐（聚苯胺）。PCB 中的电压调节器将 MSC 电压控制到 0.8V 后，气体传感器在 MSC 提供的稳定供电下开始监测乙醇。该气体传感器对 1 ～ 200μL/L 的多种乙醇浓度均表现灵敏［图 8-39（b）］。此外，集成系统在 50μL/L 乙醇浓度下表现出良好的循环性能，表明 MSC 的可持续供电能力以及 MSC 和气体传感器的集成性。Guo 等通过添加太阳能电池进一步改进了气体传感系统，以便为基于 MnO_2@PPy 的 MSC 充电，充电后的 MSC 为基于 PANI 的 NH_3 和 HCl 气体传感器稳定供电。在图 8-39（c）中，硅基太阳能电池为串联 AMSC 充电，随后供电的 MSC 驱动气体传感器启动。可以观察到，太阳能电池对串联 AMSC 充电 78s，使 AMSCs 能够达到 2.82V 的高电压。并在 $0.1mA/cm^2$ 电流密度下放电，相应的充放电曲线如图 8-39（d）所示。其中气体传感器在 1V 串联 AMSC 电压下正常工作，响应电流随着 NH_3 和 HCl 气体的交替而波动［图 8-39(e)］，表明集成系统中 AMSC 能够稳定地输出能量。

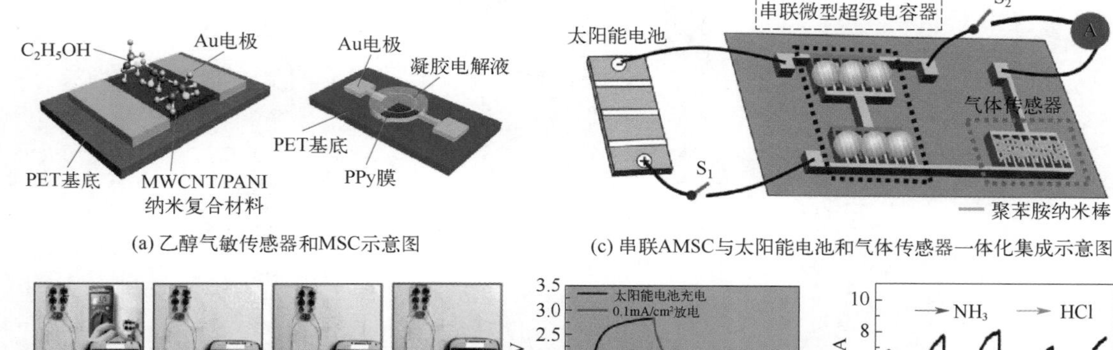

(a) 乙醇气敏传感器和MSC示意图

(c) 串联AMSC与太阳能电池和气体传感器一体化集成示意图

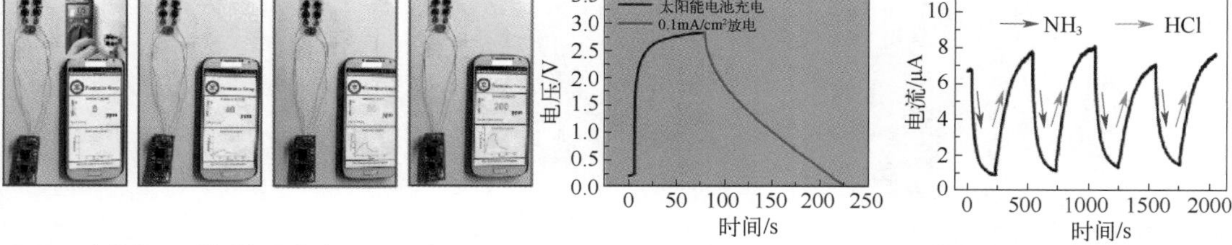

(b) 可穿戴的MSC阵列气体传感器应用过程实物图

(d) AMSC在应用过程中的充放电曲线

(e) 串联AMSC驱动的聚苯胺基气体传感器在交替输入NH_3和HCl时的响应曲线

图 8-39　气体传感器集成（经 ACS，Elsevier 许可转载）

③ 还有许多其他类型的传感器采用 MSC 作为电源。例如，Lu 等构建了无酶汗液传感器阵列来检测人体的葡萄糖、Na^+ 和 K^+，并将传感器阵列与柔性 PET 基底上的平面 MSC 连接［图 8-40(a)］，通过添加外部无线 PCB，完成了实时人体汗液监测。手机可与监测系统无线通信，并清晰地探测出葡萄糖、Na^+ 和 K^+ 的浓度值。

此外，传感器的瞬时电流曲线表明葡萄糖、Na^+ 和 K^+ 随着锻炼时间的增加而增加，这些结果表明 MSC 可以为传感器提供稳定的能量供应。Ma 等开发了自供电温度传感系统［图 8-40(b)］，其包含太阳能电池、温度传感器和 MXene/ 聚（3,4- 乙烯二氧噻吩）：聚

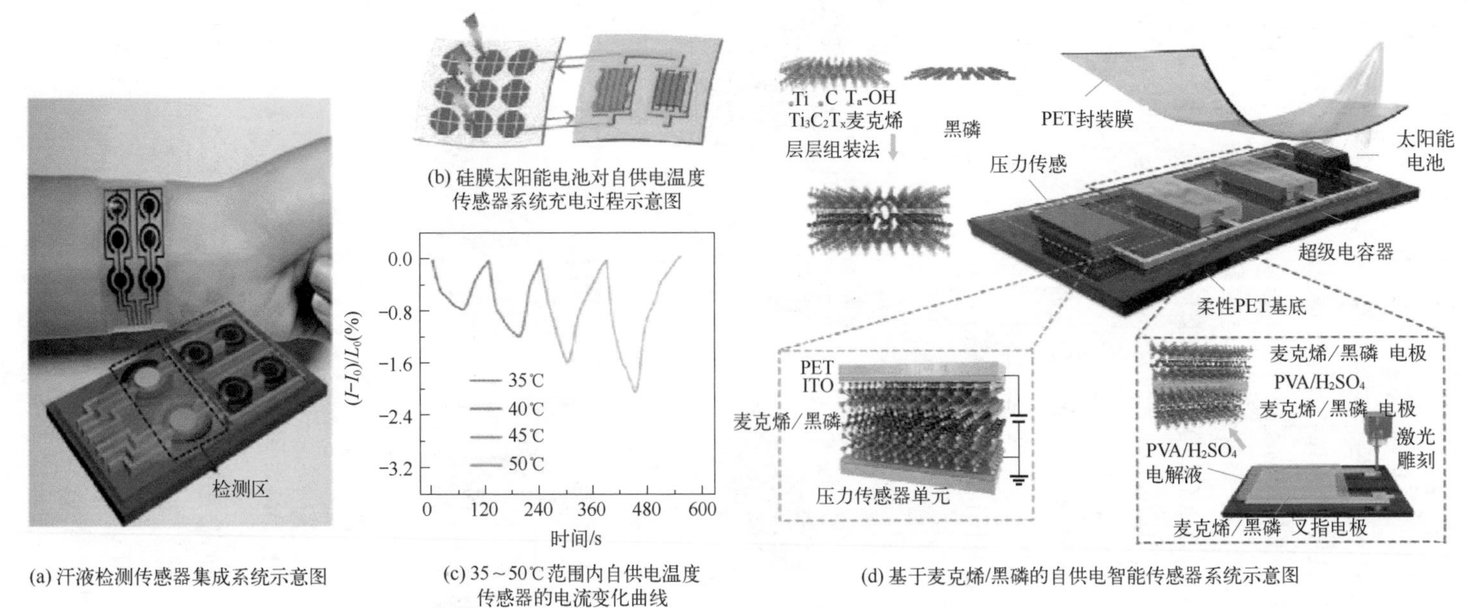

(a) 汗液检测传感器集成系统示意图

(b) 硅膜太阳能电池对自供电温度传感器系统充电过程示意图

(c) 35～50℃范围内自供电温度传感器的电流变化曲线

(d) 基于麦克烯/黑磷的自供电智能传感器系统示意图

图 8-40 其他类型传感器与 MSC 集成

（苯乙烯磺酸）基 MSC（MP-MSC）。从图 8-40（c）可以看出，温度传感器的测量电流随着温度的升高而线性增加，50℃时电流响应最高值可达 2.0%。使用 MP-MSC 提供电力时，MP-MSC 可以轻松地通过太阳能电池充电，并在定期加热循环期间提供可持续、可重复的长期供能。此外，集成传感器系统可以承受 180° 的弯曲角度并达到 95% 的初始响应，除此之外，MSC 与集成模块搭配更适用于传感。Zhang 等设计了一种自供电智能传感器系统，通过将所有柔性模块集成在单片 PET 基板上来测试人体脉搏波［图 8-40（d）］。由于 MSC 和压力传感器基于柔性麦克烯 / 黑磷（MXene/BP）混合薄膜，再加上太阳能电池阵列的灵活性，整个柔性集成装置与人体手臂紧密贴合。MSC 经过太阳能电池充电几秒钟后，就可以为压力传感器提供充足的电力，传感器可以直接、快速、精确地监测人体手腕脉搏的变化。

参考文献

［1］李慧，徐媛，盛志兵，等．超级电容器的应用与发展［J］．江西化工，2013，3（1）：9-11.

［2］朱磊，吴伯荣，陈晖，等．超级电容器研究及其应用［J］．稀有金属，2003，27（3）：385-390.

［3］智研咨询．一文读懂2023年中国超级电容器行业现状及前景：市场规模持续扩大［EB/OL］．2023-08-11．https：//www.sohu.com/a/710796809_120950077.

［4］华经情报网．2021年中国超级电容器行业现状及前景分析，风电变桨、超容公交、电网储能应用增长潜力大［OL］．2023-08-22．https：//www.huaon.com/channel/trend/830209.html.

［5］杨丽华，胡惜春，吴维德，等．超级电容器的电性能及其在智能仪表上的应用［J］．电测与仪表，2019，56（23）：139-145.

［6］徐瑞．浅析超级电容器的应用及前景［J］．西部皮革，2016，380（4）：17.

［7］黄晓斌，张熊，韦统振，等．超级电容器的发展及应用现状［J］．电工电能新技术，2017，36（11）：63-70.

［8］仝真．基于超级电容的直流UPS不间断电源研究［J］．科技资讯，2012（13）：133-134.

［9］韩亚伟，姜挥，付强，等．超级电容器国内外应用现状研究［J］．上海节能，2021（1）：43-52.

［10］Ariyarathna T，Kularatna N，Steyn-Rosse D A．Supercapacitor assisted hybrid DC-DC converter for applications powered by renewable energy sources［C］2020 2nd IEEE International Conference on Industrial Electronics for Sustainable Energy Systems（IESES），Cagliari，Italy，2020.

［11］Muensuksaeng C，Harnmanasvate C，Chantana J，et al．Portable solar-powered dual storage integrated system：A versatile solution for emergency［J］．Solar Energy，2022，247：245-254.

［12］李贤彬，曹秋娟，王燕．超级电容器在汽车音响中的应用［J］．邢台职业技术学院学报，2014，31（5）：84-86.

［13］陈苏程．基于超级电容的储能式电梯应用研究［D］．淮南：安徽理工大学，2022.

［14］苏文胜，胡东明，丁劲锋，等．超级电容控制系统在起重机的应用［J］．港口装卸，2019（4）：47-50.

［15］Kim S M，Sul S K．Control of rubber tyred gantry crane with energy storage based on supercapacitor bank［J］．Power Electronics，2006（5）：1420-1427.

［16］Phoosomma P，Kasayapanand N，Mungkung N．Combination of supercapacitor and AC power source in storing and supplying energy for computer backup power［J］．Journal of Electrical Engineering & Technology，2019，14（2）：993-1000.

［17］Miller J R，Burke A F．Electrochemical capacitors：challenges and opportunities for real-world applications［J］．ECS Spring 2008，17（1）：53-57.

[18] Peter J H, Mojtaba M, Fletcher S I, et al. Energy storage in electrochemical capacitors: Designing functional materials to improve performance [J]. Energy & Environmental Science, 2010 (9): 1238-1251.

[19] Schneuwly A. Ultra-capacitors improve reliability for wind turbine pitch systems [J]. What's New in Electronics, 2007, 27 (5): 36-37.

[20] Yan Z, Luo S, Li Q, et al. Recent advances in flexible wearable supercapacitors: properties, fabrication, and applications [J]. Advanced Science, 2023. DOI: 10.1002/advs.202302172.

[21] Oksuztepe E, Bayrak Z U, Kaya U. Effect of flight level to maximum power utilization for PEMFC/supercapacitor hybrid uav with switched reluctance motor thruster [J]. International Journal of Hydrogen Energy, 2023, 48 (29): 11003-11016.

[22] 薛智文，周俊秀，韩颖慧．超级电容器在微电网及分布式发电技术中的应用 [J]．湖北电力，2021，45 (1): 68-79.

[23] 冬雷，张新宇，黄晓江，等．基于超级电容器储能的直驱风电系统并网性能分析 [J]．北京理工大学学报，2012，32 (7): 709-714.

[24] Cha S. Optimal energy management of the electric excavator using super capacitor [J]. International Journal of Precision Engineering and Manufacturing-Green Technology, 2021, 8 (1): 151-164.

[25] Lin T, Wang Q, Hu B, et al. Development of hybrid powered hydraulic construction machinery [J]. Automation in Construction, 2010, 19 (1): 11-19.

[26] He X, Jiang Y. Review of hybrid electric systems for construction machinery [J]. Automation in Construction, 2018, 92: 286-296.

[27] Wang J, Yang Z, Liu S, et al. A comprehensive overview of hybrid construction machinery [J]. Advances in Mechanical Engineering, 2016, 8 (3): 168781401663680.

[28] Lajunen A, Suomela J. Evaluation of energy storage system requirements for hybrid mining loaders [J]. IEEE Transactions on Vehicular Technology, 2012, 61 (8): 3387-3393.

[29] 徐正义．轨道交通与城市发展匹配性研究 [D]．北京：北京交通大学，2020.

[30] Faure B, Cosqueric L, Latif D, et al. Qualification of commercial off-the-shelf supercapacitors for space applications [C] //3rd space passive component days (SPCD), International Symposium 2018, 2018: 1-13.

[31] Shimizu T, Underwood C. Super-capacitor energy storage for micro-satellites: Feasibility and potential mission applications [J]. Acta Astronautica, 2013, 85: 138-154.

[32] Kim D, Yun J, Lee G, et al. Fabrication of high performance flexible micro-supercapacitor arrays with hybrid electrodes of MWNT/V_2O_5 nanowires integrated with a SnO_2 nanowire UV sensor [J]. Nanoscale, 2014, 6 (20): 12034-12041.

[33] Yun J, Lim Y, Lee H, et al. A patterned graphene/ZnO UV sensor driven by integrated asymmetric micro-supercapacitors on a liquid metal patterned foldable paper [J]. Advanced Functional Materials, 2017, 27 (30): 1700135.

[34] Y Yang J, Pan Z, Yu Q, et al. Free-standing black phosphorus thin films for flexible quasi-solid-state micro-supercapacitors with high volumetric power and energy density [J]. ACS Applied Materials & Interfaces, 2019, 11 (6): 5938-5946.

[35] Chen C, Cao J, Wang X, et al. Highly stretchable integrated system for micro-supercapacitor with AC line filtering

and UV detector [J]. Nano Energy, 2017, 42: 187-194.

[36] Li L, Fu C, Lou Z, et al. Flexible planar concentric circular micro-supercapacitor arrays for wearable gas sensing application [J]. Nano Energy, 2017, 41: 261-268.

[37] Guo R, Chen J, Yang B, et al. In-plane micro-supercapacitors for an integrated device on one piece of paper [J]. Advanced Functional Materials, 2017, 27 (43): 1702394.

[38] Lu Y, Jiang K, Chen D, et al. Wearable sweat monitoring system with integrated micro-supercapacitors [J]. Nano Energy, 2019, 58: 624-632.

[39] Ma J, Zheng S, Cao Y, et al. Aqueous MXene/PH1000 hybrid inks for inkjet-printing micro-supercapacitors with unprecedented volumetric capacitance and modular self-powered microelectronics [J]. Advanced Energy Materials, 2021, 11 (23): 2100746.

[40] Zhang Y, Wang L, Zhao L, et al. Flexible self-powered integrated sensing system with 3D periodic ordered black phosphorus@MXene thin-films [J]. Advanced Materials, 2021, 33 (22): 2007890.